普通高等院校计算机基础教育"十三五"规划教材

办公软件高级应用与案例精选

（Office 2016）

贾小军　童小素　主编

中国铁道出版社有限公司
CHINA RAILWAY PUBLISHING HOUSE CO., LTD.

内 容 简 介

本书旨在深化 Office 高级应用知识，加强计算机操作技能，提高 Office 办公效率，是结合教育部考试中心颁布的《全国计算机等级考试二级 MS Office 高级应用考试大纲》，以 Office 2016 为操作平台编写而成的。本书分为两篇：第 1 篇为 Office 2016 高级应用，深入浅出地介绍了 Word 2016 高级应用、Excel 2016 高级应用、PowerPoint 2016 高级应用以及宏与 VBA 高级应用等知识；第 2 篇为 Office 高级应用案例，精选了 14 个不同应用领域的典型案例。

本书内容新颖、图文并茂、直观生动、案例典型、注重操作、重点突出、强调实用，适合作为高等院校各专业学习"办公软件高级应用"课程的教材，也可作为参加国家计算机等级考试（二级 MS Office 高级应用）的辅导用书，还可作为企事业单位办公软件高级应用技术的培训教材以及计算机爱好者的自学参考书。对于 Office 2019，本书具有重要的参考价值。

本书附有重要知识点的微视频二维码，在线提供本课程的全部电子教学资源，包含微视频、练习、测试、操作素材和等级考试模拟试题等资源，支持移动设备在线学习，实现教材、课堂、教学资源三者融合，方便教师组织线上线下相结合的混合式教学，读者进行个性化自主学习。

图书在版编目（CIP）数据

办公软件高级应用与案例精选：Office 2016 / 贾小军，童小素主编 . —北京：中国铁道出版社有限公司，2020.2（2025.1重印）
普通高等院校计算机基础教育"十三五"规划教材
ISBN 978-7-113-26384-3

Ⅰ.①办… Ⅱ.①贾… ②童… Ⅲ.①办公自动化-应用软件-高等学校-教材 Ⅳ.① TP317.1

中国版本图书馆 CIP 数据核字（2020）第 008361 号

书　　名：办公软件高级应用与案例精选（Office 2016）
作　　者：贾小军　童小素

策　　划：周海燕　　　　　　　　　　　　　　　　　编辑部电话：（010）51873090
责任编辑：周海燕　刘丽丽　徐盼欣
封面设计：MXK DESIGN STUDIO
责任校对：张玉华
责任印制：赵星辰

出版发行：中国铁道出版社有限公司（100054，北京市西城区右安门西街 8 号）
网　　址：https://www.tdpress.com/51eds
印　　刷：三河市兴达印务有限公司
版　　次：2020 年 2 月第 1 版　2025 年 1 月第 10 次印刷
开　　本：880 mm×1 230 mm　1/16　印张：21.25　字数：596 千
书　　号：ISBN 978-7-113-26384-3
定　　价：59.50 元

版权所有　侵权必究

凡购买铁道版图书，如有印制质量问题，请与本社教材图书营销部联系调换。电话：（010）63550836
打击盗版举报电话：（010）63549461

前 言
PREFACE

Office 是现代商务办公中使用率极高的办公辅助工具之一，熟练掌握及应用办公软件高级应用技巧将使工作效率事半功倍。本书旨在深化 Office 高级应用知识，加强计算机操作技能，提高 Office 办公效率，是结合教育部考试中心颁布的《全国计算机等级考试二级 MS Office 高级应用考试大纲》，以 Office 2016 为操作平台编写而成的。本书结合实际应用案例，深入分析和详尽讲解了办公软件高级应用知识及操作技能。

本书分为两篇。第 1 篇为 Office 2016 高级应用，深入浅出地介绍了 Word 2016 高级应用、Excel 2016 高级应用、PowerPoint 2016 高级应用以及宏与 VBA 高级应用等知识。这些内容在基本操作的基础上着重介绍了一些常用、具有操作技巧的理论知识。第 2 篇为 Office 高级应用案例，精选了 14 个不同应用领域的典型案例，其中 Word 4 个、Excel 4 个、PowerPoint 3 个、宏与 VBA3 个。这些案例均来自人们学习和工作中具有一定代表性和难度的日常事务操作，每个案例均从"问题描述"、"知识要点"、"操作步骤"和"操作提高"4 个方面进行了详细的介绍。

本书内容新颖、图文并茂、直观生动、案例典型、注重操作、重点突出、强调实用，不仅注重 Office 2016 知识内容的提升和扩展，体现高级应用具有的自动化、多样化、模式化和技巧化的特点，还注重案例和实际应用，结合 Office 日常办公的典型案例进行讲解，助于读者举一反三，提高和扩展计算机知识和应用能力，也有助于读者发挥创意，灵活有效地处理工作中遇到的问题。书中的典型案例和细致描述可以为读者使用 Office 办公软件提供捷径，并有效帮助读者提高计算机操作水平，提升工作效率。

本书适合作为高等院校各专业学习"办公软件高级应用"课程的教材，也可作为参加国家计算机等级考试（二级 MS Office 高级应用）的辅导用书，还可作为企事业单位办公软件高级应用技术的培训教材以及计算机爱好者的自学参考书。对于 Office 2019，本书具有重要的参考价值。

本书附有重要知识点的微视频二维码，在线提供本课程的全部电子教学资源，包含微视频、练习、测试、操作素材和等级考试模拟试题等资源，支持移动设备在线学习，实现教材、课堂、教学资源三者融合，方便教师组织线上线下相结合的混合式教学，读者进行个性化自主学习。

本书及相关教学资源具有以下特点：

（1）在线提供重要知识点的讲课视频，促进读者对知识点的理解和吸收。

（2）在线提供与重要知识点视频对应的练习，使读者能够举一反三，更好地掌握和巩固知识点。

（3）在线提供与重要知识点视频对应的测试，使读者能够通过测试了解自己对该知识点的掌握程度。

（4）在线提供素材（视频素材、练习题素材）下载，针对"办公软件高级应用"课程的实践性、操作性强的特点，帮助读者根据视频内容边学习边操作。

本书由贾小军、童小素任主编，参与本书编写的有顾国松、骆红波等。全书由贾小军负责统稿、定稿。

本书在编写过程中得到了嘉兴学院教务处的大力支持，使得本书能够尽早与读者见面。本书是各位教师在多年"办公软件高级应用"课程教学的基础上，结合多次编写相关讲义和教材的经验总结而成。同时，本书在编写过程中参考了大量书籍，得到了许多同行的帮助与支持，在此一并表示衷心的感谢。

由于办公软件高级应用技术范围广、内容更新快，本书对内容的选取及知识点的阐述难免有不妥或疏漏之处，敬请广大读者批评指正。

编　者

2019 年 12 月

目 录

CONTENTS

第 1 篇　Office 2016 高级应用

第 2 篇 Office 2016 高级应用案例

第1篇
Office 2016 高级应用

本篇主要讲解 Office 2016 高级应用理论知识，包括 Word 2016 高级应用、Excel 2016 高级应用、PowerPoint 2016 高级应用以及宏与 VBA 高级应用等内容。本篇在阐述理论知识的同时，对一些常用的、具有较强操作技巧的理论知识进行操作导引，以便读者能够有的放矢地进行学习并掌握相关理论知识及操作技巧。

第1章
Word 2016 高级应用

扫一扫

视频1-1
Word高级应用
概述

利用 Word 2016 提供的基本操作功能，可以设置文档中的字符和段落格式，例如文字的字体、字号、颜色、字间距、特殊效果及段落的间距、缩进、对齐方式等。这些格式设置可以方便地用于短文档的排版，但在日常工作中使用 Word 时，常常会遇到长文档中更加复杂的排版要求，需要使用特殊、便捷的操作方法。本章着重讲解 Word 2016 的高级应用，主要涉及样式与模板、页面设计、图文混排与表格、域、文档批注与修订、主控文档与邮件合并等方面的高级操作方法和技巧，以方便长文档的排版。

1.1　样式与模板

样式是 Word 中最强有力的格式设置工具之一，使用样式能够准确、迅速地实现长文档的格式设置，而且利用样式可以方便地调整格式。例如，要修改文档中某级标题的格式，只要简单地修改该标题样式，则所有应用该样式的标题格式将自动更新。模板是一个预设固定格式的文档，利用模板可以保证同一类文档风格的整体一致。本节将详细介绍样式的操作及应用方法，以及与格式设置相关的脚注与尾注、题注与交叉引用、模板等格式的设置方法。

1.1.1　样式

样式是被命名并保存的一系列格式的集合，它规定了文档中标题、正文以及各选中内容的字符或段落等对象的格式集合，包含字符样式和段落样式。字符样式只包含字符格式，例如字体、字号、字形、颜色、效果等，可以应用到任何文字。段落样式既包含字符格式，也包含段落格式，例如字体、行间距、对齐方式、缩进格式、制表位、边框和编号等，可以应用于段落或整个文档。被应用样式的字符或段落具有该样式所定义的格式，便于统一文档的所有格式。

在 Word 2016 中，样式可分为内置样式和自定义样式。内置样式是指 Word 2016 为文档中各对象提供的标准样式；自定义样式是指用户根据文档需要而新设定的样式。

扫一扫

视频1-2
样式

1. 内置样式

在 Word 2016 中，系统提供了丰富的样式类型。单击"开始"选项卡，在"样式"组的"快速样式"库中显示了多种内置样式，其中"正文""无间隔""标题 1""标题 2"等都是内置样式名称。将光标指向各种样式时，光标所在段落或选中的对象就会自动呈现出当前样式应用后的视觉效果。单击"快速样式"库右侧的"其他"按钮，在弹出的样式列表中可以选择更多的内置样式，如图 1-1（a）所示。

（a）　　　　　　　　　　　　　　　（b）

图 1-1　"样式"下拉列表与"样式"窗格

　　单击"开始"选项卡"样式"组右下角的对话框启动器按钮⌐，打开"样式"窗格，如图 1-1（b）所示。将鼠标指针停留在下拉列表中的样式名称上时，将显示该样式包含的所有格式信息。样式名称后面带符号"a"的表示字符样式，带符号"↵"的表示段落样式。

　　下面举例说明应用内置样式进行文档段落格式的设置。对图 1-2（a）所示的原始 Word 文档进行格式设置，要求对章标题应用"标题 1"样式，对节标题应用"标题 2"样式，对正文各段实现首行缩进 2 字符。操作步骤如下：

　　（1）将光标定位在章标题文本中的任意位置，或选中章标题文本。

　　（2）单击"开始"选项卡"样式"组中"快速样式"库中的"标题 1"内置样式。或者单击"样式"组右下角的对话框启动器按钮，在打开的"样式"窗格中选择"标题 1"样式。

　　（3）将光标定位在节标题文本中任意位置，或选中节标题文本。

　　（4）单击"快速样式"库中的"标题 2"内置样式，或在"样式"窗格中选择"标题 2"样式。

　　（5）选中正文文本，然后单击"快速样式"库右侧的"其他"按钮，在弹出的下拉列表中单击"列出段落"样式，或单击"样式"窗格中的"列出段落"样式，文档效果如图 1-2（b）所示。

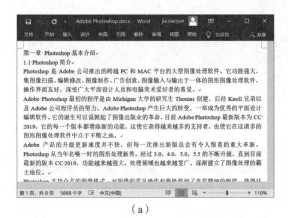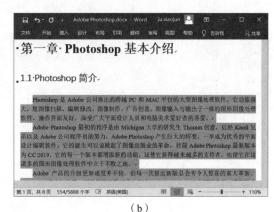

（a）　　　　　　　　　　　　　　　（b）

图 1-2　应用"内置样式"

　　默认情况下，可以使用快捷键（用户也可以自定义）来应用其相应的内置样式。例如，按【Ctrl+Alt+1】组合键，表示应用"标题 1"样式；按【Ctrl+Alt+2】组合键，表示应用"标题 2"样式；按【Ctrl+Alt+3】组合键，表示应用"标题 3"样式，等等。此处的数字"1""2""3"只能按主键盘区上的数字键才有效，不能使用辅助键盘区中的数字键。

2. 自定义样式

Word 2016 为用户提供的内置样式能够满足一般文档格式设置的需要，但用户在实际应用中常常会遇到一些特殊格式的设置，当内置样式无法满足实际要求时，就需要创建自定义样式并进行应用。

1）创建与应用新样式

例如，创建一个段落样式，名称为"样式 0001"，要求：黑体，小四号字，1.5 倍行距，段前距和段后距均为 0.5 行，操作步骤如下：

（1）单击"开始"选项卡"样式"组右下角的对话框启动器按钮，打开"样式"窗格，如图 1-1（b）所示。

（2）单击"样式"窗格左下角的"新建样式"按钮，弹出"根据格式化创建新样式"对话框，如图 1-3 所示。

（3）在"名称"文本框中输入新样式的名称"样式 0001"。

（4）"样式类型"下拉列表框中有"段落""字符""表格""列表"等样式，选择默认的"段落"样式。在"样式基准"下拉列表框中选择一个可作为创建基准的样式，一般应选择"正文"。在"后续段落样式"下拉列表框中为应用该样式段落的后续的段落设置一个默认样式，一般取默认值。

（5）字符和段落格式可在"根据格式化创建新样式"对话框的"格式"栏中进行设置，例如字体、字号、对齐方式等。也可以单击对话框左下角的"格式"下拉按钮，在弹出的下拉列表中选择"字体"命令，在弹出的"字体"对话框中进行字符格式设置。设置好字符格式后，单击"确定"按钮返回。

（6）单击对话框左下角的"格式"下拉按钮，在弹出的下拉列表中选择"段落"命令，在弹出的"段落"对话框中进行段落格式设置。设置好段落格式后，单击"确定"按钮返回。

（7）在"格式"下拉列表中还可以选择其他项目，将会弹出对应对话框，然后可根据需要进行相应设置。在"根据格式化创建新样式"对话框中单击"确定"按钮，"样式"任务窗格中将会显示出新创建的"样式 0001"样式。

下面将新创建的"样式 0001"样式应用于图 1-2 中文档正文中的第一段。将插入点置于第一段文本中的任意位置，单击"样式"窗格中的"样式 0001"，即可将该样式应用于所选段落，操作效果如图 1-4 所示。也可以选中第一段文本，然后单击"样式 0001"实现。

图 1-3 "根据格式化创建新样式"对话框

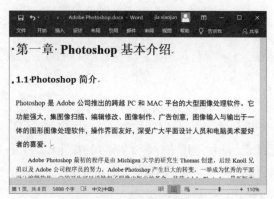

图 1-4 应用"样式 0001"

用户还可以对文档中已完成格式定义的文本或段落以一个新样式的方式进行创建，其操作步骤如下：

（1）在文档中选中已经完成格式定义的文本或段落，单击"开始"选项卡"样式"组中的"快速样式"库右边的"其他"下拉按钮 ，在弹出的下拉列表中选择"创建样式"命令。

（2）弹出"根据格式化创建新样式"对话框，如图1-5所示。在"名称"文本框中输入新样式的名称，单击"确定"按钮。

图1-5　定义新样式

（3）如果在定义新样式的同时，还需要对该样式进行进一步的定义，则可以在图1-5所示的对话框中单击"修改"按钮，弹出图1-3所示的"根据格式化创建新样式"对话框。

（4）在该对话框中可以对现有样式进行格式编辑，单击"确定"按钮，新定义的样式将出现在"快速样式"库中，并可以根据该样式快速调整文档中的文本或段落的格式。

2）修改样式

如果预设或创建的样式还不能满足要求，可以在此样式的基础上进行格式修改，样式修改操作适用于内置样式或自定义样式。下面通过修改刚刚创建的"样式0001"样式为例介绍其修改方法，要求为该样式增加首行缩进2字符的段落格式。操作步骤如下：

（1）单击"样式"窗格中"样式0001"右侧的下拉按钮 ，在弹出的下拉列表中选择"修改"命令，或右击"样式0001"，在弹出的快捷菜单中选择"修改"命令，弹出"修改样式"对话框。

（2）单击对话框左下角的"格式"下拉按钮，选择其中的"段落"命令，弹出"段落"对话框。

（3）在"特殊"下拉列表框中选择"首行缩进"，缩进值设为"2字符"，单击"确定"按钮，返回"修改样式"对话框，单击"确定"按钮。

（4）"样式0001"样式一经修改，应用此样式的所有段落格式将自动更新。

3）删除样式

若要删除创建的自定义样式，其操作步骤如下：

（1）单击"样式"窗格中的"样式0001"右侧的下拉按钮，在展开的下拉列表中选择"删除'样式0001'"命令。

（2）在弹出的对话框中单击"是"按钮，完成删除样式操作。或右击要删除的样式，在弹出的快捷菜单中进行删除操作。

注意：只能删除自定义样式，不能删除Word 2016的内置样式。如果删除了某个自定义样式，Word将对所有应用此样式的段落恢复到"正文"的默认样式格式。

4）复制与管理样式

在编辑文档的过程中，对于文档中新建的或修改的各类样式，可以将其复制到指定的其他文档或模板中，而不必重复创建相同的样式。复制与管理样式的操作步骤如下：

（1）打开已创建好各类样式的文档，单击"开始"选项卡"样式"组右下角的对话框启动器按钮，打开"样式"窗格。

（2）单击"样式"窗格底部的"管理样式"按钮 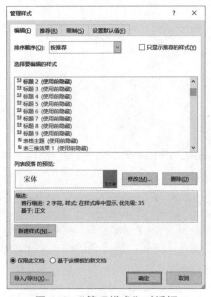，弹出图 1-6 所示的"管理样式"对话框。

（3）单击对话框中的"导入 / 导出"按钮，弹出图 1-7 所示的样式"管理器"对话框，并且当前处于"样式"选项卡。在对话框的左侧列表中显示了当前文档中所包含的所有样式，并在"样式位于"下拉列表框中显示了当前文档名称。

图 1-6 "管理样式"对话框

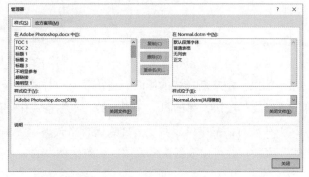

图 1-7 样式"管理器"对话框

（4）在图 1-7 所示的"在 Normal.dotm 中"列表框中显示了在 Word 默认文档模板中所包含的样式，在"样式位于"下拉列表框中显示了 Word 默认的文档模板名 "Normal.dotm（共用模板）"。

（5）若要将当前文档的样式（对话框左侧列表中的样式）复制到目标文档中，单击图 1-7 所示对话框右侧的"关闭文件"按钮，将 Word 默认文档关闭后，原来的"关闭文件"按钮将变成"打开文件"按钮，如图 1-8（a）所示。

（6）单击"打开文件"按钮，弹出"打开"对话框。在"文件类型"下拉列表框中选择"所有 Word 文档"，然后通过"查找范围"找到目标文档，单击"打开"按钮，此时在样式"管理器"对话框右侧的列表中显示了该文档所包含的样式。例如打开文件 Word 2016.docx。

（7）选择左侧样式列表中所需要的样式类型，可以同时选多个，按住【Ctrl】键，然后依次单击，单击"复制"按钮，即可将选择的样式复制到右侧的目标文档中，如图 1-8（b）所示。如果目标文档中已经存在相同名称的样式，Word 将出现提示信息，可以根据实际需要决定是否覆盖文档中的原有样式。如果要保留目标文档中的同名样式，可以事先将目标文档或现有文档中的同名样式进行重命名，然后再进行复制样式操作。

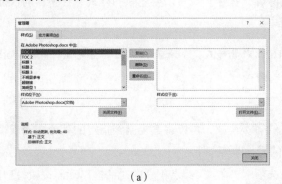

（a）

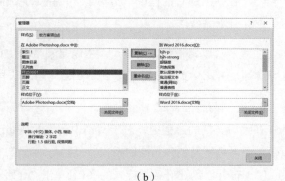

（b）

图 1-8 样式复制

（8）单击"关闭"按钮，Word将提示是否在目标文档中保存复制的样式，单击"保存"按钮，完成样式复制。打开目标文档，就可以在文档中的"样式"窗格中看到复制过来的样式。

注意：样式"管理器"对话框中的左右样式列表及其对应的文档名称，既可以作为复制样式的源文档，也可以作为目标文档，区别在于中间的"复制"按钮上的箭头方向在发生变化。即是说，在执行样式复制时，既可以把样式从左边打开的文档中复制到右边的文档中（箭头方向为从左向右），又可以从右边打开的文档中复制到左边的文档中（箭头方向为从右向左）。

3. 多级自动编号标题样式

1）项目符号与编号

项目符号用于表示段落的并列关系，在选中的段落前面自动加上指定类型的符号；编号用于表示段落的顺序关系，在选中的段落前面自动加上按升序排列的指定类型的编号序列。

（1）添加项目符号和编号，其操作步骤如下：

① 在文档中选中要添加项目符号或编号的段落，单击"开始"选项卡"段落"组中的"项目符号"下拉按钮 或"编号"下拉按钮 ，弹出对应的下拉列表。

② 在弹出的下拉列表中选择一种项目符号或编号样式即可。"项目符号"和"编号"下拉列表分别如图1-9和图1-10所示。

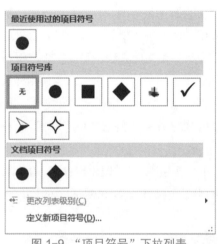

图1-9 "项目符号"下拉列表

图1-10 "编号"下拉列表

（2）自定义项目符号和编号。如果对系统预定义的项目符号和自动编号不满意，可以为选中段落设置自定义的项目符号和编号。

若要自定义项目符号，操作步骤如下：

① 选择图1-9中的"定义新项目符号"命令，弹出"定义新项目符号"对话框，如图1-11所示。

② 单击"符号"按钮，在弹出的"符号"对话框中选择需要的项目符号，单击"确定"按钮返回。

③ 单击"图片"按钮，在弹出的"图片项目符号"对话框中选择需要的项目符号，单击"确定"按钮返回。

④ 最后单击"确定"按钮即可添加自定义的项目符号。

若要自定义编号，操作步骤如下：

① 选择图1-10中的"定义新编号格式"命令，弹出"定义新编号格式"对话框，如图1-12所示。

② 在"编号样式"下拉列表框中选择需要的编号样式，在"编号格式"文本框中输入需要的编号格式（不能删除"编号格式"文本框中带有灰色底纹的数值），单击"确定"按钮，即可添加自定义的编号格式。

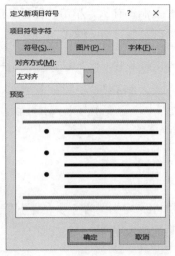

图 1-11 "定义新项目符号"对话框

图 1-12 "定义新编号格式"对话框

（3）删除项目符号和编号。添加的项目符号或编号可以被全部删除或部分删除。若要全部删除，分别单击在图 1-9 项目符号库中和图 1-10 编号库中的"无"，再单击"确定"按钮，可删除全部的项目符号和编号。若要删除某个段落前面的项目符号或编号，等同于文档字符的删除方法，可直接删除。

2）多级自动编号标题样式

• 扫一扫 •

视频 1-3
多级自动编
号标题样式

内置样式库中的"标题 1""标题 2""标题 3"等样式是不带自动编号的，在"修改样式"对话框中可以实现单个级别的编号设置，但对于多级编号，则需要采用其他方法实现。可以通过将编号进行降级的方法来实现多级编号的设置，但操作方法比较复杂。此处介绍一种简便方法，可以实现多级自动编号标题样式的设置，举例说明其操作过程。例如，对图 1-2（a）所示的文档，要求：章名使用样式"标题 1"并居中，编号格式为"第 X 章"，其中 X 为自动编号，例如第 1 章；节名使用样式"标题 2"并左对齐，格式为多级编号，形如"X.Y"，其中 X 为章数字序号，Y 为节数字序号（例如"1.1"），且为自动编号。其操作步骤如下：

（1）单击"开始"选项卡"段落"组中的"多级列表"下拉按钮，弹出图 1-13 所示的下拉列表。

（2）选择"定义新的多级列表"命令，弹出"定义新多级列表"对话框。单击对话框左下角的"更多"按钮，对话框变成如图 1-14 所示。

图 1-13 "多级列表"下拉列表

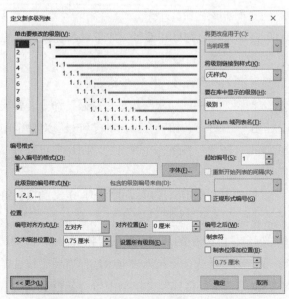

图 1-14 "定义新多级列表"对话框

（3）在对话框的"单击要修改的级别"列表框中，显示有序号1~9，说明可以同时设置1~9级的标题格式，各级标题格式效果形如右侧的预览列表。若要设置第1级标题格式，则选择级别"1"。

（4）在"输入编号的格式"文本框中将自动出现带底纹的数字"1"，表示此"1"为自动编号格式。若无，可在"此级别的编号样式"下拉列表框中选择"1, 2, 3, …"编号样式，文本框中也会自动出现带底纹的"1"。然后，在"输入编号的格式"文本框中的数字前面和后面分别输入"第"和"章"（不能删除文本框中带有灰色底纹的数值）。在"编号对齐方式"下拉列表框中选择"左对齐"，"对齐位置"设置为"0厘米"，"文本缩进位置"设置为"0厘米"。在"将级别链接到样式"下拉列表框中选择"标题1"样式，表示第1级标题为"标题1"样式格式。在"编号之后"下拉列表框中选择"空格"。

（5）在"单击要修改的级别"处单击"2"，在"输入编号的格式"文本框中将自动出现带底纹的序号"1.1"，第1个1表示第1级序号，即章序号，第2个1表示第2级序号，即为节序号，它们均为自动编号。若文本框中无序号"1.1"，可在"包含的级别编号来自"下拉列表框中选择"级别1"，在"输入编号的格式"文本框中将自动出现"1"，然后输入"."。在"此级别的编号样式"下拉列表框中选择"1,2,3,…"样式。在"输入编号的格式"文本框中将出现节序号"1.1"。在"编号对齐方式"下拉列表框中选择"左对齐"，"对齐位置"设置为"0厘米"，"文本缩进位置"设置为"0厘米"。在"将级别链接到样式"下拉列表框中选择"标题2"样式，表示第2级标题为"标题2"样式格式。在"编号之后"下拉列表框中选择"空格"。

（6）若有需要，可以按照相同方法，设置其余各级列表的标题样式，最后单击"确定"按钮，退出"定义新多级列表"对话框。

（7）在"开始"选项卡"样式"组中的"快速样式"库中将会出现图1-15所示的带有多级自动编号的"标题1"和"标题2"样式。如果设置了更多，还会出现定义好的其他标题样式。

AaBb(第**1**章 1.1 A AaBb(*AaBbCcD* AaBbCcD AaBbCcD
标题　标题 1　标题 2　副标题　强调　要点　正文

图 1-15　修改后的标题样式

注意：各级标题的缩进值设置还可以采取以下方法。在"定义新多级列表"对话框中单击"设置所有级别"按钮，弹出"设置所有级别"对话框，如图1-16所示，可以将各级标题设为统一的缩进值。

（8）在"快速样式"库中右击"标题1"，在弹出的快捷菜单中选择"修改"命令，弹出"修改样式"对话框，单击"居中"按钮，将"标题1"样式设为居中对齐方式，单击"确定"按钮。

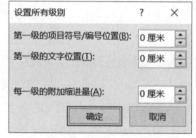

图 1-16　"设置所有级别"对话框

（9）将光标定位在文档中的章标题中，单击"快速样式"库中的"标题1"样式，则章名设为指定的格式。选中标题中原来的"第一章"字符并删除。

（10）将光标定位在文档中的节标题中，单击"快速样式"库中的"标题2"样式，则节名设为指定的格式。选中节标题中原来的"1.1"字符并删除。

（11）可以将"标题1"和"标题2"应用于其他章名和节名。标题样式应用后的效果如图1-17所示。

3）标题样式的显示

在Word 2016中，"快速样式"库中的部分样式在使用前系统将其默认为隐藏，甚至在"样式"窗格中也找不到其样式，可以按照下面的操作方法显示隐藏的样式，并以修改后的样式格式进行显示。

（1）单击"开始"选项卡"样式"组右下角的对话框启动器按钮，打开"样式"窗格。

（2）选择窗格底部的"显示预览"复选框，窗格中显示为最新修改过的各个样式。

（3）单击"样式"窗格右下角的"选项"按钮，弹出"样式窗格选项"对话框，如图 1-18 所示。在"选择要显示的样式"下拉列表框中选择"所有样式"，单击"确定"按钮返回。"样式"窗格中将显示 Word 2016 的所有样式，并且可以将"样式"窗格的各类样式应用到文档中。

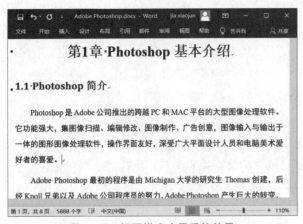

图 1-17　标题样式应用后的效果

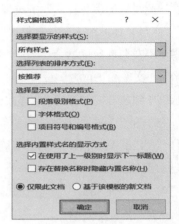

图 1-18　"样式窗格选项"对话框

1.1.2　脚注与尾注

扫一扫

视频1-4
脚注与尾注

脚注与尾注在文档中主要用于对部分文本进行补充说明，例如单词解释、备注说明或提供文档中引用内容的来源等。脚注通常位于当前页面的底部，用来说明每页中要注释的内容。尾注位于文档结尾处，用来集中解释需要注释的内容或标注文档中所引用的其他文档名称。脚注和尾注由两部分组成：引用标记及注释内容。引用标记可自动编号或自定义标记。

在文档中，脚注和尾注的插入、修改和编辑方法完全相同，区别在于它们出现的位置不同。本节以脚注为例介绍其相关操作，尾注的操作方法与脚注类似。

1. 插入及修改脚注

在文档中，可以同时插入脚注和尾注注释文本，也可以在文档中的任何位置添加脚注或尾注进行注释。默认设置下，Word 在同一文档中对脚注和尾注采用不同的编号方案。插入脚注的操作步骤如下：

（1）将光标移到要插入脚注的文本位置处，单击"引用"选项卡"脚注"组中的"插入脚注"按钮，此时即可在选择的位置处见到脚注标记。

（2）在当前页最下方光标闪烁处输入注释内容，即可实现插入脚注操作。

插入第一个脚注后，可按相同操作方法插入第 2 个、第 3 个……并实现脚注的自动编号。如果用户要修改某个脚注内容，将光标定位在该脚注内容处，然后直接进行修改即可。也可在两个脚注之间插入新的脚注，编号将自动更新。如图 1-19 所示，文档中插入了两个脚注。

2. 修改或删除脚注分隔符

在 Word 文档中，用一条短横线将文档正文与脚注或尾注分隔开，这条线称为注释分隔符，可以修改或删除注释分隔符。

（1）单击"视图"选项卡"视图"组中的"草稿"视图按钮，将文档视图切换到草稿视图模式。

（2）单击"引用"选项卡"脚注"组中的"显示备注"按钮。

（3）在文档正文的下方将出现图 1-20 所示的操作界面，在"脚注"下拉列表框中选择"脚注分隔符"或"脚注延续分隔符"项。

（4）对出现的注释分隔符进行修改。如果要删除注释分隔符，按【Delete】键进行删除即可。

（5）单击状态栏右侧的"页面视图"按钮或"视图"选项卡"视图"组中的"页面视图"按钮，将文档视图切换到页面视图方式，可查看修改或删除操作后的效果。

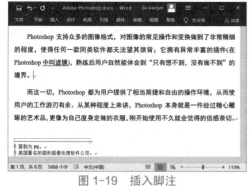

图 1-19　插入脚注

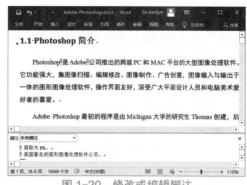

图 1-20　修改或编辑脚注

3. 删除脚注

要删除单个脚注，只需选中文本右上角的脚注标记，按【Delete】键即可。Word 将自动对其余脚注编号进行更新。

要一次性删除整个文档中的所有脚注，可利用"查找和替换"对话框实现。操作步骤如下：

（1）单击"开始"选项卡"编辑"组中的"替换"按钮，弹出"查找和替换"对话框。

（2）单击"更多"按钮，将光标定位在"查找内容"下拉列表框中，单击"特殊格式"下拉按钮，选择"脚注标记"，"替换为"下拉列表框中设为空。

（3）单击"全部替换"按钮，系统将出现替换完成对话框，单击"确定"按钮即可实现对当前文档中全部脚注的删除操作。

4. 脚注与尾注的相互转换

脚注与尾注之间可以进行相互转换的操作步骤如下：

（1）将光标移到某个要转换的脚注注释内容处，右击，在弹出的快捷菜单中选择"转换至尾注"命令，即可实现脚注到尾注的转换操作。

（2）将光标移到某个要转换的尾注注释内容处，右击，在弹出的快捷菜单中选择"转换至脚注"命令，即可实现尾注到脚注的转换操作。

除了前面介绍的插入脚注与尾注的方法外，还可以利用"脚注和尾注"对话框来实现脚注与尾注的插入、修改及相互转换操作。单击"引用"选项卡"脚注"组右下角的对话框启动器按钮，弹出"脚注和尾注"对话框，如图 1-21（a）所示，可以插入脚注或尾注，还可以设定各种格式。在对话框中单击"转换"按钮，将出现图 1-21（b）所示的对话框，可实现脚注和尾注之间的相互转换。

（a）

（b）

图 1-21　"脚注和尾注"对话框

1.1.3 题注与交叉引用

题注是添加到表格、图表、公式或其他项目上的编号标签，由标签及编号组成，通常编号标签后面还跟有短小的文本说明。使用题注可以使文档中的项目更有条理，方便阅读和查找。交叉引用是在文档的某个位置引用文档另外一个位置的内容，类似于超链接，但交叉引用一般是在同一文档中进行相互引用。在创建某一对象的交叉引用之前，必须先标记该对象，才能将对象与其交叉引用链接起来。

1. 题注

在 Word 2016 中，可以在插入表格、图表、公式或其他项目时自动添加题注，也可以为已有的表格、图表、公式或其他项目添加题注。

1）为已有项目添加题注

通常，表格的题注位于表格的上面，图片的题注位于图片的下面，公式的题注位于公式的右边。对文档中已有的表格、图表、公式或其他项目添加题注，操作步骤如下：

● 扫一扫

视频1–5
题注与交叉引用

（1）图片下方（或表格上方）有较短的、独立的一行文字，表示其为图片（或表格）的注释内容，通常要放在题注编号的后面，此时可将光标定位在该行文本的最左侧。若无，在文档中选中想要添加题注的项目，例如图片，建立题注后再输入注释内容。单击"引用"选项卡"题注"组中的"插入题注"按钮，弹出"题注"对话框，如图 1-22 所示。

（2）在"标签"下拉列表框中选择一个标签，例如图表、表格、公式等。若要新建标签，可单击"新建标签"按钮，在弹出的"新建标签"对话框中输入要使用的标签名称，例如图、表等，单击"确定"按钮返回，即可建立一个新的题注标签。

（3）单击"编号"按钮，将弹出"题注编号"对话框，可以设置编号格式，也可以将编号和文档的章节序号联系起来。单击"确定"按钮返回"题注"对话框。

（4）如果是光标定位的插入题注位置，图 1-22 对话框中的"位置"下拉列表框为灰色不可选状态；若第（1）步为选中图片（或表格），可在"位置"下拉列表框中选择"所选项目下方"或"所选项目上方"，用来确定题注放置的位置。

（5）单击"确定"按钮，完成题注的添加，在光标所在位置（或者所选项目下方或上方）将会自动添加一个题注。

2）自动添加题注

在 Word 文档中，可以先设置好题注格式，然后再添加图表、公式或其他项目时将自动添加题注，这种题注添加方法的操作步骤如下：

（1）单击"引用"选项卡"题注"组中的"插入题注"按钮，弹出"题注"对话框。

（2）单击"自动插入题注"按钮，弹出"自动插入题注"对话框，如图 1-23 所示。

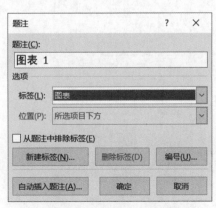

图 1-22 "题注"对话框

图 1-23 "自动插入题注"对话框

（3）在"插入时添加题注"列表框中选择自动插入题注的项目，在"使用标签"下拉列表框中选择标签类型，在"位置"下拉列表框中选择题注相对于项目的位置。如果要新建标签，单击"新建标签"按钮，在弹出的对话框中输入新标签名称。单击"编号"按钮可以设置编号格式。

（4）单击"确定"按钮，完成自动添加题注的操作。

3）修改题注

根据需要，用户可以修改题注标签，也可以修改题注的编号格式，甚至可以删除标签。可以修改单个题注，也可以修改文档中的所有题注。如果要修改文档中单一题注的标签，只需先选择该标签并按【Delete】键删除标签，然后再重新添加新题注。如果要修改所有相同类型的标签，操作步骤如下：

（1）选择要修改的相同类型的一系列题注标签中的任意一个，单击"引用"选项卡"题注"组中的"插入题注"按钮，弹出"题注"对话框。

（2）在"标签"下拉列表框中选择要修改的题注的标签。单击"新建标签"按钮，输入新标签名称，单击"确定"按钮返回。单击"编号"按钮，弹出"题注编号"对话框，选择其中的编号格式，单击"确定"按钮返回。

（3）在"题注"文本框中可看到修改编号后的题注格式。单击"确定"按钮，文档中所有相同类型的题注将自动更改为新的题注。

如果在"题注"对话框中单击"删除标签"按钮，则会将选择的标签从"题注"下拉列表中删除。

2. 交叉引用

在 Word 2016 中，可以在多个不同的位置使用同一个引用源的内容，这种方法称为交叉引用。建立交叉引用实际上就是在要插入引用内容的地方建立一个域，当引用源发生改变时，交叉引用的域将自动更新。可以为标题、脚注、书签、题注、段落编号等项目创建交叉引用。本节以前面创建的题注为例介绍交叉引用。

1）创建交叉引用

创建的交叉引用仅可引用同一文档中的项目，其项目必须已经存在。若要引用其他文档中的项目，首先要将相应文档合并到主控文档中。创建交叉引用的操作步骤如下：

（1）将光标移到要创建交叉引用的位置，单击"引用"选项卡"题注"组中的"交叉引用"按钮 交叉引用，弹出"交叉引用"对话框，如图 1-24 所示。也可以单击"插入"选项卡"链接"组中的"交叉引用"按钮。

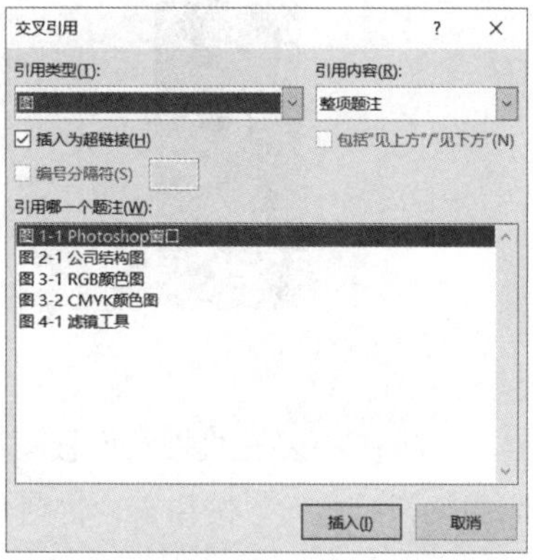

（2）在"引用类型"下拉列表框中选择要引用的项目类型，例如图、图表、表格等，图 1-24 的引用类型为建立的新标签"图"。在"引用内容"下拉列表框中选择要插入的信息内容，例如整项题注、仅标签和标号、只有题注文字等。一般选择"仅标签和标号"。在"引用哪一个题注"列表框中选择要引用的题注，然后单击"插入"按钮。

（3）选中的题注编号将自动添加到文档中的指定位置。按照第（2）步的方法可继续选择其他题注，实现多个交叉引用的操作。操作完要插入的题注后单击"关闭"按钮，退出交叉引用操作。

图 1-24　"交叉引用"对话框

2）更新交叉引用

当文档中被引用项目发生了变化，例如添加、删除或移动了题注，题注编号将发生改变，交叉引用应随之改变，称为交叉引用的更新。可以更新一个或多个交叉引用，操作步骤如下：

（1）若要更新单个交叉引用，则选中该交叉引用；若要更新文档中所有的交叉引用，则选中整篇文档。

（2）右击所选对象，在弹出的快捷菜单中选择"更新域"命令，即可实现单个或所有交叉引用的更新。

也可以选中要更新的交叉引用或整篇文档，按功能键【F9】实现交叉引用的更新。

1.1.4 模板

扫一扫

视频1-6
模板

模板是一种文档类型，是一类特殊的文档，所有的 Word 文档都是基于某个模板创建的。模板中包含了文档的基本结构及设置信息，例如文本、样式和格式；页面布局，例如页边距和行距；设计元素，例如特殊颜色、边框和底纹等。Word 2016 中支持 3 种类型的模板，其扩展名分别是"dot""dotx""dotm"。其中，"dot"为 Word 97-2003 的模板的扩展名；"dotx"为 Word 2016 的标准模板的扩展名，但不能存储宏；"dotm"为 Word 2016 中存储了宏的模板的扩展名。

用户在打开 Word 2016 时就启动了模板，该模板为 Word 2016 自动提供的普通模板（Normal.dotm），它包含了等线字体、5 号字、两端对齐、纸张大小为 A4 纸型等信息。Word 2016 提供了许多预先定义好的模板，可以利用这些模板快速地建立文档。

1. 利用模板创建文档

Word 2016 提供了许多被预先定义的模板，称为常用模板。使用常用模板可以快速创建基于某种类型和格式的文档，其操作步骤如下：

（1）单击"文件"选项卡中的"新建"按钮。

（2）Word 2016 提供了"默认模板"和"搜索联机模板"两类模板。"默认模板"列表中的模板位于本机内，"搜索联机模板"需要在线搜索，建议关键词为商业版、卡、海报、信函、教育、简历和求职信、假日等。"默认模板"列表中共有 26 个样本模板，如图 1-25 所示。单击"空白文档"可直接产生一个新的 Word 文档。选择其余任一种模板，将弹出一个预览窗口，单击窗口中的"创建"按钮，将创建基于该模板的新文档。

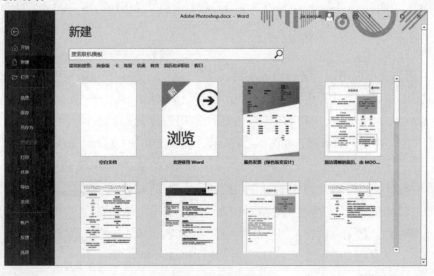

图 1-25　默认模板

（3）如果要联机搜索模板，可在"搜索联机模板"文本框中输入模板名称的关键词，单击文本框右侧的"开始搜索"按钮，将列出与此关键词相关的模板。可按上述方法创建基于模板的新文档。

（4）可以直接单击关键词"商业版""卡""海报""信函""教育""简历和求职信""假日"等联机搜索相关的模板，并建立基于模板的新文档。

（5）在新文档中根据需要输入信息或编辑文档，然后进行文档的保存。

2. 创建新模板

当 Word 2016 提供的现有模板不能满足用户需求时，可以创建新模板。创建新模板主要有两种方法，即利用已有模板创建新模板或利用已有文档创建新模板。

1）利用已有模板创建新模板

其操作步骤如下：

（1）单击"文件"选项卡中的"新建"按钮。

（2）在"默认模板"列表中或通过"搜索联机模板"功能选择一种模板，单击"创建"按钮，创建基于模板的新文档。

（3）根据需要在新建的文档中进行编辑，主要是进行内容及格式的调整。

（4）单击"保存"按钮或单击"文件"选项卡中的"另存为"按钮，弹出"另存为"对话框，如图1-26（a）所示。

（5）任意选择模板存放的位置，在"文件名"下拉列表框中输入模板的文件名，在"保存类型"下拉列表框中选择"Word模板"。Word 2016模板默认的扩展名为"dotx"。当选择为"Word模板"文档类型时，模板的存放位置将自动定位在子文件夹"自定义Office模板"处，如图1-26（b）所示。当然，也可以再次更改保存位置。

（6）单击"保存"按钮即可将设置的模板保存到指定的位置。

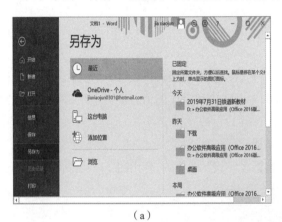
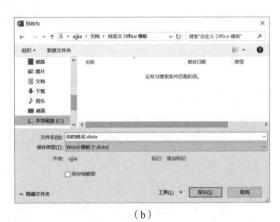

（a）   （b）

图1-26 "另存为"对话框

2）利用已有文档创建模板

其操作步骤如下：

（1）打开已经排版好各种格式的现有文档。

（2）单击"文件"选项卡中的"另存为"按钮，弹出"另存为"对话框。

（3）设置模板的存放位置，在"文件名"下拉列表框中输入模板的文件名，在"保存类型"下拉列表框中选择"Word模板"。

（4）单击"保存"按钮即可将设置的模板保存到用户指定的位置。

3. 应用模板

可以将一个定制好的模板应用到打开的文档中，具体操作步骤如下：

（1）打开文档，单击"文件"选项卡中的"选项"按钮，弹出"Word选项"对话框，如图1-27（a）所示。

（2）在"Word选项"对话框左侧列表中单击"加载项"按钮，在"管理"下拉列表框中选择"模板"，然后单击"转到"按钮，弹出"模板和加载项"对话框。

（3）单击"选用"按钮，在弹出的"选用模板"对话框中选择一种模板，单击"打开"按钮，将返回"模板和加载项"对话框。

（4）在"文档模板"文本框中将会显示添加的模板文件名和路径。选择"自动更新文档样式"复选框，如图 1-27（b）所示。

（5）单击"确定"按钮即可将此模板中的样式应用到当前已打开的文档中。

（a）　　　　　　　　　　　　　　　　　　（b）

图 1-27　模板应用

4．编辑模板

除了已介绍过的通过已有文档或模板的方法来创建新模板或修改模板外，还可以将文档中的某个样式复制成一个新模板或将此样式复制到一个已存在的模板中去，这种操作称为向模板中复制样式，详细操作步骤如下：

（1）打开 Word 文档，然后按上述方法打开"模板和加载项"对话框。

（2）单击"管理器"按钮，弹出"管理器"对话框，选择"样式"选项卡，弹出图 1-28 所示的对话框。左边为文档中已有的样式，右边为 Normal.dotm（共用模板）样式。

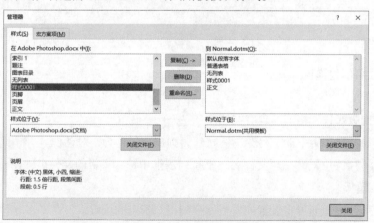

图 1-28　"管理器"对话框

（3）可以将左边文档中的样式复制到右边的共用模板中，也可以将共用模板中的样式复制到当前文档中。如果要复制的样式未在 Normal.dotm 模板文件中，则可单击右边的"样式位于"下拉列表下方的"关闭文件"按钮，此时该按钮将变成"打开文件"按钮。

（4）单击"打开文件"按钮，弹出"打开"对话框，从中选择要复制样式的模板或文档，单击"打开"按钮即可将选中的模板内容添加到"管理器"对话框中右侧的样式列表框中。

（5）完成样式复制操作后，单击"管理器"对话框中的"关闭"按钮即可完成样式的复制。

（6）单击"开始"选项卡"样式"组右下角的对话框启动器按钮，打开"样式"窗格，可以查看添加的样式。也可以单击"快速样式"库右侧的"其他"按钮，查看添加的样式。

在图 1-28 所示的"管理器"对话框中，还可以实现对当前文档或 Normal.dotm 模板文档中的样式进行删除或重命名操作，读者可自行尝试。

1.2　页面设计

除了对文档内容进行各种格式设计外，Word 还提供了对页面进行高级设计的工具，主要包括视图方式、分隔符、页眉与页脚、页面设置、页面背景、文档主题以及目录与索引，本节将对这些内容进行详细介绍。

1.2.1　视图

视图是指文档的显示方式。在不同的视图方式下，文档中的部分内容将会突出显示，有助于更有效地编辑文档。另外，Word 2016 还提供了其他辅助工具，以帮助用户编辑和排版文档。

1.　视图方式

Word 2016 提供有页面视图、阅读视图、Web 版式视图、大纲视图和草稿视图共 5 种视图显示方式。

1）页面视图

页面视图是 Word 最基本的视图方式，也是 Word 默认的视图方式，用于显示文档打印的外观，与打印效果完全相同。在页面视图方式下可以看到页面边界、分栏、页眉和页脚等项目的实际打印位置，可以实现对文档的各种排版操作，具有"所见即所得"的显示效果。

在页面视图下，默认状态下直接显示相邻页面的页边距区域。该区域可以隐藏，将鼠标指针移到该区域并双击，前后页仅相隔一条线；若要再次显示该区域，再次双击即可。

2）阅读视图

阅读视图以图书的分栏样式显示文档内容，标题栏、选项卡、功能区等窗口元素被隐藏起来。在阅读视图中，用户可以通过单击"工具""视图"下拉按钮选择各种阅读工具，如图 1-29（a）所示。

3）Web 版式视图

Web 版式视图以网页的形式显示文档内容，其外观与在 Web 或 Internet 上发布时的外观一致。在 Web 版式视图中，还可以看到背景、自选图形和其他在 Web 文档及屏幕上查看文档时常用的效果。Web 版式视图适用于发送电子邮件和创建网页，如图 1-29（b）所示。

扫一扫

视频1-7
视图与辅助工具

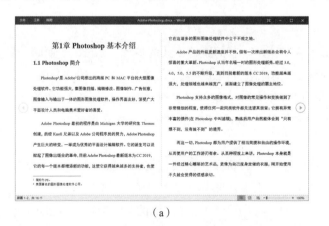

（a）

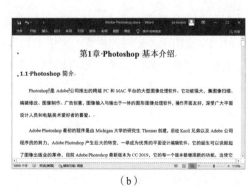

（b）

图 1-29　阅读视图和 Web 版式视图

4）大纲视图

大纲视图主要用于设置文档的标题和显示标题的层级结构，并可以方便地折叠和展开各种层级的文档，广泛用于长文档的快速浏览和设置，特别适合较多层次的文档，如图 1-30（a）所示。

在大纲视图中，利用"大纲显示"选项卡"大纲工具"组中的命令按钮，可以实现文档标题的快速设置及显示。其中，按钮 ≪ 实现将所选内容提升至标题 1 级别；按钮 ← 实现将所选内容提升一级标题；按钮 → 实现将所选内容下降一级标题；按钮 ≫ 实现将所选内容下降为正文文本；按钮 ▲ 实现将所选内容上移一个标题或一个对象；按钮 ▼ 实现将所选内容下移一个标题或一个对象；按钮 ✚ 实现展开下级的内容；按钮 ━ 实现折叠下级的内容。

5）草稿视图

在草稿视图中，用户可以查看草稿形式的文档，可以输入、编辑文字或编排文字格式。该视图方式不显示文档的页眉、页脚、脚注、页边距及分栏结果等，页与页之间的分页线是一条虚线，节与节之间用两条虚线表示分节符，简化了页面的布局，使显示速度加快，方便输入或编辑文档中的文字，并可进行简单的排版，如图 1-30（b）所示。

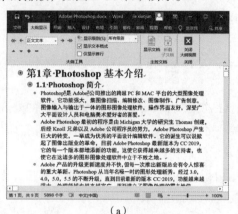
（a）

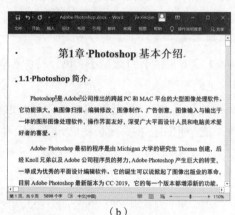
（b）

图 1-30　大纲视图和草稿视图

可以方便地实现 5 种视图之间的相互转换。单击"视图"选项卡"视图"组中的所需视图方式，或单击 Word 窗口右下角文档视图控制按钮区域 中的某个视图按钮，即可使当前文档进入相应的视图方式，但第二种方式仅能够在阅读视图、页面视图和 Web 版式视图 3 种视图之间进行切换。

2．辅助工具

Word 2016 提供了许多辅助工具，例如标尺、"导航"窗格、显示比例等，可以方便用户编辑和排版文档。

1）标尺

标尺用来测量或对齐文档中的对象，作为设置字体大小、行间距等格式的参考。标尺上有明暗分界线，可以对页边距、分栏的栏宽、表格的行和高等设置对象进行快速调整。当选中表格中的部分内容时，标尺上面会显示分界线，手动即可调整。手动的同时按住【Alt】键可以实现微调。Word 2016 中的标尺显示默认为隐藏，其打开方式如下：选择"视图"选项卡"显示"组中的"标尺"复选框即可。

2）"导航"窗格

"导航"窗格在文档中的一个单独的窗格中显示文档各级标题，使文档结构一目了然。在"导航"窗格中，可以单击各级标题、页面或通过搜索文本或对象来进行导航。选择"视图"选项卡"显示"组中的"导航窗格"复选框，可打开"导航"窗格，如图 1-31 所示。单击左侧的某级标题，在右边的窗格中将会显示所对应的标题及其内容。通过单击"导航"窗格中标题前面的按钮 ◢ 实现下级标题的折叠，单击按钮 ▷ 实现下级标题的展开。利用"导航"窗格中的"页面"导航可查看每页的缩略图并快速定位到相应页，并且利用"导航"窗格中的"搜索栏"可以快速查找文本和对象。

3）显示比例

为了便于浏览文档内容，可以缩小或者放大屏幕上的字体和图表，但不会影响文档的实际打印效果。

这个操作可以通过调整显示比例来实现，其操作方法主要有以下两种：

（1）单击"视图"选项卡"显示比例"组中的"显示比例"按钮，弹出图 1-32 所示的对话框，可以根据自己的需要选择或设置文档显示的比例。单击文档窗口状态栏右侧的"缩放级别"按钮（百分比），也会弹出"显示比例"对话框。

（2）通过单击状态栏右侧的"显示比例"滑动按钮 ————■————＋ 中的 ＋、－ 按钮或移动滑块也可实现文档内容的放大或缩小。

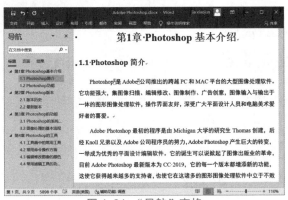

图 1-31　"导航"窗格

图 1-32　"显示比例"对话框

1.2.2　分隔符

有时根据排版的要求，需要在文档中人工插入分隔符，实现分页、分节及分栏。本节介绍这 3 种分隔符的使用方法。

1. 分页符

在 Word 中输入文档内容时系统会自动分页。如果要从文档中的某个指定位置开始，之后的文档内容在下一页出现，此时可以在指定位置插入分页符进行强制分页。操作步骤如下：

将光标定位在要分页的位置，单击"布局"选项卡"页面设置"组中的"分隔符"下拉按钮，弹出一个下拉列表，如图 1-33（a）所示，选择其中的"分页符"命令，此时，光标后面的文档内容将自动在下一页中出现。利用其他方法也可以实现分页操作：单击"插入"选项卡"页面"组中的"分页"按钮，或按【Ctrl+Enter】组合键实现分页。

分页符为一行虚线，默认为可见。若要删除分页符，可单击分页符，按【Delete】键删除。

2. 分节符

建立 Word 新文档时，Word 将整篇文档默认为一节，所有对文档的页面格式设置都是应用于整篇文档的。为了实现对同一篇文档中不同位置的页面进行不同的格式操作，可以将整篇文档分成多个节，根据需要为每节设置不同的文档格式。节是文档格式化的最大单位，只有在不同的节中，才可以设置不同的页眉和页脚、页边距、页面方向、纸张方向或版式等页面格式。插入分节符的操作步骤如下：

（1）将光标定位在需要插入分节符的位置，单击"布局"选项卡"页面设置"组中的"分隔符"下拉按钮，将出现一个下拉列表，如图 1-33（a）所示。

（2）在下拉列表中的"分节符"区域中选择分节符类型，其中的分节符类型如下：

① 下一页：表示分节符后的文本将从新的一页开始。

② 连续：新节与其前面一节同处于当前页中。

③ 偶数页：新节中的文本显示或打印在下一偶数页上。如果该分节符已经在一个偶数页上，则其下面的奇数页为一空页，对于普通的书籍就是从左手页开始的。

④ 奇数页：新节中的文本显示或打印在下一奇数页上。如果该分节符已经在一个奇数页上，则其下面的偶数页为一空页，对于普通的书籍就是从右手页开始的。

扫一扫

视频1-8
分隔符

（3）选择分节符类型为"下一页"，即在光标处插入一个分节符，并将分节符后面的内容自动显示在下一页中，如图 1-33（b）所示。

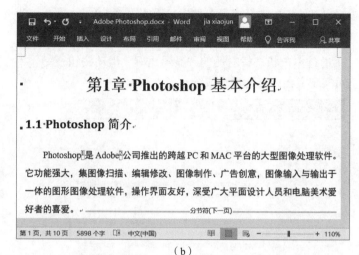

（a）　　　　　　　　　　　（b）

图 1-33　分节符及其操作结果

删除分节符等同于文档中字符的删除方法，将光标定位在分节符的前面，按【Delete】键即可。当删除一个分节符后，分节符前后两段将合并成一段，新合并的段落格式遵循如下规则：对于文字格式，分节符前后段落中的文字格式即使合并后也保持不变，例如字体、字号、颜色等；对于段落格式，合并后的段落格式与分节符前面的段落格式一致，例如行距、段前距、段后距等；对于页面设置格式，被删除分节符前面的页面将自动应用分节符后面的页面设置，例如页边距、纸张方向、纸张大小等。

3. 分栏符

在 Word 2016 中，分栏用来实现在文档中以两栏或多栏方式显示选中的文档内容，被广泛应用于报刊和杂志的排版编辑中。在分栏的外观设置上，Word 2016 具有很大的灵活性，可以控制栏数、栏宽以及栏间距，还可以很方便地设置分栏长度。分栏的操作步骤如下：

（1）选中要分栏的文本，单击"布局"选项卡"页面设置"组中的"栏"下拉按钮，在展开的下拉列表中选择一种分栏方式。

（2）使用"栏"按钮只可设置小于 4 栏的文档分栏，选择下拉列表中的"更多栏"命令，将弹出"栏"对话框，如图 1-34（a）所示。

（3）在对话框中，可以设置栏数、栏宽、分隔线、应用范围等。设置完成后，单击"确定"按钮完成分栏操作。图 1-34（b）所示为将选中的文本设置为两栏形式。

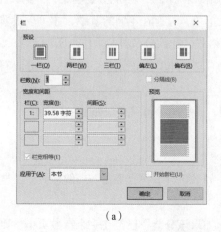

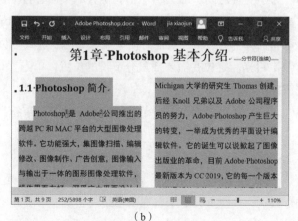

（a）　　　　　　　　　　　（b）

图 1-34　"栏"对话框及分栏结果

1.2.3 页眉与页脚

页眉和页脚分别位于文档中每页的顶部和底部，用来显示文档的附加信息，其内容可以是文档名、作者名、章节名、页码、日期时间、图片及其他一些域。可以将文档首页的页眉和页脚设置成与其他页不同的形式，也可以对奇数页和偶数页设置不同的页眉和页脚。

扫一扫

视频1-9
页眉与页脚

1. 添加页眉和页脚

要添加页眉和页脚，只需在文档中某一页的页眉或页脚中输入相应的内容即可，Word 会把它们自动地添加到每一页中。其操作步骤如下：

（1）单击"插入"选项卡"页眉和页脚"组中的"页眉"下拉按钮，在展开的下拉列表中可以选择内置的某个页眉样式。如果不使用内置样式，选择"编辑页眉"命令，直接进入页眉编辑状态。或者直接双击页面上边界或下边界，也可以进入页眉或页脚编辑状态。

（2）进入"页眉和页脚"编辑状态后，会同时显示"页眉和页脚工具 / 设计"选项卡，如图 1-35 所示。在页眉处可以直接输入页眉内容。

图 1-35 "页眉和页脚工具 / 设计"选项卡

（3）单击"导航"组中的"转至页脚"按钮，光标将定位到页脚编辑区（或直接单击页脚编辑区进行光标的定位），可以直接输入页脚内容。也可以单击"页眉和页脚"组中的"页脚"下拉按钮，在展开的下拉列表中选择某种内置的页脚样式。

（4）输入页眉和页脚内容后，单击"关闭"组中的"关闭页眉和页脚"按钮，则返回文档正文原来的视图方式。

退出页眉和页脚编辑环境的操作，也可以通过在正文文档任意处双击实现。

2. 页码

在 Word 文档中，页码是一种放置于每页中标明次序，用以统计文档页数、便于读者检索的编码或其他数字。加入页码后，Word 可以自动而迅速地编排和更新页码。在 Word 2016 中，页码可以放在页面顶端（页眉）、页面底端（页脚）、页边距或当前位置处，通常放在文档的页眉或页脚处。插入页码的操作步骤如下：

（1）单击"插入"选项卡"页眉和页脚"组中的"页码"下拉按钮，展开的下拉列表如图 1-36（a）所示。

（2）在弹出的下拉列表中，可以通过"页面顶端""页面底端""页边距""当前位置"项的级联菜单选择页码放置的样式。例如，选择"页面底端"中的"普通数字 2"命令，将自动在页脚处居中显示阿拉伯数字样式的页码。

（3）可以对插入的页码格式进行修改。在页眉或页脚编辑状态下，单击"页眉和页脚工具 / 设计"选项卡"页眉和页脚"组中的"页码"下拉按钮，在弹出的下拉列表中选择"设置页码格式"命令，弹出"页码格式"对话框，如图 1-36（b）所示。若不在页眉或页脚编辑状态，可单击"插入"选项卡"页眉和页脚"组中的"页码"下拉按钮，在弹出的下拉列表中选择"设置页码格式"命令，也可以弹出"页码格式"对话框。

（4）在对话框中的"编号格式"下拉列表框中选择编号的格式，在"页码编号"栏下可以根据实际需要选择"续前节"或"起始页码"单选按钮。单击"确定"按钮完成页码的格式设置。

（5）单击"页眉和页脚工具/设计"选项卡"位置"组中的"插入对齐制表位"按钮，弹出"对齐制表位"对话框，用来设置页码的对齐方式。也可以单击"开始"选项卡"段落"组中的对齐按钮实现页码对齐方式的设置。

（6）单击"关闭页眉和页脚"按钮退出页眉和页脚编辑状态。

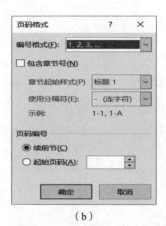

（a）　　　　　　　　　　　　　　　（b）

图 1-36　"页码"下拉列表及"页码格式"对话框

用户还可以双击页眉或页脚区域进入页眉和页脚编辑环境，然后单击"页眉和页脚工具/设计"选项卡"页眉和页脚"组中的"页码"下拉按钮插入页码。

3. 页眉和页脚选项

有些文档的首页没有页眉和页脚，或者设置为与文档中其余各页的页眉或页脚不同，是因为设置了首页不同的页眉和页脚。在有些文档中，要求对奇数页和偶数页分别设置各自不同的页眉或页脚，或在文档指定页中设置不同的页眉或页脚，这些操作可以借助页眉和页脚选项或借助分节符功能来实现。

1）创建首页不同的页眉或页脚

当希望将文档中首页页面的页眉和页脚设置成与文档中其余各页不同时，可通过创建首页不同的页眉或页脚的方法来实现，操作步骤如下：

（1）双击文档中的页眉或页脚区域，进入页眉或页脚编辑状态，或用其他方法进入页眉或页脚编辑状态。

（2）选择"页眉和页脚工具/设计"选项卡"选项"组中的"首页不同"复选框。

（3）将光标分别移到首页的页眉或页脚处，分别编辑其内容。

（4）将光标分别移到其他页的页眉或页脚处，根据需要编辑其内容。编辑完成页眉或页脚内容后，退出页眉和页脚编辑状态。

2）创建奇偶页不同的页眉或页脚

当希望在文档中的奇、偶页上设置不同的页眉或页脚时，例如，在奇数页页眉中使用章标题，在偶数页页眉中使用节标题，可通过创建奇偶页不同的页眉或页脚的方法来实现，其操作步骤如下：

（1）双击文档中的页眉或页脚区域，进入页眉或页脚编辑状态，或用其他方法进入页眉或页脚编辑状态。

（2）选择"页眉和页脚工具/设计"选项卡"选项"组中的"奇偶页不同"复选框。

（3）将光标移到文档的奇数页页眉或页脚处，根据需要编辑其内容。文档中其余各奇数页将自动加上相应的页眉或页脚内容。

（4）将光标移到文档的偶数页页眉或页脚处，编辑其内容。文档中其余各偶数页将自动加上相应的页眉或页脚内容。

（5）分别编辑完文档的奇、偶页的页眉或页脚内容后，双击文档区域，退出页眉和页脚编辑状态。

图 1-37 所示为文档的奇、偶页页眉的设置结果。其中，图 1-37（a）是将文档奇数页的页眉内容设置为文档的章标题内容，图 1-37（b）为将偶数页的页眉内容设置为文档的节标题内容。

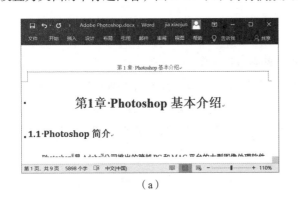
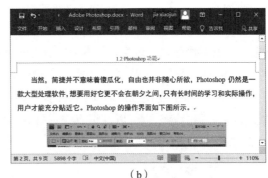

（a）　　　　　　　　　　　　　　　（b）

图 1-37　设置奇偶页页眉

3）创建各节不同的页眉或页脚

节是文档格式化的最大单位，只有在不同的节中，才可以设置不同的页眉和页脚、页边距、页面方向、文字方向或版式等页面格式。然而在同一节中，这些页面格式是统一的。将文档分成多节，可以利用分节符来实现，然后再在各节中实现相应操作。例如，在毕业论文排版中，需要将正文前的部分（封面、中文摘要、英文摘要、目录等）与正文（各章节）两部分应用不同的页码样式，其操作步骤如下：

（1）根据文档需要，将文档分成多节。首先将光标定位在需要分节的位置，单击"布局"选项卡"页面设置"组中的"分隔符"下拉按钮，在弹出的下拉列表中选择"分节符"栏中的"下一页"进行分节。重复此操作，可在文档中插入多个分节符。

（2）将光标定位在文档的第一节中，双击文档下边界的页脚区域，进入页脚编辑状态。也可以用其他方法进入页脚编辑状态，并将光标重新定位在需要修改页脚格式的所在节的页脚编辑区中。

（3）单击"导航"组中的"链接到前一节"按钮，断开该节与前一节的页脚之间的链接。此时，页面中将不再显示"与上一节相同"的提示信息，即用户可以根据需要修改本节现有的页脚内容或格式，或者输入新的页脚内容。

（4）若本节中需要新建页脚的页码，选择"页眉和页脚"组中的"页码"下拉列表中的"页面底端"级联菜单中的某种页码样式，所选的页脚样式将被应用到本节各页面的页脚处。

（5）若要修改本节的页码格式，单击"页眉和页脚"组中的"页码"下拉列表中的"设置页码格式"按钮，将弹出"页码格式"对话框，在对话框中修改"编号格式"或"页码编号"，并单击"确定"按钮。

（6）文档中其余各节的页码格式设置方法可参考上述步骤来实现，并且可以根据用户需要设置成不同的页码格式，甚至设置成不同的页脚内容。

（7）若文档中设置了多节，并且要求页码连续，则必须选择"页码格式"对话框中的"续前节"单选按钮。若不需要页码连续，可选择"起始页码"单选按钮并设定起始页码数字，并单击"确定"按钮。

（8）双击文档内容区域，退出页脚编辑状态，完成页码格式设置。

毕业论文的页脚的页码格式设置的详细操作步骤可参考本书第 5 章的相应案例。各节不同的页眉编辑方法类似于页脚编辑方法，在此不再举例赘述。

4. 删除页眉和页脚

当需要将页眉或页脚内容删除时，可以按如下操作方法进行：

扫一扫

视频1-10
各节不同的
页眉与页脚

（1）删除文档中的所有页眉或页脚。单击文档中的任何文本区域，然后单击"插入"选项卡"页眉和页脚"组中的"页眉"下拉按钮，在弹出的下拉列表中单击"删除页眉"按钮，可以删除文档中的所有页眉内容。单击"页眉和页脚"组中的"页脚"下拉列表中的"删除页脚"按钮，可以删除文档中的所有页脚内容。

（2）删除文档中指定节的页眉或页脚。进入页眉或页脚编辑状态，并将光标定位在要删除页眉或页脚内容处，直接删除，可以实现将本节中所有的页眉或页脚内容删除。

（3）还可以用其他方法进行选择性的删除。例如，"页码"下拉列表中的"删除页码"命令用于页码删除；文档首页不同，或者奇偶页的页眉或页脚不同，需要将光标分别定位在相应的页面中，再删除页眉或页脚内容；也可以在页眉或页脚编辑环境下，选择要删除的页眉或页脚内容，按【Delete】键实现删除。

1.2.4 页面设置

● 扫一扫 ●

视频1-11
页面设置

页面设置包括页边距、纸张、版式和文档网格等页面格式的设置。新建文档时，Word 对页面格式进行了默认设置，用户可以根据需要随时进行更改。可以在输入文档之前进行页面设置，也可以在输入文档的过程中或输入文档之后进行页面设置。

1. 页边距

页边距是指页面四周的空白区域，通俗理解是页面的边线到文字的距离。设置页边距，包括调整上、下、左、右边距以及页眉和页脚边界的距离，操作步骤如下：

（1）单击"布局"选项卡"页面设置"组中的"页边距"下拉按钮，弹出下拉列表，如图 1-38（a）所示，选择需要调整的页边距样式。

（2）若下拉列表中没有所需要的样式，可选择下拉列表最下面的"自定义页边距"命令，或单击"页面设置"组右下角的对话框启动器按钮，弹出"页面设置"对话框，如图 1-38（b）所示。

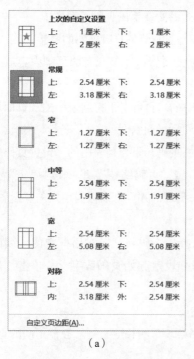

（a）

（b）

图 1-38 "页边距"下拉列表及"页面设置"对话框

（3）在对话框中设置页面的上（默认为 2.54 厘米）、下（默认为 2.54 厘米）、左（默认为 3.17 厘米）、右边距（默认为 3.17 厘米），纸张方向（默认为纵向），页码范围及应用范围（默认为本节）。

（4）单击"确定"按钮，完成页边距的设置。

2. 纸张

默认情况下，Word 中的纸型是标准的 A4 纸，文字纵向排列，纸张宽度是 21 厘米，高度是 29.7 厘米。可以根据需要重新设置或随时修改纸张的大小和方向，操作步骤如下：

（1）单击"布局"选项卡"页面设置"组中的"纸张方向"下拉按钮，在弹出的下拉列表中选择"纵向"或"横向"。

（2）单击"布局"选项卡"页面设置"组中的"纸张大小"下拉按钮，弹出下拉列表，选择需要调整的纸张样式。

（3）若下拉列表中没有所需要的纸张样式，可选择下拉列表最下面的"其他纸张大小"命令，或单击"页面设置"组右下角的对话框启动器按钮，弹出"页面设置"对话框，单击"纸张"选项卡，如图 1-39 所示。

（4）在对话框中设置纸张大小及应用范围。

（5）单击"确定"按钮，完成纸张大小的设置。

图 1-39 "页面设置"对话框

3. 版式

版式也就是版面格式，包括节、页眉和页脚、版心和周围空白的尺寸等项目的设置。设置版式的操作步骤如下：

（1）单击"布局"选项卡"页面设置"组右下角的对话框启动器按钮，弹出"页面设置"对话框，单击"版式"选项卡。

（2）在该选项卡中可以设置"节的起始位置""首页不同或奇偶页不同""页眉和页脚边距""对齐方式"等。

（3）单击"行号"按钮，弹出"行号"对话框，如图 1-40（a）所示，可以根据需要添加行号。选择"添加行编号"复选框，单击"确定"按钮返回。

（4）单击"边框"按钮，弹出"边框和底纹"对话框，可以根据需要设置页面边框，单击"确定"按钮返回。

（5）单击"确定"按钮，完成文档版式的设置。

4. 文档网格

可以实现文字排列方向、页面网格、每页行数、每行字数等项目的设置，操作步骤如下：

（1）单击"布局"选项卡"页面设置"组右下角的对话框启动器按钮，弹出"页面设置"对话框，单击"文档网格"标签。

（2）根据需要，在对话框中可以设置文字排列方向、栏数，网格的类型，每页的行数、每行的字数，应用范围等。

（3）单击"绘图网格"按钮，弹出"网格线和参考线"对话框，如图 1-40（b）所示，可以根据需要设置文档网格格式，单击"确定"按钮返回。

（4）单击"字体设置"按钮，弹出"字体"对话框，可以设置文档的字体格式，单击"确定"按钮返回"页面设置"对话框。

（5）单击"确定"按钮，完成文档网格的设置。

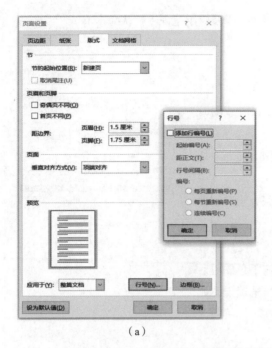

（a）　　　　　　　　　　　　　　　（b）

图 1-40　"行号"对话框及"网格线和参考线"对话框

1.2.5　文档主题

● 扫一扫

视频 1-12
文档主题

文档主题是一组具有统一外观的格式风格，包括一组主题颜色（配色方案的集合）、一组主题字体（包括标题字体和正文字体）、一组主题效果（包括线条和填充效果）以及相应的文档样式集（每个快速样式集可以包含多个标题级别、正文文本和用于在单个文档中协同工作的标题样式，不同的主题对应一组不同的样式集）。Word、Excel 和 PowerPoint 提供了许多内置的文档主题，用户还可以通过自定义并保存文档主题来创建自己的文档主题。文档主题可在各种 Office 程序模块之间共享，使所有 Office 文档都具有统一的外观。Word 中的文档主题分为内置主题和自定义主题。

1. 内置主题

内置文档主题是 Word 自带的主题。使用内置主题的操作步骤如下：

（1）单击"设计"选项卡"文档格式"组中的"主题"下拉按钮。

（2）在弹出的下拉列表中，显示了 Word 系统内置的"主题库"，其中有 Office、画廊、环保、回顾、积分等文档主题，如图 1-41 所示。鼠标指针移到某种主题，文档将显示其应用效果。

（3）直接选择某个需要的主题，即可应用该主题到当前文档中。

若文档先前应用了样式，然后再应用主题，文档中的样式可能受到影响，反之亦然。

2. 自定义主题

用户不仅可以在文档中应用系统的内置主题，还可以根据实际需要自定义文档主题。要自定义文档主题，需要对主题颜色、主题字体以及主题效果进行设置，这些设置会立即影响当前文档的外观。如果需要将这些设置应用到新文档，可以将其另存为自定义的文档主题，并保存在主题库中。

（1）主题颜色。用来设置文档中不同对象的颜色，默认有 23 种颜色组合。也可以自定义主题颜色，包含 4 种文字及背景颜色、6 种强调文字颜色和 2 种超链接颜色。更改其中任何已存在的颜色来创建自己的一组主题颜色，则在"主题颜色"按钮中以及主题名称旁边显示的颜色将相应地发生变化。设置主题颜色的操作步骤如下：

① 单击"设计"选项卡"文档格式"组中的"颜色"下拉按钮。

② 在弹出的下拉列表中列出了 Word 内置文档主题中所使用的主题颜色组合，单击其中的一项，可将当前文档的主题颜色更改为指定的主题颜色，如图 1-42 所示。

图 1-41 文档主题

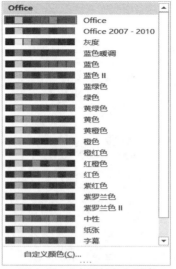

图 1-42 "主题颜色"列表

③ 若要新建主题颜色，可选择下拉列表底部的"自定义颜色"命令，弹出"新建主题颜色"对话框。

④ 在"主题颜色"列表中单击要更改的主题颜色元素对应的按钮，选择要使用的颜色。重复此操作，为要更改的所有主题元素更改颜色。

⑤ 在"名称"文本框中为新主题颜色输入适当的名称，然后单击"保存"按钮。新建的主题颜色将出现在"主题颜色"列表中。

（2）主题字体。包含标题字体和正文字体，可以更改这两种字体来创建一组主题字体。设置主题字体的操作步骤如下：

① 单击"设计"选项卡"文档格式"组中的"字体"下拉按钮。

② 在弹出的下拉列表中列出了 Word 内置的主题字体，如图 1-43 所示。单击其中的一项，可将当前文档的主题字体更改为指定的主题字体。

③ 若要新建主题字体，可选择下拉列表底部的"自定义字体"命令，弹出"新建主题字体"对话框。

④ 在"标题字体"和"正文字体"下拉列表框中选择要使用的字体。

⑤ 在"名称"文本框中为新主题字体输入适当的名称，然后单击"保存"按钮。新建的主题字体将出现在"主题字体"列表中。

（3）主题效果。主题效果是线条和填充效果的组合，用户无法创建自己的主题效果，但是可以选择 Word 提供的主题效果。应用主题效果的操作步骤如下：

① 单击"设计"选项卡"文档格式"组中的"效果"下拉按钮。

② 在弹出的下拉列表中列出了 Word 内置的主题效果，如图 1-44 所示。单击其中的一项，可将当前文档的主题效果更改为指定的主题效果。

（4）保存文档主题。对文档主题的颜色、字体、线条及填充效果进行修改后，可以保存为应用于其他文档的自定义文档主题。保存文档主题的操作步骤如下：

① 单击"设计"选项卡"文档格式"组中的"主题"下拉按钮。

② 在弹出的下拉列表中选择"保存当前主题"命令，弹出"保存当前主题"对话框，在"文件名"文本框中输入该主题名称，单击"保存"按钮，该主题将自动添加到"主题"库中，并保存在自定义分组中。

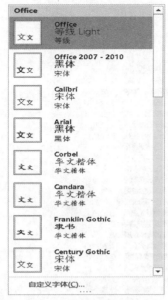

图 1-43 "主题字体"下拉列表

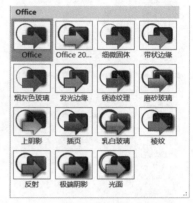

图 1-44 "主题效果"下拉列表

3. 样式集

样式集实际上是文档中标题、正文和引用等不同文本和对象格式的集合。为了方便用户对文档样式的设置，Word 2016 为不同类型的文档提供了多种内置的样式集，供用户选择使用。在介绍文档主题时，在保存主题时不仅保存主题还保存了样式集。若不需要保存主题，可以单独保存样式集。不但可以应用 Word 提供的样式集，还可以新建样式集。设置样式集的操作步骤如下：

（1）单击"设计"选项卡"文档格式"组中的"样式集"库右下角的其他按钮▾。

（2）在弹出的下拉列表中，显示了 Word 系统内置的"样式集"，共 17 种样式集，如图 1-45 所示。根据选择的文档主题不同，每类样式集中包含的样式格式有所区别。将鼠标指针移到某种样式集，文档将显示其应用效果。

（3）直接选择某个需要的样式集，即可应用该样式集到当前文档中。

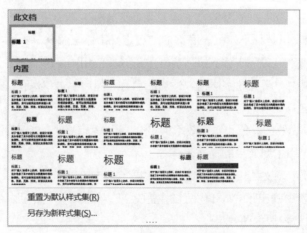

图 1-45 "样式集"下拉列表

可以对文档进行各种样式操作，并把文档中的各种样式以新样式集的形式进行保存，以应用于其他文档。其操作步骤如下：

（1）单击"设计"选项卡"文档格式"组中的"样式集"库右下角的其他按钮。

（2）在弹出的下拉列表中选择"另存为新样式集"命令，弹出"另存为新样式集"对话框，在"文件名"文本框中输入该样式集名称，单击"保存"按钮，该样式集将自动添加到"样式集"库中，并分在自定义分组中。

1.2.6　页面背景

页面背景是指显示于 Word 文档底层的颜色或图案，用于丰富文档的页面显示效果，使文档更美观，增加其观赏性。页面背景包括水印、页面颜色和页面边框。

扫一扫

视频1-13
页面背景

1. 水印

在打印一些重要文件时给文档加上水印，例如"绝密""保密""禁止复制"等字样，可以强调文档的重要性。水印分为图片水印和文字水印。添加水印的操作步骤如下：

（1）单击"设计"选项卡"页面背景"组中的"水印"下拉按钮，弹出下拉列表，选择需要的水印样式。

（2）若要自定义水印，可选择下拉列表中的"自定义水印"命令，弹出"水印"对话框，如图 1-46（a）所示。

（3）在该对话框中，可以根据需要设置图片水印和文字水印。图片水印是将一幅制作好的图片作为文档水印。文字水印包括设置水印语言、文字、字体、字号、颜色、版式等格式。

（4）单击"确定"按钮，完成水印设置。图 1-46（b）所示为插入文字水印"Adobe Photoshop"后的操作结果。

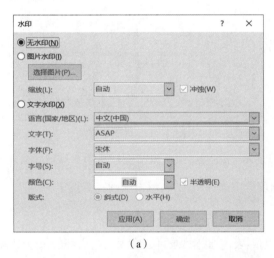

（a）

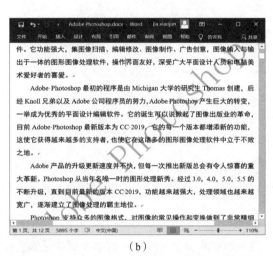

（b）

图 1-46　"水印"对话框及操作结果

文字水印在一页中仅显示为单个水印，若要在同一页中同时显示多个文字水印，可以先制作一幅含有多个文字水印的图片，然后将其以图片水印的方式加入文档中。

若要修改已添加的水印，可按照上面的操作方法打开"水印"对话框，在对话框中可以对现有水印的文字、字体、字号、颜色及版式进行设置，或重新添加图片水印。

若要删除水印，可单击"设计"选项卡"页面背景"组中的"水印"下拉按钮，在弹出的下拉列表中选择"删除水印"命令即可。

2. 页面颜色

在 Word 中，系统默认的页面底色为白色。用户可以将页面颜色设置为其他颜色，以增强文档的显示效果。例如，将当前 Word 文档页面的填充效果设置为"雨后初晴"形式，操作步骤如下：

（1）单击"设计"选项卡"页面背景"组中的"页面颜色"下拉按钮，弹出下拉列表，可以根据需要选择页面颜色。也可以选择"其他颜色"命令，弹出"颜色"对话框，选择所需要的颜色。

（2）选择"填充效果"命令，弹出"填充效果"对话框。可以在"渐变""纹理""图案""图片"等选项卡中选择所需要的填充效果。其中，"渐变""纹理""图案"可以在对应列表中直接进行选择，"图片"可以将指定位置的图片文件作为文档背景进行添加。"雨后初晴"效果在"渐变"选项卡中，选择"预设"单选按钮，在"预设颜色"下拉列表框中选择"雨后初晴"，还可以设置"透明度"及"底纹样式"，这里取默认值。单击"确定"按钮返回。

（3）页面颜色即为指定的颜色，操作效果如图 1-47 所示。

若要删除页面颜色，单击"设计"选项卡"页面背景"组中的"页面颜色"按钮，弹出下拉列表，单击其中的"无颜色"命令即可。

3. 页面边框

可以在 Word 文档的每页四周添加指定格式的边框以增强文档的显示效果，操作步骤如下：

单击"设计"选项卡"页面背景"组中的"页面边框"按钮，弹出"边框和底纹"对话框。在"页面边框"选项卡中设置页面边框的类型、样式、颜色等，单击"确定"按钮即可。图 1-48 所示为设置单实线、红色、1.5 磅线宽的页面边框后的效果。

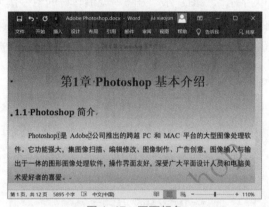
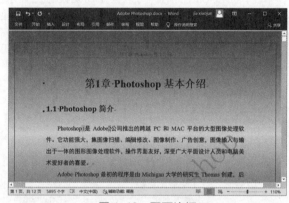

图 1-47 页面颜色	图 1-48 页面边框

若要删除页面边框，可单击"设计"选项卡"页面背景"组中的"页面边框"按钮，弹出"边框和底纹"对话框，在"页面边框"选项卡中的"设置"列表框中选择"无"，单击"确定"按钮。

1.2.7 目录与索引

目录是 Word 文档中各级标题及每个标题所在页码的列表，通过目录可以实现文档内容的快速浏览。此外，Word 中的目录包括标题目录、图表目录和引文目录。索引是将文档中的字、词、短语等单独列出来，注明其出处和页码，根据需要按一定的检索方法编排，以方便读者快速查阅有关内容。引文与书目可实现文档中参考文献的自动引用以及书目列表的自动生成。本节将介绍相关知识。

1. 目录

本小节的目录操作主要包括标题目录和图表目录的创建及其修改，引文目录的介绍单独成节。

1）标题目录

Word 具有自动编制各级标题目录的功能。编制目录后，只要按住【Ctrl】键单击目录中的某个标题，就可以自动跳转到该标题所在的页面。标题目录的操作主要涉及目录的创建、修改、更新及删除。

（1）创建目录。创建目录的操作步骤如下：

① 打开已经预定义好各级标题样式的文档，将光标定位在要建立目录的位置（一般在文档的开头），单击"引用"选项卡"目录"组中的"目录"下拉按钮，将展开一个下拉列表，选择其中的一种目录样式，将自动生成目录。

扫一扫

视频1-14
目录

② 也可以选择下拉列表中的"自定义目录"命令，弹出"目录"对话框，如图 1-49（a）所示。在弹出的对话框中，确定目录显示的格式及级别，例如显示页码、页码右对齐、制表符前导符、格式、显示级别等对象的设置。

③ 单击"确定"按钮，完成创建目录的操作，如图 1-49（b）所示，其中标题"目录"两个字符为手动输入。

 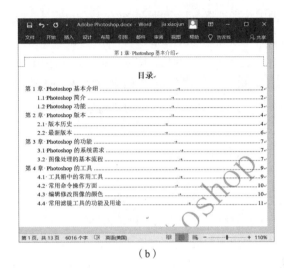

（a） （b）

图 1-49 "目录"对话框及插入目录结果

（2）修改目录。如果对设置的目录格式不满意，可以对目录进行修改，其操作步骤如下：

① 单击"引用"选项卡"目录"组中的"目录"下拉按钮，选择下拉列表中的"自定义目录"命令，弹出"目录"对话框。

② 根据需要修改相应的选项。单击"选项"按钮，弹出"目录选项"对话框，如图 1-50（a）所示，选择目录标题显示的级别，默认为 3 级，单击"确定"按钮返回。

③ 单击"修改"按钮，弹出"样式"对话框。如果要修改某级目录格式，可在"样式"列表框中选择该级目录，单击"修改"按钮，弹出"修改样式"对话框，如图 1-50（b）所示。根据需要修改该级目录各种格式，单击"确定"按钮返回，然后单击"确定"按钮返回"目录"对话框。

（a） （b）

图 1-50 "目录选项"对话框与"修改样式"对话框

④ 单击"确定"按钮，系统弹出询问是否替换目录的信息提示框，单击"是"按钮完成目录的修改。

（3）更新目录。编制目录后，如果文档内容进行了修改，导致标题或页码发生变化，需更新目录。更新目录的操作方法有以下几种：

① 右击目录区域的任意位置，在弹出的快捷菜单中选择"更新域"命令，然后在弹出的"更新目录"对话框中选择"更新整个目录"单选按钮，单击"确定"按钮。

② 单击目录区域的任意位置，按功能键【F9】。

③ 单击目录区域的任意位置，然后单击"引用"选项卡"目录"组中的"更新目录"按钮。

（4）删除目录。若要删除创建的目录，操作方法为：单击"引用"选项卡"目录"组中的"目录"下拉按钮，选择下拉列表底部的"删除目录"命令。或者在文档中选中整个目录后按【Delete】键进行删除。

2）图表目录

图表目录是对 Word 文档中的图、表、公式等对象编制的目录。对这些对象编制目录后，只要按住【Ctrl】键单击图表目录中的某个题注，就可以跳转到该题注对应的页面。图表目录的操作主要涉及目录的创建、修改、更新及删除。创建图表目录的操作步骤如下：

（1）打开已经预先对文档中的图、表或公式创建了题注的文档。将光标定位在要建立图表目录的位置，单击"引用"选项卡"题注"组中的"插入表目录"按钮 📄插入表目录，弹出"图表目录"对话框，如图 1-51（a）所示。

（2）在"题注标签"下拉列表框中选择不同的题注对象，可实现对文档中图、表或公式题注的选择。图 1-51（a）所示为选择"图"题注标签，图 1-51（b）所示为选择"表"题注标签。

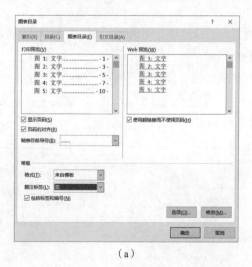
（a）

（b）

图 1-51 "图表目录"对话框

（3）在"图表目录"对话框中还可以对其他选项进行设置，例如显示页码、页码右对齐、格式等，与标题目录的设置方法类似。

（4）单击"选项"按钮，弹出"图表目录选项"对话框，可以对图表目录标题的来源进行设置，单击"确定"按钮返回。单击"修改"按钮，弹出"样式"对话框，可对图表目录的样式进行修改，单击"确定"按钮返回。

（5）单击"确定"按钮，完成图表目录的创建，如图 1-52 所示。其中，"图目录"和"表目录"字符为手动输入。

图表目录的操作还涉及图表目录的修改、更新及删除，其操作和标题目录的相应操作方法类似，在此不再赘述。

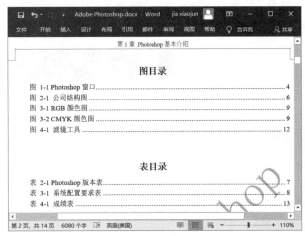

图 1-52　图表目录

2. 索引

扫一扫 ●┄┄┄┄

索引是将文档中的关键词（专用术语、缩写和简称、同义词及相关短语等对象）或主题按一定次序分条排列，并显示其页码，以方便读者快速查找。索引的操作主要包括标记条目、插入索引目录、更新索引及删除索引等。

视频 1-15
索引

（1）标记条目。

要创建索引，首先要在文档中标记条目，条目可以是来自文档中的文本，也可以是与文本有特定关系的短语，例如同义词。条目标记可以是文档中的一处对象，也可以是文档中相同内容的全部。标记条目的操作步骤如下：

① 将光标定位在要添加索引的位置（标记单个条目，这种索引为位置索引），或选中要创建条目的文本（可标记全部条目）。单击"引用"选项卡"索引"组中的"标记条目"按钮，弹出"标记索引项"对话框，如图 1-53 所示。

② 如果是位置索引，则在该对话框中的"主索引项"文本框中输入作为索引标记的内容；如果先选中了要创建索引项的文本，则会自动跳出索引项的内容，例如，"Photoshop"。在文本框中右击，在弹出的快捷菜单中选择"字体"命令，弹出"字体"对话框，可以对索引内容进行格式设置。在"选项"栏中选择"当前页"单选按钮。还可以设置加粗、倾斜等页码格式。"次索引项"是对索引对象的进一步限制。

图 1-53　"标记索引项"对话框

③ 单击"标记"按钮即可在光标位置或选中的文本后面出现索引区域"｛ XE "Photoshop"｝"。单击"标记全部"按钮，实现将文档中所有与"主索引项"文本框中内容相同的文本建立条目标记。

④ 按照相同方法可建立其他对象的条目标记。

（2）插入索引目录。

Word 是以 XE 域的形式插入条目的标记，标记好条目后，默认方式为显示索引标记。索引标记在文档中也占用文档空间，在创建索引目录前需要将其隐藏。单击"开始"选项卡"段落"组中的"显示 / 隐藏编辑标记"按钮，可以实现条目标记的隐藏，再次单击为显示。插入索引目录的操作步骤如下：

① 将光标定位在要添加索引目录的位置，单击"引用"选项卡"索引"组中的"插入索引"按钮

插入索引，弹出"索引"对话框，如图 1-54（a）所示

②根据实际需要，可以设置"类型""栏数""页码右对齐""格式"等项目。例如，选择"页码右对齐"复选框，设置栏数为"1"，单击"确定"按钮。

③在光标处将自动插入索引目录，如图 1-54（b）所示。其中，"索引目录"4 个字符为手动输入。

（a）

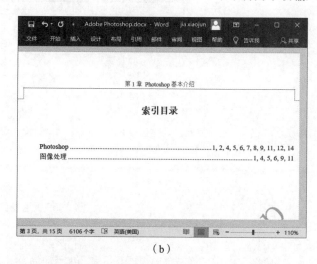

（b）

图 1-54 "索引"对话框及索引目录

（3）更新索引。

更改了索引项或索引项所在页的页码发生改变后，应及时更新索引。其操作方法与标题目录更新类似。选中索引，单击"引用"选项卡"索引"组中的"更新索引"按钮 更新索引或者按功能能键【F9】实现。也可以右击索引，选择快捷菜单中的"更新域"命令实现索引更新。

（4）删除索引。

如果看不到索引域（隐藏），可单击"开始"选项卡"段落"组中的"显示/隐藏编辑标记"按钮，实现索引标记的显示。选择整个索引项域，包括括号"{ }"，然后按【Delete】键可实现删除单个索引标记。索引目录的删除和标题目录的操作方法类似，在此不再赘述。

3. 引文与书目

扫一扫

视频 1-16
引文与书目

引文与书目的功能是 Word 2016 用来管理及标注文档中使用的参考文献。通过建立一个引文源，该源可以是用户输入、计算机中其他文档或网络共享，利用引文的国际通用样式，将引文标识自动插入到文档中。书目是在创建文档时，参考或引用的源的列表（参考文献目录），用户可以根据为该文档提供的源信息自动生成书目，通常位于文档的末尾。引文与书目操作主要包括插入引文、管理源及创建书目。

（1）插入引文。

插入引文操作可以实现创建新引文源并插入引文，以及在文档中插入已有引文。创建引文源的操作步骤如下：

①单击"引用"选项卡"引文与书目"组中的"样式"右边的下拉按钮，在弹出的下拉列表中选择一种引文样式。引文样式分为 APA、Chicage、IEEE、ISO 690 等多种样式。

②将光标定位在文档中要引用的句子或短语的末尾处。单击"引文与书目"组中的"插入引文"下拉按钮，在弹出的下拉列表中选择"添加新源"命令，弹出"创建源"对话框，如图 1-55 所示。

③在该对话框中，设置引文源信息，包括源类型（书籍、杂志文章、期刊、报告等）、语言（默认、英语、中文）、作者（单击"编辑"按钮，可以添加、删除、修改多个作者）、标题、期刊标题、年份等信息，单击"确定"按钮，完成引文源的添加，并自动在光标处插入该引文。

插入现有引文的操作步骤如下：

① 将光标定位在文档中要引用的句子或短语的末尾处。

② 单击"引文与书目"组中的"插入引文"下拉按钮，弹出下拉列表，如图 1-56 所示。

③ 在列表中直接选中要引用的引文对象即可。

图 1-55　"创建源"对话框

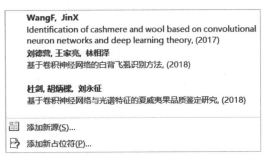

图 1-56　引文列表

（2）管理源。

Word 文档引用的源，可以在当前文档中，也可以在其他文档中，这些源可以在不同文档间相互使用。

① 单击"引用"选项卡"引文与书目"组中的"管理源"按钮，弹出"源管理器"对话框，如图 1-57 所示。

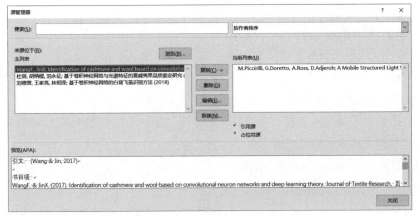

图 1-57　"源管理器"对话框

② 在对话框左侧的"主列表"列表框中，显示的是 Word 以前及当前文档中建立的所有源，"当前列表"列表框中显示的是打开的文档中已建立或新建的源。可以将"主列表"中的引文信息复制到"当前列表"中，反之亦可。也可以分别对"主列表"或"当前列表"中的引文信息进行编辑、删除，还可以新建一个引文源。

③ 利用搜索功能，可以实现按标题或作者对引文进行搜索，并可以实现按照作者、标题、引文标记名称或年份进行排序操作。

（3）创建书目。

创建好引文源后，可以调用源中的数据自动产生参考文献列表，即为书目。将光标定位在要插入书目的位置，通常位于文档末尾，单击"引文与书目"组中的"书目"下拉按钮，在弹出的下拉列表中选择某种书目样式即可插入书目，或者在下拉列表中选择"插入书目"命令，在光标处将自动插入参考文献列表，如图 1-58 所示。

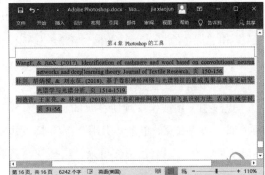

图 1-58　书目列表

·扫一扫·

视频1-17
引文目录

若引文源中的书目发生了变化，例如增加或删除，书目列表中的书目也可以更新。右击书目列表，在弹出的快捷菜单中选择"更新域"命令，或按功能键【F9】，即可更新书目列表。删除书目的操作与标题目录的操作方法类似，在此不再赘述。

4. 引文目录

引文目录在名称上很容易与引文书目混淆。引文书目是文档中对参考文献的引用，然而文档中的引文目录主要用于创建文档中指定对象的参考内容列表，例如法律类的事例、法规、规则、协议、规章、宪法条款等对象。引文目录是将文档中的这些对象按类别次序分条排列，以方便读者快速查找。引文目录的操作主要包括标记引文、编制引文目录、更新引文目录及删除引文目录，其操作方法类似于索引操作。

（1）标记引文。

要创建引文目录，首先要在文档中标记引文项。引文项可以来自文档中的任意文本。引文标记可以是文档中的一处对象，也可以是文档中相同内容的全部。标记引文的操作步骤如下：

① 选中要创建标记引文的文本。单击"引用"选项卡"引文目录"组中的"标记引文"按钮，弹出"标记引文"对话框，如图1-59所示。

② 在"所选文字"列表框中将显示选中的文本，在"类别"下拉列表框中选择引文的类别，主要有"事例""法规""其他引文""规则""协议""宪法条款"等。在"短引文"文本框中可以输入引文的简称，或选择列表框中的现有引文。"长引文"文本框中将自动出现引文。

图1-59 "标记引文"对话框

③ 单击"标记"按钮即可在选中的文本后面出现引文区域"{ TA \l "***" }"，其中"*"表示引文标记的统称。若单击"标记全部"按钮，可实现将文档中所有与选中内容相同的文本进行引文标记。

④ 单击"关闭"按钮完成本次标记引文操作。

⑤ 按照相同方法可以建立其他对象的引文标记。

（2）编制引文目录。

Word是以TA域的形式插入引文项的标记，标记好引文项后，默认方式为显示引文标记。引文标记在文档中也占用文档空间，在创建引文目录前可以将其隐藏。单击"开始"选项卡"段落"组中的"显示/隐藏编辑标记"按钮，实现引文标记的隐藏，再次单击为显示。编制引文目录的操作步骤如下：

① 将光标定位在要添加引文目录的位置，单击"引用"选项卡"引文目录"组中的"插入引文目录"按钮，弹出"引文"对话框，如图1-60（a）所示。

② 根据实际需要，可以设置类别、使用"各处"、保留原格式、格式等选项。例如，选择"使用'各处'"和"保留原格式"复选框，单击"确定"按钮。

③ 在光标处将自动插入引文目录，如图1-60（b）所示。其中，"引文目录"4个字符为手动输入。

（3）更新引文目录。

更改引文项或引文项所在页的页码发生改变后，应及时更新引文目录。其操作方法与标题目录的更新类似。选中引文，单击"引用"选项卡"引文目录"组中的"更新引文目录"按钮或者按功能键【F9】实现更新。也可以右击引文目录，选择快捷菜单中的"更新域"命令实现更新。

（a）

（b）

图 1-60 "引文目录"对话框及引文目录效果

（4）删除引文目录。

如果看不到引文域（隐藏），可单击"开始"选项卡"段落"组中的"显示 / 隐藏编辑标记"按钮 ☈，实现引文标记的显示。选中整个引文项域，包括括号"⁅ ⁆"，然后按【Delete】键实现单个引文标记的删除。更新引文目录后，该引文标记对应的目录将自动删除。

整个引文目录的删除和标题目录的相应操作方法类似，在此不再赘述。

5. 索引与引文标记的删除

Word 是以 XE 域的形式插入索引项的标记，以 TA 域的形式插入引文项的标记。在前面相关内容中介绍了单个索引标记或引文标记的删除方法，若在文档中插入了多个索引及引文标记，这种删除方法比较费时。现在介绍一种利用替换操作一次性地删除文档中所有索引及引文标记的方法。操作步骤如下：

（1）单击"开始"选项卡"段落"组中的"显示 / 隐藏编辑标记"按钮 ☈，显示文档中所有的索引及引文标记。如果标记已经显示，则此步操作省略。

（2）单击"开始"选项卡"编辑"组中的"替换"按钮，弹出"查找和替换"对话框。

（3）在对话框中的"查找内容"文本框中输入"^d"。或者单击"更多"按钮，然后选择"特殊格式"下拉列表中的"域"（索引标记及引文标记各是一种域）命令，"查找内容"文本框中将自动出现"^d"。

（4）对话框中的"替换为"文本框中不输入内容。

（5）单击"全部替换"按钮，文档中的所有域将自动删除（不仅仅是索引标记和引文标记）。当然，也可以交叉使用"查找下一处"和"替换"按钮实现选择性的删除文档中的域。

（6）单击"取消"按钮或对话框右上角的"关闭"按钮，关闭"查找和替换"对话框。

6. 书签

书签是一种虚拟标记，形如 ▶，其主要作用在于快速定位到特定位置，或者引用同一文档（也可以是不同文档）中的特定文字。在 Word 文档中，文本、段落、图形、图片、标题等项目都可以添加书签。

（1）添加和显示书签。

在 Word 文档中添加书签的操作步骤如下：

① 选中要添加书签的文本（或者将光标定位在要插入书签的位置），单击"插入"选项卡"链接"组中的"书签"按钮，弹出"书签"对话框。

② 在"书签名"文本框中输入书签名，单击"添加"按钮即可完成对所选文本（或光标所在位置）添加书签的操作。书签名必须以字母、汉字开头，不能以数字开头，不能有空格，但可用下画线分隔字符。

在默认状态下，书签不显示，如果要显示，可通过如下方法设置：

扫一扫

视频1–18
书签

① 单击"文件"选项卡中的"选项"按钮，打开"Word 选项"窗口，选择"高级"选项卡。

② 在"显示文档内容"栏中选择"显示书签"复选框，单击"确定"按钮即可。设置为书签的文本将以方括号"[ ]"的形式出现（仅在文档中显示，不会打印出来）。再次选择"显示书签"复选框，则隐藏书签。

（2）定位及删除书签。

在文档中添加书签后，打开"书签"对话框，可以看到已经添加的书签。使用"书签"对话框可以快速定位或删除添加的书签。

利用定位操作，可以查找文本的位置，操作步骤如下：

① 打开"书签"对话框，在"书签名"文本框下方的列表框中选择要定位的书签名，然后单击"定位"按钮，即可定位到文档中书签的位置，添加了该书签的文本会高亮显示。

② 单击"关闭"按钮关闭"书签"对话框。

可以删除添加的书签，操作步骤如下：

① 打开"书签"对话框，在"书签名"文本框下方的列表框中选择要删除的书签名，然后单击"删除"按钮。

② 单击"关闭"按钮即可关闭"书签"对话框。

（3）引用书签。

在 Word 文档中添加了书签后，可以对书签建立超链接及交叉引用。

建立超链接的操作步骤如下：

① 在文档中选择要建立超链接的对象，例如文本、图像等，单击"插入"选项卡"链接"组中的"超链接"按钮，弹出"插入超链接"对话框。或者右击要建立超链接的对象，在弹出的快捷菜单中选择"超链接"命令，也会弹出"插入超链接"对话框。

② 单击"链接到"下方的"本文档中的位置"，对话框内容改变为如图 1-61 所示。

③ 选择"书签"标记下面的某个书签名，单击"确定"按钮即可为选择的对象建立超链接。也可以在"插入超链接"对话框中单击左侧的"现有文件或网页"，然后单击右侧的"书签"按钮，在弹出的"在文档中选择位置"对话框中选择书签的超链接对象。

建立交叉引用的操作步骤如下：

① 首先在文档中确定建立交叉引用的位置，然后单击"插入"选项卡"链接"组中的"交叉引用"按钮，弹出"交叉引用"对话框。也可以单击"引用"选项卡"题注"组中的"交叉引用"按钮，也会弹出"交叉引用"对话框，如图 1-62 所示。

图 1-61 "插入超链接"对话框

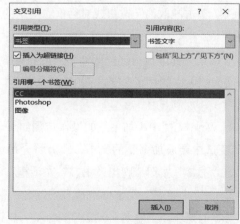

图 1-62 "交叉引用"对话框

② 在"引用类型"下拉列表框中选择"书签"选项,在"引用内容"下拉列表框中选择"书签文字"选项,在"引用哪一个书签"列表框中选择某个书签,单击"插入"按钮即可在选定位置处建立交叉引用。

1.3　图文混排与表格应用

Word 2016 除了具有强大的文字处理功能外,还提供了强大的图形、图片处理功能。同时,Word 2016 还提供了完善的表格应用功能。这些功能的使用,使得用户能够制作出图文并茂、形象生动的 Word 文档。

1.3.1　图文混排

在 Word 2016 中,对于添加到文档中的图片,除了通过简单的复制操作外,系统在"插入"选项卡中提供了 6 种方式以插入图片,它们分别是图片、联机图片、形状、SmartArt、图表和屏幕截图。这 6 种方式位于"插入"选项卡"插图"组中,如图 1-63 所示。

图 1-63 "插入"选项卡的"插图"组

(1)图片:用来插入来自文件的图片,单击该按钮会弹出"插入图片"对话框,用来确定插入图片的位置及图片名称。

(2)联机图片:用来插入网络图片。如果计算机已经联网,用户可以通过此功能输入要插入图片的关键词,计算机将自动在网上搜索并把相关图片列出来,用户可以根据需要选择插入的图片。

(3)形状:用来插入现成的形状,例如矩形、圆、箭头、线条、流程图符号和标注等。单击该按钮会弹出下拉列表供用户选择。

(4)SmartArt:用来插入 SmartArt 图形,以直观的方式交流信息。SmartArt 图形包括图形列表、流程图以及更复杂的图形。单击该按钮会弹出"选择 SmartArt 图形"对话框,用户可根据需要选择图形类型。

(5)图表:用来插入图表,用于演示和比较数据,包括柱形图、折线图、饼图、条形图、面积图和曲面图等。单击该按钮会弹出"插入图表"对话框,用户可根据需要选择图表类型。

(6)屏幕截图:用来插入任何未最小化到任务栏的程序窗口的图片,可插入程序的整个窗口或部分窗口的图片。

1. 插入图片

在图 1-63 所示的"插入"选项卡"插图"组的功能按钮中,"图片""形状""图表"在以往的 Word 版本中已经详细介绍过并被广泛应用,在 Word 2016 中,这些功能按钮只是在界面和外观的显示方面进行了改进,但操作方法非常类似,在此不再赘述。本小节主要介绍在 Word 2016 文档中如何插入联机图片、SmartArt 图形和屏幕截图。

1)联机图片

Word 2016 提供了强大的在线图片自动搜索功能,用户可以根据需要选择或输入关键词的方法通过联机图片来实现。联机图片既可以来自于互联网,也可以来自于个人的 OneDriver(微软云存储)。联机图片插入到文档中指定位置的操作步骤如下:

（1）将光标定位在需要插入图片的位置，单击"插入"选项卡"插图"组中的"联机图片"按钮，弹出"插入图片"对话框，如图 1-64（a）所示。

（2）如果所需图片来自 OneDrive，则选择该项，否则单击"必应图像搜索"，也可以直接在后面的搜索文本框中输入关键词，然后单击"搜索必应"按钮。单击"必应图像搜索"，弹出分类图片列表。

（3）总共分为 51 类图片。可以根据需要选择一类，将列出搜索出来的本类图片，可以查看每个图片的详细信息，包括图片尺寸、来源、名称。还可以单击按钮▽，对列出的图片按"大小""类型""布局""颜色"进行筛选。也可以单击"仅限 Creative Commons"进行限选。相关操作如图 1-64（b）所示。

（a） （b）

图 1-64 联机图片

（4）选择其中需要的图片（可以同时选择多个图片），单击"插入"按钮即可。

（5）也可以在此对话框中输入关键词进行搜索。单击"取消"退出联机图片操作。

● 扫一扫

视频 1-19
SmartArt
图形

2）SmartArt 图形

Word 2016 提供了丰富的 SmartArt 图形类型。下面以组织结构图为例，介绍如何创建 SmartArt 图形以及如何编辑 SmartArt 图形。

（1）创建 SmartArt 图形。该类图形的创建步骤如下：

① 将光标定位在需要插入图形的位置，单击"插入"选项卡"插图"组中的"SmartArt"按钮，弹出"选择 SmartArt 图形"对话框，如图 1-65 所示。

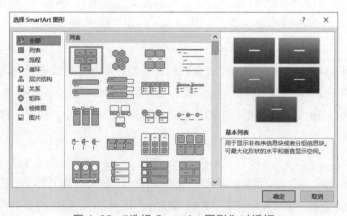

图 1-65 "选择 SmartArt 图形"对话框

② 在对话框左边的列表框中选择"层次结构"选项卡，然后在右边的列表框中选择图形样式，例如"组织结构图"选项。

③ 单击"确定"按钮，在光标处将自动插入一个基本组织结构图。

④ 输入文字，有两种输入方法：一种输入方法是单击组织结构图中的文本框，直接输入文本；另外一种方法是使用文本窗格输入，即在左侧文本窗格中的"在此处输入文字"文本框中输入文本，右侧的

组织结构图中将会显示对应的文字，输完一个后单击下一个文本框继续输入，也可通过键盘上的光标键移动。

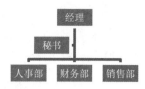

⑤ 输入完成后单击 SmartArt 图形以外的任意位置，完成 SmartArt 图形的创建，适当调整整个图形的尺寸，效果如图 1-66 所示。

图 1-66 公司组织结构图

（2）"SmartArt 工具 / 设计"和"SmartArt 工具 / 格式"选项卡。当插入一个 SmartArt 图形后，系统将自动显示"SmartArt 工具 / 设计"和"SmartArt 工具 / 格式"选项卡，并自动切换到"SmartArt 工具 / 设计"选项卡，如图 1-67（a）所示。"SmartArt 工具 / 格式"选项卡如图 1-67（b）所示。

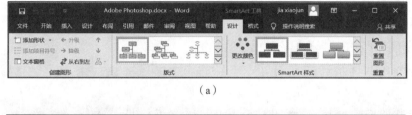

（a）

（b）

图 1-67 "SmartArt 工具 / 设计"和"SmartArt 工具 / 格式"选项卡

"SmartArt 工具 / 设计"选项卡包括"创建图形""版式""SmartArt 样式""重置"4 个组。"创建图形"组用来添加形状、升降形状及添加项目符号等操作。在"版式"组中，可以将组织结构图切换成图片型、半圆形、圆形等多种形式。"SmartArt 样式"组提供了多种预设样式，并可修改图形的边框、背景色、字体等。"重置"组用来撤销对 SmartArt 图形所做的全部格式更改。

"SmartArt 工具 / 格式"选项卡包括"形状""形状样式""艺术字样式""排列""大小"5 个组，提供了详细的图形加工操作。

（3）添加与删除形状。当选择的 SmartArt 结构图不能满足需要时，可以在指定的位置处添加形状，也可以将指定位置处的形状删除。例如，若要在图 1-66 中的"财务部"右侧添加形状"规划部"，其操作步骤如下：

① 单击"财务部"，选定形状。

② 单击"SmartArt 工具 / 设计"选项卡"创建图形"组中的"添加形状"下拉按钮，在弹出的下拉列表中选择"在后面添加形状"命令，将自动添加一个形状。

③ 输入文本，效果如图 1-68 所示。

可以调整整个 SmartArt 图形或其中一个分支的布局。方法是选择要更改的形状，单击"创建图形"组中的"布局"下拉按钮，在弹出的下拉列表中选择一种布局选项即可。

图 1-68 改进的公司组织结构图

也可以更改某个形状的级别或位置。方法是选择要更改级别的形状，单击"创建图形"组中的"降级""升级""上移""下移"按钮来实现。

若要删除一个形状，首先选择该形状，然后按【Delete】键即可。

（4）设置 SmartArt 图形版式和样式。这里是指对整个 SmartArt 图形进行布局和样式的设置，单击 SmartArt 图形以选择该图形。更改 SmartArt 图形版式的操作步骤如下：

①单击"SmartArt 工具 / 设计"选项卡"版式"组中的"版式"列表右侧的"其他"下拉按钮。

②在弹出的下拉列表中选择需要的布局类型。如果列表中没有满足条件的布局选项，可以选择"其他布局"命令，在弹出的"选择 SmartArt 图形"对话框中选择需要的版式，即可改变 SmartArt 图形的版式。

更改 SmartArt 图形样式的操作步骤如下：

①在"SmartArt 工具 / 设计"选项卡"SmartArt 样式"组中选择需要的外观样式。还可以单击"SmartArt 样式"列表右侧的"其他"下拉按钮。

②在弹出的下拉列表中选择需要的样式，如图 1-69 所示，即可更改 SmartArt 图形的样式。

更改 SmartArt 图形整个外观颜色的操作步骤如下：

①单击"SmartArt 工具/设计"选项卡"SmartArt 样式"组中的"更改颜色"下拉按钮。

②在弹出的下拉列表中选择理想的颜色选项即可。

（5）调整 SmartArt 图形的形状格式。可以利用 SmartArt 提供的"SmartArt 工具 / 格式"选项卡功能调整图形中个别形状的格式。例如，将图 1-68 中的"人事部"形状的格式调整为椭圆、浅蓝底色、红色文本。操作步骤如下：

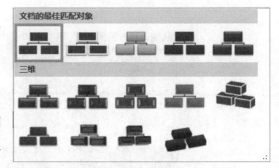

图 1-69　SmartArt 样式

①单击"人事部"，选定形状。

②单击"SmartArt 工具 / 格式"选项卡，然后单击"形状"组中的"更改形状"下拉按钮，在弹出的下拉列表中选择"椭圆"，"人事部"矩形框将变为椭圆。

③单击"形状样式"组中"形状填充"下拉按钮，在弹出的下拉列表中选择颜色"浅蓝"。

④单击"艺术字样式"组中的"文本填充"下拉按钮，在弹出的下拉列表中选择颜色"红色"。

设置后的效果如图 1-70 所示。

3）屏幕截图

操作系统提供了将计算机的整个屏幕或当前窗口进行复制的操作方法。按【Print Screen】键，可将整个屏幕图像复制到剪贴板中。按【Alt+Print Screen】组合键，可将当前活动窗口图像复制到剪贴板中。在 Word 2016 中，专门提供了屏幕截图工具软件，可以实现将任何未最小化到任务栏的程序窗口图片插入文档中，也可以插入屏幕上的任意大小图片。

图 1-70　调整的公司组织结构图

（1）插入任何未最小化到任务栏的程序窗口图片的操作步骤如下：

①将光标定位在文档中要插入图片的位置。

②单击"插入"选项卡"插图"组中的"屏幕截图"下拉按钮，弹出"可用视窗"列表，列表中存放了除当前屏幕外的其他未最小化到任务栏上的所有程序窗口图片。

③单击其中所要插入的程序窗口图片即可。

（2）插入未最小化到任务栏的程序窗口任意大小图片的操作步骤如下：

①将光标移到文档中要插入图片的位置。

②单击"插入"选项卡"插图"组中的"屏幕截图"下拉按钮，弹出"可用视窗"列表。

③选择"屏幕剪辑"命令，此时"可用视窗"列表中的第一个屏幕被激活且成模糊状。模糊前有 1～2 秒的停顿时间，这期间允许用户进行一些操作。

④模糊状后鼠标指针变成一个粗十字形状，拖动鼠标可以剪辑图片的大小，放开鼠标后将自动在光标处插入剪辑的图片。

扫一扫

视频1-20
编辑图形图片

2. 编辑图形、图片

Word 在 "插入" 选项卡中提供了 6 种方式插入各种图形及图片，其中，插入的 "形状" 图片默认方式为 "浮于文字上方"，其他均以嵌入方式插入文档中。根据用户需要，可以对这些插入的图形、图片进行各种编辑操作。

1）设置文字环绕方式

文字环绕方式是指插入图形、图片后，图形、图片与文字的环绕关系。Word 2016 提供了 7 种文字环绕方式，分别是嵌入型、四周型、紧密型、穿越型、上下型、衬于文字下方及浮于文字上方，其设置步骤如下：

（1）选择图形或图片，单击 "图片工具 / 格式" 选项卡 "排列" 组中的 "环绕文字" 下拉按钮。

（2）在弹出的下拉列表中选择一种环绕方式即可。

也可以右击要设置环绕方式的图形或图片，在弹出的快捷菜单中选择 "大小和位置" 或 "其他布局选项" 命令，弹出 "布局" 对话框，在 "文字环绕" 选项卡中可选择其中的一种文字环绕方式，如图 1-71（a）所示。

2）设置大小

对于 Word 文档中的图形和图片，可以使用鼠标拖动图的四周控点的方式调整大小，但很难精确控制。可以通过如下操作方法来实现精确控制：选择图形或图片，直接在 "图片工具 / 格式" 选项卡 "大小" 组中的 "高度" 和 "宽度" 文本框中输入具体值。也可以单击 "大小" 组右下角的对话框启动器按钮，打开 "布局" 对话框，在 "大小" 选项卡中对图形和图片的高度和宽度进行精确设置，如图 1-71（b）所示。还可以右击要设置大小的图形或图片，在弹出的快捷菜单中选择 "大小和位置" 或 "其他布局选项" 命令，弹出 "布局" 对话框，在 "大小" 选项卡中进行设置。如果取消 "锁定纵横比" 复选框，可以实现高度和宽度不同比例的设置。

（a）

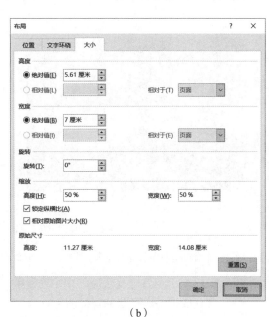

（b）

图 1-71 "布局" 对话框

3）删除图片背景与裁剪图片

删除图片背景是指将图片中不必要的信息或杂乱的细节删除，以强调或突出图片的主题。裁剪是指仅取一幅图片的部分区域。删除图片背景功能与裁剪图片功能仅对插入的图片、屏幕截图有效。

（1）删除图片背景，其操作步骤如下：

① 在 Word 中选中要进行背景删除的图片。图 1-72（a）所示为原始图片。

② 单击"图片工具 / 格式"选项卡"调整"组中的"删除背景"按钮，"图片工具 / 格式"选项卡的功能区中的图标切换成如图 1-72（b）所示，并且图片上出现遮幅区域以及由控点框住的目标区域，如图 1-72（c）所示。

③ 单击线条上的控点，然后拖动线条，使之包含希望保留的图片部分，并将大部分期望删除的区域排除在外，如图 1-72（d）所示。

④ 根据需要，调整要保留或删除的图片区域。若不希望自动删除要删除的图片区域，可单击"图片工具 / 格式"选项卡"优化"组中的"标记要保留的区域"按钮，然后在图片中单击目标区域进行标记；若除了自动标记要删除的图片区域外，还有要删除的区域，可以单击"优化"组中的"标记要删除的区域"按钮，然后在图片中单击目标区域进行标记；若对保留或删除的区域不满意，可以单击"优化"组中的"删除标记"按钮，然后进行保留或删除的标记操作。

⑤ 需要保留或删除的图片区域调整完成后，单击"图片工具 / 格式"选项卡"关闭"组中的"保留更改"按钮，完成图片背景操作，显示结果如图 1-72（e）所示。若要取消背景删除，单击"关闭"组中的"放弃所有更改"按钮即可。

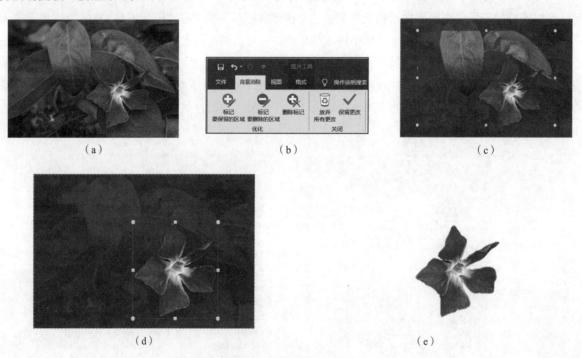

图 1-72　删除图片背景

删除图片背景的操作仅仅影响图片背景图案的删除，但是该图片的长和宽依然与之前的原始图片相同。因此，可以利用裁剪图片将图片中不需要的空白区域裁剪掉，也可以在原图上仅仅截取一部分用户需要的图片或截取为一定形状的目标图片。

（2）裁剪图片，其操作步骤如下：

① 选择要裁剪的图片，单击"图片工具 / 格式"选项卡"大小"组中的"裁剪"下拉按钮，在弹出的下拉列表中选择一种裁剪方式，裁剪方式主要有以下几种。

- 裁剪：图片四周出现裁剪控点，通过拖动控点可以实现边、两侧及四侧的裁剪，完成后按【Esc】键退出。

- 裁剪为形状：可将图片裁剪为特定形状，例如圆形、箭头、星形等。
- 纵横比：可将图片按方形、纵向及横向按一定比例进行裁剪。
- 填充或调整：调整图片大小，以便填充整个图片区域，同时保持原始纵横比。

② 图 1-73（a）所示为单击"裁剪"按钮后，在图片的周围出现的裁剪控点，拖动控点调整裁剪图片的范围，使其正好框住目标区域，如图 1-73（b）所示。

③ 单击图片区域外的任意位置，实现裁剪，得到目标区域的图片，如图 1-73（c）所示。此步操作也可以通过按【Esc】键完成。

其他裁剪方式的操作步骤类似。

（a）　　　　　　　　　　（b）　　　　　　　　（c）

图 1-73　裁剪图片

4）调整图片效果

该功能仅对插入的图片、屏幕截图有效。可以调整图片亮度、颜色、艺术效果、压缩图片、图片边框、图片效果等。选中图片，单击"图片工具 / 格式"选项卡"调整"组中的"校正"下拉按钮，在弹出的下拉列表中选择预设好的校正样式，即可实现图片的亮度和对比度设置。单击"颜色"下拉按钮，在弹出的下拉列表选择色调、饱和度或重新着色即可实现颜色的设置。单击"艺术效果"下拉按钮，在弹出的下拉列表选择一种艺术效果即可实现图片艺术化。单击"压缩图片"按钮，在弹出的"压缩图片"对话框中可以对文档中的当前图片或所有图片进行压缩。单击"更改图片"下拉按钮，可以重新选择图片代替现有图片，同时保持原图片的格式和大小。单击"重设图片"下拉按钮，在弹出的下拉列表中可以实现放弃对图片所做的格式和大小的设置。

单击"图片样式"组中的"图片边框"下拉按钮，在弹出的下拉列表中可以选择添加的边框的颜色。单击"图片效果"下拉按钮，在弹出的下拉列表中可以选择图片的显示效果。单击"图片版式"下拉按钮，在弹出的下拉列表中可以选择图片显示的外观样式。

图片格式的设置还可以通过右键快捷菜单实现右击图片，在弹出的快捷菜单中选择"设置图片格式"命令，将在文档的右边弹出"设置图片格式"窗格，可以根据实际需要进行各种图片格式设置，如图 1-74（a）所示。

5）调整 SmartArt 图形及形状格式

可以设置插入的 SmartArt 图形和形状的格式，但与插入的图片、屏幕截图有所区别。当插入了这两种图形后，可以利用 Word 提供的"绘图工具 / 格式"或"图片工具 / 格式"选项卡中的功能按钮进行详细设置，主要包括形状样式、艺术字样式、文本等项目的设置。也可以通过右击这两种图形，在弹出的快捷菜单中选择"设置形状格式"或"设置对象格式"命令，然后在弹出的"设置形状格式"窗格中进行设置，如图 1-74（b）所示。

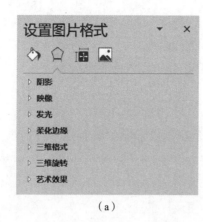
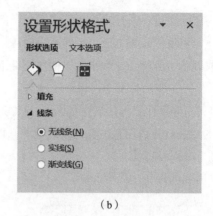

（a）   （b）

图 1-74 "设置图片格式"窗格和"设置形状格式"窗格

扫一扫

视频1-21
艺术字与
文本框

3. 编辑艺术字与文本框

艺术字是文档中具有特殊效果的文字，它不是普通的文字，而是图形对象。文本框也是一种图形对象，它作为存放文本或图形的独立形状可以存放在页面中的任意位置。在 Word 2016 中，插入的艺术字及文本框默认的环绕方式均为"浮于文字上方"，可以根据需要调整为其他环绕方式。

1）编辑艺术字

艺术字可以有各种颜色及字体，可以带阴影、倾斜、旋转和缩放，还可以更改为特殊的形状。

（1）在文档中插入艺术字的操作步骤如下：

①将光标定位在文档中需要插入艺术字的位置，单击"插入"选项卡"文本"组中的"艺术字"下拉按钮，在弹出的下拉列表中选择一种艺术字样式，在文档中将自动出现一个带有"请在此放置您的文字"字样的文本框。

②在文本框中直接输入艺术字内容，例如输入"通信与信息工程学院"，则文档中就插入了艺术字，并以默认格式显示该艺术字的效果。

（2）插入艺术字后，可以根据需要修改艺术字的风格，例如艺术字的形状、样式、效果等，操作步骤如下：

①选中要修改的艺术字，单击"绘图工具 / 格式"选项卡。

②"形状样式"组中的功能按钮，可以进行形状填充、形状轮廓、形状效果的设置，"艺术字样式"组提供了文本填充、文本轮廓、文本效果的设置。例如，将"通信与信息工程学院"艺术字进行如下设置："文本效果"下"转换"中的"波形：上"弯曲效果，字体颜色为"红色"、字体为"华文琥珀"，字号为"一号"，编辑效果如图 1-75（a）所示。

还可以利用"设置形状格式"窗格对艺术字的形状格式进行设置。鼠标指向艺术字的边界后，当鼠标形状变成十字箭头时右击，在弹出的快捷菜单中选择"设置形状格式"命令，弹出"设置形状格式"窗格，在工具栏中可以设置艺术字的"填充""线条颜色""线型""阴影""艺术效果"等，单击工具栏右上角的"关闭"按钮完成设置操作。

2）编辑文本框

文本框分为横排和竖排，可以根据需要进行选择。在文档中插入文本框的方法有直接插入空文本框和在已有文本上插入文本框两种。在文档中插入文本框的操作步骤如下：

（1）将光标定位在文档中的任意位置，单击"插入"选项卡"文本"组中的"文本框"下拉按钮，在弹出的下拉列表中选择一种内置的文本框样式。

（2）若需绘制，可选择"绘制横排文本框"命令。光标变成十字形状，在文档中的适当位置拖动鼠标绘制所需大小的文本框，然后输入文本内容，例如输入文本"天艺数码工作室"。"绘制竖排文本框"

命令用来绘制竖排文字的文本框。若需将文档中已有文本转化为"文本框",可先选中文本,然后选择"绘制横排文本框"或"绘制竖排文本框"命令即可。新生成的文本框及其文本以默认格式显示其效果。

插入文本框后,可以根据需要编辑文本框的格式,包括调整位置、大小、效果、轮廓、填充颜色等,操作方法类似于艺术字。例如,将"天艺数码工作室"文本框进行如下设置:"文本效果"下"转换"中的"三角:倒"弯曲效果,字体颜色为"紫色"、字体为"华文行楷",字号为"二号",编辑效果如图 1-75(b)所示。

还可以利用"设置形状格式"窗格对文本框的形状格式进行设置,操作方法类似于艺术字,在此不再赘述。

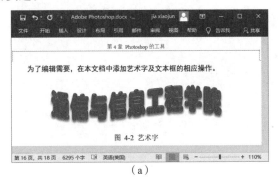
（a）

（b）

图 1-75　艺术字与文本框

4. 文档部件

文档部件是一个库,是一个可在其中创建、存储和查找可重复使用的内容片段的库。内容片段包括自动图文集、文档属性(如标题和作者)和域,也可以是文档中的指定内容(文本、图片、表格、段落等对象)。文档部件可实现文档内容片段的保存和重复使用。

（1）将当前文档中选中的一部分内容保存为文档部件并重复使用,操作步骤如下:

① 打开文档,选中内容,并对选中内容进行各种格式编辑。

② 单击"插入"选项卡"文本"组中的"文档部件"下拉按钮,然后在弹出的下拉列表中选择"将所选内容保存到文档部件库"命令。

③ 弹出"新建构建基块"对话框,如图 1-76 所示。在"名称"文本框中输入文档部件名称。"库"下拉列表中包括书目、公式、文档部件(默认项)、表格、页眉和页脚等分类;"类别"下拉列表中包含常规(默认项)、内置和创建新类别;"保存位置"下拉列表中包含 Building Blocks.dotx(默认项)、Normal.dotm;"选项"下拉列表中包含仅插入内容(默认项)、插入自身段落中的内容和将内容插入其所在的页面。这些选项可以根据需要进行选择。

④ 单击"确定"按钮,完成将选中的内容以新建的构建基块保存到文档部件库中。

图 1-76　"新建构建基块"对话框

扫一扫

视频1-22
**文档部件
与文档封面**

⑤ 打开或新建另外一个文档,将光标定位在要插入文档部件的位置,单击"插入"选项卡"文本"组中的"文档部件"下拉按钮,在弹出的下拉列表中查看新建的文档部件,默认状态下只显示"库"为文档部件且"类别"为常规的构建基块,如图 1-77 所示。单击其中的某个文档部件,该部件将直接重用在文档中。

需要说明的是,在"插入"选项卡"文本"组中的"文档部件"下拉列表中,仅仅显示"库"为文档部件且"类别"为常规的构建基块,若创建了其他"库"类的构建基块,在应用这些构建基块时,需在相应环境下操作。例如,创建"库"为"目录"的构建基块,应用时可以在"引用"选项卡"目录"

组中的"目录"下拉列表中找到；创建"库"为"表格"的构建基块，应用时可以在"插入"选项卡"表格"组中的"快速表格"下拉列表中找到。

（2）删除或修改创建的文档部件，操作步骤如下：

① 单击"插入"选项卡"文本"组中的"文档部件"下拉按钮，在弹出的下拉列表中选择"构建基块管理器"命令，弹出"构建基块管理器"对话框，如图1-78所示。

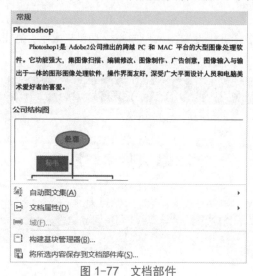

图1-77 文档部件

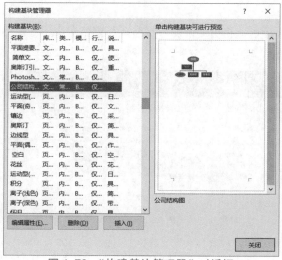

图1-78 "构建基块管理器"对话框

② 在对话框左侧的列表中显示的是文档中所有的基块，若要删除某个文档部件，首先选择它，然后单击"删除"按钮，在弹出的确认对话框中单击"是"按钮即可。

③ 也可以对选择的构建基块进行修改，单击"编辑属性"按钮，弹出"修改构建基块"对话框，对其属性进行修改，单击"确定"按钮返回"构建基块管理器"对话框。

④ 单击"关闭"按钮，退出"构建基块管理器"对话框。

5. 文档封面

文档封面是在文档的最前面（作为文档的首页）插入一页图文混排的页面，用来美化文档。使用的封面样式可以来自Word 2016的内置"封面库"，也可以自制封面。Word 2016的内置"封面库"提供了16种文档封面。

（1）为现有文档添加封面的操作步骤如下：

① 单击"插入"选项卡"页面"组中的"封面"下拉按钮。

② 在弹出的下拉列表中选择一个封面样式，例如"奥斯汀"，如图1-79所示。该封面将自动被插入文档的第一页中，现有的文档内容会自动后移一页。

③ 根据封面上的文本框的提示信息，还可以添加或修改封面上的文本框的信息，以完善封面内容。

（2）若要删除文档封面，可以单击"插入"选项卡"页面"组中的"封面"下拉按钮，在弹出的下拉列表中选择"删除当前封面"命令。也可以把封面当作文档内容，进行相应删除。

另外，用户可以自己设计封面，并将其保存在"封面库"中，以便下次使用。

图1-79 文档封面库

6. 数学公式

在 Word 中编辑技术性文档时，常常需要输入一些数学公式，Word 中的数学公式是通过公式编辑器输入的。Microsoft Office 从 2007 版开始，添加了对 LaTex 语言的支持，直接借助公式符号或命令进行数学公式的输入，输入方法更加灵活，而且可以对输入的公式进行格式编辑，不必借助于 MathType 和 Aurora 插件。输入公式的操作步骤如下：

扫一扫 ●
视频1-23
公式

① 将光标定位在文档中需要插入公式的位置，单击"插入"选项卡"符号"组中的"公式"下拉按钮，在弹出的下拉列表中显示了普遍使用的公式，如二次公式、二项式定理、傅里叶级数等，可以根据个人需要进行选择并插入。例如，选择"二次公式"，插入后结果如图 1-80（a）所示，并且出现"公式工具 / 设计"选项卡。

② 可以在方框内对插入的公式进行数值替换修改，以形成所需的公式。

③ 如果"公式"下拉列表中没有所需的公式，可选择"插入新公式"命令，插入点会出现图 1-80（b）所示的公式编辑框，形如 在此处键入公式。，可以在公式编辑框中直接输入数学公式。直接按【Alt+=】组合键，也可以弹出公式编辑器。

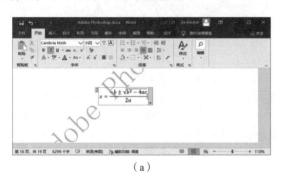

（a）

（b）

图 1-80 公式编辑器

在 Word 2016 中使用公式编辑器输入数学公式时，方法比较灵活。数学公式中的操作数符号及运算符号有两种输入方法：一种方法是在功能区中直接选择数学符号输入，另一种方法是手工输入，通过格式"\ 命令"方式输入。例如，要输入小写希腊字母"α"，可以用鼠标选择"符号"组中的相应字母，也可以直接在公式编辑框中输入命令"\alpha"，按空格键后，将自动生成希腊字母"α"。

例如，输入求两点距离公式 $d = \sqrt{(x_2 - x_1)^2 + (y_2 - y_1)^2}$，其操作步骤如下：

① 将光标定位在需要插入公式的位置，按【Alt+=】组合键，弹出公式编辑器。或单击"插入"选项卡"符号"组中的"公式"下拉按钮，在弹出的下拉列表中选择"插入新公式"命令。

② 输入"d=\sqrt{}"，按一次【Enter】键，公式编辑框中出现" $d = \sqrt{\ }$ "。它将公式由线性公式形式自动转换为专用公式形式，转换方法还可以单击公式编辑框右下角的下拉按钮，在弹开的下拉列表中选择"专用"命令实现。

③ 单击下拉列表中的"线性"命令，然后继续输入"(x_2-x_1)^2"。其中，"_2"和"_1"分别表示 x_2 和 x_1；"^2"表示平方。按【Enter】键确认后公式为 $d = \sqrt{(x_2 - x_1)^2}$ 。

④ 转为线性公式后继续输入，最后公式编辑器中的公式为 $d = \sqrt{(x_2 - x_1)^2 + (y_2 - y_1)^2}$ ，输入完毕。

公式输入完成后，还可以对公式进行格式编辑，例如进行字符格式设置，包括字体、字号、颜色、加粗、倾斜等；也可以进行段落格式设置，例如对齐方式、行距、段间距等。

输入公式时，可以一次性输入整个公式，如 d =\sqrt{(x_2-x_1)^2 + (y_2-y_1)^2}。也可以直接在功能区中选择相应的数学符号及运算符号来进行公式的录入。

Word 还提供了一种墨迹公式输入方法，用来实现手工输入公式笔画，计算机自动识别出公式，其

操作步骤如下：

①将光标定位在需要插入公式的位置，单击"插入"选项卡"符号"组中的"公式"下拉按钮，在弹出的下拉列表中选择"墨迹公式"命令。

②弹出"数学输入控件"窗口，如图 1-81（a）所示。

③在窗口黄色区域内，通过鼠标写出所需要的公式笔画，Word 将自动识别出相应的标准公式，如图 1-81（b）所示。

④在输入公式时，若输入有错，可借助窗口下部提供的"写入""擦除""选择和更正""清除"按钮进行修改及重新输入。

⑤单击"插入"按钮，公式将插入指定位置。单击"取消"按钮，将取消公式的输入。

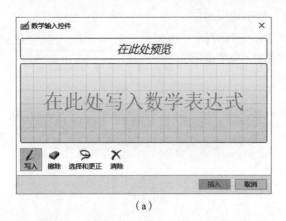
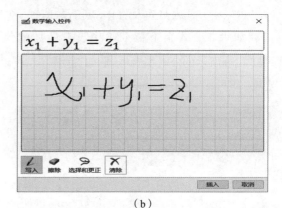

（a）　　　　　　　　　　　　　　　　　（b）

图 1-81　墨迹公式

1.3.2　表格应用

Word 2016 提供了方便、快捷的创建和编辑表格功能，还能够为表格内容添加格式和美化表格，以及进行数据计算等操作。利用 Word 2016 提供的表格工具，可以制作出各种符合要求的表格。

1. 插入表格

在 Word 2016 中，系统在"插入"选项卡"表格"组中的"表格"下拉列表中提供了 6 种插入表格的方式，分别是表格、插入表格、绘制表格、文本转换成表格、Excel 电子表格和快速表格，可根据需要选择一种方式在文档中插入表格。

（1）表格。单击"插入"选项卡"表格"组中的"表格"下拉按钮，在弹出的下拉列表中的"插入表格"下面拖动鼠标选择单元格数量，单击鼠标完成插入表格操作。利用这种方式最多只能插入一个 10 列 ×8 行的表格。

（2）插入表格。选择下拉列表中的"插入表格"命令，弹出"插入表格"对话框，确定表格的行数和列数，单击"确定"按钮，即可生成指定大小的表格。

（3）绘制表格。选择下拉列表中的"绘制表格"命令，鼠标指针变成一支笔状，拖动鼠标画出表格的外围边框，然后绘制表格的行和列。

（4）文本转换成表格。将具有特定格式的多行多列文本转换成一个表格。这些文本中的各行之间用段落标记符换行，各列之间用分隔符隔开。列之间的分隔符可以是逗号、空格、制表符等。转换方法为：选中文本，单击"表格"下拉列表中的"文本转换成表格"命令，弹出"将文字转换成表格"对话框，设置表格的行、列数，单击"确定"按钮完成转换。反之，表格也可以转换成文本，选中表格，单击"表格工具 / 布局"选项卡"数据"组中的"转换为文本"按钮，弹出"表格转换成文本"对话框，选择好文字分隔符后，单击"确定"按钮完成转换。

（5）Excel 电子表格。选择下拉列表中的 "Excel 电子表格" 命令，将在文档中自动插入一个 Excel 电子表格，可以直接输入表格数据，并且可以改变表格大小，等同于操作 Excel 表格。单击表格外区域，将自动转换成 Word 表格。双击之，可转换到 Excel 电子表格编辑状态。

（6）快速表格。Word 2016 提供了一个内置样式的表格模板库，可以利用表格模板来生成表格。选择下拉列表中的 "快速表格" 命令，在弹出的级联菜单中选择一种模板即可生成表格。

2. 编辑表格

表格建立之后，可向表格中输入数据，并且可以对生成的表格进行各种编辑操作。主要包括对表格内的数据进行格式编辑（字符格式和段落格式），以及对表格本身（包括单元格、行、列、表格）进行各种编辑操作。大部分操作在 Word 以往版本中已经详细介绍过并被广泛应用。在 Word 2016 中，这些功能只是在界面和外观的显示方面进行了改进，操作方法及步骤非常类似，在此不再赘述，仅对其中的几个主要功能进行介绍。

扫一扫

视频1-24
表格

将光标移到表格中的任何单元格或选中整个表格，Word 将自动显示 "表格工具 / 设计" 和 "表格工具 / 布局" 选项卡，如图 1-82 所示。

（a）"表格工具 / 设计" 选项卡

（b）"表格工具 / 布局" 选项卡

图 1-82　Word 的表格工具

"表格工具 / 设计" 选项卡提供了对选中的表格局部或整个表格的格式设计，主要包括表格样式选项、表格样式、边框等方面的操作。

"布局" 选项卡提供了对表格的布局进行调整的功能，主要包括单元格、行和列的增加及删除，行高和列宽的设置，单元格的合并与拆分，对齐方式的设置，数据排序及数据计算等操作。

（1）设置表格样式。Word 2016 自带了丰富的表格样式，表格样式中包含了预先设置好的表格字体、边框和底纹格式。应用表格样式后，其所有格式将应用到表格中。设置方法：将光标移到表格任意单元格中，单击 "表格工具 / 设计" 选项卡 "表格样式" 组中的 "快速样式" 库中的某个表格样式即可。如果 "快速样式" 库中的表格样式不符合要求，单击 "快速样式" 库右侧的 "其他" 按钮，将弹出下拉列表，在下拉列表中选择所需要的样式即可。还可以根据需要独立修改表格样式。

（2）单元格的合并与拆分。除了常规的单元格合并与拆分方法外，还可以通过 "表格工具 / 布局" 选项卡 "绘图" 组中的 "橡皮擦" 和 "绘制表格" 按钮来实现。单击 "表格工具 / 布局" 选项卡 "绘图" 组中的 "橡皮擦" 按钮，鼠标指针变成橡皮状，在要擦除的边框线上单击，可删除表格线，实现两个相邻单元格的合并。单击 "表格工具 / 布局" 选项卡 "绘图" 组中的 "绘制表格" 按钮，鼠标指针变成铅笔状，在单元格内按住鼠标左键并拖动，此时将会出现一条虚线，松开鼠标即可插入一条表格线，实现单元格的拆分。并且可以设置铅笔的粗细及颜色。

（3）表格的跨页。如果表格放置的位置正好处于两页交界处，称为表格跨页。有两种处理方式：一是允许表格跨页断行，即表格的一部分位于上一页，另一部分位于下一页，但只有一个标题（适用于较小的表格）；二是在每页的表格上都提供一个相同的标题，使之看起来仍是一个表格（适用于较大的表格）。选中要设置的表格标题（可以是多行），单击"表格工具 / 布局"选项卡"数据"组中的"重复标题行"按钮，系统会自动在为分页而被拆开的表格中重复标题行信息。

（4）"表格属性"对话框与"边框和底纹"对话框。除了可以利用"表格工具 / 设计"和"表格工具 / 布局"选项卡实现表格的各种编辑，还可以利用"表格属性"对话框与"边框和底纹"对话框来实现相应的操作。单击"表格工具 / 布局"选项卡"表"组中的"属性"按钮，弹出"表格属性"对话框，如图 1-83（a）所示。也可以单击"表格工具 / 布局"选项卡"单元格大小"组右侧的对话框启动器按钮，或右击表格任意区域，在弹出的快捷菜单中选择"表格属性"命令，弹出"表格属性"对话框。在"表格属性"对话框中，可以对表格、行、列和单元格等对象进行格式设置。

"边框和底纹"对话框的打开方法有多种。在"表格属性"对话框的"表格"选项卡中单击"边框和底纹"按钮可打开该对话框，如图 1-83（b）所示。单击"表格工具 / 设计"选项卡"边框"组中的"边框"下拉按钮，选择下拉列表中的"边框和底纹"命令，或单击"表格工具 / 设计"选项卡"边框"组右侧的对话框启动按钮，都会弹出"边框和底纹"对话框。在"边框和底纹"对话框中，可以对边框、页面边框和底纹进行设置。

（a）

（b）

图 1-83 "表格属性"对话框和"边框和底纹"对话框

3. 表格数据处理

除了前面介绍的表格基本功能外，Word 2016 还提供了表格的其他功能，例如表格的排序和计算。

1）表格排序

•┈• 扫一扫

视频1-25
表格数据
处理

在 Word 2016 中，可以按照递增或递减的顺序把表格中的内容按照笔画、数字、拼音及日期等方式进行排序，而且可以根据表格多列的值进行复杂排序。表格排序的操作步骤如下：

（1）将光标移到表格的任意单元格中或选择要排序的行或列，单击"表格工具 / 布局"选项卡"数据"组中的"排序"按钮。

（2）整个表格高亮显示，同时弹出"排序"对话框。

（3）在"排序"对话框中，在"主要关键字"下拉列表框中选择用于排序的字段，在"类型"下拉列表框中选择用于排序的值的类型，例如笔画、数字、拼音及日期等。升序或降序用于选择排序的顺序，默认为升序。

（4）若需要多字段排序，可在"次要关键字""第三关键字"等下拉列表框中指定字段、类型及顺序。

（5）单击"确定"按钮完成排序。

注意:要进行排序的表格中不能有合并后的单元格,否则无法进行排序。同时,在"排序"对话框中,如果选择"有标题行"单选按钮,则排序时标题行不参与排序;否则,标题行参与排序。

2）表格计算

利用 Word 2016 提供的公式或函数，可以对表格中的数据进行简单的计算，例如加（+）、减（-）、乘（*）、除（/），求和、平均值、最大值、最小值，条件求值等。

（1）单元格引用。利用 Word 2016 提供的函数可进行一些复杂的数据计算，表格中的计算都是以单元格名称或区域进行的，称为单元格引用。在 Word 表格中，用英文字母 A、B、C……从左到右表示列号，用数字 1、2、3……从上到下表示行号，列号和行号组合在一起，称为单元格名称，或称为单元格地址或单元格引用。例如，A1 表示表格中第 A 列第 1 行的单元格，其他单元格名称依此类推。单元格的引用主要分为以下几种情况，现举例说明。

B1：表示位于第 B 列第 1 行的单元格。

B1, C2：表示 B1 和 C2 共 2 个单元格。B1 和 C2 之间用英文标点符号逗号分隔。

A1:C2：表示以单元格 A1 和单元格 C2 为对角的矩形区域，包含 A1，A2，B1，B2，C1，C2 共 6 个单元格。A1 和 C2 之间用英文标点符号冒号分隔，下同。

2:2：表示整个第 2 行的所有单元格。

E:E：表示整个第 E 列的所有单元格。

SUM(A1:A5)：SUM 为求和函数，表示求 5 个单元格的所有数值型数据之和。

AVERAGE(A1:A5)：AVERAGE 为求平均值函数，表示求 5 个单元格数值型数据的平均值。

（2）利用公式进行计算。公式中的参数用单元格名称表示，但在进行计算时则提取单元格名称所对应的实际数据。现举例说明，表 1-1 为学生成绩表，要求计算每个学生的总分及平均分，操作步骤如下:

表 1-1　学生成绩表

姓　名	思想道德修养与法律基础	英　语　一	大学计算机基础	高等数学	大学物理	总　分	平均分
张贵兰	90	91	92	76	86	435	87
成成	86	84	93	86	82	431	86.2
赵越	90	79	91	90	85	435	87
程自成	88	73	93	76	79	409	81.8
王辉	82	93	89	79	83	426	85.2
郭香	83	86	87	88	76	420	84

① 将光标置于"总分"单元格的下一个单元格中,单击"表格工具 / 布局"选项卡"数据"组中的"公式"按钮,打开"公式"对话框。

② 在"公式"文本框中已经显示出了所需的公式 "=SUM(LEFT)",表示对光标左侧的所有单元格数据求和。根据光标所在的位置,公式括号中的参数还可能是右侧（RIGHT）、上面（ABOVE）或下面（BELOW）,可以根据需要进行参数设置,或输入单元格或区域的引用。

③ 在"编号格式"下拉列表框中选择数字格式,例如小数位数。如果出现的函数不是所需的,可以在"粘贴函数"下拉列表框中选择所需要的函数。

④ 单击"确定"按钮,光标所在单元格中将显示计算结果 435。

⑤ 按照同样的办法,可计算出其他单元格的总分数据结果。

⑥ 平均分的计算方法类似。可以利用公式或函数来实现，选择的函数为 AVERAGE。H2 单元格的公式为"=AVERGE(B2:F2)"，计算结果为 87。其他单元格的平均分数据结果可以依此进行计算。

当然，可用多种方法计算出单元格的数据结果。例如，对于单元格 G2 的数据结果，还可输入公式"=B2+C2+D2+E2+F2""=SUM(B2,C2,D2,E2,F2)""=SUM(B2:F2)"得到相同的结果；对于 H2 单元格的数据结果，其公式还可写成："=(B2+C2+D2+E2+F2)/5""=AVERGE(B2,C2,D2,E2,F2)""=AVERGE(B2:F2)""=SUM(B2:F2)/5""=G2/5"等。

（3）更新计算结果。表格中的运算结果是以域的形式插入表格中的，当参与运算的单元格数据发生变化时，可以通过更新域对计算结果进行更新。选中更改了单元格数据的结果单元格，即域，显示为灰色底纹，按功能键【F9】，即可更新计算结果。也可以右击结果单元格（显示为灰色底纹），选择快捷菜单中的"更新域"命令。

1.4 域

扫一扫

视频1-26
域

域是 Word 中最具特色的工具之一，它是引导 Word 在文档中自动插入文字、图形、页码或其他信息的一组代码，在文档中使用域可以实现数据的自动更新和文档自动化。在 Word 2016 中，可以通过域操作插入许多信息，包括页码、时间和某些特定的文字、图形等，也可以利用它来完成一些复杂而非常有用的功能，例如自动创建目录、索引、图表目录，插入文档属性信息，实现邮件的自动合并与打印等，还可以利用它来连接或交叉引用其他的文档及项目，以及利用域实现计算功能等。本节将介绍域的定义、一些常用域和域的基本操作。

1.4.1 域的定义

域是 Word 中的一种特殊命令，它分为域代码和域结果。域代码是由域特征字符、域名、域参数和域开关组成的字符串；域结果是域代码所代表的信息。域结果会根据文档的变动或相应因素的变化而自动更新。

域通常用于文档中可能发生变化的数据，例如目录、索引、页码、打印日期、存储日期、编辑时间、作者、总字符数、总行数、总页数等，在邮件合并文档中为收件人单位、姓名、头衔等。

域的一般格式为：{ 域名 [域参数][域开关] }。

（1）域特征字符：即包含域代码的大括号"{ }"，它不能使用键盘直接输入，而是按【Ctrl+F9】组合键自动产生。

（2）域名：Word 域代码的名称，为必选项。例如，"Seq"就是一个域的名称，Word 2016 提供了 9 种类型的域。

（3）域参数和域开关：设定域类型如何工作的参数和开关，包括域参数和域开关，为可选项。域参数是对域名作进一步的限定；域开关是特殊的指令，在域中可引发特定的操作，域通常有一个或多个可选的域开关，之间用空格进行分隔。

1.4.2 常用域

在 Word 2016 中，域分为编号、等式和公式、链接和引用、日期和时间、索引和表格、文档信息、文档自动化、用户信息及邮件合并 9 种类型共 73 个域，有 2 个域重复。下面介绍 Word 2016 中常用的域。

1. 编号域

编号域用来在文档中根据需要插入不同类型的编号，共有 10 个域，如表 1-2 所示。

表 1-2 编号域

域 名 称	域 代 码	域 功 能
AutoNum	{ AUTONUM [Switches] }	插入段落的自动编号
AutoNumLgl	{ AUTONUMLGL }	插入正规格式的自动编号
AutoNumOut	{ AUTONUMOUT }	插入大纲格式的自动编号
BarCode	{ BARCODE \u "LiteralText" 或书签 \b [Switches] }	插入收信人地点条码
ListNum	{ LISTNUM ["Name"] [Switches] }	在列表中插入元素
Page	{ PAGE [* Format Switch] }	插入当前页码
RevNum	{ REVNUM }	插入文档的保存次数
Section	{ SECTION }	插入当前节的编号
SectionPages	{ SECTIONPAGES }	插入当前节的总页数
Seq	{ SEQ Identifier [Bookmark] [Switches] }	插入自动序列号

2. 等式和公式域

等式和公式域用来创建科学公式、插入特殊符号及执行计算，共有 4 个域，如表 1-3 所示。

表 1-3 等式和公式域

域 名 称	域 代 码	域 功 能
=(Formula)	{ =Formula [Bookmark] [\# Numeric-Picture] }	计算表达式结果
Advance	{ ADVANCE [Switches] }	将一行内随后的文字向左、右、上或下偏移
Eq	{ EQ Instructions }	创建科学公式
Symbol	{ SYMBOL CharNum [Switches] }	插入特殊字符

3. 链接和引用域

链接和引用域用来实现将文档中指定的项目与另一个项目，或指定的外部文件与当前文档链接起来的域，共有 11 个域，如表 1-4 所示。

表 1-4 链接和引用域

域 名 称	域 代 码	域 功 能
AutoText	{ AUTOTEXT AutoTextEntry }	插入"自动图文集"词条
AutoTextList	{ AUTOTEXTLIST "LiteralText" \s "StyleName" \t "TipText" }	插入基于样式的文字
Hyperlink	{ HYPERLINK "FileName" [Switches] }	打开并跳至指定文件
IncludePicture	{ INCLUDEPICTURE "FileName" [Switches] }	通过文件插入图片
IncludeText	{ INCLUDETEXT "FileName" [Bookmark] [Switches] }	通过文件插入文字
Link	{ LINK ClassName "FileName" [PlaceReference] [Switches] }	使用 OLE 插入文件的一部分
NoteRef	{ NOTEREF Bookmark [Switches] }	插入脚注或尾注编号
PageRef	{ PAGEREF Bookmark [* Format Switch] }	插入包含指定书签的页码
Quote	{ QUOTE "LiteralText" }	插入文字类型的文本
Ref	{ REF Bookmark [Switches] }	插入用书签标记的文本
StyleRef	{ STYLEREF StyleIdentifier [Switches] }	插入具有类似样式的段落中的文本

4. 日期和时间域

日期和时间域用来显示当前日期和时间或进行日期和时间计算，共有 6 个域，如表 1-5 所示。

表 1-5 日期和时间域

域 名 称	域 代 码	域 功 能
CreateDate	{ CREATEDATE [\@ "Date-Time Picture"] [Switches] }	文档的创建日期
Date	{ DATE [\@ "Date-Time Picture"] [Switches] }	插入当前日期
EditTime	{ EDITTIME }	插入文档创建后的总编辑时间
PrintDate	{ PRINTDATE [\@ "Date-Time Picture"] [Switches] }	插入上次打印文档的日期
SaveDate	{ SAVEDATE [\@ "Date-Time Picture"] [Switches] }	插入文档最后保存的日期
Time	{ TIME [\@ "Date-Time Picture"] }	插入当前时间

5. 索引和目录域

索引和目录域用于创建和维护索引和目录，共 7 个域，如表 1-6 所示。

表 1-6　索引和目录域

域 名 称	域 代 码	域 功 能
Index	{ INDEX [Switches] }	创建索引
RD	{ RD "FileName" }	通过使用多篇文档来创建索引、目录、图表目录或引文目录
TA	{ TA [Switches]}	标记引文目录项
TC	{ TC "Text" [Switches] }	标记目录项
TOA	{ TOA [Switches] }	创建引文目录
TOC	{ TOC [Switches] }	创建目录
XE	{ XE "Text" [Switches] }	标记索引项

6. 文档信息域

文档信息域用来创建或显示文件属性的"摘要"选项卡中的内容，共有 14 个域，如表 1-7 所示。

表 1-7　文档信息域

域 名 称	域 代 码	域 功 能
Author	{ AUTHOR ["NewName"] }	文档属性中的文档作者姓名
Comments	{ COMMENTS ["NewComments"] }	文档属性中的备注
DocProperty	{ DOCPROPERTY "Name" }	插入在"选项"中选择的属性值
FileName	{ FILENAME [Switches] }	文档的名称和位置
FileSize	{ FILESIZE [Switches] }	当前文档的磁盘占用量
Info	{ [INFO] InfoType ["NewValue"] }	文档属性中的数据
Keywords	{ KEYWORDS ["NewKeywords"] }	文档属性中的关键词
LastSavedBy	{ LASTSAVEDBY }	文档的上次保存者
NumChars	{ NUMCHARS }	文档包含的字符数
NumPages	{ NUMPAGES }	文档的总页数
NumWords	{ NUMWORDS }	文档的总字数
Subject	{ SUBJECT ["NewSubject"] }	文档属性中的文档主题
Template	{ TEMPLATE [Switches] }	文档选用的模板名
Title	{ TITLE ["NewTitle"] }	文档属性中的文档标题

7. 文档自动化域

文档自动化域用来建立自动化的格式，可以进行运行宏及向打印机发送参数等操作，共有 6 个域，如表 1-8 所示。

表 1-8　文档自动化域

域 名 称	域 代 码	域 功 能
Compare	{ COMPARE Expression1 Operator Expression2 }	比较两个值并返回数字值 1（真）或 0（假）
DocVariable	{ DOCVARIABLE "Name" }	插入名为 Name 文档变量的值
GotoButton	{ GOTOBUTTON Destination DisplayText }	将插入点移至新位置
If	{ IF Expression1 Operator Expression2 TrueText FalseText }	按条件估算参数
MacroButton	{ MACROBUTTON MacroName DisplayText }	插入宏命令
Print	{ PRINT "PrinterInstructions"}	将命令下载到打印机

8. 用户信息域

用户信息域用来设置 Office 个性化设置选项中的信息，共有 3 个域，如表 1-9 所示。

表 1-9 用户信息域

域 名 称	域 代 码	域 功 能
UserAddress	{ USERADDRESS ["NewAddress"] }	Office 个性化设置选项中的地址
UserInitials	{ USERINITIALS ["NewInitials"] }	Office 个性化设置选项中的缩写
UserName	{ USERNAME ["NewName"] }	Office 个性化设置选项中的用户名

9. 邮件合并域

邮件合并域用来构建邮件，以及设置邮件合并时的信息，共有 14 个域，如表 1-10 所示。

表 1-10 邮件合并域

域 名 称	域 代 码	域 功 能
AddressBlock	{ ADDRESSBLOCK [Switches] }	插入邮件合并地址块
Ask	{ ASK Bookmark "Prompt" [Switches] }	提示用户指定书签文字
Compare	同表 1-8	同表 1-8
Database	{ DATABASE [Switches] }	插入外部数据库中的数据
Fill-in	{ FILLIN ["Prompt"] [Switches] }	提示用户输入要插入文档中的文字
GreetingLine	{ GREETINGLINE [Switches] }	插入邮件合并域
If	同表 1-8	同表 1-8
MergeField	{ MERGEFIELD FieldName [Switches] }	插入邮件合并域
MergeRec	{ SECTIONPAGES }	当前合并记录号
MergeSeq	{ MERGESEQ }	合并记录序列号
Next	{ NEXT }	转到邮件合并的下一条记录
NextIf	{ NEXTIF Expression1 Operator Expression2 }	按条件转到邮件合并的下一条记录
Set	{ SET Bookmark "Text" }	为书签指定新文字
SkipIf	{ SKIPIF Expression1 Operator Expression2 }	在邮件合并时按条件跳过一条记录

1.4.3 域操作

域操作包括域的插入、编辑、删除、更新和锁定等。

1. 插入域

在 Word 2016 中，域的插入操作可以通过以下 3 种方法实现。

（1）直接选择法。具体操作步骤如下：

① 将光标移到要插入域的位置，单击"插入"选项卡"文本"组中的"文档部件"下拉按钮，在弹出的下拉列表中选择"域"命令，弹出"域"对话框，如图 1-84（a）所示。

② 在"类别"下拉列表框中选择域类型，例如"日期和时间"选项。在"域名"列表框中选择域名，例如"Date"选项。在"域属性"列表框中选择一种日期格式。

③ 单击"确定"按钮完成域的插入。

在"域"对话框中单击"域代码"按钮，会在对话框的右上角显示域代码及其格式，如图 1-84（b）所示。单击左下角的"选项"按钮，弹出"域选项"对话框，在对话框中可设置域的通用开关和域专用开关，并加到域代码中。用户可借助该对话框学习并掌握常用域命令的操作方法。

（2）键盘输入法。如果熟悉域代码或者需要引用他人设计的域代码，可以用键盘直接输入，操作步骤如下：

① 把光标移到需要插入域的位置，按【Ctrl+F9】组合键，将自动插入域特征字符"{ }"。

② 在大括号内从左向右依次输入域名、域参数、域开关等参数。按功能键【F9】更新域，或者按【Shift+F9】组合键显示域结果。

（3）功能按钮操作法。在 Word 2016 中，高级的、复杂的域功能难以手工控制，例如自动编号、邮件合并、题注、交叉引用、索引和目录等。这些域的域参数和域开关参数非常多，采用上述两种方法难以控制和使用。因此，Word 2016 把经常用到的一些域操作以功能按钮的形式集成在系统中，通常放在功能区或对话框中，它们可以被当作普通操作命令一样使用，非常方便。

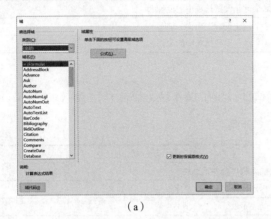 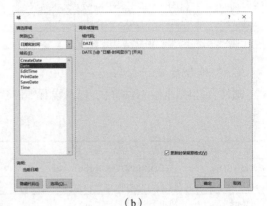

（a）　　　　　　　　　　　　　　　（b）

图 1-84　"域"对话框

2. 切换域结果和域代码

域结果和域代码是文档中域的两种显示方式。域结果是域的实际内容，即在文档中插入的内容或图形；域代码代表域的符号，是一种指令格式。对于插入文档中的域，系统默认的显示方式为域结果，用户可以根据自己的需要在域结果和域代码之间进行切换。主要有以下 3 种切换方法。

（1）单击"文件"选项卡中的"选项"按钮，弹出"Word 选项"对话框。或者在 Word 功能区的任意空白处右击，在弹出的快捷菜单中选择"自定义功能区"命令，也能弹出"Word 选项"对话框。在弹出的"Word 选项"对话框中切换到"高级"选项卡，在右侧的"显示文档内容"栏中选择"显示域代码而非域值"复选框。在"域底纹"下拉列表框中有"不显示""始终显示""选取时显示" 3 个选项，用于控制是否显示域的底纹背景，如图 1-85 所示，用户可以根据实际需要进行选择。单击"确定"按钮完成域代码的设置，文档中的域会以域代码的形式进行显示。

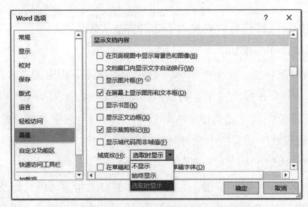

图 1-85　"Word 选项"对话框

（2）可以使用快捷键来实现域结果和域代码之间的切换。选择文档中的某个域，按【Shift+F9】组合键实现切换。按【Alt+F9】组合键可对文档中所有的域进行域结果和域代码之间的切换。

（3）右击插入的域，在弹出的快捷菜单中选择"切换域代码"命令实现域结果和域代码之间的切换。

虽然在文档中可以将域切换成域代码的形式进行查看或编辑，但是在打印时都打印域结果。在某些特殊情况下需要打印域代码，则需选择"Word 选项"对话框"高级"选项卡"打印"栏中的"打印域代码而非域值"复选框。

3. 编辑域

编辑域也就是修改域，用于修改域的设置或修改域代码，可以在"域"对话框中操作，也可以直接在文档的域代码中直接进行修改。

（1）右击文档中的某个域，在弹出的快捷菜单中选择"编辑域"命令，弹出"域"对话框，根据需要重新修改域代码或域格式。

（2）将域切换到域代码显示方式下，直接对域代码进行修改，完成后按【Shift+F9】组合键查看域结果。

4. 更新域

更新域就是使域结果根据实际情况的变化而自动更新。更新域的方法有以下两种：

（1）手动更新。右击要更新的域，在弹出的快捷菜单中选择"更新域"命令即可。也可以按功能键【F9】实现。

（2）打印时更新。单击"文件"选项卡中的"选项"按钮，弹出"Word 选项"对话框。或者在Word 功能区的任意空白处右击，在弹出的快捷菜单中选择"自定义功能区"命令，也能弹出"Word 选项"对话框。在弹出的"Word 选项"对话框中切换到"显示"选项卡，在右侧的"打印选项"栏中选择"打印前更新域"复选框，此后，在打印文档前将会自动更新文档中所有的域结果。

5. 域的锁定和断开链接

虽然域的自动更新功能给文档编辑带来了方便，但是如果用户不希望实现域的自动更新，可以暂时锁定域，在需要时再解除锁定。若要锁定域，选择要锁定的域，按【Ctrl+F11】组合键即可；若要解除域的锁定，可按【Ctrl+Shift+F11】组合键实现。如果要将选择的域永久性地转换为普通的文字或图形，可选择该域，按【Ctrl+Shift+F9】组合键实现，也即断开域的链接。此过程是不可逆的，断开域连接后，不能再更新，除非重新插入域。

6. 删除域

删除域的操作与删除文档中其他对象的操作方法是一样的。首先选择要删除的域，按【Delete】键或【Backspace】键进行删除。可以一次性删除文档中的所有域，其操作步骤如下：

（1）按【Alt+F9】组合键显示文档中所有的域代码。如果域是以域代码方式显示，此步骤可省略。

（2）单击"开始"选项卡"编辑"组中的"替换"按钮，弹出"查找和替换"对话框。

（3）单击对话框中的"更多"按钮，然后单击"查找内容"下拉列表框。单击"特殊格式"下拉按钮，并从下拉列表框中选择"域"，"查找内容"下拉列表框中将自动出现"^d"。"替换为"下拉列表框中不输入内容。

（4）单击"全部替换"按钮，在弹出的对话框中单击"确定"按钮，文档中的全部域将被删除。

7. 域的快捷键

运用域的快捷键，可以使域的操作更简便、快捷。域的快捷键及其作用如表 1–11 所示。

表 1–11　域的快捷键及其作用

快 捷 键	作 用
【F9】	更新域，更新当前选择的所有域
【Ctrl+F9】	插入域特征符，用于手动插入域代码
【Shitf+F9】	切换域显示方式，打开或关闭当前选择的域的域代码
【Alt+F9】	切换域显示方式，打开或关闭文档中所有域的域代码
【Ctrl+Shift+F9】	解除域连接，将所有选择的域转换为文本或图形，该域无法再更新
【Alt+Shift+F9】	单击域，等同于双击 MacroButton 和 GoToButton 域
【F11】	下一个域，用于选择文档中的下一个域

续表

快 捷 键	作　用
【Shift+F11】	前一个域，用于选择文档中的前一个域
【Ctrl +F11】	锁定域，临时禁止该域被更新
【Ctrl+Shift+F11】	解除域，允许域被更新

1.5　批注与修订

扫一扫

视频1-27
批注与修订

当需要对文档内容进行特殊的注释说明时就要用到批注。Word 2016 允许多个审阅者对文档添加批注，并以不同的颜色进行标识。Word 2016 提供的修订功能用于审阅者标记对文档中所做的编辑操作，让作者根据这些修订来接受或拒绝所做的修订内容。

批注是文档的审阅者为文档附加的注释、说明、建议、意见等信息，并不对文档本身的内容进行修改。批注通常用于表达审阅者的意见或对文档内容提出质疑。

修订是显示对文档所做的诸如插入、删除或其他编辑操作的标记。启用修订功能，审阅者的每一次编辑操作，例如插入、删除或更改格式等都会被标记出来，作者可根据需要接受或拒绝每处的修订。只有接受修订，对文档的编辑修改才生效，否则文档内容保持不变。

批注与修订的区别在于批注并不在原文的基础上进行修改，而是在文档页面的空白处添加相关的注释信息，并用带颜色的方框括起来；而修订会记录对文档所做的各种修改操作。

1.5.1　批注与修订的设置

用户在对文档内容进行有关批注与修订操作之前，可以根据实际需要事先设置批注与修订的用户名、位置、外观等内容。

1. 用户名设置

在文档中添加批注或进行修订后，用户可以查看到批注者或修订者名称。批注者或修订者名称默认为安装 Office 软件时注册的用户名，可以根据需要对用户名进行修改。

单击"审阅"选项卡"修订"组右边的对话框启动器按钮，弹出"修订选项"对话框，如图 1-86（a）所示。单击对话框中的"更改用户名"按钮，弹出"Word 选项"对话框。或者在功能区任意空白处右击，在弹出的快捷菜单中选择"自定义功能区"命令。或者单击"文件"选项卡中的"选项"按钮，也可弹出"Word 选项"对话框。在弹出的"Word 选项"对话框的"常规"选项卡中，在"用户名"文本框中输入新用户名，在"缩写"文本框中修改用户名的缩写，单击"确定"按钮使设置生效。

2. 位置设置

在 Word 文档中，添加的批注位置默认为文档右侧。对于修订，直接在文档中显示修订位置。批注及修订还可以被设置成以"垂直审阅窗格"或"水平审阅窗格"形式显示。

单击"审阅"选项卡"修订"组中的"显示标记"下拉按钮，在弹出的下拉列表中选择"批注框"中的某种显示方式。选择"在批注框中显示修订""以嵌入式显示所有修订""仅在批注框中显示批注和格式"之一进行设置。

单击"审阅"选项卡"修订"组中的"审阅窗格"下拉按钮，在弹出的下拉列表中选择"垂直审阅窗格"命令，将在文档的左侧显示批注和修订的内容。若选择"水平审阅窗格"命令，则将在文档的下方显示批注和修订的内容。

3. 外观设置

主要是对批注和修订标记的颜色、边框、大小等进行设置。在弹出的"修订选项"对话框中单击"高级选项"按钮，弹出"高级修订选项"对话框，如图 1-86（b）所示。用户可根据实际需要对相应选项进行设置，单击"确定"按钮完成设置。

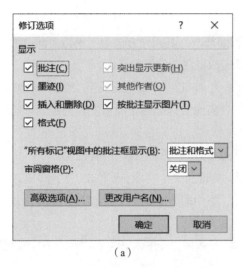
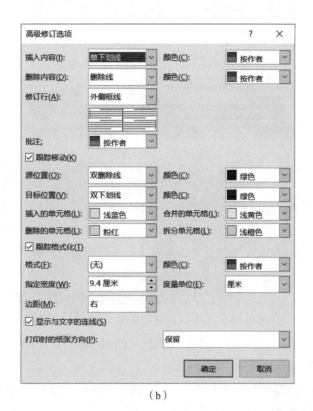

（a）　　　　　　　　　　　（b）

图 1-86　"修订选项"对话框

1.5.2　批注与修订的操作

对于批注，主要包括批注的添加、查看、编辑、隐藏、删除等操作；对于修订，主要包括修订功能的打开与关闭，修订的查看、审阅，比较文档等操作。

1. 批注操作

（1）添加批注。用于在文档中指定的位置或对选中的文本添加批注，具体操作步骤如下：

① 在文档中选中要添加批注的文本（或将光标定位在要添加批注的位置，将自动选中近邻的短语），单击"审阅"选项卡"批注"组中的"新建批注"按钮。

② 选中的文本将被填充颜色，并且用一对括号括起来，旁边为批注框，直接在批注框中输入批注内容，再单击批注框外的任何区域，即可完成添加批注操作，如图 1-87 所示。

（2）查看批注。添加批注后，将鼠标指针移至文档中添加批注的对象上，鼠标指针附近将出现浮动窗口，窗口内显示批注者名称、批注日期和时间以及批注的内容，其中，批注者名称默认为安装 Office 软件时注册的用户名。在查看批注时，用户可以查看所有审阅者的批注，也可以根据需要分别查看不同审阅者的批注。

单击"审阅"选项卡"批注"组中的"上一条"或"下一条"按钮，可使光标在批注之间移动，以查看文档中的所有批注。

文档默认显示所有审阅者添加的批注，可以根据实际需要仅显示指定审阅者添加的批注。单击"审阅"选项卡"修订"组中的"显示标记"下拉按钮，在弹出的下拉列表中选择"审阅者"，级联菜单中会显示文档的所有审阅者，取消或选择审阅者前面的复选框，可实现隐藏或显示选中的审阅者的批注，其操作界面如图 1-88 所示。

图 1-87　添加批注

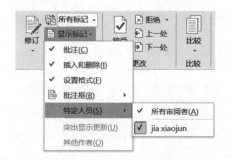

图 1-88　查看批注

（3）编辑批注。如果对批注的内容不满意，可以进行编辑和修改，其操作方法为：单击要修改的某个批注框，直接进行修改，修改后单击批注框外的任何区域，完成批注的编辑和修改。

（4）隐藏批注。可以将文档中的批注隐藏起来，其操作方法为：单击"审阅"选项卡"修订"组中的"显示标记"下拉按钮，在弹出的下拉列表中选择"批注"命令前面的选择标记即可实现隐藏功能。若要显示批注，再次选择可选中此项功能。

（5）删除批注。可以选择性地进行单个或多个批注删除，也可以一次性地删除所有批注。

① 删除单个批注。右击该批注，在弹出的快捷菜单中选择"删除批注"命令；或单击"审阅"选项卡"批注"组中的"删除"按钮；或单击"审阅"选项卡"批注"组中的"删除"下拉按钮，在弹出的下拉列表中选择"删除"命令。

② 删除所有批注。单击"审阅"选项卡"批注"组中的"删除"下拉按钮，在弹出的下拉列表中选择"删除文档中的所有批注"命令即可。

③ 删除指定审阅者的批注。首先进行指定审阅者操作，然后进行删除操作。单击"审阅"选项卡"批注"组中的"删除"下拉按钮，在弹出的下拉列表中选择"删除所有显示的批注"命令即可删除指定审阅者的批注。

2. 修订操作

（1）打开或关闭文档的修订功能。在 Word 文档中，文档的修订功能默认为"关闭"。打开或关闭文档的修订功能的操作如下：单击"审阅"选项卡"修订"组中的"修订"按钮；或者单击"修订"下拉按钮，在弹出的下拉列表中选择"修订"命令。如果"修订"按钮以灰色底纹突出显示，形如 ，则打开了文档的修订功能，否则文档的修订功能为关闭状态。

在修订状态下，审阅者或作者对文档内容的所有操作，例如插入、修改、删除或格式设置等，都将被记录下来，这样可以查看文档中的所有修订操作，并根据需要进行确认或取消修订操作。

（2）查看修订。对 Word 文档进行修订后，文档中包括批注、插入、删除、格式设置等修订标记，可以根据修订的类别查看修订，默认状态下可以查看文档中所有的修订。单击"审阅"选项卡"修订"组中的"显示标记"下拉按钮，会弹出下拉列表。在下拉列表中，可以看到"批注""插入和删除""设置格式""突出显示更新"等命令，可以根据需要取消或选择这些命令，相应标注或修订效果将会自动隐藏或显示，以实现查看某一项的修订功能。

单击"审阅"选项卡"更改"组中的"上一条"或"下一条"按钮，可以逐条显示修订标记。

单击"审阅"选项卡"修订"组中的"审阅窗格"下拉按钮，在弹出的下拉列表中选择"垂直审阅窗格"或"水平审阅窗格"命令，将分别在文档的左侧或下方显示批注和修订的内容，以及标记修订和插入批注的用户名和时间。

（3）审阅修订。对文档进行修订后，可以根据需要，对这些修订进行接受或拒绝处理。

① 如果接受修订，单击"审阅"选项卡"更改"组中的"接受"下拉按钮，将弹出下拉列表，可根

据需要选择相应的接受修订命令。

- 接受并移到下一处：表示接受当前这条修订操作并自动移到下一条修订上。
- 接受此修订：表示接受当前这条修订操作。
- 接受所有显示的修订：表示接受指定审阅者所做出的修订操作。
- 接受所有修订：表示接受文档中所有的修订操作。
- 接受所有更改并停止修订：表示接受文档中所有的修订操作并退出修订操作。

② 如果要拒绝修订，单击"审阅"选项卡"更改"组中的"拒绝"下拉按钮，将弹出下拉列表，可根据需要选择相应的拒绝修订命令。

- 拒绝并移到下一处：表示拒绝当前这条修订操作并自动移到下一条修订上。
- 拒绝更改：表示拒绝当前这条修订操作。
- 拒绝所有显示的修订：表示拒绝指定审阅者所作出的修订操作。
- 拒绝所有修订：表示拒绝文档中所有的修订操作。
- 拒绝所有更改并停止修订：表示拒绝文档中所有的修订操作并退出修订操作。

接受或拒绝修订还可以通过快捷菜单方式来实现。右击某个修订，在弹出的快捷菜单中选择"接受修订"或"拒绝修订"命令即可实现当前修订的接受或拒绝操作。

（4）比较文档。由于 Word 2016 对修订功能默认为关闭状态，如果审阅者直接修订了文档，而没有添加修订标记，就无法准确获得修改信息。可以通过 Word 2016 提供的比较审阅后的文档功能实现修订前后操作的文档间的区别对照，具体操作步骤如下：

① 单击"审阅"选项卡"比较"组中的"比较"下拉按钮，在弹出的下拉列表中选择"比较"命令，弹出"比较文档"对话框。

② 在"比较文档"对话框中的"原文档"下拉列表框中选择要比较的原文档，在"修订的文档"下拉列表框中选择修订后的文档。也可以单击这两个下拉列表框右侧的"打开"按钮，在"打开"对话框中选择原文档和修订后的文档。

③ 单击"更多"按钮，会展开更多选项供用户选择。用户可以对比较内容进行设置，也可以对修订的显示级别和显示位置进行设置，如图 1-89 所示。

④ 单击"确定"按钮，Word 将自动对原文档和修订后的文档进行精确比较，并以修订方式显示两个文档的不同之处。默认情况下，比较结果将显示在新建的文档中，被比较的两个文档内容不变。

⑤ 如图 1-90 所示，比较文档窗口分 4 个区域，分别显示两个文档的内容、比较的结果以及修订摘要。单击"审阅"选项卡"更改"组中的"接受"或"拒绝"下拉按钮，在下拉列表中选择所需命令，可以对比较生成的文档进行审阅操作，最后单击"保存"按钮，将审阅后的文档进行保存。

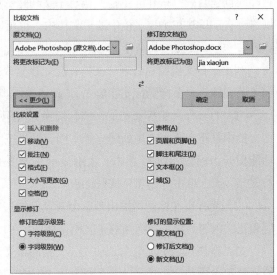

图 1-89　"比较文档"对话框

Word 2016 还可以将多位审阅者的修订组合到一个文档中，这可以通过合并功能实现。单击"审阅"选项卡"比较"组中的"比较"下拉按钮，在弹出的下拉列表中选择"合并"命令，然后在弹出的"合并文档"对话框中实现合并功能，其操作步骤类似于比较文档。

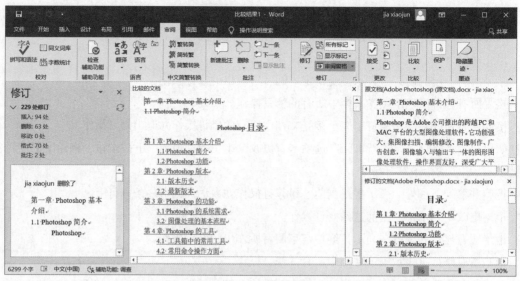

图 1-90 比较后的结果

1.6 主控文档与邮件合并

在 Word 中编辑文档内容时，经常会碰到所需要的文本或数据来自于多个文档的情况，一般通过复制、剪切的方法来复制这些数据。实际上，Word 2016 提供了主控文档和邮件合并功能，实现了多个文档之间的数据自动合并，以达到数据"复制"作用。

1.6.1 主控文档

●----● 扫一扫

视频1-28
主控文档

在 Word 2016 中，系统提供了一种可以包含和管理多个子文档的文档，即主控文档。主控文档可以组织多个子文档，并把它们当作一个文档来处理，可以对它们进行查看、重新组织、格式设置、校对、打印和创建目录等操作。主控文档与子文档是一种链接关系，每个子文档可以单独存在，子文档的编辑操作会自动反映在主控文档中的子文档中，也可以通过主控文档来编辑子文档。

1．建立主控文档与子文档

利用主控文档组织管理子文档，应先建立或打开作为主控文档的文档，然后在该文档中再建立子文档（子文档必须在标题行才能建立），具体操作步骤如下：

（1）打开作为主控文档的文档，切换到大纲视图模式下，将光标移到要创建子文档的标题位置（若在文档中某正文段落末尾处建立子文档，可先按【Enter】键生成一空段，然后将此空段通过大纲的提升功能提升为标题级别），单击"大纲显示"选项卡"主控文档"组中的"显示文档"按钮，将展开"主控文档"组，单击"创建"按钮 创建。

（2）光标所在标题周围出现一个灰色细线边框，其左上角显示一个标记，表示该标题及其下级标题和正文内容为该主控文档的子文档，如图 1-91（a）所示。

（3）在该标题下面空白处输入子文档的正文内容。输入正文内容后，单击"大纲显示"选项卡"主控文档"组中的"折叠子文档"按钮，将弹出是否保存主控文档对话框，单击"确定"按钮进行保存，插入的子文档将以超链接的形式显示在主控文档的大纲视图中，如图 1-91（b）所示。同时，系统将自动以默认文件名及默认路径（主控文档所在的文件夹）保存创建的子文档。

（4）单击状态栏右侧的"页面视图"按钮，切换到页面视图模式下，完成子文档的创建操作。或单击"大纲显示"选项卡"关闭"组中的"关闭大纲视图"按钮进行切换，或单击"视图"选项卡"文档视图"组中的"页面视图"按钮进行切换。

图 2-1　设置数据验证条件（自定义）

图 2-2　设置出错警告信息

图 2-3　"错误提示"对话框

扫一扫

视频2-1
自定义下拉
列表

2. 将数据输入限制为下拉列表中的值

在 Excel 中输入有固定选项的数据时，例如职称、学历、性别、婚否、部门等，如果能直接从下拉列表中选择输入，则可以提高输入的准确性和速度。下拉列表的生成可以通过数据验证的设置来实现，具体操作步骤如下：

（1）选择输入有限选项数据的区域，例如 C2:C17，在"数据"选项卡的"数据工具"组中单击"数据验证"下拉按钮，选择"数据验证"命令，弹出"数据验证"对话框，在"允许"下拉列表框中选择"序列"选项，在"来源"文本框中输入"教授,副教授,讲师,助教"（其中的间隔符逗号需要在英文状态下输入），如图 2-4 所示。

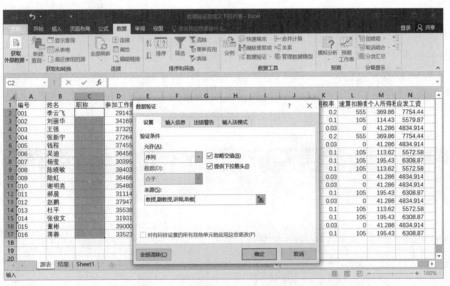

图 2-4　设置数据验证条件（序列）

（2）单击"确定"按钮，关闭"数据验证"对话框。返回工作表中，当在 C2:C17 区域内任一单元格输入数据时，单元格右边显示一个下拉按钮，单击此下拉按钮，则弹出下拉选项，如图 2-5 所示，在其中选择一个值填入即可。

此外，利用数据验证还可以指定单元格输入的文本长度、整数范围、日期范围等，如图 2-6 所示。

3. 圈释无效数据

圈释无效数据是指系统自动将不符合条件的数据用红色的圈标注出来，以便编辑修改。具体操作步骤如下：

（1）选择要圈出无效数据的单元格区域，例如 B2:E12 单元格区域。在"数据"选项卡的"数据工具"组中单击"数据验证"下拉按钮，选择"数据验证"命令，弹出"数据验证"对话框，在"允许"下拉列表框中选择"整数"，在"数据"下拉列表框中选择"介于"，在"最小值"文本框中输入"0"，在"最大值"文本框中输入"100"，如图 2-7 所示。

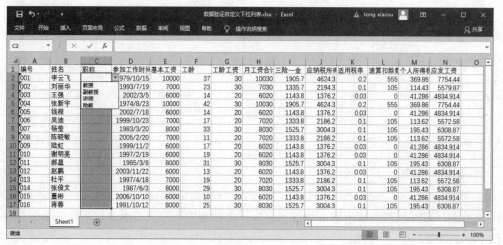

图 2-5　下拉列表

（a）指定文本长度

（b）指定整数范围

（c）指定日期范围

图 2-6　数据验证设置

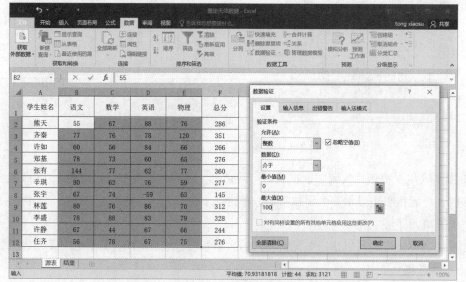

图 2-7　数据验证设置

（2）单击"确定"按钮，关闭"数据验证"对话框。在"数据"选项卡的"数据工具"组中单击"数据验证"下拉按钮，选择"圈释无效数据"命令，此时工作表选定区域中不符合数据验证条件的数据就被红圈标注出来，如图 2-8 所示。

圈定这些无效数据后，就可以方便地找出和修改了。数据修改正确后，红色的标识圈会自动清除。若要手动清除标注，可以通过在"数据"选项卡的"数据工具"组中单击"数据验证"下拉按钮，选择"清除验证标识圈"命令，红色的标识圈就会自动清除。

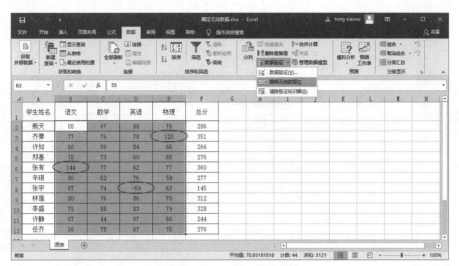

图 2-8　圈释无效数据

2.1.2　自定义序列

在 Excel 中输入数据时，如果数据本身存在某些顺序上的关联特性，那么使用 Excel 所提供的填充柄功能就能快速地实现数据的输入。通常，Excel 中已内置了一些序列，例如，"星期日、星期一、星期二……""甲、乙、丙……""JAN、FEB、MAR……""子、丑、寅……"等，如果要输入上述内置的序列，只要在某个单元格输入序列中的任意元素，把光标放在该单元格右下角，光标变成实心加号后拖动鼠标，就能实现序列的填充。对于系统未内置而个人又经常使用的序列，可以采用自定义序列的方式来实现填充。

1. 基于已有项目列表的自定义序列

（1）在工作表的单元格依次输入一个序列的每个项目，如一季度、二季度、三季度、四季度，然后选定该序列所在的单元格区域。

（2）选择"文件"选项卡中的"选项"命令，在弹出的"Excel 选项"对话框中单击"高级"，拖动窗口右侧的滚动条，直到出现"常规"区，如图 2-9 所示。

图 2-9　"Excel 选项"对话框

（3）单击"编辑自定义列表"按钮，弹出"自定义序列"对话框，如图 2-10 所示。此时自定义序列的区域已显示在"导入"按钮左边的文本框中，单击"导入"按钮，再单击"确定"按钮，即完成序列的自定义。

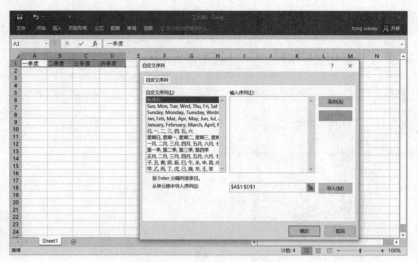

图 2-10 导入自定义序列

（4）序列自定义成功后，它的使用方式和内置的序列一样，在某一单元格内输入序列的任意值，拖动填充柄就可以进行填充。

2. 直接定义新项目列表序列

（1）选择"文件"选项卡中的"选项"命令，在弹出的"Excel 选项"对话框中单击"高级"，拖动对话框右侧的滚动条，直到出现"常规"区，单击"编辑自定义列表"按钮，打开"自定义序列"对话框，如图 2-10 所示。

（2）在对话框右侧的"输入序列"的文本框中，依次输入自定义序列的各个条目，每输完一个条目后按【Enter】键确认，如图 2-11 所示。

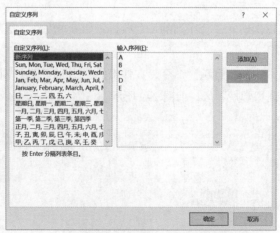

图 2-11 输入自定义序列

（3）全部条目输入完毕后，单击"添加"按钮，再单击"确定"按钮，退出自定义序列窗口，完成新序列的定义。

2.1.3 条件格式

条件格式通过为满足某些条件的数据应用特定的格式来改变单元格区域的外观，以达到只需快速浏览即可立即识别一系列数值中存在的差异的效果。

扫一扫 ●

视频2-2
条件格式

条件格式的设置可以通过 Excel 预置的规则（突出显示单元格规则、项目选取规则、数据条、图标集）来快速实现格式化，也可以通过自定义规则实现格式化。前者操作非常容易，这里不再叙述。下面重点介绍自定义规则格式化，以图 2-12 所示的学生成绩表为例，要求：

（1）将各科成绩小于或等于 60 分的单元格红色加粗显示。

（2）将成绩表中总分最高的同学用黄色填充标示。

学生姓名	语文	数学	英语	物理	总分
熊天	55	67	88	76	286
齐秦	77	76	78	79	310
许如	60	56	84	66	266
郑基	78	73	60	65	276
张有	44	77	62	77	260
辛琪	80	62	76	59	277
张宇	67	74	59	63	263
林莲	80	76	86	70	312
李盛	78	88	83	79	328
许静	67	44	67	66	244
任齐	56	78	67	75	276

图 2-12　学生成绩表

要求（1）的操作步骤如下：

① 选择工作表中要设置格式的单元格区域 B3:E13。

② 在"开始"选项卡的"样式"组中单击"条件格式"下拉按钮，弹出图 2-13（a）所示的下拉列表。

③ 选择"新建规则"命令，弹出"新建格式规则"对话框，如图 2-13（b）所示。

④ 选择"只为包含以下内容的单元格设置格式"，在"编辑规则说明"处选择"小于或等于"并输入"60"，接着单击"格式"按钮，弹出图 2-13（c）所示的对话框，设置字形为"加粗"，颜色为"红色"，单击"确定"按钮，设置效果如图 2-13（d）所示。

（a）

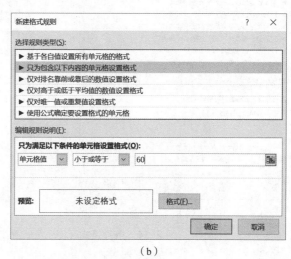

（b）

图 2-13　条件格式（只为包含以下内容的单元格设置格式）

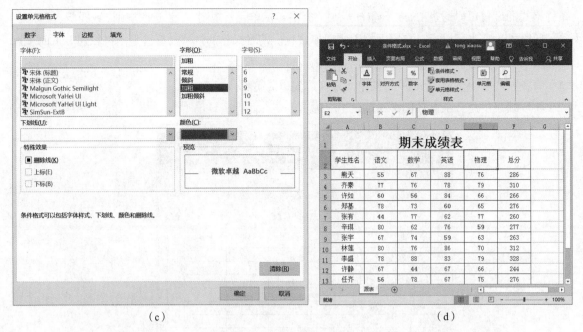

（c）　　　　　　　　　　　　　　　　　（d）

图 2-13　条件格式（只为包含以下内容的单元格设置格式）（续）

要求（2）操作步骤如下：

① 选择工作表中要设置格式的单元格区域 A3:F13。

② 在"开始"选项卡的"样式"组中单击"条件格式"下拉按钮，弹出图 2-13（a）所示的下拉列表。

③ 选择"新建规则"命令，弹出"新建格式规则"对话框。

④ 选择"使用公式确定要设置格式的单元格"，在"编辑规则说明"处输入条件公式：=\$F3=MAX(\$F\$3:\$F\$13)，如图 2-14（a）所示。接着单击"格式"按钮，弹出图 2-14（b）所示的对话框，选择"填充"选项卡，选择颜色为"黄色"，单击"确定"按钮，设置效果如图 2-14（c）所示。

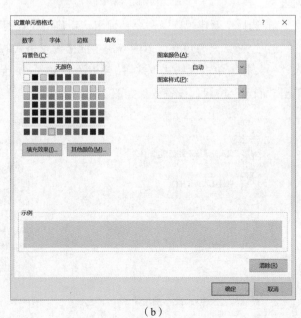

（a）　　　　　　　　　　　　　　　　　（b）

图 2-14　条件格式（使用公式确定要设置格式的单元格）

（c）

图 2-14　条件格式（使用公式确定要设置格式的单元格）（续）

2.1.4　获取外部数据

用户在使用 Excel 进行工作的时候，不但可以使用在 Excel 里输入的工作表数据，还可以使用本地计算机或网络上的外部数据。Excel 2016 获取外部数据是通过"数据"选项卡"获取外部数据"组中的功能来完成的。"获取外部数据"组包含"自 Access""自网站""自文本""自其他来源""现有连接"，也就是说 Excel 2016 获取外部数据有这 4 种方式，本节重点介绍"自网站"和"自文本"两种获取外部数据的方式。

1. 利用文本文件获取数据

要导入文本文件到 Excel 中，通常有两种方法：

（1）利用"文件"选项卡中的"打开"命令，可以直接导入文本文件。

（2）利用"数据"选项卡"获取外部数据"组中的"自文本"按钮导入文本数据。

使用方法（1）导入文本数据时，如果文本文件的数据发生变化，并不会在 Excel 中体现，除非重新导入。使用方法（2）时，Excel 会在当前工作表的指定位置导入数据，同时，Excel 会将文本文件作为外部数据源，一旦文本文件发生变化，用户只需在导入的数据区域的任意位置右击，在弹出的快捷菜单中选择"刷新"命令即可得到最新的数据。下面举例说明方法（2）导入文本数据的操作步骤。

例如，要将"房产销售 .txt"文本文件导入 Excel 2016 中，其操作步骤如下：

（1）选定文本数据要导入的起始位置，单击 Excel 工作表中某一单元格（比如 A1）。

（2）单击"数据"选项卡"获取外部数据"组中的"自文本"按钮，弹出图 2-15 所示的对话框。在此对话框中，用户可以设置合适的分隔数据列的方式，还可以设置数据导入的起始行。如果文本文件的数据列间包含分隔字符（比如逗号、空格或制表符等），在"请选择最合适的文件类型"处选择"分隔符号"单选按钮；如果文本文件的数据列间没有明显的分隔符号，则选择"固定宽度"单选按钮，在其"下一步"操作中可以手工分隔数据列（建立分隔线、拖动分隔线等）。因本例中的房产销售文本文件中的数据列间是以制表符隔开的，故选择"分隔符号"单选按钮。"导入起始行"为"1"，说明文本文件从第 1 行表标题处导入；如果选择"2"，则表示从表第 2 行导入，导入的数据将不包含表标题。本例选择"1"，连同标题导入 Excel 中。

（3）单击"下一步"按钮，弹出图 2-16 所示的对话框。在此对话框中选择分隔符号为"Tab 键"。

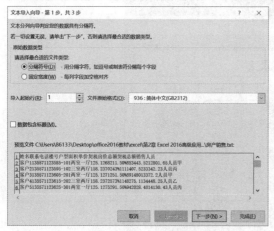

图 2-15　文本导入向导（第 1 步）　　　　图 2-16　文本导入向导（第 2 步）

（4）单击"下一步"按钮，弹出图 2-17 所示的对话框。在此对话框中，用户可以取消对某列的导入，同时可以设置每列的数据格式。默认的列数据格式为"常规"，如果想要改变列的数据格式，可以单击选中"数据预览"处的列，然后设置列数据格式，本例选择默认值"常规"。

（5）单击"完成"按钮，弹出图 2-18 所示的对话框。在此对话框中可设置数据导入工作表中的位置，默认值是当前单元格位置。

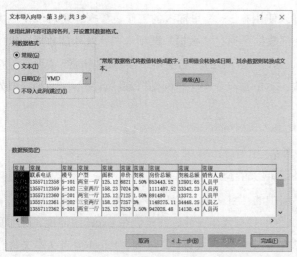

图 2-17　文本导入向导（第 3 步）

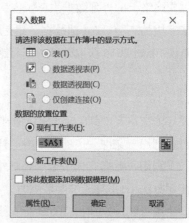

图 2-18　设置数据导入的位置

（6）单击"确定"按钮完成导入，效果如图 2-19 所示。

图 2-19　在 Excel 中导入文本文件

2. 获取网站数据

要获取网站网页上的数据，通常有两种方法：

（1）在网页上选中要复制的表格数据，接着复制并粘贴到 Excel 工作簿。

（2）利用"数据"选项卡"获取外部数据"选项组中的"自网站"按钮来实现。

当网页上的数据更新时，若用户利用方法（1）获取网站上的数据，则必须对工作表重新进行修改；若利用方法（2）导入网站数据，用户只需在导入的数据区域的任意位置右击，在弹出的快捷菜单中选择"刷新"命令即可得到最新的数据，或者在弹出的快捷菜单中选择"数据区域属性"命令，在弹出"外部数据区域属性"对话框中选中"刷新控件"选项区域中的"打开文件时刷新数据"复选框即可。下面介绍利用方法（2）实现网站数据导入的具体操作步骤。

例如，要将中国工商银行网站上（网址为 http://www.icbc.com.cn/ICBC/ 金融信息 / 行情数据 / 人民币即期外汇牌价 /）的人民币即期外汇牌价数据表导入 Excel 2016 中，其操作步骤如下：

（1）单击 Excel 工作表中某一单元格（比如 A1），选定网站数据要导入的起始位置。

（2）单击"数据"选项卡"获取外部数据"组中的"自网站"按钮，弹出"新建 Web 查询"对话框。

（3）在对话框的"地址"文本框中输入数据源所在的网址"http://www.icbc.com.cn/ICBC/ 金融信息 / 行情数据 / 人民币即期外汇牌价 /"，并单击"转到"按钮打开网页，如图 2-20 所示。

图 2-20　输入网址后的"新建 Web 查询"对话框

（4）将鼠标指针移动到希望导入的数据区域的左上角，选中"▣"标记，将其变成对钩状态"☑"，选中要导入的表格，如图 2-21 所示。

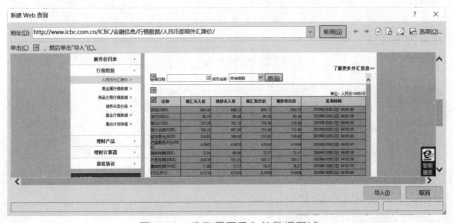

图 2-21　选取需要导入的数据区域

（5）单击"导入"按钮，弹出"导入数据"对话框，如图 2-22 所示。设置导入的数据在 Excel 工作簿中的位置，默认值是当前单元格位置。

（6）单击"确定"按钮，将数据导入 Excel 工作表中，如图 2-23 所示。

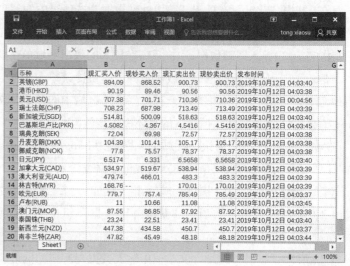

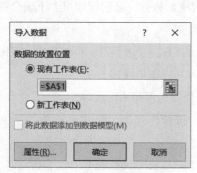

图 2-22　"导入数据"对话框　　　　　　　　图 2-23　导入工作表中的数据

2.2　公式与函数

2.2.1　基本知识

Excel 提供了类型丰富的函数，可以通过各种运算符、单元格引用构造出各种公式以满足各类计算的需要。为了熟练地掌握公式和函数的应用，必须对公式和函数的基本概念有清晰的了解。

1. 公式

公式是 Excel 中对数据进行运算的式子。输入公式时，必须以等号（"="）开头，由操作数和运算符组成，操作数主要包括常量、名称、单元格引用和函数等。运算符主要有算术运算符、逻辑运算符和字符运算符等。

（1）算术运算符。算术运算符用来完成基本的数学运算，如加法、减法、乘法、乘方、百分比等。

算术运算符有：负号（"−"）、百分数（"%"）、乘幂（"^"）、乘（"*"）和除（"/"）、加（"+"）和减（"−"）。其运算顺序与数学中的运算顺序相同。例如，公式"=3^2"的值为 9；又如，公式"=E2*F2"表示 E2、F2 两个单元格的值相乘。

（2）关系运算符。关系运算符用来判断条件是否成立，若条件成立，则结果为 TRUE（真）；若条件不成立，则结果为 FALSE（假）。

关系运算符有：等于（"="）、小于（"<"）、大于（">"）、小于或等于（"<="）、大于或等于（">="）、不等于（"<>"）。

例如，公式"=A2>=500"表示判断 A2 单元格的值是否大于或等于 500，如果大于或等于 500 则结果为 TRUE，否则为 FALSE。

（3）字符运算符。字符运算符用来连接两个或多个字符，其运算符为"&"。

例如，公式"="Microsoft "&"Office""的值为"Microsoft Office"；又如，单元格 A1 存储着"中国"，单元格 A2 存储着"浙江"（均不包括引号），则公式"=A1&A2"的值为"中国浙江"。

操作。

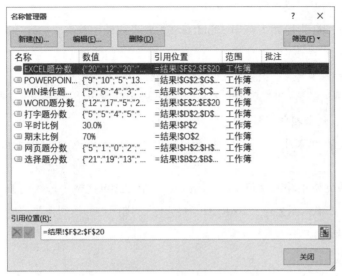

图 2-33 名称管理器

2.2.2 文本函数

文本函数主要是帮助用户快速设置文本方面的操作，包括文本的比较、查找、截取、合并、替换和删除等操作，在文本处理中有着极其重要的作用。

1. 文本连接函数 CONCATENATE

格式：CONCATENATE(text1,[text2],…)

功能：可将最多 255 个文本字符串连接成一个文本字符串。连接项可以是文本、数字、单元格引用或这些项的组合。

参数说明：

（1）Text1 为必选项。要连接的第一个文本项。

（2）Text2, … 为可选项。其他文本项，最多为 255 项。项与项之间必须用逗号隔开。

例如，若在 A1 单元格中输入字符串"中国"，在 B1 单元格中输入"浙江"，在 C1 单元格输入"=CONCATENATE(A1,B1)"，则函数的返回值为"中国浙江"；如果在 C1 单元格输入"=CONCATENATE(A1,B1," 杭州 ")"则函数的返回值为"中国浙江杭州"。这里需要注意的是，当其中的参数不是单元格引用而是文本格式，在使用时一定要给文本参数加英文状态下的双引号。

另外，也可以用"&"运算符代替 CONCATENATE 函数来连接文本项。例如，"=A1&B1"与"=CONCATENATE(A1,B1)"返回的值相同。

2. 文本比较函数 EXACT

格式：EXACT(text1,text2)

功能：比较字符串 text1 是否与字符串 text2 相同。如果两个字符串相同，则返回测试结果"TRUE"，反之则返回"FALSE"，字符比较时区分大小写。

例如，若在 A1 单元格中输入字符串"Microsoft"，B1 单元格中也输入"microsoft"，在 C1 单元格中输入公式"=EXACT(A1,B1)"，则该函数的执行结果为"FALSE"，因为两个字符串的首字母大小写不一样。

3. 文本查找函数 SEARCH

格式：SEARCH(find_text,within_text,[start_num])

功能：判断字符串 find_text 是否包含在字符串 within_text 中，若包含，则返回该字符串在原字符串中的起始位置，反之，则返回错误信息"#VALUE!"。

参数说明：within_text 为原始字符串；find_text 为要查找的字符串；start_num 表示从第几个字符开始查找，默认值为从第 1 个字符开始查找。

（1）该函数不区分大小写。

（2）查找时可使用通配符"?"和"*"。其中"?"表示任意单个字符，"*"表示任意字符。如果要表示字符"?"和"*"，则必须在"?"和"*"前加上符号"~"。

（3）查找时若要区分大小写，可用函数 FIND(find_text,within_text,[start_num]) 实现，其用法与 SEARCH 相同。

例如，若在 A1 单元格中输入字符串"Microsoft"，在 A2 单元格中输入函数"=SEARCH("S",A1)"，则函数的返回值为 6；如输入函数"=SEARCH("N",A1)"，则函数的返回值为"#VALUE!"。

4. 截取子字符串函数

（1）左截函数 LEFT

格式：LEFT(text,num_chars)

视频2-5
字符截取
函数

功能：将字符串 text 从左边第 1 个字符开始，向右截取 num_chars 个字符。

例如，若在 A1 单元格中输入字符串"Microsoft"，则函数 =LEFT(A1,3) 的返回值为"Mic"。

（2）右截函数 RIGHT(text,num_chars)

格式：RIGHT(text,num_chars)

功能：将字符串 text 从右边第 1 个字符开始，向左截取 num_chars 个字符。

（3）截取任意位置子字符串函数 MID

格式：MID(text,start_num,num_chars)

功能：将字符串 text 从第 start_num 个字符开始，向右截取 num_chars 个字符。

参数说明：text 是原始字符串；start_num 为截取的位置；num_chars 为要截取的字符个数。

例如，若在 A1 单元格中输入某个学生的计算机等级考试的准考证号"20165532101"，其中第 9 位代表考试等级，则函数 =MID(A1,9,1) 的返回值为"1"，表示该考生参加的是一级考试。

5. 删除空格函数 TRIM

格式：TRIM(TEXT)

功能：删除指定文本或区域中的空格。除了单词之间的单个空格外，该函数可以删除文本中所有的空格，包括前后空格及文本中间的空格。

例如，在 A1 单元格输入函数"=TRIM("中国　浙江")"，运行结果为"中国 浙江"，除了中国浙江两个词之间的单个空格外，其余空格全部被删除。

6. 字符长度测试函数 LEN

格式：LEN(TEXT)

功能：统计指定字符串中字符的个数，空格也作为字符计数。

例如，在 A1 单元格输入函数"=LEN("中国 浙江 China")"，运行结果为 10，汉字同字母一样，一个汉字一个长度，空格也计数。

7. 字符替换函数 REPLACE

格式：REPLACE(old_text,start_num,num_chars,new_text)

功能：对指定字符串，从指定位置开始，用新字符串来替换原有字符串中的若干字符。

参数说明：old_text 是原有字符串；start_num 是从原字符串中第几个字符位置开始替换；num_chars

是原字符串中从起始位置开始需要替换的字符个数；new_text 是要替换成的新字符串。

（1）当 num_chars 为 0 时，则表示从 start_num 之后插入新字符串 new_text。

（2）当 new_text 为空时，则表示从第 start_num 个字符开始删除 num_chars 个字符。

例如，在 A1 单元格输入"'057387654321"，在 B1 单元格输入函数"=REPLACE(A1,4,1,1)"，则函数的返回结果为"057187654321"，即把原字符串的第 4 个字符替换为 1；如果在 B1 单元格输入函数"=REPLACE(A1,4,0,1)"，则函数的返回结果为"0571387654321"，即在原字符串第 4 个字符的位置添加一个字符 1；如果在 B1 单元格输入函数"=REPLACE(A1,4,1,)"，则函数的返回结果为"05787654321"，把原字符串的第 4 个字符删除。

扫一扫

视频2-6
字符替换
函数

8．数据格式转换函数 TEXT

格式：TEXT(value,format_text)

功能：将数值 (value) 转换为按指定数字格式 (format_text) 表示的文本。

例如，"TEXT(123.456,"$0.00")"的值为"$123.46"，"TEXT(1234,"[dbnum2]")"的值为"壹仟贰佰叁拾肆"。

参数说明：Value 为数值、计算结果为数字值的公式，或对包含数字值的单元格的引用。Format_text 为"单元格格式"对话框中"数字"选项卡"分类"列表框中的文本形式的数字格式。使用函数 TEXT 可以将数值转换为带格式的文本，而其结果将不再作为数字参与计算。

2.2.3　数值计算函数

数值计算函数主要用于数值的计算和处理，在 Excel 中应用范围广泛。下面介绍几种常用的数值计算函数。

1．条件求和函数 SUMIF

格式：SUMIF(range, criteria, [sum_range])

功能：根据指定条件对指定数值单元格求和。

参数说明：

（1）range 代表用于条件计算的单元格区域或者求和的数据区域；

（2）criteria 为指定的条件表达式；

（3）sum_range 为可选项，为需要求和的实际单元格区域，如果选择该项，则 range 为条件所在的区域，sum_range 为实际求和的数据区域，如果忽略，则 range 既为条件区域又为求和的数据区域。

扫一扫

视频2-7
条件求和
函数

例如，公式"=SUMIF(F2:F13,">60")"表示对 F2：F13 单元格区域中大于 60 的数值相加。再如，公式"=SUMIF(C2:C13," 男 ",G2:G13)"，假定 C2:C13 表示性别，G2:G13 表示奖学金，则该公式的意义就是表示求表中男同学的奖学金总和。

2．多条件求和函数 SUMIFS

格式：SUMIFS(sum_range,criteria_range1,criteria1,[criteria_range2, criteria2],…)

功能：对指定求和区域中满足多个条件的单元格求和。

参数说明：

（1）sum_range 为必选项，为求和的实际单元格区域，包括数字或包含数字的名称、区域或单元格引用。

（2）criteria_range1 为必选项，为关联条件的第一个条件区域。

（3）criteria1 为必选项，为求和的第一个条件。形式为数字、表达式、单元格引用或文本，可用来定义将对哪些单元格进行计数。例如，条件可以表示为 86、">86"、A6、" 姓名 " 或 "32" 等。

（4）criteria_range2, criteria2, … 为可选项。为附加条件区域及其关联的条件。最多允许 127 个区域 / 条件对。

例如，公式"=SUMIFS(G2:G13,C2:C13," 男 ",D2:D13, " 计算机 ")"，假定 G2:G13 表示奖学金，C2:C13 表示性别，D2:D13 表示专业，则该公式的意义就是表示求表中计算机专业男同学的奖学金总和。其中，G2:G13 为求和区域（即奖学金）；C2:C13 为第 1 个条件区域（即性别）；"男"为第 1 个条件（即性别为"男"）；D2:D13 为第 2 个条件区域（即专业）；"计算机"为第 2 个条件（即专业为计算机）。

注意：

（1）只有在 sum_range（求和区域）参数中的单元格满足所有相应的指定条件时，才对该单元格求和。

（2）函数中每个 criteria_range（条件区域）参数包含的行数和列数必须与 sum_range（求和区域）参数和的行数和列数相同。

（3）求和区域 sum_range 与第 1 个条件区域 criteria_range1 位置不能颠倒。

3. 求数组乘积的和函数 SUMPRODUCT

格式：SUMPRODUCT(array1,[array2],[array3],...)

功能：在给定的几组数组中，将数组间对应的元素相乘，并返回乘积之和。该函数一般用以解决利用乘积求和的问题，也常用于多条件求和问题。

参数说明：

（1）array1 为必选项。其相应元素需要进行相乘并求和的第一个数组参数。

（2）array2, array3, ... 为可选项。2 ～ 255 个数组参数，其相应元素需要进行相乘并求和。

注意：

（1）数组参数必须具有相同的维数，否则，函数 SUMPRODUCT 将返回错误值 #VALUE!。

（2）函数 SUMPRODUCT 将非数值型的数组元素作为 0 处理。

例如，公式"=SUMPRODUCT(A2:B4,C2:D4)"表示将两个数组的所有元素对应相乘，然后把乘积相加，即 A2*C2+A3*C3+A4*C4+B2*D2+B3*D3+B4*D4。

再如，公式"=SUMPRODUCT((C2:C13=" 男 ")*(D2:D13=" 计算机 "),G2:G13)"，假定 C2:C13 表示性别，D2:D13 表示专业，G2:G13 表示奖学金，则该公式的意义为求表中计算机专业男同学的奖学金总和。这是该函数多条件求和的应用示例，C2:C13=" 男 " 和 D2:D13=" 计算机 " 表示条件，两者相乘得一个 0 和 1 构成的一个数组，这个数组和奖学金数组对应元素相乘之和，即为符合条件学生的奖学金总和。

4. 条件求平均函数 AVERAGEIF

格式：AVERAGEIF(range, criteria, [average_range])

功能：根据条件对指定数值单元格求平均。

参数说明：

（1）range 代表条件区域或者计算平均值的数据区域。

（2）criteria 为指定的条件表达式。

（3）average_range 为实际求平均值的数据区域，如果忽略，则 range 既为条件区域又为计算平均值的数据区域。

扫一扫

视频2-8
条件求平均
函数

例如，公式"=AVERAGEIF(F2:F13,">60")"表示对 F2:F13 单元格区域中大于 60 的数值求平均值。再如，公式"=AVERAGEIF(C2:C13," 男 ",G2:G13)"，假定 C2:C13 表示性别，G2:G13 表示奖学金，则该公式的意义就是表示求表中男同学的奖学金平均值。

5. 多条件求平均函数 AVERAGEIFS

格式：AVERAGEIFS(average_range,criteria_range1,criteria1,[criteria_range2, criteria2],…)

功能：对指定区域中满足多个条件的单元格求平均。

参数说明：

（1）average_range 为必选项，为求平均的实际单元格区域，包括数字或包含数字的名称、区域或单元格引用。

（2）criteria_range1 为必选项，为关联条件的第一个条件区域。

（3）criteria1 为必选项，为求和的第一个条件。形式为数字、表达式、单元格引用或文本，可用来定义将对哪些单元格进行计数。例如，条件可以表示为 86、">86"、A6、" 姓名 " 或 "32" 等。

criteria_range2, criteria2, … 为可选项。为附加条件区域及其关联的条件。最多允许 127 个区域 / 条件对。

例如，公式 "=AVERAGEIFS(G2:G13,C2:C13," 男 ",D2:D13,"计算机")"，假定 G2:G13 表示奖学金，C2:C13 表示性别，D2:D13 表示专业，则该公式的意义就是表示求表中计算机专业男同学的奖学金平均值。其中，G2:G13 为求平均值区域（即奖学金）；C2:C13 为第 1 个条件区域（即性别）；"男" 为第 1 个条件（即性别为 "男"）；D2:D13 为第 2 个条件区域（即专业）；"计算机" 为第 2 个条件（即专业为计算机）。

注意：

（1）只有在 average_range（求平均值区域）参数中的单元格满足所有相应的指定条件时，才对该单元格平均。

（2）函数中每个 criteria_range（条件区域）参数包含的行数和列数必须与 average_range（求和区域）参数和的行数和列数相同。

（3）求平均区域 average_range 与第 1 个条件区域 criteria_range1 位置不能颠倒。

6. 取整函数 INT

格式：INT(number)

功能：将数字向下舍入到最接近的整数。

例如，A1 单元中存放着一个正实数，用公式 "=INT(A1)" 可以求出 A1 单元格数值的整数部分；用公式 "=A1-INT(A1)" 可以求出 A1 单元格数值的小数部分。

又如，"=INT(4.63)" 的值为 4，"=INT(-4.3)" 的值为 "-5"。

TRUNC 函数和 INT 函数功能类似，都能返回整数。TRUNC 函数是直接去除数字的小数部分，而 INT 函数则是依照给定数的小数部分的值，将数字向下舍入到最接近的整数。

例如，TRUNC(-4.3) 返回 -4，而 INT(-4.3) 返回 -5，因为 -5 是较小的数。

7. 四舍五入函数 ROUND

格式：ROUND(number, num_digits)

功能：对指定数据 number，四舍五入保留 num_digits 位小数。

参数说明：如果 num_digits 为正，则四舍五入到指定的小数位；如果 num_digits=0，则四舍五入到整数。如果 num_digits 为负，则在小数点左侧（整数部分）进行四舍五入。

例如，公式 "=ROUND(4.65,1)" 的值为 4.7。又如，公式 "=ROUND(37.43,-1)" 的值为 40。

8. 求余数函数 MOD

格式：MOD(number, divisor)

功能：返回两数相除的余数，结果的正负号与除数相同。

参数说明：number 为被除数；divisor 为除数。

例如，"=MOD(3,2)" 的值为 1，"=MOD(-3,2)" 的值为 1，"=MOD(5,-3)" 的值为 -1（符号与除数相同）。

2.2.4 统计函数

统计函数主要用于各种统计计算，在统计领域中有着极其广泛的应用。这里仅介绍几个常用统计函数。

1. 统计计数函数 COUNT

格式：COUNT(number1,number2,…)

功能：统计给定数据区域中所包含的数值型数据的单元格个数。

与 COUNT 函数相类似的还有以下函数：

COUNTA(value1,value2, ...) 函数计算参数列表 (value1,value2, ...) 中所包含的非空值的单元格个数。

COUNTBLANK(range) 函数用于计算指定单元格区域 (range) 中空白单元格的个数。

2. 条件统计函数 COUNTIF

格式：COUNTIF(range,criteria)

功能：统计指定数据区域内满足单个条件的单元格的个数。

其中：range 为需要统计的单元格数据区域；criteria 为条件，其形式可以为常数值、表达式或文本。条件可以表示为 "<60"、">=90"、" 计算机 " 等。

例如，公式 "=COUNTIF(E2:E13,">=90")" 表示统计 E2:E13 区间内 ">=90" 的单元格个数。

3. 多条件统计函数 COUNTIFS

扫一扫

视频2-9
条件统计
函数

格式：COUNTIFS(criteria_range1, criteria1, [criteria_range2, criteria2]…)

功能：统计指定数据区域内满足多个条件的单元格的个数。

其中：

criteria_range1 为必选项，为满足第 1 个关联条件要统计的单元格数据区域。

criteria1 为必选项，为第 1 个统计条件，形式为数字、表达式、单元格引用或文本，可用来定义将对哪些单元格进行计数。例如，条件可以表示为 90、">=90"、A2、" 英语 " 等。

criteria_range2, criteria2… 为可选项。为第 2 个要统计的数据区域及其关联条件。最多允许 127 个区域 / 条件对。

注意：每个附加区域都必须与参数 criteria_range1 具有相同的行数和列数，但这些区域无须彼此相邻。

例如，统计"学生成绩表"中"英语"成绩（在 G2:G13）大于或等于 80 分并且小于 90 分的人数，可在指定单元格中输入公式 "=COUNTIFS(G2:G13,">=80", G2:G13,"<90")"。如果要统计每门课程都大于或等于 90 分的人数，可在指定单元格中输入公式 "=COUNTIFS(E2:E13,">=90", F2:F13,">=90",G2:G13,">=90",H2:H13,">=90")"。

4. 排位函数 RANK.EQ

格式：RANK.EQ(number,ref,[order])

功能：返回一个数值在指定数据区域中的排位。

参数说明：number 为需要排位的数字；ref 为数字列表数组或对数字列表的单元格引用；order 为可选项，指明排位的方式（0 或省略表示降序排位，非 0 表示升序排位）。

例如，求总分的降序排位情况，总分在（I2:I13）区域，则可在指定单元格中输入公式 "=RANK.EQ(I2,I$2:I$13)"。其中，I2 是需要排位的数值；I$2:I$13 是排位的数据区域，即求 I2 在 I$2:I$13 这些数据中排名第几。

另外，RANK.AVG 函数也是一个返回数字在数字列表中的排位，数字的排位是其大小与列表中其他值的比值；如果多个值具有相同的排位，则将返回平均排位。

RANK 函数是 Excel 以前版本的排位函数，在 Excel 2016 中被归类在兼容性函数中，其功能同 RANK.EQ 函数。

2.2.5　日期和时间函数

日期和时间函数主要用于对日期和时间进行运算和处理，常用的有 TODAY、NOW、YEAR、TIME 和 HOUR 等。

1. 求当前系统日期函数 TODAY

格式：TODAY()

功能：返回当前的系统日期。

例如，在 A1 单元格中输入 "=TODAY()"，则按 YYYY–MM–DD 的格式显示当前的系统日期。

2. 求当前系统日期和时间函数 NOW

格式：NOW()

功能：返回当前的系统日期和时间。

例如，在 B1 单元格中输入 "=NOW()"，则按 YYYY–MM–DD HH:MM 的格式显示当前的系统日期和时间。

3. 年函数 YEAR

格式：YEAR(serial_number)

功能：返回指定日期所对应的 4 位的年份。返回值为 1900 ～ 9999 之间的整数。

参数说明：serial_number 为一个日期值，其中包含要查找的年份。

例如，A1 单元格内的值是日期 "2019–12–25"，则在 B1 单元格内输入公式 "=YEAR(A1)"，函数的运行结果为 "2019"。如果得到的结果是一个日期，只需将其单元格的数据格式设置为 "常规" 即可。

与 YEAR 函数用法类似的还有月函数 MONTH 和日函数 DAY，它们分别返回指定日期中的两位月和两位日。

4. 小时函数 HOUR

格式：HOUR(serial_number)

功能：返回指定时间值中的小时数，即一个介于 0(12:00 AM) ～ 23(11:00 PM) 之间的整数值。

参数说明：serial_number 表示一个时间值，其中包含要查找的小时。

与 HOUR 函数用法相类似的函数还有分钟函数 MINUTE，它返回时间值中的分钟数。

5. 求星期几函数 WEEKDAY

格式：WEEKDAY(serial_number,[return_type])

功能：返回某日期为星期几。默认情况下，其值为 1（星期天）～ 7（星期六）之间的整数。

参数说明：serial_number 为必选项，代表一个日期。应使用 DATE 函数输入日期，或者将日期作为其他公式或函数的结果输入。

return_type 为可选项，用于确定返回值类型的数字。具体说明如表 2-1 所示。

表 2-1　return_type 选项不同值的含义

return_type	返回的数字
1 或省略	数字 1（星期日）～ 数字 7（星期六），同 Microsoft Excel 早期版本
2	数字 1（星期一）～ 数字 7（星期日）
3	数字 0（星期一）～ 数字 6（星期日）
11	数字 1（星期一）～ 数字 7（星期日）
12	数字 1（星期二）～ 数字 7（星期一）

续表

return_type	返回的数字
13	数字 1（星期三）~ 数字 7（星期二）
14	数字 1（星期四）~ 数字 7（星期三）
15	数字 1（星期五）~ 数字 7（星期四）
16	数字 1（星期六）~ 数字 7（星期五）
17	数字 1（星期日）~ 数字 7（星期六）

例如，在 A1 单元格内输入"=WEEKDAY(DATE(2019,12,23))"，则返回的结果为 4，表示星期三；如果输入"=WEEKDAY(DATE(2019,12,23),2)"，则返回的结果为 3；如果输入"=WEEKDAY(2019–12–23)"，则会返回错误的值 6。

2.2.6 查找函数与引用函数

在 Excel 工作表中，可以利用查找与引用函数的功能实现按指定的条件对数据进行查询、选择与引用等操作。下面介绍常用的查找与引用函数。

● 扫一扫

视频2–11
查找函数

1. 列匹配查找函数 VLOOKUP

格式：VLOOKUP(lookup_value,table_array,col_index_num,range_lookup)

功能：在数据表的首列查找与指定的数值相匹配的值，并将指定列的匹配值填入当前数据表的当前列中。

参数说明：

（1）lookup_value 是要在数据表 table_array 第一列查找的内容，它可以是数值、单元引用或文本字符串。

（2）table_array 是要查找的单元格区域、数据表或数组。

（3）col_index_num 为一个数值，代表要返回的值位于 table_array 的第几列。

（4）range_lookup 取 TRUE 或默认时，返回近似匹配值，即如果找不到精确匹配值，则返回小于 lookup_value 的最大数值；若取 FALSE，则返回精确匹配值，如果找不到，则返回错误信息"#N/A"。

注意：如果 range_lookup 为 TRUE 或被省略，则必须按升序排列 table_array 第一列中的值；否则，VLOOKUP 可能无法返回正确的结果。

例如，在图 2-34 所示的汽车销售统计表中，根据"汽车型号"，使用 VLOOKUP 函数，将"车系"填入汽车销售统计表的"车系"列中。

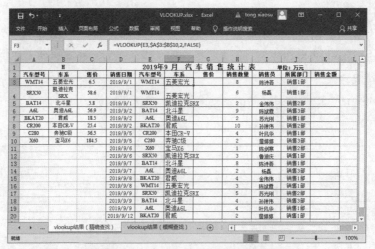

图 2-34 VLOOKUP 函数精确查找示例

其操作方法如下：单击 F3 单元格，并在其中输入公式"=VLOOKUP(E3,$A$3:$B$10,2,FALSE)"。其中，E3 表示用当前数据表中要查找的值；$A$3:$B$10 表示查找的数据区域；2 表示找到匹配值时，需要在当前单元格中填入 $A$3:$B$10 中第 2 列对应的内容；FALSE 表示进行精确查找。

再如，根据图 2-35 所示的"学生成绩表"中提供的信息，将总评成绩换算成其所对应的等级。

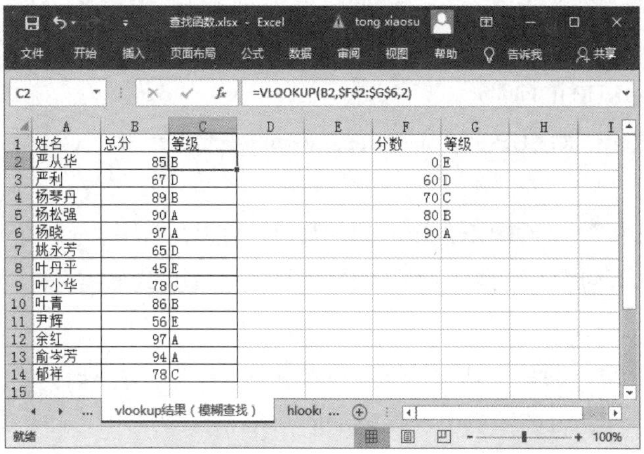

图 2-35　VLOOKUP 函数模糊查找示例

其操作方法如下：在单元格 C2 中输入公式"=VLOOKUP(B2,$F$2:$G$6,2)"，拖动填充柄后便能得到结果。此例属于模糊查找，所以查找区域的第一列分数必须升序排列，同时函数的第 4 个参数省略或者填入 TRUE 值。

2. 行匹配查找函数 HLOOKUP

格式：HLOOKUP(lookup_value,table_array,row_index_num,range_lookup)

功能：在数据表的首行查找与指定的数值相匹配的值，并将指定行的匹配值填入当前数据表的当前行中。

参数及使用方法与 VLOOKUP 函数类似。

例如，根据图 2-36 所示的汽车销售统计表，根据"汽车型号"，使用 HLOOKUP 函数，将"车系"填入商品销售统计表的"车系"列中。

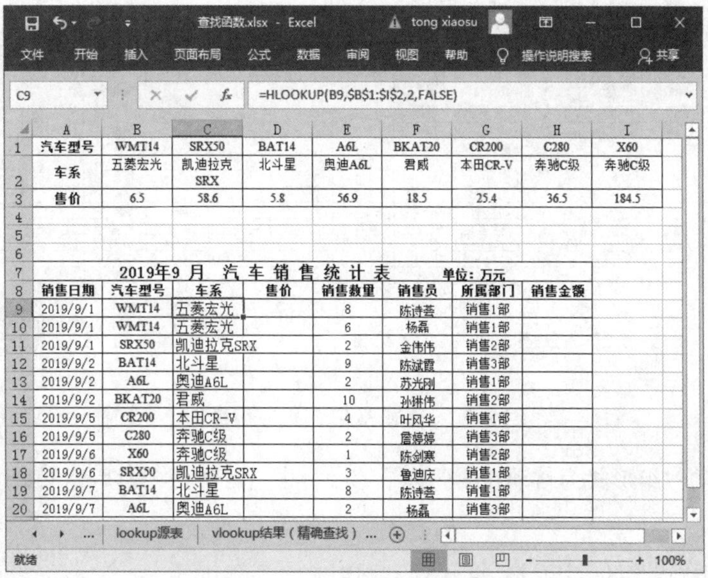

图 2-36　HLOOKUP 函数应用示例

操作方法如下：在 C9 单元格中输入公式“=HLOOKUP(B9,$B$1:$I$2,2,FALSE)”，拖动填充柄完成车系的填充。

3. 单行或单列匹配查找函数 LOOKUP

函数 LOOKUP 有两种语法形式：向量和数组。

向量为只包含一行或一列的区域。函数 LOOKUP 的向量形式是在单行区域或单列区域（向量）中查找数值，然后返回第二个单行区域或单列区域中相同位置的数值。如果需要指定包含待查找数值的区域，则一般使用函数 LOOKUP 的向量形式。

向量形式的语法格式：LOOKUP(lookup_value,lookup_vector,result_vector)

参数说明：

（1）Lookup_value 为函数 LOOKUP 所要查找的数值，可以是数字、文本、逻辑值和单元格引用。

（2）lookup_vector 为只包含一行或一列的区域，可以是文本、数字或逻辑值，但要以升序方式排列，否则不会返回正确的结果。

（3）result_vector 只包含一行或一列的区域，其大小必须与 lookup_vector 相同。

功能：在 lookup_vector 指定的区域中查找 lookup_value 所在的区间，并返回该区间所对应的值。

如果函数 LOOKUP 找不到 lookup_value，则查找 lookup_vector 中小于或等于 lookup_value 的最大数值。如果 lookup_value 小于 lookup_vector 中的最小值，则函数 LOOKUP 返回错误值 #N/A。

例如，在图 2-37 所示的汽车销售统计表中，若要根据汽车型号确定其车系，可先建立图 2-37（a）所示的条件查找区域 A2:B10，条件查找区域已按汽车型号升序排列，然后在 F3 单元格中输入公式“=LOOKUP(E3,$A$3:$A$10,$B$3:$B$10)”，按【Enter】键后拖动填充柄便能得到结果。

如果建立图 2-37（b）所示的条件查找区域 M1：U2，条件查找区域已按商品名称升序（按行排序）排列，则在 G3 单元格中应输入公式“=LOOKUP(E3,$N$1:$U$1,$N$2:$U$2)”，按【Enter】键后拖动填充柄便能得到结果。

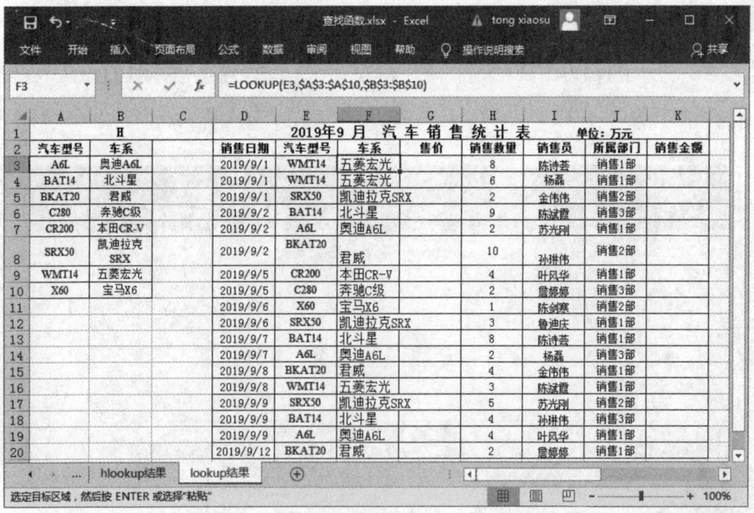

	A	B	C	D	E	F	G	H	I	J	K
1		H		2019年9 月 汽 车 销 售 统 计 表						单位：万元	
2	汽车型号	车系		销售日期	汽车型号	车系	售价	销售数量	销售员	所属部门	销售金额
3	A6L	奥迪A6L		2019/9/1	WMT14	五菱宏光		8	陈诗芸	销售1部	
4	BAT14	北斗星		2019/9/1	WMT14	五菱宏光		6	杨磊	销售1部	
5	BKAT20	君威		2019/9/1	SRX50	凯迪拉克SRX		2	金伟伟	销售2部	
6	C280	奔驰C级		2019/9/2	BAT14	北斗星		9	陈斌霞	销售3部	
7	CR200	本田CR-V		2019/9/2	A6L	奥迪A6L		2	苏光刚	销售1部	
8	SRX50	凯迪拉克SRX		2019/9/2	BKAT20	君威		10	孙琳伟	销售2部	
9	WMT14	五菱宏光		2019/9/5	CR200	本田CR-V		4	叶风华	销售1部	
10	X60	宝马X6		2019/9/5	C280	奔驰C级		2	詹婷婷	销售3部	
11				2019/9/6	X60	宝马X6		1	陈剑寒	销售2部	
12				2019/9/6	SRX50	凯迪拉克SRX		3	鲁迪庆	销售1部	
13				2019/9/7	BAT14	北斗星		8	陈诗芸	销售1部	
14				2019/9/7	A6L	奥迪A6L		2	杨磊	销售3部	
15				2019/9/8	BKAT20	君威		4	金伟伟	销售1部	
16				2019/9/8	WMT14	五菱宏光		3	陈斌霞	销售1部	
17				2019/9/9	SRX50	凯迪拉克SRX		5	苏光刚	销售2部	
18				2019/9/9	BAT14	北斗星		4	孙琳伟	销售3部	
19				2019/9/9	A6L	奥迪A6L		4	叶风华	销售1部	
20				2019/9/12	BKAT20	君威		2	詹婷婷	销售1部	

（a）

图 2-37 LOOKUP 函数应用举例

函数 LOOKUP 的数组形式为自动在第一列或第一行中查找数值，然后返回数组的最后一行或最后一列中相同位置的值。

数组形式的语法格式：LOOKUP(lookup_value,array)

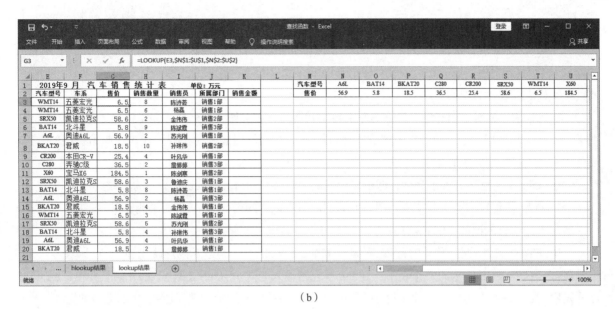

（b）

图 2-37 LOOKUP 函数应用举例（续）

参数说明：

（1）lookup_value 为函数 LOOKUP 所要在数组中查找的值，可以是数字、文本、逻辑值或单元格引用。

① 如果 LOOKUP 找不到 lookup_value 的值，则会使用数组中小于或等于 lookup_value 的最大值。

② 如果 lookup_value 的值小于第一行或第一列中的最小值（取决于数组维度），则 LOOKUP 会返回 #N/A 错误值。

（2）array 为包含要与 lookup_value 进行比较的文本、数字或逻辑值的单元格区域。

LOOKUP 的数组形式与 HLOOKUP 和 VLOOKUP 函数非常相似。区别在于：HLOOKUP 在第一行中搜索 lookup_value 的值，VLOOKUP 在第一列中搜索，而 LOOKUP 根据数组维度进行搜索，具体说明如下：

① 如果数组包含宽度比高度大的区域（列数多于行数），则 LOOKUP 会在第一行中搜索 lookup_value 的值。

② 如果数组是正方的或者高度大于宽度（行数多于列数），则 LOOKUP 会在第一列中进行搜索。

③ 数组中第一行或第一列的值必须以升序排列。

例如，公式 "=LOOKUP("c", {"a", "b", "c", "d";1, 2, 3, 4})" 的运行结果为 3。

再如，图 2-37 所示的汽车销售统计表，要填充车系和单价，也可以用数组形式的查找来实现，若条件查找区域如图 2-37（a）所示设置，则在 F3 单元格中输入公式 "=LOOKUP(E3,$A$3:$B$10)"；若条件查找区如图 2-37（b）所示设置，则在 B2 单元格中输入公式 "=LOOKUP(E3,$N$1:$U$2)"，按【Enter】键后拖动填充柄便能得到结果。

4. 引用函数 OFFSET

OFFSET 函数是 Excel 引用类函数中非常实用的函数之一，无论在数据动态引用，还是在数据位置变换中，该函数的使用频率都非常高。

格式：OFFSET(reference,rows,cols,[height],[width])

功能：以指定的引用为参照系，通过给定偏移量得到新的引用。返回的引用可以为一个单元格或单元格区域，并可以指定返回的行数或列数。

参数说明：

（1）reference 表示偏移量参照系的引用区域。reference 必须为对单元格或相连单元格区域的引用；

否则，OFFSET 返回错误值 #VALUE!。

（2）rows 表示相对于偏移量参照系的左上角单元格上（下）偏移的行数。如果使用 2 作为参数 rows，则说明目标引用区域的左上角单元格比 reference 低 2 行。行数可为正数（代表在起始引用的下方）或负数（代表在起始引用的上方）。

（3）cols 表示相对于偏移量参照系的左上角单元格左（右）偏移的列数。如果使用 2 作为参数 cols，则说明目标引用区域的左上角的单元格比 reference 靠右 2 列。列数可为正数（代表在起始引用的右边）或负数（代表在起始引用的左边）。

（4）heigh 为可选项。表示高度，即所要返回的引用区域的行数。height 必须为正数。

（5）width 为可选项。表示宽度，即所要返回的引用区域的列数。width 必须为正数。

通过上述参数的说明，OFFSET 函数的格式可以理解成以下形式：

OFFSET(基点单元格 , 移动的行数 , 移动的列数 , 所要引用的高度 , 所要引用的宽度)

例如，在图 2-38 所示的工作表中，在 D8 单元格输入公式"=OFFSET(A1,2,1,1,1)"其中，A1 是基点单元格；2 是正数，为向下移动 2 行；1 是正数，为向右移动 1 列；1 是引用 1 个单元格的高度；1 是引用 1 个单元格的宽度，故它的结果是引用了 B3 单元格中数值，其结果为 c。

图 2-38　OFFSET 函数应用示例

2.2.7　逻辑函数

Excel 2016 共有 9 个逻辑函数，分别为 IF、IFERROR、IFNA、XOR、AND、NOT、OR、TRUE、FALSE，其中 TRUE 和 FALSE 函数没有参数，表示真和假。下面重点介绍其余的 7 个逻辑函数。

1. 条件判断函数 IF

格式：IF(logical,value_if_true,value_if_false)

功能：根据条件的判断来决定相应的返回结果。

扫一扫

视频2-12
逻辑函数IF

参数说明：logical 为要判断的逻辑表达式；value_if_true 表示当条件判断为逻辑"真（TRUE）"时要输出的内容，如果省略则返回"TRUE"；value_if_false 表示当条件判断为逻辑"假（FALSE）"时要输出的内容，如果省略则返回"FALSE"。具体使用 IF 函数时，如果条件复杂可以用 IF 的嵌套实现，Excel 2016 中 IF 函数最多可以嵌套 64 层。

例如，在图 2-39 所示的工作表中，需要根据年龄和性别来填充 G 列，当年龄大于或等于 40 且性别为男的记录，则在 G 列对应单元格填入"是"，否则填入"否"，计算时只需在单元格 G2 中输入公式"=IF(D2>=40,IF(B2=" 男 "," 是 "," 否 ")," 否 ")"便能得到结果，如图 2-39 所示。

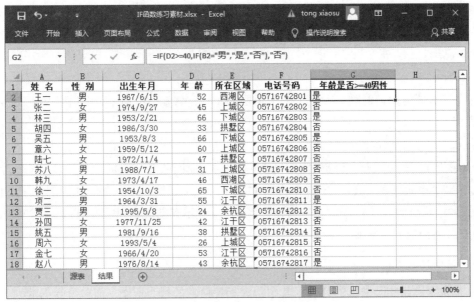

图 2-39　IF 函数应用举例

2. 逻辑与函数 AND

格式：AND(logical1,logical2, ...)

功能：返回逻辑值。如果所有参数值均为逻辑"真"（TRUE），则返回逻辑值"TRUE"，否则返回逻辑值"FALSE"。

参数说明：logical1,logical2, ... 表示待测试的条件或表达式，最多为 30 个。

例如，在图 2-39 所示的工作表中，若在 G2 单元格中输入公式"=IF(AND(D2>=40, B2=" 男 ")," 是 "," 否 ")"，也可以实现 G 列值的填入，避免了 IF 函数的嵌套。

与 AND 函数相类似的还有以下函数：

OR(logical1,[logical2], ...) 函数返回逻辑值。仅当所有参数值均为逻辑"假"（FALSE）时，返回逻辑值"FALSE"，否则返回逻辑值"TRUE"。

NOT(logical) 函数对参数值求反。

XOR(logical1, [logical2], ...) 为异或函数，其返回逻辑值。当所有参数值均为逻辑"假"（FALSE）或逻辑"真"（TRUE）时，返回逻辑值"FALSE"；否则返回逻辑值"TRUE"。

3. 错误处理函数 IFERROR

格式：IFERROR(value,value_if_error)

功能：用来捕获和处理公式（公式：单元格中的一系列值、单元格引用、名称或运算符的组合，可生成新的值。公式总是以等号 (=) 开始）中的错误。如果公式的计算中无错误，则返回 VALUE 参数的结果；否则将返回 value_if_error 参数的值。

参数说明：

（1）value 表示被检查是否存在错误的公式。

（2）value_if_error 表示公式的计算中有错误时要返回的值。计算得到的错误类型有 #N/A、#VALUE!、#REF!、#DIV/0!、#NUM!、#NAME? 或 #NULL!。

如果 value 或 value_if_error 是空单元格，则 IFERROR 将其视为空字符串值 ("")。

如果 value 是数组公式，则 IFERROR 为 value 中指定区域的每个单元格返回一个结果数组。

例如，A1 单元格的值为 5，B1 单元格的值为 0，则在 C1 单元格输入公式"=IFERROR(A1/B1, " 计

算中有错误 ")"，则公式的运算结果为"计算中有错误"；如果 B1 单元格的值为 2，则公式的运算结果为 2.5。

4. IFNA 函数

格式：IFNA(value, value_if_na)

功能：如果公式返回错误值 #N/A，则结果返回 value_if_na 参数的值；否则返回 VALUE 参数的值。

参数说明：

（1）value 用于检查错误值 #N/A 的参数。

（2）value_if_na 表示公式计算结果为错误值 #N/A 时要返回的值。

例如，在 A1 单元格输入公式"=IFNA(VLOOKUP("c", {"a", "b", "d", "h"; 1,2,3,4},2,FALSE)," 未找到 ")"，公式的运算结果为"未找到"。因为在查找区域中找不到字母 c，VLOOKUP 将返回错误值 N/A，则 IFNA 在单元格中返回字符串"未找到"。

2.2.8　数据库函数

数据库是包含一组相关数据的列表，其中包含相关信息的行为记录，而包含数据的列为字段。列表的第一行包含着每一列的标志项。Excel 2016 中具有以上特征的工作表或一个数据清单就是一个数据库。

数据库函数是用于对存储在数据清单或数据库中的数据进行分析、判断，并求出指定数据区域中满足指定条件的值。这一类函数具有以下共同特点：

（1）每个函数都有 3 个参数：database、field 和 criteria。

（2）函数名以 D 开头。如果将字母 D 去掉，可以发现其实大多数数据库函数已经在 Excel 的其他类型函数中出现过。例如，DMAX 将 D 去掉，就是求最大值函数 MAX。

数据库函数的格式及参数的含义如下：

格式：函数名 (database,field,criteria)

参数说明：

（1）database：构成数据清单或数据库的单元格数据区域。

（2）field：指定函数所使用的数据列，Field 可以是文本，即两端带引号的标志项，如"出生日期"或"年龄"等，也可以用单元格的引用，如 B1、C1 等，还可以是代表数据清单中数据列位置的数字，如 1 表示第一列，2 表示第二列等。

（3）criteria：为一组包含给定条件的单元格区域。可以为参数 criteria 指定任意区域，只要它至少包含一个列标志和列标志下方用于设定条件的单元格。

Excel 的数据库函数如果能灵活应用，则可以方便地分析数据库中的数据信息。下面介绍一些常用的数据库函数。

1. DSUM

扫一扫

视频2-13
数据库函数

格式：DSUM(database,field,criteria)

功能：返回列表或数据库中满足指定条件的记录字段（列）中的数字之和。

参数说明：database 是指构成列表或数据库的单元格区域；field 是指定函数所使用的数据列；criteria 为一组包含给定条件的单元格区域。

例如，在图 2-40 所示的工资和个人所得税计算表中，若要求职称为高级的男职工的应发工资总和，可先在 A19:B20 数据区域中建立条件区域，再在 H19 单元格输入公式"=DSUM(A1:H17,H1,A19:B20)"或"=DSUM(A1:H17, " 应发工资 ",A19:B20)"或"=DSUM(A1:H17,8,A19:B20)"。

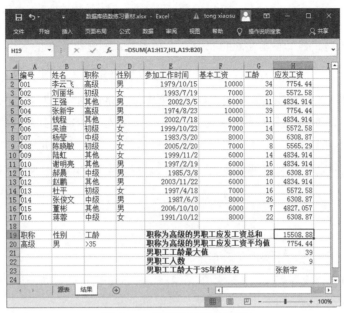

图 2-40　数据库函数的使用

2. DAVERAGE

格式：DAVERAGE(database,field,criteria)

功能：返回数据库或数据清单中满足指定条件的列中数值的平均值。

参数说明：database 构成列表或数据库的单元格区域；field 指定函数所使用的数据列；criteria 为一组包含给定条件的单元格区域。

例如，在图 2-40 所示的工资和个人所得税计算表中，若要计算职称为高级的男职工的应发工资总和的平均值，可先在 A19:B20 数据区域中建立条件区域，再在 H20 单元格输入公式"=DAVERAGE(A1:H17,H1,A19:B20)"或"=DAVERAGE(A1:H17, " 应发工资 ", A19:B20)"或"=DAVERAGE(A1:H17,8,A19:B20)"。

3. DMAX

格式：DMAX(database,field,criteria)

功能：返回数据清单或数据库的指定列中，满足给定条件单元格中的最大数值。

参数说明：database 构成列表或数据库的单元格区域；field 指定函数所使用的数据列；criteria 为一组包含给定条件的单元格区域。

例如，在图 2-40 所示的工资和个人所得税计算表中，若要求男职工工龄最大值，可先在 B19:B20 数据区域中建立条件区域，再在 H21 单元格输入公式"=DMAX(A1:H17,G1,B19:B20)"或"=DMAX(A1:H17, " 工龄 ", B19:B20)"或"=DMAX(A1:H17,7,B19:B20)"。

另外，DMIN 函数表示返回数据清单或数据库的指定列中满足给定条件的单元格中的最小数字。与 DMAX 使用方法一样，使用时可以参考 DMAX。

4. DCOUNT

格式：DCOUNT(database,field,criteria)

功能：返回数据库或数据清单指定字段中，满足给定条件并且包含数字的单元格的个数。

参数说明：database 构成列表或数据库的单元格区域；field 指定函数所使用的数据列；criteria 为一组包含给定条件的单元格区域。

例如，在图 2-40 所示的工资和个人所得税计算表中，若要求职称为高级的男职工的人数，可先在 A19:B20 数据区域中建立条件区域，再在 H22 单元格输入公式"=DCOUNT(A1:H17,F1,A19:B20)"或

"=DCOUNT(A1:H17, " 基本工资 ",A19:B20)" 或 "=DCOUNT(A1:H17,6,A19:B20)"。

注意：应用此公式时，第二个参数 field 必须为数值型列，否则结果为 0。

例如，输入公式 "=DCOUNT(A1:H17, " 职称 ",A19:B20)" 或 "=DCOUNT(A1:H17, " 性别 ",A19:B20)" 的结果都为 0，因为该函数只能统计指定列中符合条件的数值型数据的个数，但职称和性别列都为文本。其实此题的 field 处只要不输入文本列，任一数据列都可以得到正确的结果。

此外，DCOUNTA 函数表示返回数据库或数据清单指定字段中满足给定条件的非空单元格数目，field 参数没有必须是数值型数据的要求，故上题也可以用公式 "=DCOUNTA(A1:H17, " 职称 ",A19:B20)" 实现。

5. DGET

格式：DGET(database,field,criteria)

功能：从数据清单或数据库中提取符合指定条件的单个值。

参数说明：database 构成列表或数据库的单元格区域；field 指定函数所使用的数据列；criteria 为一组包含给定条件的单元格区域。

提示：

（1）若满足条件的只有一个值，则求出这个值。

（2）若满足条件的有多个值，则结果为 #NUM!。

（3）若没有满足条件的值，则结果为 #VALUE!。

例如，在图 2-40 所示的工资和个人所得税计算表中，若要求男职工工龄超过 35 年的姓名，可先在 B19:C20 数据区域中建立条件区域，再在 H23 单元格输入公式 "=DGET(A1:H17,B1,B19:C20)" 或 "=DGET(A1:H17, " 姓名 ", B19:C20)" 或 "=DGET(A1:H17,2,B19:C20)"。

如果要求男职工工龄超过 30 年的姓名，利用 DGET 函数运算结果为 #NUM!，说明表中满足该条件的姓名有多个。

如果要求男职工工龄超过 40 年的姓名，利用 DGET 函数运算结果为 #VALUE!，说明表中没有满足该条件的姓名。

2.2.9 财务函数

财务函数是财务计算和财务分析的重要工具，可使财务数据的计算更快捷和准确。下面介绍几个常用的财务函数。

1. 求资产折旧值函数 SLN

格式：SLN(cost,salvage,life)

功能：求某项资产在一个期间中的线性折旧值。

参数说明：cost 为资产原值；salvage 为资产在折旧期末的价值（也称资产残值）；life 为折旧期限（有时也称资产的使用寿命）。

例如，某公司厂房拥有固定资产 100 万元，使用 10 年后估计资产的残值为 30 万元，求固定资产按日、月、年的折旧值，如图 2-41 所示。计算该资产 10 年后按年、月、日的折旧值只需分别在 B4、B5、B6 单元格中输入下列公式：

=SLN(A3,B3,C3)	每年折旧值
=SLN(A3,B3,C3*12)	每月折旧值（一年按 12 月计算）
=SLN(A3,B3,C3*365)	每日折旧值（一年按 365 日计算）

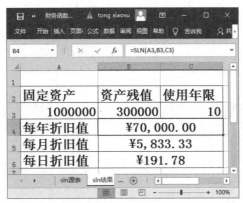

图 2-41　资产折旧值函数应用示例

2. 求贷款按年（或月）还款数函数 PMT

格式：PMT(rate,nper,pv,fv,type)

功能：求指定贷款期限的某笔贷款，按固定利率及等额分期付款方式每期的付款额。

参数说明：rate 为贷款利率；nper 为该项贷款的总贷款期限；pv 为从该项贷款开始计算时已经入账的款项（或一系列未来付款当前值的累积和）；fv 为未来值（或在最后一次付款后希望得到的现金余额），默认时为 0；type 为一逻辑值，用于指定付款时间是在期初还是在期末（1 表示期初，0 表示期末，默认时为 0）。

例如，已知某人购车向银行贷款 10 万元，年息为 5.38%，贷款期限为 10 年，分别计算按年偿还和按月偿还的金额（在期末还款），如图 2-42 所示。计算按年偿还和按月偿还的金额只需分别在 B3、B4 单元格中输入函数：

```
=PMT(C2,B2,A2,0,0)          （按年还贷）
=PMT(C2/12,B2*12,A2,0,0)    （按月还贷）
```

扫一扫

视频2-14
财务函数
PMT、IPMT

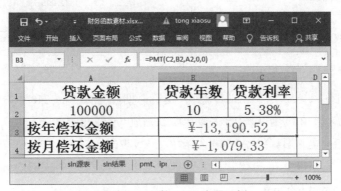

图 2-42　函数 PMT 应用示例

3. 求贷款按每月应付利息数函数 IPMT

格式：IPMT(rate,per,nper,pv,fv)

功能：求指定贷款期限的某笔贷款，按固定利率及等额分期付款方式在某一给定期限内每月应付的贷款利息。

参数说明：rate 为贷款利率；per 为计算利率的期数（如计算第一个月的利息则为 1，计算第二个月的利息则为 2，依此类推）；nper 为该项贷款的总贷款期数；pv 为从该项贷款开始计算时已经入账的款项（或一系列未来付款当前值的累积和）；fv 为未来值（或在最后一次付款后希望得到的现金余额），默认值为 0。

例如，已知某人购车向银行贷款 10 万元，年息为 5.38%，贷款期限为 10 年，求第 1 个月、第 2 个月和第 13 个月应付的贷款利息，如图 2-43 所示。

=IPMT(C2/12,1,B2*12,A2,0)　　　　（第 1 个月利息）

=IPMT(C2/12,2,B2*12,A2,0)　　　　（第 2 个月利息）

=IPMT(C2/12,13,B2*12,A2,0)　　　　（第 13 个月利息）

公式说明：按月还贷时，年利率折算为月利率，还款期数由年换算为月。公式中的最后一个参数 0 表示最后一次还款后余额为 0。

4. 求某项投资的现值函数 PV

格式：PV(rate,nper,pmt,fv,type)

功能：返回投资的现值。现值为一系列未来付款的当前值的累积和。

参数说明：rate 为贷款利率；nper 为总投资（或贷款）期，即该项投资（或贷款）的付款期总数；pmt 为各期所应支付的金额，其数值在整个年金期间保持不变；fv 为未来值，或在最后一次支付后希望得到的现金余额，默认值为 0（一笔贷款的未来值即为零）；type 为数字 0 或 1，用以指定各期的付款时间是在期初还是期末，0 表示期末，1 表示期初，默认值为 0。

例如，某储户每月能承受的贷款数为 2 000 元（月末），计划按这一固定扣款数连续贷款 25 年，年息为 4.5%，求该储户能获得的贷款数，如图 2-44 所示。

扫一扫

视频2-15
财务函数
PV、FV

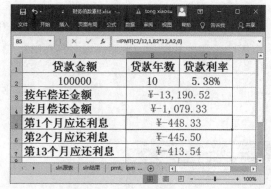

图 2-43　IPMT 函数应用示例　　　　　图 2-44　PV 函数应用示例

分析：在以上题目中，rate 为 4.5%（年息），投资总期数为 25 年（240 个月），每期支付金额 pmt 为 2 000 元，该贷款的未来值 fv 为 0，由于是期末贷款，故 type 的值为 0。

计算投资的当前值只需在 B4 单元格中输入函数"=PV(B2/12,C2*12,A2,0,0)"即可。

5. 求某项投资的未来收益值函数 FV

格式：FV(rate,nper,pmt,pv,type)

功能：基于固定利率及等额分期付款方式，返回某项投资的未来值。

参数说明：rate 为各期利率；nper 为总投资期，即该项投资的付款期总数；pmt 为各期所应支付的金额，其数值在整个年金期间保持不变；pv 为现值，即从该项投资开始计算时已经入账的款项，或一系列未来付款的当前值的累积和，也称本金。如果省略 pv，则假设其值为零，并且必须包括 pmt 参数；type 为数字 0 或 1，用以指定各期的付款时间是在期初还是期末，0 表示期末，1 表示期初，默认值为 0。

注意：

（1）rate 和 nper 单位必须一致。例如，同样是十年期年利率为 8% 的贷款，如果按月支付，rate 应为 8%/12，nper 应为 10*12；如果按年支付，rate 应为 8%，nper 为 10。

（2）在所有参数中，支出的款项（如银行存款）用负数表示；收入的款项（如股息收入）用正数表示。

例如，投资者对某项工程进行投资，期初投资 200 万元，年利率为 5%，并在接下来的 5 年中每年追加投资 20 万元，求该投资者 5 年后的投资收益，如图 2-45 所示。计算时只需在 B3 单元格中输入函数"=FV(B2,D2,C2,A2,0)"即可。

图 2-45　FV 函数应用示例

2.2.10　信息函数

信息类函数总共有 21 个函数，其中比较常用的是 IS 类函数（共 11 个）、TYPE 测试函数和 N 转数值函数，下面重点介绍这 3 种函数。

1. IS 类函数

IS 函数包括 ISBLANK、ISTEXT、ISERR、ISERROR、ISEVEN、ISODD、ISLOGICAL、ISNA、ISNONTEXT、ISNUMBER 和 ISREF 函数，统称为 IS 类函数，可以检验数值的数据类型并根据参数取值的不同而返回 TRUE 或 FALSE。IS 类函数具有相同的函数格式和相同的参数，可表示为"=IS 类函数(value)"。

IS 类函数的格式及功能如表 2-2 所示。

表 2-2　IS 类函数说明

函 数 名	格　式	功　能
ISBLANK	ISBLANK(value)	测试 value 是否为空
ISTEXT	ISTEXT(value)	测试 value 是否为文本
ISERR	ISERR(value)	测试 value 是否为任意错误值（#N/A 除外）
ISERROR	ISERROR(value)	测试 value 是否为任意错误值（包括 #N/A、#VALUE!、#REF!、#DIV/0!、#NUM!、#NAME? 或 #NULL!）
ISLOGICAL	ISLOGICAL(value)	测试 value 是否为逻辑值
ISNA	ISNA(value)	测试 value 是否为错误值 #N/A（值不存在）
ISNONTEXT	ISNONTEXT(value)	测试 value 是否不是文本的任意项（注意此函数在值为空白单元格时返回 TRUE）
ISNUMBER	ISNUMBER(value)	测试 value 是否为数值
ISREF	ISREF(value)	测试 value 是否为引用
ISODD	ISODD(value)	测试 value 是否为奇数
ISEVEN	ISEVEN(value)	测试 value 是否为偶数

2. TYPE 测试函数

格式：TYPE(value)

功能：测试数据的类型。

参数说明：value 可以为任意类型的数据，如数值、文本、逻辑值等。函数的返回值为一数值，具体意义如下：1 表示数值；2 表示文本；4 表示逻辑；16 表示误差值；64 表示数组。

如果 value 是一个公式，则 TYPE 函数将返回此公式运算结果的类型。

3. N 转数值函数

格式：N(value)

功能：将不是数值形式的值转化为数值形式。

参数说明：value 可以为任一类型的值。如果 value 为一日期，则返回日期表示的序列值；如果 value 为逻辑值 TRUE，则返回 1，若为 FALSE，则返回 0；如果 value 为文本数字，则返回对应的数值；如果 value 为其他值，则返回 0。

2.2.11 工程函数

工程函数是属于工程专业领域计算分析用的函数。本节介绍常用的工程函数。

1. 进制转换函数

Excel 工程函数中提供了二进制（BIN）、八进制（OCT）、十进制（DEC）、十六进制（HEX）之间的数值转换函数。其函数名非常容易记忆，用数字 2 表示转换，故二进制转换为八进制的函数名为 BIN2OCT，BIN2DEC 就表示二进制转换为十进制。这类函数的语法格式如下：

函数名 (number,[places])

参数说明：

（1）number 表示待转换的数值，其位数不能多于 10 位，最高为符号位，后 9 位为数字位。

（2）places 为可选项，表示所要使用的字符位数。如果省略，函数用能表示此数的最少字符来表示。当转换结果的位数少于指定的位数时，在返回值的左侧自动追加 0。如果需要在返回的数值前置零时，places 尤其有用。

注意从其他进制转换为十进制的函数只有 number 一个参数。

图 2-46 所示为不同进制之间的转换关系及结果。

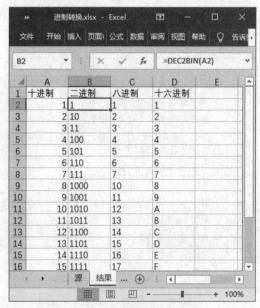

图 2-46　进制转换示例

2. 度量系统转换函数 CONVERT

格式：CONVERT(number, from_unit, to_unit)

功能：将数字从一个度量系统转换到另一个度量系统中。

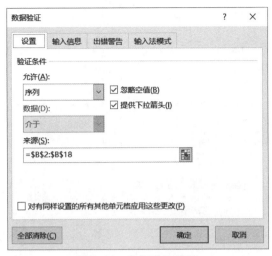

图 2-61　数据验证设置

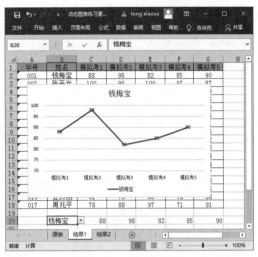

图 2-62　动态折线图

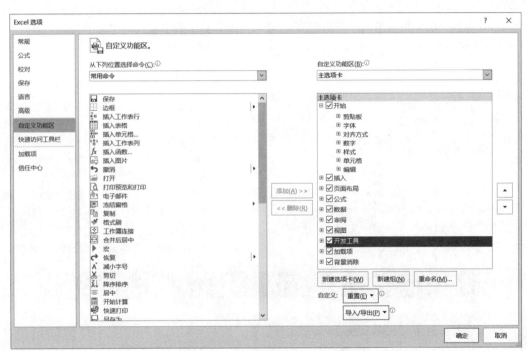

图 2-63　"Excel 选项"对话框

（2）添加组合框窗体控件。单击"开发工具"选项卡中的"插入"→"表单控件"→"组合框"（窗体控件），在表中画一个窗体控件。

（3）设置控件格式。右击组合框窗体控件，在弹出的快捷菜单中选择"设置控件格式"命令，弹出图 2-64 所示的"设置控件格式"对话框。单击"控制"选项卡，"数据源区域"选择 B2:B23，"单元格链接"选择 I1 单元格。单击"确定"按钮，完成组合框控件与数据的链接。

（4）定义名称。单击"公式"选项卡"定义名称"组中的"定义名称"按钮，弹出图 2-65 所示的"新建名称"对话框，在"名称"文本框中输入"姓名"，在"引用位置"处输入公式"=OFFSET(Sheet1!$B$1,Sheet1!$I$1,0,1,1)"（公式中的 Sheet1 是指当前工作表的表名），单击"确定"按钮，完成定义名称"姓名"。使用同样的方法，定义另外一个名称"成绩"，"引用位置"输入公式"=OFFSET(Sheet1!$B$1,Sheet1!$I$1,1,1,5)"。

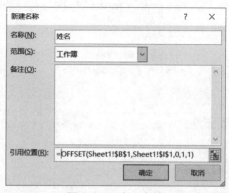

图 2-64　设置控件格式　　　　　　　　　　　　图 2-65　定义名称

（5）制作动态图表。选择 B1:G2 单元格区域，插入一个折线图。选择折线图，单击"设计"选项卡中的"选择数据"按钮，弹出图 2-66 所示的"选择数据源"对话框，单击"图例项"栏中的"编辑"按钮，弹出图 2-67 所示的"编辑数据系列"对话框，在"系列名称"文本框里输入刚定义的名称。单击"确定"按钮完成动态图表的设置，在组合框下拉列表中选择不同的姓名，折线图就随之变化，如图 2-68 所示。

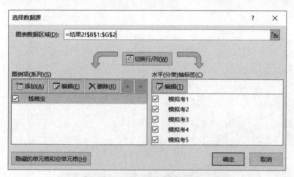

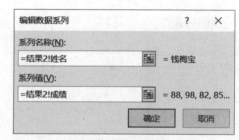

图 2-66　"选择数据源"对话框　　　　　　　　图 2-67　"编辑数据系列"对话框

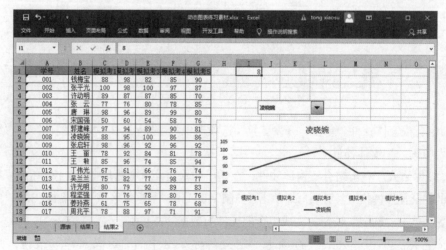

图 2-68　动态图表

2.5　数据分析与管理

当用户面对海量的数据时，要从中获取最有价值的信息，要求用户不仅要选择数据分析的方法，还必须掌握数据分析的工具。Excel 2016 提供了大量帮助用户进行数据分析的工具。本节主要讲述利用合并计算、排序、筛选、分类汇总和数据透视表等功能进行数据分析。

2.5.1 合并计算

若要合并计算一个或多个区域的数据,用户可利用创建公式的方法来实现,也可通过"数据"选项卡"数据工具"组中的"合并计算"按钮来实现。创建公式是一种最灵活的方法,用户可利用本章前面几节的知识创建相应的公式来实现。本小节重点介绍合并计算的方法。

合并计算的源数据区域可以是同一个工作簿中的多个工作表,也可以是多个不同工作簿中的工作表。多个工作表数据的合并计算包括两种情况:一种是根据位置来合并计算数据;另一种是根据首行和最左列分类来合并计算数据。

1. 按位置合并计算

如果待合并的数据是来自同一模板创建的多个工作表,则可以通过位置合并计算。

例如,图 2-69 所示为某商店家电销售收入表,图 2-69(a)所示为 2018 年的销售情况,图 2-69(b)所示为 2019 年的销售情况。若要合并计算出该商店近两年的销售收入总和,其操作步骤如下:

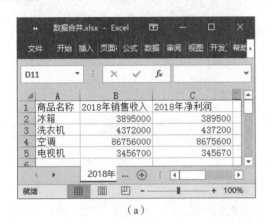

(a)

(b)

图 2-69 某商店家电销售收入表

(1)在工作表标签处单击"插入工作表"按钮 新建一个工作表,把新建的工作表的标签命名为"近两年"。

(2)在"近两年"工作表中输入汇总表的标题和第一列文本内容,如图 2-70 所示。

(3)在"近两年"工作表中选中 B2 单元格,单击"数据"选项卡"数据工具"组中的"合并计算"按钮,弹出图 2-71 所示的对话框,在"函数"下拉列表框中选择"求和"。

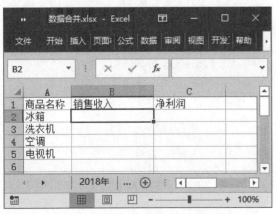

图 2-70 "近两年"工作表输入的文本内容

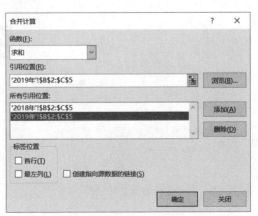

图 2-71 "合并计算"对话框

（4）在"引用位置"框处选择要添加的数据区域。若是同一工作簿的数据区域的选择可直接单击选择按钮▦进行选择；若是不同工作簿的数据区域，则需单击"浏览"按钮进行选择。本例属于同一工作簿内的多个数据区域的选择。单击选择按钮▦，再单击"2018年"工作表，选择 B2:C5 数据区域，此时，"合并计算"对话框"引用位置"处会出现所选择的区域"'2018年'!$B$2:$C$5"，单击"添加"按钮，将数据区域添加到"所有引用位置"处。用同样的方法将"2019年"工作表的 B2:C5 的数据区域添加到"所有引用位置"处。

（5）不勾选"标签位置"下的"首行"和"最左列"复选框（因此题是按位置合并计算），"创建指向源数据的链接"复选框可以勾选，也可不勾选。若勾选了"创建指向源数据的链接"复选框，则在更改源数据时，可自动更新合并计算，但不可更改合并计算中所包含的单元格和数据区域。

（6）单击"确定"按钮，完成数据的合并计算，结果如图 2-72 所示。

2. 按分类合并计算

"按分类合并计算"与"按位置合并计算"的主要区别如下：

（1）对于多个待合并的数据源，前者不一定要求具有相同模板；后者要求有相同模板。

（2）对于"合并计算"对话框中"标签位置"下的"首行"和"最左列"复选框，前者是一定要勾选其中一个或两个，按照勾选的标签对数据进行分类合并计算；后者则不勾选，即按照对应位置进行合并计算。

例如，对于图 2-69 所示的某商店家电销售收入表，若要合并该商店近两年的销售收入的明细记录，其操作步骤如下：

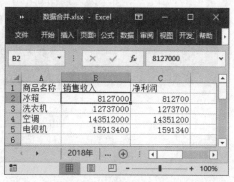

图 2-72 合并计算结果

（1）在工作表标签处单击"插入工作表"按钮▦新建一个工作表，把新建的工作表的标签命名为"近两年"。

（2）在"近两年"工作表中选中 A1 单元格，单击"数据"选项卡"数据工具"组中的"合并计算"按钮，弹出"合并计算"对话框。在"函数"下拉列表框中选择"求和"；在"引用位置"框处选择要添加的数据区域，本例选择"2018年"工作表的 B2:C5 和"2019年"工作表的 B2:C5 区域；勾选"标签位置"下的"首行"和"最左列"复选框，如图 2-73 所示。

（3）单击"确定"按钮，完成数据的合并计算，接着在 A1 单元格中输入"商品名称"，结果如图 2-74 所示。

图 2-73 "合并计算"对话框

图 2-74 合并计算结果

2.5.2 排序

创建数据记录单时，它的数据排列顺序是依照记录输入的先后排列的，没有什么规律。Excel 提供了多种方法对数据进行排序，用户可以根据需要按行或列、按升序或降序，也可以使用自定义序列排序。

1. 单关键字排序

如果要快速根据某一关键字对工作表进行排序，可以利用“数据”选项卡“排序和筛选”组中的“升序”和“降序”按钮。具体操作步骤如下：

（1）在数据记录单中单击某一字段名。例如，在图 2-75 所示的工作表中对“金额”进行降序排序，则单击“金额”单元格。

（2）单击“数据”选项卡“排序和筛选”组中的“降序”按钮。图 2-75 所示为按“金额”“降序”的排序结果。

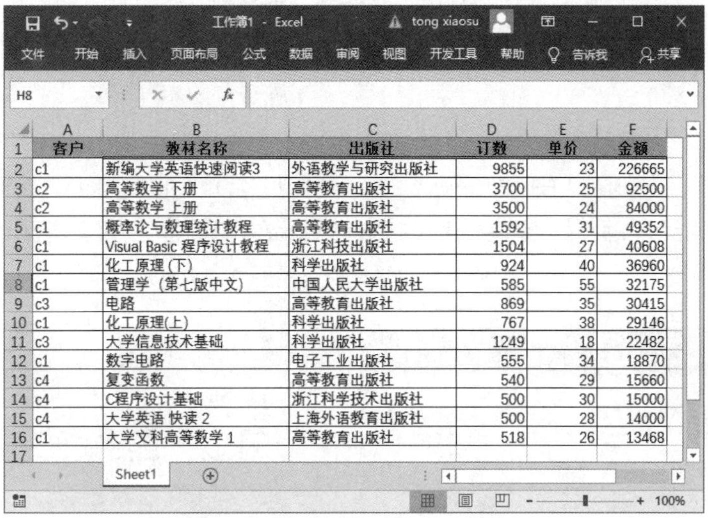

客户	教材名称	出版社	订数	单价	金额
c1	新编大学英语快速阅读3	外语教学与研究出版社	9855	23	226665
c2	高等数学 下册	高等教育出版社	3700	25	92500
c2	高等数学 上册	高等教育出版社	3500	24	84000
c1	概率论与数理统计教程	高等教育出版社	1592	31	49352
c1	Visual Basic 程序设计教程	浙江科技出版社	1504	27	40608
c1	化工原理 (下)	科学出版社	924	40	36960
c1	管理学（第七版中文)	中国人民大学出版社	585	55	32175
c3	电路	高等教育出版社	869	35	30415
c1	化工原理(上)	科学出版社	767	38	29146
c3	大学信息技术基础	科学出版社	1249	18	22482
c1	数字电路	电子工业出版社	555	34	18870
c4	复变函数	高等教育出版社	540	29	15660
c4	C程序设计基础	浙江科学技术出版社	500	30	15000
c4	大学英语 快读 2	上海外语教育出版社	500	28	14000
c1	大学文科高等数学 1	高等教育出版社	518	26	13468

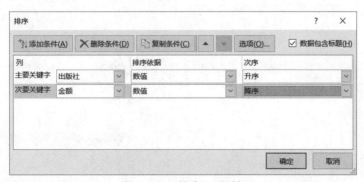

图 2-75　金额降序排序

2. 多关键字排序

遇到排序字段的数据出现相同值时，单个关键字排序无法确定它们的顺序。为克服这一缺陷，Excel 提供了多关键字排序的功能。

例如，要对图 2-75 所示的工作表的数据排序，先按“出版社”升序排序，如果“出版社”相同，则按金额降序排序。

具体操作步骤如下：

（1）选定要排序的数据记录单中的任意一个单元格。

（2）单击“数据”选项卡下“排序和筛选”组中的“排序”按钮，弹出图 2-76 所示的“排序”对话框。

图 2-76　“排序”对话框

（3）单击“添加条件”按钮，在“主要关键字”和“次要关键字”下拉列表框中选择排序的主要关键字和次要关键字。

（4）在排序依据列表中选择"数值"，在排序次序列表中选择"升序"或者"降序"。

（5）如果要防止数据记录单的标题被加入到排序数据区中，则应在"排序"对话框中选择"数据包含标题"复选框，本题需要勾选"数据包含标题"复选框。

（6）如果要改变排序方式，可单击"排序"对话框中的"选项"按钮，选择需要的排序方式。

（7）单击"确定"按钮，完成对数据的排序。

3. 自定义序列排序

扫一扫

视频2-18
自定义序列
排序

用户在使用 Excel 2016 对相应数据进行排序时，无论是按拼音还是按笔画，可能都达不到所需要求。例如，在图 2-77 所示的工作表中，要将工作表按照岗位类别来排序，而这个岗位类别的顺序必须是按自己定义的序列来排，即按照这样的顺序：总经理、副经理、销售部、商品生产、技术研发、服务部、业务总监、采购部。这样一种特殊的次序，可以采用自定义序列排序的方法来实现。具体操作步骤如下：

（1）创建一个自定义序列。首先选择 H1:H8，单击"文件"选项卡中的"选项"命令，在弹出的对话框中单击"高级"，拖动窗口右侧的滚动条，直到出现"常规"区，单击"编辑自定义列表"按钮，弹出"自定义序列"对话框，此时自定义序列的区域已显示在"导入"按钮旁的文本框中，只要单击"导入"按钮，并单击"确定"按钮，即完成序列的自定义，如图 2-78 所示。

图 2-77　自定义序列排序原始数据

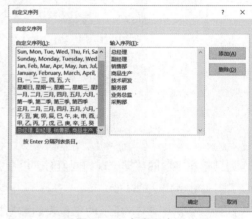

图 2-78　自定义序列

（2）单击数据区域中的任意单元格。

（3）单击"数据"选项卡"排序和筛选"组中的"排序"按钮，弹出图 2-79 所示的"排序"对话框，"主要关键字"选"岗位类别"，"排序依据"为"数值"，"次序"选择"自定义序列"，弹出图 2-78 所示的对话框，选择刚添加的序列，单击"确定"按钮。

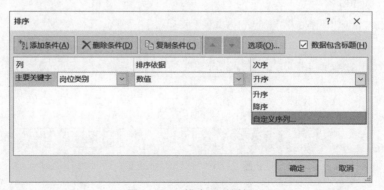

图 2-79　"排序"对话框

（4）单击"排序"对话框中的"确定"按钮，就完成了排序。

2.5.3　分类汇总

分类汇总可以将数据记录单中的数据按某一字段进行分类，并实现按类求和、求平均值、求最大值、最小值、计数等运算，还能将计算的结果分级显示出来。

扫一扫

视频2-19
分类汇总

1.　创建分类汇总

创建分类汇总的前提：先按分类字段排序，使同类数据集中在一起后汇总。分类汇总的创建有 3 种情况：

（1）创建单级分类汇总。

（2）创建多级分类汇总。

（3）创建嵌套分类汇总。

下面通过实例来讲解分类汇总的创建。

在图 2-80 所示的家电销售表中，创建以下分类汇总。

（1）建立按销售地点对销售收入进行分类求和（单级分类汇总）。

（2）建立按销售地点对销售收入进行分类求和与分类求最大值（多级分类汇总）。

（3）建立分别按销售地点和商品名称对销售量和销售收入进行分类求和（嵌套分类汇总）。

第（1）题的操作步骤如下：

① 先按分类字段"销售地点"进行排序，排序结果如图 2-80 所示。

② 先单击数据表中的任意单元格，再单击"数据"选项卡"分级显示"组中的"分类汇总"按钮，弹出图 2-81 所示的"分类汇总"对话框。

图 2-80　按"销售地点"排序后数据表

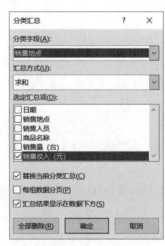

图 2-81　"分类汇总"对话框

③ 在"分类字段"列表框中选择分类字段"销售地点"。

④ 在"汇总方式"列表框中选择求和汇总方式。"汇总方式"分别有"求和""计数""平均值""最大值""最小值""乘积""数值计算""标准偏差"等共 11 项。其含义分别介绍如下：

"求和"：计算各类别的总和。

"计数"：统计各类别的个数。

"平均值"：计算各类别的平均值。

"最大值"（"最小值"）：求各类别中的最大值（最小值）。

"乘积"：计算各类别所包含的数据相乘的积。

"标准偏差"：计算各类别所包含的数据相对于平均值 (mean) 的离散程度。

⑤ 在"选定汇总项"列表框中，选择需要计算的列（只能选择数值型字段）。如选择"销售量""销售收入"等字段。本例中选择"销售收入"。

"分类汇总"对话框下方有 3 个复选框，其意义分别如下：

替换当前分类汇总：用新分类汇总的结果替换原有的分类汇总数据。

每组数据分页：表示以每个分类值为一组，组与组之间加上页分隔线。

汇总结果显示在数据下方：每组的汇总结果放在该组数据的下面，不选则汇总结果放在该数据的上方。

⑥ 按要求选择后，单击"确定"按钮，完成分类汇总，汇总结果如图 2-82 所示。

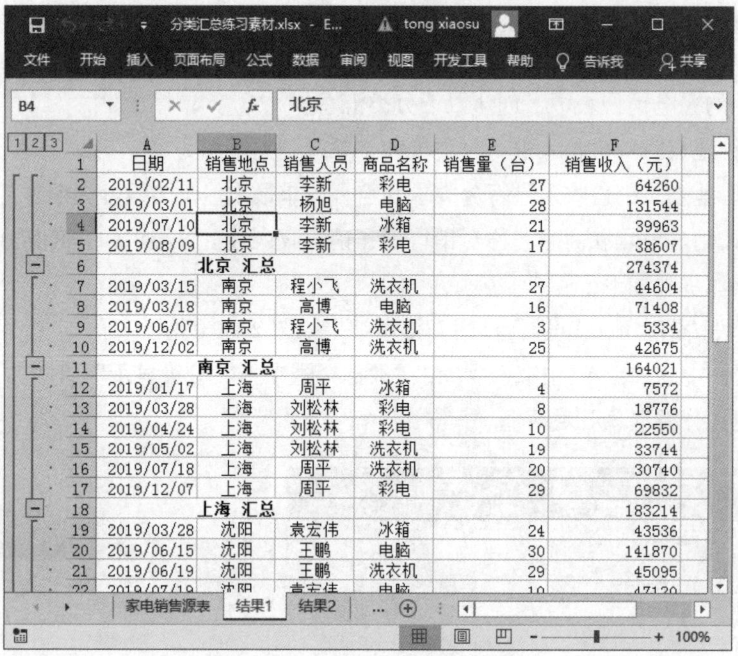

图 2-82　单级分类汇总结果

第（2）题的操作步骤如下：

因第（2）题与第（1）题的分类字段是一样的，只是汇总方式在求和后增加了求最大值，所以第（2）题的操作步骤的前 6 步同第（1）题是一样的。

① 同第（1）题第①步。

② 同第（1）题第②步。

③ 同第（1）题第③步。

④ 同第（1）题第④步。

⑤ 同第（1）题第⑤步。

⑥ 同第（1）题第⑥步。

⑦ 单击数据表中的任意单元格，再单击"数据"选项卡"分级显示"组中的"分类汇总"按钮。

⑧ 在"分类字段"列表框中选择分类字段"销售地点"。

⑨ 在"汇总方式"列表框中选择求最大值汇总方式。

⑩ 在"选定汇总项"列表框中选择"销售收入"。

⑪ 取消选择"替换当前分类汇总"，并单击"确定"按钮，完成分类汇总，汇总结果如图 2-83 所示。

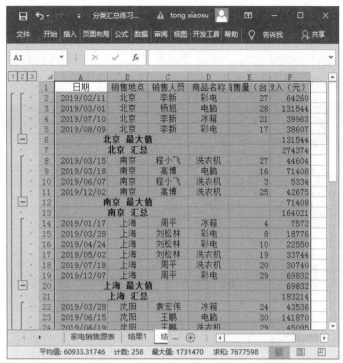

图 2-83　多级分类汇总结果

第（3）题操作步骤如下：

① 因分类关键字是两个字段，故要建立多关键字排序，主关键字为"销售地点"，次要关键字为"商品名称"。

② 单击数据表中的任意单元格，再单击"数据"选项卡"分级显示"组中的"分类汇总"按钮，打开"分类汇总"对话框。

③ 在"分类字段"列表框中选择分类字段"销售地点"。

④ 在"汇总方式"列表框中选择求和汇总方式。

⑤ 在"选定汇总项"列表框中选择"销售量"和"销售收入"。单击"确定"按钮，完成按照"销售地点"分类汇总。

⑥ 单击数据表中的任意单元格，再次单击"数据"选项卡"分级显示"组中的"分类汇总"按钮，弹出"分类汇总"对话框。

⑦ 在"分类字段"列表框中选择分类字段"商品名称"。

⑧ 在"汇总方式"列表框中选择求和汇总方式。

⑨ 在"选定汇总项"列表框中选择"销售量"和"销售收入"。

⑩ 取消选择"替换当前分类汇总"复选框，并单击"确定"按钮，完成按多个关键字的分类汇总，汇总结果如图 2-84 所示。

2．删除分类汇总

若要撤销分类汇总，可由以下方法实现：

（1）单击分类汇总数据记录单中的任意一个单元格。

（2）单击"数据"选项卡中的"分类汇总"按钮，在弹出的"分类汇总"对话框中单击"全部删除"按钮。

3．汇总结果分级显示

在图 2-84 所示的汇总结果中，左边有几个标有"–"和"1""2""3""4"的小按钮，利用这些按钮可以实现数据的分级显示。单击外括号下的“–”，则将数据折叠，仅显示汇总的总计，单击“+”展开还原；单击内括号中的“–”，则将对应数据折叠，同样单击“+”还原；若单击左上方的“1”，表示一级显示，仅显示汇总总计；单击“2”，表示二级显示，显示各类别的汇总数据；单击“3”，表示三级显示，显示汇总的全部明细信息。

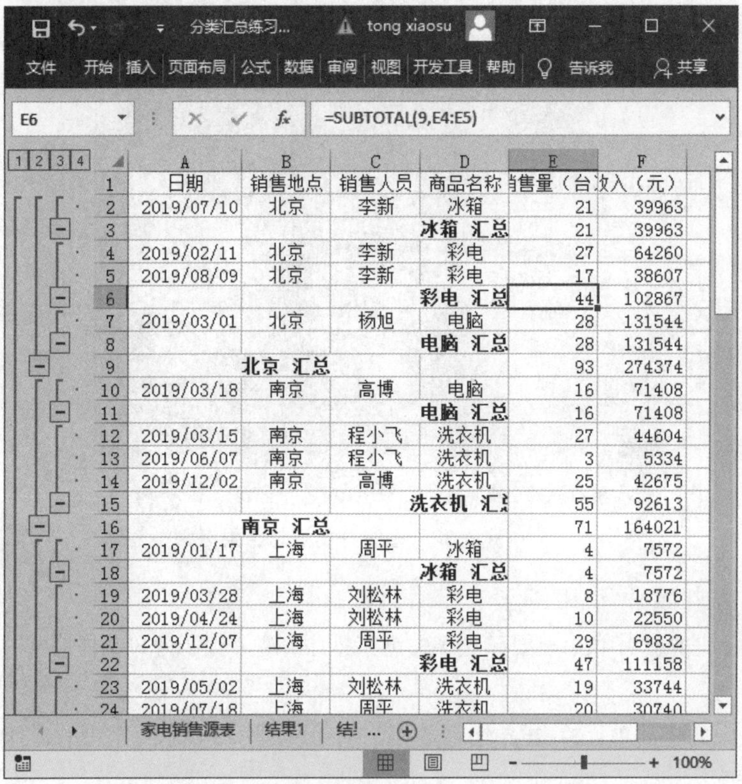

	A	B	C	D	E	F
1	日期	销售地点	销售人员	商品名称	售量（台	收入（元）
2	2019/07/10	北京	李新	冰箱	21	39963
3				冰箱 汇总	21	39963
4	2019/02/11	北京	李新	彩电	27	64260
5	2019/08/09	北京	李新	彩电	17	38607
6				彩电 汇总	44	102867
7	2019/03/01	北京	杨旭	电脑	28	131544
8				电脑 汇总	28	131544
9		北京 汇总			93	274374
10	2019/03/18	南京	高博	电脑	16	71408
11				电脑 汇总	16	71408
12	2019/03/15	南京	程小飞	洗衣机	27	44604
13	2019/06/07	南京	程小飞	洗衣机	3	5334
14	2019/12/02	南京	高博	洗衣机	25	42675
15				洗衣机 汇总	55	92613
16		南京 汇总			71	164021
17	2019/01/17	上海	周平	冰箱	4	7572
18				冰箱 汇总	4	7572
19	2019/03/28	上海	刘松林	彩电	8	18776
20	2019/04/24	上海	刘松林	彩电	10	22550
21	2019/12/07	上海	周平	彩电	29	69832
22				彩电 汇总	47	111158
23	2019/05/02	上海	刘松林	洗衣机	19	33744
24	2019/07/18	上海	周平	洗衣机	20	30740

图 2–84 嵌套式分类汇总

2.5.4 筛选

数据筛选是在数据表中只显示出满足指定条件的行，而隐藏不满足条件的行。Excel 提供了自动筛选和高级筛选两种操作来筛选数据。

1. 自动筛选

自动筛选是一种简单方便的筛选记录方法，当用户确定了筛选条件后，它可以只显示符合条件的信息行。具体操作步骤如下：

（1）单击数据表中的任意一个单元格。

（2）单击“数据”选项卡“排序和筛选”组中的“筛选”按钮，此时，在每个字段的右边出现一个向下的箭头，如图 2–85 所示。

（3）单击要查找列的向下箭头，弹出一个下拉菜单，提供了有关“排序”和“筛选”的详细选项，如图 2–86 所示。

（4）从下拉菜单中选择需要显示的项目。如果其列出的筛选条件不能满足用户的要求，则可以单击“数字筛选”下的“自定义筛选”按钮，弹出“自定义自动筛选方式”对话框，在对话框中输入条件表达式，例如，要筛选员工的工龄小于等于 15 或者是工龄大于 40 年的记录，如图 2–87 所示。然后单击“确定”按钮完成筛选。筛选后，被筛选字段的下拉按钮形状由“向下的箭头”形状，变成“向下的箭头 + 漏斗”形状，筛选的结果如图 2–88 所示。

	员工姓名	员工代号	性别	出生年月	年龄	参加工作时间	工龄	职称
2	毛莉	PA103	女	1977年12月	42	1995年8月	24	技术员
3	杨青	PA125	女	1978年2月	41	2000年8月	19	助工
4	陈小鹰	PA128	男	1963年11月	56	1987年11月	32	助工
5	陆东兵	PA212	女	1976年7月	43	1997年8月	22	助工
6	闻亚东	PA216	男	1963年12月	56	1987年12月	32	高级工程师
7	曹吉武	PA313	男	1982年10月	37	2006年5月	13	技术员
8	彭晓玲	PA325	女	1960年3月	59	1983年3月	36	高级工
9	傅珊珊	PA326	女	1969年1月	50	1987年1月	32	技术员
10	钟争秀	PA327	男	1956年12月	63	1980年12月	39	技工
11	周旻璐	PA329	女	1970年4月	49	1992年4月	27	助工
12	柴安琪	PA330	男	1977年1月	42	1999年8月	20	工程师
13	吕秀杰	PA401	女	1963年10月	56	1983年10月	36	高级工程师
14	陈华	PA402	男	1948年10月	71	1969年10月	50	技师
15	姚小玮	PA403	女	1969年3月	50	1991年3月	28	工程师
16	刘晓瑞	PA405	男	1979年3月	40	2000年8月	19	助工
17	肖凌云	PA527	男	1960年4月	59	1978年4月	41	工程师
18	徐小君	PA529	女	1970年7月	49	1995年7月	24	技术员
19	程俊	PA602	男	1974年1月	45	1992年8月	27	助工
20	黄威	PA604	男	1982年5月	37	2004年8月	15	技术员

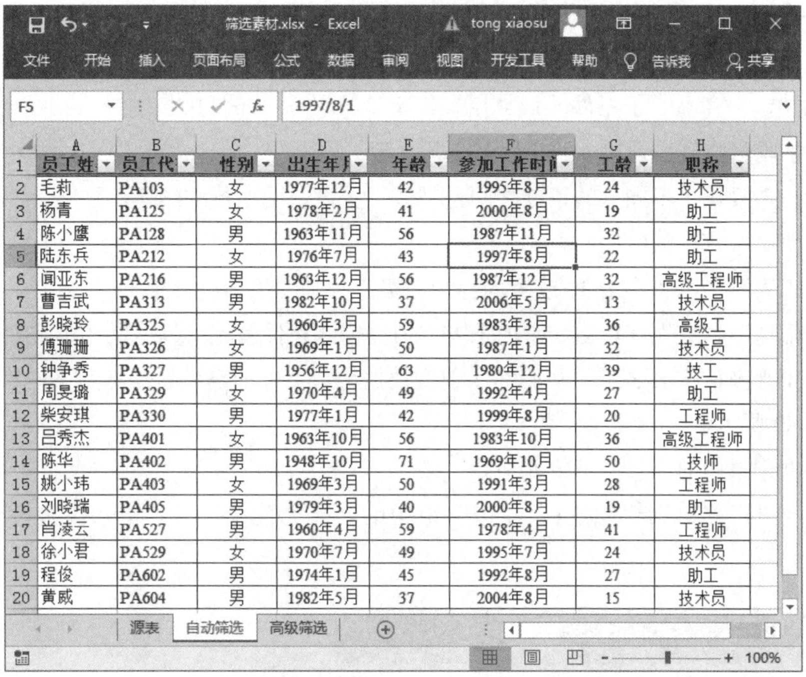

图 2-85 “自动筛选”示意图

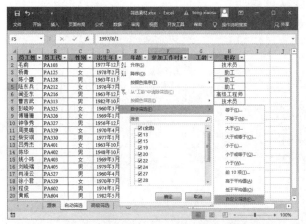

图 2-86 单击“工龄”右边的向下箭头

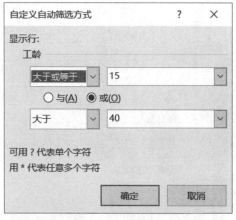

图 2-87 “自定义自动筛选方式”对话框

	员工姓名	员工代号	性别	出生年月	年龄	参加工作时间	工龄	职称
7	曹吉武	PA313	男	1982年10月	37	2006年5月	13	技术员
14	陈华	PA402	男	1948年10月	71	1969年10月	50	技师
17	肖凌云	PA527	男	1960年4月	59	1978年4月	41	工程师
20	黄威	PA604	男	1982年5月	37	2004年8月	15	技术员

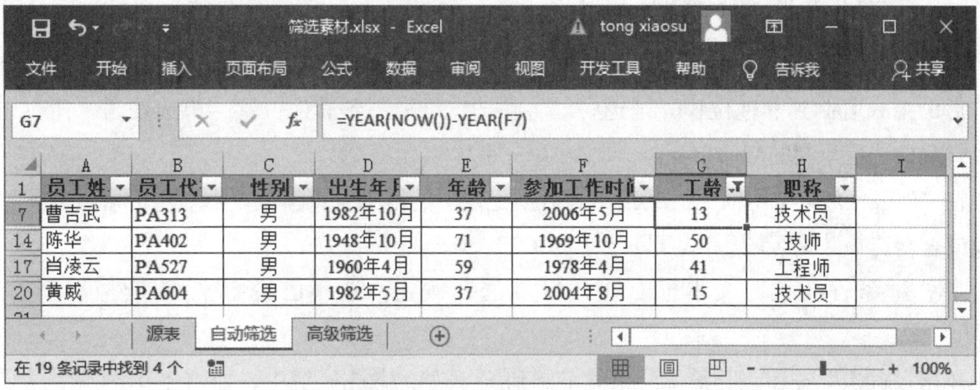

图 2-88 自动筛选结果

注意：自动筛选完成后，数据记录单中只显示满足筛选条件的记录，不满足条件的记录将自动隐藏。若需要显示全部数据时，只要再次单击“数据”选项卡中的“筛选”按钮即可。

2. 高级筛选

如果需要使用复杂的筛选条件，而自动筛选达不到用户要的效果，则可以使用高级筛选功能。

扫一扫

视频2-20
高级筛选

高级筛选的关键：建立一个条件区域，用来指定筛选条件。条件区域的第一行是所有作为筛选条件的字段名，这些字段名与数据列表中的字段名必须一致。

条件区域的构造规则：不同行的条件之间是"或"关系，同一行中的条件之间是"且"关系。

下面举例说明高级筛选的使用。

筛选出"职工表"中工龄小于 30 或者职称为高级工程师的记录放置于 J1 开始的单元格区域中。

在进行高级筛选时，应先在数据记录的下方空白处创建条件区域，具体操作步骤如下：

（1）将条件中涉及的字段名工龄和职称复制到数据记录下方的空白处，然后不同字段隔行输入条件表达式，如图 2-89 所示。

（2）单击数据记录中的任意一个单元格。

（3）单击"数据"选项卡"排序和筛选"组中的"高级"按钮，弹出"高级筛选"对话框，如图 2-90 所示。

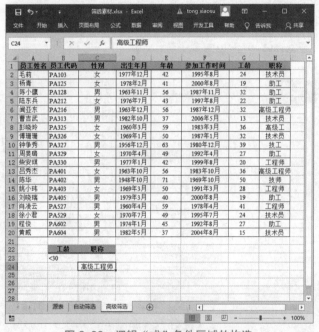

图 2-89　逻辑"或"条件区域的构造

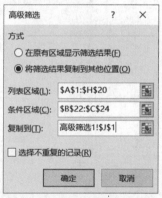

图 2-90　"高级筛选"对话框

（4）如果只需将筛选结果在原数据区域内显示，则选中"在原有区域显示筛选结果"单选按钮；若要将筛选后的结果复制到其他位置，则选中"将筛选结果复制到其他位置"单选按钮，并在"复制到"文本框中指定筛选后复制的起始单元格，本例中选择 J1 单元格。

（5）在"列表区域"文本框中已经指出了数据记录单的范围。单击文本框右边的区域数据选择按钮，可以修改或重新选择数据区域。

（6）单击"条件区域"文本框右边的区域选择按钮，选择已经定义好条件的区域（本题为B22:C24）。

（7）单击"确定"按钮，其筛选结果被复制到 J1 开始的数据区域中，如图 2-91 所示。

用于筛选数据的条件，有时并不能明确指定某项内容，而是某一类内容，如所有姓"陈"的员工、产品编号中第 2 位为 A 的产品，等等。在这种情况下，可以借助 Excel 提供的通配符来筛选。

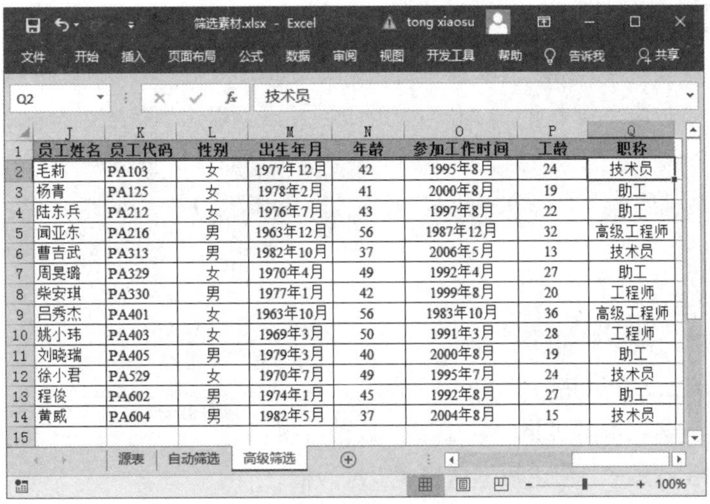

员工姓名	员工代码	性别	出生年月	年龄	参加工作时间	工龄	职称
毛莉	PA103	女	1977年12月	42	1995年8月	24	技术员
杨青	PA125	女	1978年2月	41	2000年8月	19	助工
陆东兵	PA212	女	1976年7月	43	1997年8月	22	助工
闻亚东	PA216	男	1963年12月	56	1987年12月	32	高级工程师
曹吉武	PA313	男	1982年10月	37	2006年5月	13	技术员
周旻璐	PA329	女	1970年4月	49	1992年4月	27	助工
柴安琪	PA330	男	1977年1月	42	1999年8月	20	工程师
吕秀杰	PA401	女	1963年10月	56	1983年10月	36	高级工程师
姚小玮	PA403	女	1969年3月	50	1991年3月	28	工程师
刘晓瑞	PA405	男	1979年3月	40	2000年8月	19	助工
徐小君	PA529	女	1970年7月	49	1995年7月	24	技术员
程俊	PA602	男	1974年1月	45	1992年8月	27	助工
黄威	PA604	男	1982年5月	37	2004年8月	15	技术员

图 2-91　高级筛选结果

通配符仅能用于文本型数据，对数值和日期无效。Excel 中允许使用两种通配符：? 和 *。* 表示任意多个字符；? 表示任意单个字符；如果要表示字符 *，则用“~*”表示；如果要表示字符？，则用“~？”表示。

例如，筛选出“职工表”中职称为高级工程师或者姓陈的男职工的记录至 J1 开始的区域中。

分析：这里的筛选条件即有“或”又有“且”，同时姓“陈”的男职工还需要使用通配符，故建立图 2-92 所示筛选条件区域。其他操作方法与上一题相同，不再赘述。

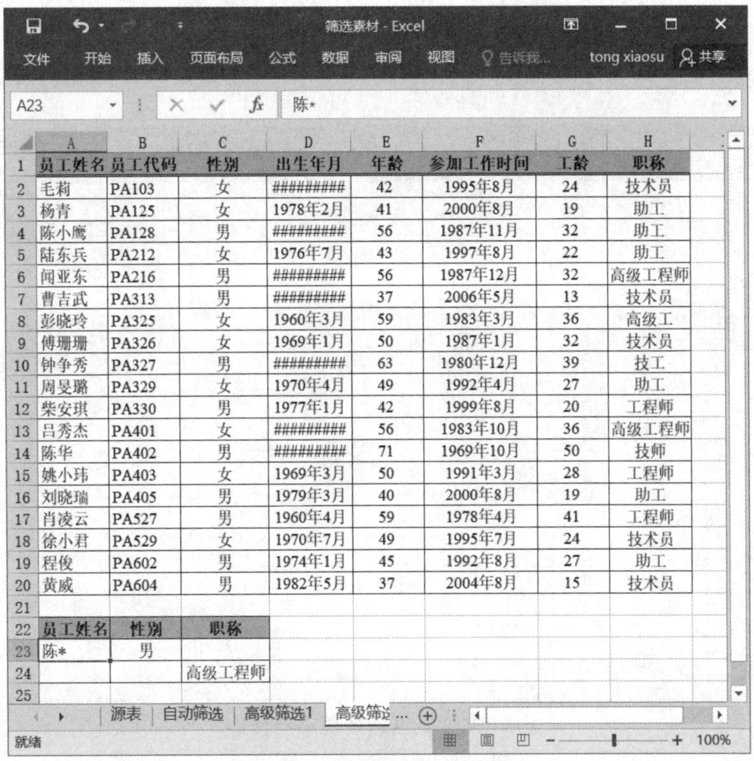

员工姓名	员工代码	性别	出生年月	年龄	参加工作时间	工龄	职称
毛莉	PA103	女	#########	42	1995年8月	24	技术员
杨青	PA125	女	1978年2月	41	2000年8月	19	助工
陈小鹰	PA128	男	#########	56	1987年11月	32	助工
陆东兵	PA212	女	1976年7月	43	1997年8月	22	助工
闻亚东	PA216	男	#########	56	1987年12月	32	高级工程师
曹吉武	PA313	男	#########	37	2006年5月	13	技术员
彭晓玲	PA325	女	1960年3月	59	1983年3月	36	高级工
傅珊珊	PA326	女	1969年1月	50	1987年1月	32	技术员
钟争秀	PA327	男	#########	63	1980年12月	39	技工
周旻璐	PA329	女	1970年4月	49	1992年4月	27	助工
柴安琪	PA330	男	1977年1月	42	1999年8月	20	工程师
吕秀杰	PA401	女	#########	56	1983年10月	36	高级工程师
陈华	PA402	男	#########	71	1969年10月	50	技师
姚小玮	PA403	女	1969年3月	50	1991年3月	28	工程师
刘晓瑞	PA405	男	1979年3月	40	2000年8月	19	助工
肖凌云	PA527	男	1960年4月	59	1978年4月	41	工程师
徐小君	PA529	女	1970年7月	49	1995年7月	24	技术员
程俊	PA602	男	1974年1月	45	1992年8月	27	助工
黄威	PA604	男	1982年5月	37	2004年8月	15	技术员

员工姓名	性别	职称
陈*	男	
		高级工程师

图 2-92　带通配符的条件区域

注意：如果高级筛选“在原有区域显示筛选结果”，数据记录单中只显示满足筛选条件的记录，不满足条件的记录将自动隐藏。若需要显示全部数据时，只要单击“数据”选项卡“排序和筛选”组中的“清除”按钮即可。

2.5.5　数据透视表

● 扫一扫

视频2-21
数据透视表

数据透视表是一种对大量数据快速汇总和建立交叉列表的交互式报表。它可以快速分类汇总、比较大量的数据，并可以随时选择其中页、行和列中的不同元素，以达到快速查看源数据的不同统计结果。使用数据透视表可以深入分析数值数据，以不同的方式来查看数据，使数据代表一定的含义，并且可以回答一些预料不到的数据问题。合理应用数据透视表进行计算与分析，能使许多复杂的问题简单化并且极大地提高工作效率。

1．创建数据透视表

创建数据透视表的操作步骤如下：

（1）单击数据表的任意单元格。

（2）单击"插入"选项卡"表格"组中的"数据透视表"按钮，弹出图2-93所示的"创建数据透视表"对话框。

（3）Excel会自动确定数据透视表的区域（即光标所在的数据区域），也可以输入不同的区域或用该区域定义的名称来替换它。

（4）若要将数据透视表放置在新工作表中，可选择"新建工作表"单选按钮。若要将数据透视表放在现有工作表中的特定位置，可选择"现有工作表"单选按钮，然后在"位置"框中指定放置数据透视表的单元格区域的第一个单元格。

（5）单击"确定"按钮。Excel会将空的数据透视表添加至指定位置并显示数据透视表字段列表，以便添加字段、创建布局以及自定义数据透视表如图2-94所示。

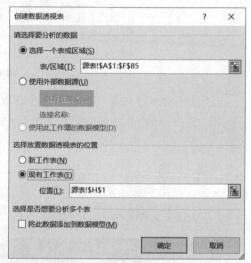

图2-93　"创建数据透视表"对话框

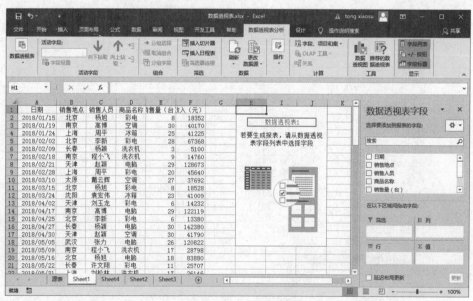

图2-94　数据透视表布局窗口

（6）将"选择要添加到报表的字段"中的字段分别拖动到对应的"筛选"、"列"、"行"和"值"框中。（例如，将"销售地点"拖入"筛选"，"商品名称"拖入"列"，"销售人员"和"日期"拖入"行"、"销售收入"拖入"值"框中，便能得到不同销售地的销售员不同日期的家电销售收入总和情况，如图2-95所示（即为所创建的数据透视表）。

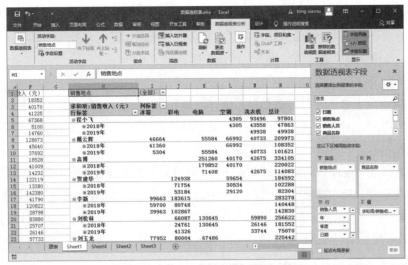

图 2-95　按要求创建的数据透视表

2．修改数据透视表

创建数据透视表以后，根据需要有可能对它的布局、样式、数据的汇总方式、值的显示方式、字段分组、计算字段和计算项、切片器等进行修改。

（1）修改数据透视表的布局。数据透视表创建完成后，可以根据需要对其布局进行修改。对已创建的数据透视表，如果要改变行、列或数值中的字段，可单击标签编辑框右端的下拉列表按钮，在弹出的快捷菜单中选择"删除字段"命令，再重新到字段列表中去拖动需要的字段到相应的框中即可。如果一个标签内添加了多个字段，想改变字段的顺序，只需选中字段向上拖动或向下拖动就可以调整字段的顺序，字段的顺序变了，透视表的外观随之变化。

（2）修改数据透视表的样式。数据透视表可以像工作表一样进行样式的设置，用户可以单击"设计"选项卡"数据透视表样式"组中任意一个样式，将 Excel 内置的数据透视表样式应用于选中的数据透视表，同时可以新建数据透视表样式。

（3）更改数据透视表数据的汇总方式和显示方式。若要改变字段值的汇总方式，可单击"值"标签框右端的下拉列表按钮，在弹出的下拉菜单中选择"值字段的设置"，弹出图 2-96 的"值字段设置"对话框，在"计算类型"列表中选择需要的计算类型，单击"确定"完成修改。若要改变数据的显示方式，如"百分比、排序"等形式，可以单击图 2-96 所示的"值字段设置"对话框中"值显示方式"，对话框变成如图 2-97 所示，然后从数据显示方式下拉列表框中选择合适的显示方式即可。

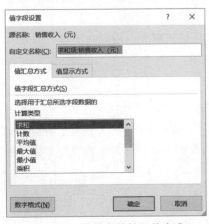

图 2-96　设置字段的汇总方式

图 2-97　设置值显示方式

（4）设置数据透视表字段分组。数据透视表提供了强大的分类汇总功能，但由于数据分析需求的多样性，使得数据透视表的常规分类方式不能应付所有的应用场景。通过对数字、日期、文本等不同类型的数据进行分组，可增强数据透视表分类汇总的适应性。

例如，要取消图 2-95 创建的数据透视表的日期按年和季度分组。其操作步骤如下：

① 单击数据透视表中 H 列中任一日期单元格，例如 H6 单元格。

② 单击"数据透视表分析"选项卡"组合"组中的"取消组合"按钮，就得到了图 2-98 所示的数据透视表。

若要重新将数据透视表按日期的年和季度分组，则可先单击数据透视表中 H 列中任一日期单元格，然后单击"数据透视表分析"选项卡"组合"组中的"分组字段"按钮，弹出图 2-99 所示的"组合"对话框，选择"季度"和"年"，单击"确定"按钮，则完成了对数据透视表进行日期分组的设置，设置后数据透视表的效果如图 2-95 所示。

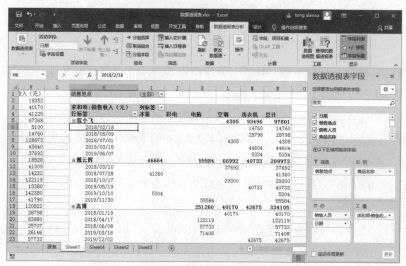

图 2-98　取消日期字段分组后的数据透视表

图 2-99　分组对话框

（5）使用计算字段和计算项。数据透视表创建完成后，不允许手工更改或者移动数据透视表中的任何区域，也不能在数据透视表中插入单元格或者添加公式进行计算。如果需要在数据透视表中添加自定义计算，则必须使用"添加计算字段"或"添加计算项"功能。

计算字段是指通过对数据透视表中现有的字段执行计算后得到的新字段。

计算项是指在数据透视表的现有字段中插入新的项，通过对该字段的其他项执行计算后得到该项的值。

例如，在图 2-100 所示的数据透视表中，增加一项计算项销售提成，根据销售收入的 0.01 来计算销售员的销售提成。

具体操作步骤如下：

① 单击数据透视表中任一单元格。

② 在"数据透视表分析"选项卡的"计算"组中单击"域、项目和集"下拉按钮，在弹出的下拉列表中选择"计算字段"，弹出图 2-101 所示的"插入计算字段"对话框，在"名称"文本框中输入"销售员销售提成"，在"公式"文本框中输入"="，接着在下方"字段"列表框中选择"销售收入"，单击"插入字段"按钮，在公式框里就出现了"='销售收入（元）'"，接着输入"*0.01"，单击"确定"按钮，完成了计算字段的添加。添加了计算字段的数据透视表如图 2-102 所示。

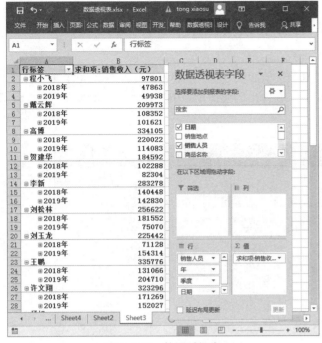

图 2-100 数据透视表

图 2-101 插入计算字段对话框

（6）插入切片器

Excel 2016 的数据透视表新增了"切片器"功能，不仅能对数据透视表字段进行筛选操作，而且可以直观地在切片器内查看该字段的所有数据项信息。

例如，使用切片器对图 2-95 所示的数据透视表进行快速筛选，以便直观地了解各销售员不同日期不同家电的销售情况。

具体操作步骤如下：

① 单击数据透视表中任一单元格。

② 单击"数据透视表分析"选项卡"筛选"组中的"插入切片器"按钮，弹出图 2-103 所示的"插入切片器"对话框。

图 2-102 添加计算字段后的数据透视表

图 2-103 "插入切片器"对话框

③ 选择"日期"、"商品名称"和"销售人员"3个字段，单击"确定"按钮，生成3个切片器，如图2-104所示。在"销售员"切片器中选择"李新"，"商品名称"切片器中选择"冰箱"，结果如图2-105所示。

利用切片器对数据透视表筛选后如果要恢复到筛选前的状态，只要单击切片器右上角的 🔻 按钮即可清除筛选。如果要删除切片器，只需右击切片器，在弹出的快捷菜单中选择"删除 ***"（*** 表示切片器的名称）命令就可以了。

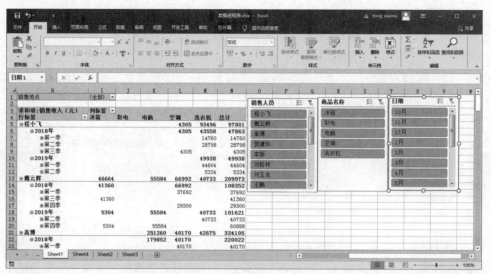

图 2-104　插入的切片器

图 2-105　利用切片器对数据透视表筛选后的结果

3. 创建数据透视图

Excel 2016 数据透视图是利用数据透视表的结果制作的图表，它将数据以图形的方式表示出来，能更形象、生动地表现数据的变化规律。

要建立"数据透视图"，只需在"插入"选项卡中单击"图表"组中的"数据透视图"按钮，在弹出的下拉列表中选择"数据透视图"命令即可，其他操作步骤与建立"数据透视表"相近。例如，创建一个反映各销售员销售收入的数据透视图如图2-106所示。

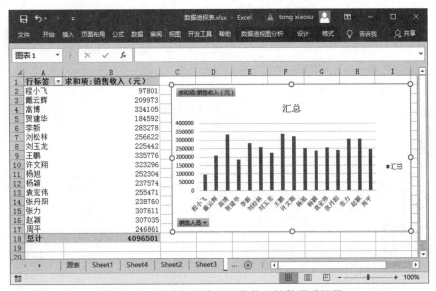

图 2-106　反映各销售员销售收入的数据透视图

数据透视图创建好后，可以利用"设计"选项卡的"类型"组中的"更改图表类型"按钮更改图表的类型，如可以将默认的柱形图改为折线图等。数据透视图是利用数据透视表制作的图表，是与数据透视表相关联的。若更改了数据透视表中的数据，则数据透视图也随之更改。

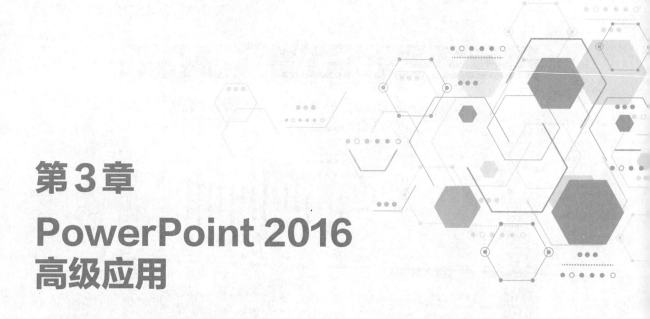

第 3 章
PowerPoint 2016
高级应用

PowerPoint 简称 PPT，是一种用于制作和演示幻灯片的工具软件，也是 Microsoft Office 系列软件的重要成员。利用 PowerPoint 做出来的作品叫演示文稿，演示文稿中的每一页叫幻灯片，每张幻灯片都是演示文稿中既相互独立又相互联系的内容。

PowerPoint 作为目前最流行的演示文稿制作与播放软件，支持的媒体格式非常丰富，编辑、修改、演示都很方便，在教育领域和商业领域都有着广泛的应用，如在公司会议、商业合作、产品介绍、投标竞标、业务培训、课件制作、视频演示等场合经常可以看到它的影子。

本章将介绍 PowerPoint 设计原则和制作流程、图片处理与应用、多媒体处理与应用、演示文稿的修饰、动画、演示文稿的放映与输出等内容。

3.1 设计原则与制作流程

要制作出一个专业并且引人注目的演示文稿，需要在 PowerPoint 的设计和制作过程中遵循一些基本的设计原则。

3.1.1 设计原则

PowerPoint 的设计非常重要。要想让设计的幻灯片引起受众的兴趣，PowerPoint 的设计可以起到关键作用。必须要注意的是，PowerPoint 演示的目的在于传达信息，用来帮助受众了解设计者讲述的问题。PowerPoint 是一种辅助工具，而不是主题。在设计演示文稿时，要经常站在受众的角度错位思考，看是否能够帮助受众更好地接受设计者要表达的信息，如果对于受众接受信息有帮助，那就保留，否则就应该放弃。

一个成功的演示文稿在设计方面需要把握以下几个原则。

扫一扫

视频3-1
PowerPoint
设计原则

1. 主题要明确，内容要精练

在设计一个演示文稿之前，首先应该弄清楚两个问题：讲什么和讲给谁听。讲什么就是 PowerPoint 的主题。再就是讲给谁听，即使同样的主题面对不同的受众，要讲的内容也是不一样的，需要考虑受众的知识水平和喜欢的演讲风格，以及对该问题的了解程度等，因此，要根据受众来确定演示的内容。

演示的内容是一个演示文稿成功的基础，如果内容不恰当，无论演示文稿制作得多么精美，也只是枉费工夫。需要在设计之初对内容本身及对受众的需求和兴奋点有准确的理解和把握，才能使内容恰当、精练。

例如，图 3-1 所示的幻灯片中，文字充满了整张幻灯片。设想一下作为受众，愿意看到这样的幻灯片吗？像这种堆积了大量文字信息的"文档式演示文稿"显然是不成功的，这样的 PowerPoint 演示也不能很好地达到辅助讲授的目的。

一个内容精炼、观点鲜明、言之有物的演示文稿才会受人关注。因此，需要对文字进行提炼——只留关键词，去掉修饰性的形容词、副词等，或是用关键词组合成短句子，直接表达页面主题。例如，图 3-1 所示的幻灯片进行提炼修改后可以得到图 3-2 所示的幻灯片。

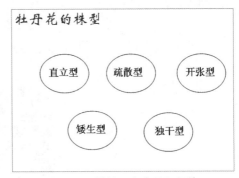

图 3-1　充满了文字的幻灯片　　　　　　图 3-2　精练了内容的幻灯片

关于 PowerPoint 的主题和内容，需要注意以下几点：

（1）一张幻灯片只表达一个核心主题，不要试图在一张幻灯片中面面俱到。

（2）不要把整段文字搬上幻灯片，演示是提纲挈领式的，显示的内容越精练越好。

（3）一张幻灯片上的文字行数最好不要超过 7 行，每行不多于 20 个字。

（4）除了必须放在一起比较的图表外，一张幻灯片一般只放一张图片或者一个表格。

2. 逻辑要清晰，组织要合理

演示文稿有了合适的内容，要怎么安排才能使受众易于接受呢？这就是所要强调的结构问题。一个成功的演示文稿必须有清晰的逻辑和完整的结构。清晰的逻辑能清楚地表达演示文稿的主题。逻辑混乱、结构不清晰的 PowerPoint 演示会让人摸不着头脑，达不到有效传达信息的目的。

通常一个完整的 PowerPoint 文件应该包含封面页、目录页、过渡页、内容页、结束语页和封底页。目录页用来展示整个演示文稿的内容结构；过渡页（各部分的引导页）把不同的内容划分开，呼应目录页保障整个演示文稿的连贯；结束语页用来做总结，引导受众回顾要点、巩固感知；封底页用来感谢受众。

关于演示文稿的结构，需要注意以下几点：

（1）演示文稿的结构逻辑要清晰、简明。

（2）要有一张标题幻灯片，告诉受众自己是谁，准备谈什么内容。

（3）要有目录页标示内容大纲，帮助受众掌握进度。

（4）通过不同层次的标题，标明演示文稿结构的逻辑关系。

（5）每个章节之间插入一个标题幻灯片用作过渡页。

（6）演示时按照顺序播放，尽量避免回翻、跳跃，以免混淆受众的思路。

3. 风格要一致，页面要简洁

一个专业的演示文稿风格应该保持一致，包括页面的排版布局、颜色、字体、字号等，统一的风格可以使幻灯片有整体感。实践表明，任何与内容无关的变化都会分散受众对演示内容的注意力，因此，演示文稿的风格应该尽量保持一致。

　　除了保持风格一致外，幻灯片页面应该尽量简洁。简洁的页面会给人以清新的感觉，观看起来自然、舒服，不容易视觉疲劳，而文字信息太多的页面会失去重点，造成受众接收信息被动，直接影响演示文稿的演示效果。

　　与文字相比，图片更加真实、直观，因此，在进行 PowerPoint 演示时，以恰当的图片强化内容，更容易在较短时间内让受众理解并留下深刻印象。例如，图 3-3 所示的幻灯片用于介绍美国的一家制作篮子的公司，该公司的大楼是篮子形状的。在这里，放一张照片比放一堆文字效果要好很多，也必然会给受众留下非常深刻的印象。

图 3-3　介绍一家制作篮子的公司的幻灯片

　　关于风格和页面，需要注意以下几点：

　　（1）不同场合的幻灯片应该有不同的风格。例如，教师讲课用的幻灯片可以选择生动有趣的风格，而商业演示用的幻灯片则需要保守一些的风格。

　　（2）所有幻灯片的格式应该一致，包括颜色、字体、背景等。

　　（3）应该避免全是文字的页面，尽量采用文字、图表和图形的混合使用。合理的图文搭配更能吸引受众。

　　（4）字体不能太多，一般不超过 3 种，多了会给人凌乱的感觉。

　　（5）字号要大于 18 磅，否则坐在后面的受众有可能看不清楚。

　　（6）注意字体色和背景色的搭配，蓝底白字、黑底黄字、白底黑字等都是比较引人注目的搭配。

　　在 PowerPoint 演示中，使页面信息能够准确、有效地传递是 PowerPoint 设计的主要职责，因此，PowerPoint 设计不仅仅是色彩和图形等美工设计，还包括结构、内容及布局等规划设计。只有遵循以上 PowerPoint 设计原则，才能设计出主题明确、内容精练、逻辑结构清晰、页面简洁美观的演示文稿，这样的演示文稿才能真正成为讲授的得力助手。

3.1.2　制作流程

PowerPoint 制作流程一般可以分为以下几个步骤：

1. 提炼大纲

演示文稿的大纲是整个演示文稿的框架，只有框架搭好了，一个演示文稿才有可能成功。在设计之初应该根据目标和要求，对原始文字材料进行合理取舍，理清主次，提炼归纳出大纲。提炼大纲需要考虑以下几个方面：

　　（1）讲什么？这个问题包括幻灯片的主题、重点、叙述顺序和各个部分的比重等，是最重要的一部分，应该首先解决。

（2）讲给谁听？同样一个主题给不同的受众讲的内容是不一样的。需要考虑受众的知识水平、对该主题的了解程度、受众的需求和兴奋点等。

（3）讲多久？讲授的时间决定了演示文稿的长度，一般一张幻灯片的讲授时间在 1~3 min 之间比较合适。

2. 充实内容

有了演示文稿的基本框架（此时每页只有一个标题），就可以充实每一张幻灯片的内容了。将适合标题表达的文字内容精练一下，做成带项目编号的要点。在这个过程中，可能会发现新的资料，此时可以进行大纲的调整，在合适的位置增加新的页面。

接下来把演示文稿中适合用图片表现的内容用图片来表现，如带有数字、流程、因果关系、趋势、时间、并列、顺序等的内容，都可以考虑用图的方式来表现。如果有的内容无法用图表现，可以考虑用表格来表现；其次才考虑用文字说明。

在充实内容的过程中，需要注意以下几个方面：

（1）一张幻灯片中，避免文字过多，内容应尽量精简。

（2）能用图片，不用表格；能用表格，不用文字。

（3）图片一定要合适，无关的、可有可无的图片坚决不要。

3. 选择主题和模板

利用主题和模板可以统一幻灯片的颜色、字体和效果，使幻灯片具有统一的风格。如果觉得 Office 自带的主题不合适，可以在母版视图中进行调整，添加背景图、Logo、装饰图等，也可以调整标题、文字的大小和字体，以及将其调整至合适的位置。

4. 美化页面

简洁大方的页面给人清新、舒适的感觉。适当地放置一些装饰图可以美化页面，不过使用装饰图一定要注意必须符合当前页面的主题，图片的大小、颜色不能喧宾夺主，否则容易分散受众的注意力，影响信息传递的效果。

另外，可以根据母版的色调对图片进行美化，调整颜色、阴影、立体、线条，美化表格，突出文字等。在这个过程中要注意整个演示文稿的颜色不要超过 3 个色系，否则会显得很乱。

5. 预演播放

查看播放效果，检查有没有不合适的地方，遇到不合适或者不满意的就进行调整，特别要注意不能有错别字。

在这个环节，需要注意以下几点：

（1）文字内容不要一下就全部显示，需要为文字内容设定动画，逐步显示，有利于讲授。

（2）动画效果、幻灯片切换效果不宜太花哨，朴素一些更受欢迎。

3.2　图片处理与应用

在一个演示文稿中，图片比文字能够产生更大的视觉冲击力，也能够使页面更加简洁、美观，因此，在用 PowerPoint 制作演示文稿时，经常会使用图片，但有时图片又不符合设计者的要求，此时就需要对图片进行适当的处理，以达到更好的视觉效果。本节将介绍 PowerPoint 中图片处理的一些应用技巧。

3.2.1　图片美化

在幻灯片的制作过程中，图片的处理不一定要依靠像 Photoshop 这类专门的图像处理软件，

扫一扫

视频3-2
图片的美化
技巧

PowerPoint 为设计者提供了强大的图像处理功能。在幻灯片中双击需要处理的图片，会出现图 3-4 所示的"图片工具 / 格式"选项卡，可以对图片进行删除背景、剪裁、柔化、锐化，修改亮度、饱和度、色调、重新着色等操作。

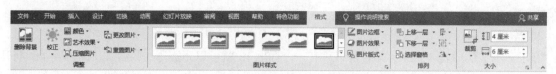

图 3-4 "图片工具 / 格式"选项卡

1. 图片的裁剪

在 PowerPoint 中的很多地方都需要用到图片，但对图片的尺寸大小和形状却经常根据需要有不同的要求，因此裁剪图片是一个很常见的操作。在"图片工具 / 格式"选项卡中，单击"大小"组的"裁剪"下拉按钮，会出现图 3-5 所示的下拉列表。

选择"裁剪"命令，通过拖动裁剪柄裁剪出想要的内容和尺寸，裁剪效果如图 3-6 所示。

图 3-5 "裁剪"下拉列表　　　　　　　　　　　图 3-6 裁剪效果

选择"裁剪为形状"命令，然后根据需要选择相应的形状，即可把图片裁剪成指定的形状。裁剪为"圆角矩形"、"椭圆"和"波形"的效果分别如图 3-7（a）、（b）、（c）所示。

（a）　　　　　　　　　　　　　（b）　　　　　　　　　　　　　（c）

图 3-7 裁剪为形状效果

2. 删除图片背景

利用删除背景工具可以快速而精确地删除图片背景，无须在对象上进行精确描绘就可以智能地识别出需要删除的背景，使用起来非常方便。

例如，有一张图片的背景色与当前幻灯片的背景颜色不同，显得图片很突兀，此时需要删除该图片的背景，具体操作步骤如下：

（1）选择需要删除背景的图片，如图 3-8（a）所示。单击"图片工具 / 格式"选项卡"调整"组中的"删除背景"按钮，出现图 3-9 所示的"背景消除"选项卡。

（2）这时删除背景工具已自动进行了选择，如图 3-8（b）所示。洋红色标记部分为要删除的部分，原色部分为要保留的部分。如果要保留的部分没有被全部选中，可拖动句柄让所有要保留的部分都包括在选择范围内，如图 3-8（c）所示。

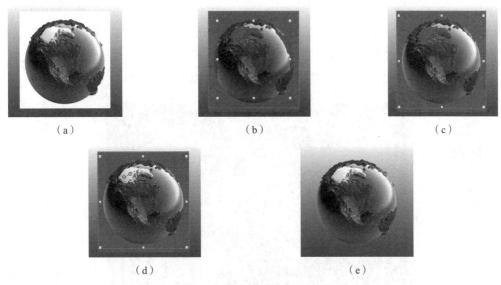

图 3-8　删除图片背景的过程

（3）可以看到图中有少量需要保留的部分（地球的白色部分）与背景色颜色相同，被错误地设置为洋红色。这时可以单击"背景消除"选项卡"优化"组中的"标记要保留的区域"按钮，然后在地球的白色部分单击，添加保留标记（带圆圈的加号）以保留该区域。添加保留标记后的区域会变为原色，如图 3-8（d）所示。

（4）单击"背景消除"选项卡"关闭"组中的"保留更改"按钮完成背景删除。删除了背景的图片效果如图 3-8（e）所示。

图 3-9　"背景消除"选项卡

3. 图片给文字做背景

许多情况下，在 PowerPoint 中插入图片后，还需要在图片上加上一些文字说明。由于文字与图片之间色彩的关系，可能会出现文字模糊或者不突出的情况，如图 3-10（a）所示。此时，可以右击文字的文本框，从弹出的快捷菜单中选择"设置形状格式"命令，再选择合适的填充颜色和透明度。通过文本框的背景色突出文字，效果如图 3-10（b）所示。

（a）

（b）

图 3-10　图片给文字做背景

4. 给图片添加统一的边框

有时候为了统一风格，可以给演示文稿中的图片添加统一的边框，如图 3-11 所示。在 PowerPoint 中，要给图片加上边框，可以选中图片，在"图片工具 / 格式"选项卡的"图片样式"组中选择合适的样式，或者单击"图片样式"组中的"图片边框"下拉按钮对边框的粗细、颜色等进行设置。

图 3-11　给图片添加统一的边框

另外，如果要调整图片的旋转角度，可以选定图片，在图片上方会出现一个控制旋转的控制点，拖动这个控制点就可以旋转选定的图片。

5. 图片的重新着色

利用 PowerPoint 制作演示文稿时，插入漂亮的图片会为演示文稿增色不少，可并不是所有的图片都符合设计者的要求，图片的颜色搭配时常和幻灯片的颜色不协调，如果对图片进行重新着色，可以使图片和幻灯片的色调一致，会让人有耳目一新的感觉。具体操作步骤如下：

（1）选中图片，单击"图片工具 / 格式"选项卡"调整"组中的"颜色"下拉按钮。

（2）在图 3-12 所示的"重新着色"下拉列表中选择合适的颜色对图片进行重新着色。图 3-13 所示为对图片选择了"灰度"进行重新着色以后的效果。

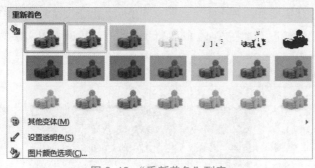

图 3-12　"重新着色"列表

图 3-13　重新着色效果

· 扫一扫

视频3-3
SmartArt
图形

3.2.2　SmartArt 图形

在 PowerPoint 中使用图形比使用文本更加有利于受众去记忆或理解相关的内容，但对于非专业人员来说，要创建具有设计师水准的图形是很困难的。利用 PowerPoint 提供的 SmartArt 功能，可以很容易地创建出具有设计师水准的图形，使文本变得生动。

例如，把图 3-14 所示幻灯片中的文本创建成图 3-15 所示幻灯片中的 SmartArt 图形。

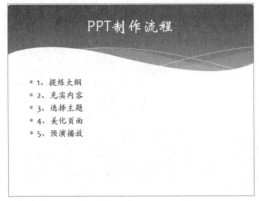

图 3-14　使用文本的幻灯片

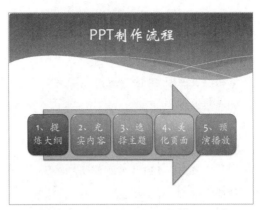

图 3-15　使用 SmartArt 图形的幻灯片

具体操作步骤如下：

（1）在幻灯片中选择需要转换成 SmartArt 图形的文本并右击，从弹出的快捷菜单中选择"转换为 SmartArt"命令，或者单击"开始"选项卡中的"段落"组中的"转换为 SmartArt 图形"下拉按钮，在图 3-16 所示的 SmartArt 图形列表中选择"连续块状流程"，效果如图 3-17 所示。

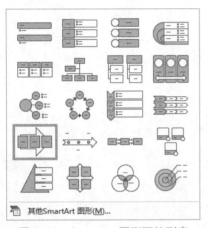

图 3-16　SmartArt 图形下拉列表

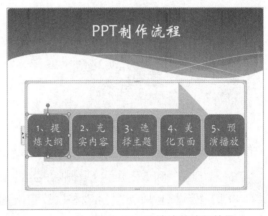

图 3-17　连续块状流程效果

（2）在图 3-18 所示的"SmartArt 工具 / 设计"选项卡中，单击"SmartArt 样式"组中的"更改颜色"下拉按钮，出现图 3-19 所示的"更改颜色"下拉列表，选择"彩色"组中的"彩色 – 个性色"，效果如图 3-20 所示。

图 3-18　"SmartArt 工具 / 设计"选项卡

（3）单击"SmartArt 工具 / 设计"选项卡中的"SmartArt 样式"组中的"其他"按钮，选择"文档的最佳匹配对象"中的"强烈效果"，使 SmartArt 图形具备三维的效果，如图 3-15 所示。当然，也可以根据需要在"布局"组中更改布局的样式。

又如，要创建图 3-21 所示的幻灯片中的 SmartArt 图形，具体操作步骤如下：

（1）单击"插入"选项卡"插图"组中的"SmartArt"按钮，弹出"选择 SmartArt 图形"对话框，在"循环"类别中选择"基本循环"图形，如图 3-22 所示，单击"确定"按钮。

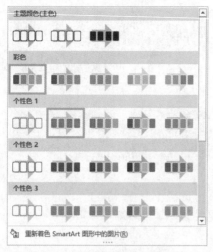

图 3-19 "更改颜色"下拉列表

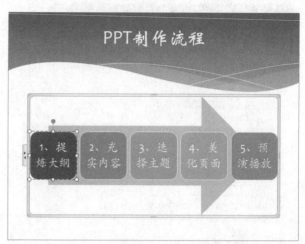

图 3-20 彩色 – 个性色颜色效果

图 3-21 基本循环效果图

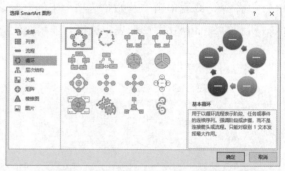

图 3-22 "选择 SmartArt 图形"对话框

（2）单击"SmartArt 工具 / 设计"选项卡中的"创建图形"组中的"文本窗格"按钮，打开文本窗格，输入"产品"、"废品"和"资源" 3 项，删除多余的项目，如图 3-23 所示。再次单击"SmartArt 工具 / 设计"选项卡"创建图形"组中的"文本窗格"按钮，关闭文本窗格。

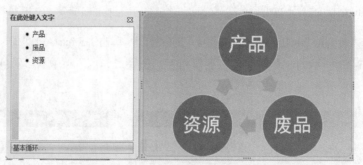

图 3-23 在文本窗格中编辑项目

（3）单击"SmartArt 工具 / 设计"选项卡"SmartArt 样式"组中的"更改颜色"下拉按钮，在出现的"更改颜色"下拉列表中选择"彩色"组中的"彩色范围 – 个性色 2 至 3"。

（4）单击"SmartArt 工具 / 设计"选项卡"SmartArt 样式"组中的"其他"按钮，选择"三维"中的"优雅"，使 SmartArt 图形具备三维的效果。

（5）同时选中圆形形状，单击"SmartArt 工具 / 格式"选项卡"形状"组中的"减小"按钮，同时选中箭头形状，单击"SmartArt 工具 / 格式"选项卡"形状"组中的"增大"按钮，将 SmartArt 图形中各个形状对象调整至合适的大小。

（6）右击从产品到废品的箭头形状，在弹出的快捷菜单中选择"编辑文字"命令，输入文字"使用"。右击从废品到资源的箭头形状，在弹出的快捷菜单中选择"编辑文字"命令，输入文字"再生"。右击从资源到产品的箭头形状，在弹出的快捷菜单中选择"编辑文字"命令，输入文字"制造"。

至此，图 3-21 所示的 SmartArt 图形创建完毕。

3.2.3　图片切换

在用 PowerPoint 进行幻灯片设计时，常常需要这样的效果：单击小图片就可看到该图片的放大图，如图 3-24 所示。在 PowerPoint 中实现这种效果的方法有两种。

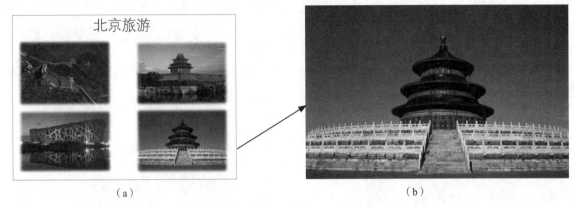

图 3-24　点小图，看大图

（1）通过设置超链接实现。首先在主幻灯片中插入许多小图片，然后将每张小图片都与一张空白幻灯片相链接，最后在空白幻灯片中插入相应的放大图片。这样只需单击小图片就可看到相应的放大图片。如果单击放大图片还需返回到主幻灯片，还应在放大图片上设置超链接，链接回主幻灯片。

这种思路虽然比较简单，但操作起来很烦琐，而且完成后会发现，设计出来的幻灯片结构混乱，很容易出错，尤其是不易修改，如果要更换图片，就得重新设置超链接。

（2）通过在幻灯片中插入 PowerPoint 演示文稿对象实现。具体操作步骤如下：

① 建立一张新的幻灯片，单击"插入"选项卡"文本"组中的"对象"按钮，在弹出的"插入对象"对话框的"对象类型"列表框中选择"Microsoft PowerPoint Presentation"，如图 3-25 所示，单击"确定"按钮。此时就会在当前幻灯片中插入一个"PowerPoint 演示文稿"的编辑区域，如图 3-26 所示。

图 3-25　"插入对象"对话框　　　　　图 3-26　插入的"PowerPoint 演示文稿"编辑区域

② 在此编辑区域中可以对插入的演示文稿对象进行编辑。在该演示文稿对象中插入所需的图片，把图片的大小设置为与幻灯片大小相同，退出编辑后，图片以缩小的方式显示。

③ 对其他图片进行同样的操作。为了提高效率，也可以将这个插入的演示文稿对象进行复制，然后更改其中的图片，并调整它们的位置即可。

这样就实现了单击小图片观看大图片的效果。其实，这里的小图片实际上是插入的演示文稿对象。单击小图片相当于对插入的演示文稿对象进行演示观看，而演示文稿对象在播放时就会自动全屏幕显示，所以看到的图片就好像被放大了一样；当单击放大图片时，插入的演示文稿对象实际上已被播放完，然后自动退出，也就返回到主幻灯片。

由此可见，在制作演示文稿时，可以利用插入 PowerPoint 演示文稿对象这一特殊手段来使整个演示文稿的结构更加清晰明了。

3.2.4 电子相册

制作电子相册的软件比较多，用 PowerPoint 也可以很轻松地制作出专业级的电子相册。在 PowerPoint 中，电子相册的具体制作过程如下：

（1）新建一个空白演示文稿，单击"插入"选项卡"图像"组中的"相册"按钮。

（2）弹出图 3-27 所示的"相册"对话框，可以选择从磁盘或是扫描仪、数码照相机这类外围设备添加图片。

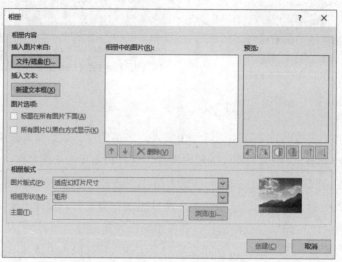

图 3-27 "相册"对话框

（3）选择插入的图片文件都会出现在"相册"对话框的"相册中的图片"列表框中，单击图片名称可在"预览"框中看到相应的效果。单击"相册中的图片"列表框下方的 ↑、↓ 按钮可改变图片出现的先后顺序，单击"删除"按钮可删除被加入的图片文件。

（4）通过"预览"框下方的 6 个按钮，可以旋转选中的图片，以及改变图片的对比度和亮度等。

（5）相册的版式设计。在"图片版式"下拉列表框中，可以指定每张幻灯片中图片的数量和是否显示图片标题。在"相框形状"下拉列表框中，可以为相册中的每一张图片指定相框的形状。单击"主题"文本框右侧的"浏览"按钮，可以为幻灯片指定一个合适的主题。

（6）以上操作完成之后，单击对话框中的"创建"按钮，PowerPoint 就自动生成一个电子相册。如果需要进一步地对相册效果进行美化，还可以对幻灯片辅以一些文字说明，以及设置背景音乐、过渡效果和切换效果等。

3.3 多媒体处理与应用

在用 PowerPoint 制作幻灯片时，使用恰当的声音、视频等多媒体元素，可以使幻灯片更加具有感染力。本节介绍在 PowerPoint 中使用声音和视频的技巧。

3.3.1　声音

扫一扫

视频3-4
声音的使用

恰到好处的声音可以使幻灯片具有更出色的表现力，利用 PowerPoint 可以向幻灯片中插入 CD 音乐、WAV、MID 和 MP3 文件，以及录制旁白。

1. 连续播放声音

在某些场合，声音需要连续播放，如相册中的背景音乐，在幻灯片切换时需要保持连续。具体操作步骤如下：

（1）把光标定位到要出现声音的第一张幻灯片，单击"插入"选项卡"媒体"组中的"音频"按钮，选择"PC 上的音频"命令，在弹出的"插入音频"对话框中选择合适的声音文件插入幻灯片，幻灯片中出现图 3-28 所示的音频图标，在此可以预览音频播放效果，调整播放进度和音量大小等。

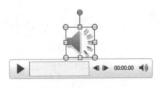
图 3-28　音频图标

（2）选中刚刚插入的音频图标，在"音频工具 / 播放"选项卡的"音频选项"组中选择"跨幻灯片播放"、"放映时隐藏"、"循环播放，直到停止"和"播放完毕返回开头"复选框，如图 3-29 所示。

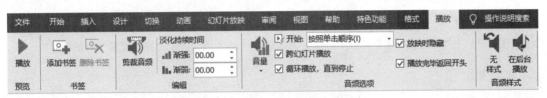
图 3-29　"音频工具 / 播放"选项卡

（3）如果有需要，可单击"音频工具 / 播放"选项卡"编辑"组中的"剪裁音频"按钮，在弹出的图 3-30 所示的"剪裁音频"对话框中对音频进行剪裁。

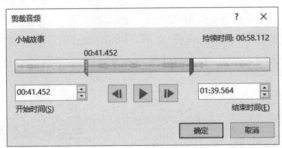
图 3-30　"剪裁音频"对话框

2. 在指定的几页幻灯片中连续播放声音

使用跨幻灯片播放声音的方式，能够使声音在切换幻灯片时保持连续，但是不能指定播放若干张幻灯片后停止播放。在一些特殊情况下，可能会想让声音在播放几张幻灯片后停止，具体操作步骤如下：

（1）把光标定位到要出现声音的第一张幻灯片，单击"插入"选项卡"媒体"组中的"音频"按钮，选择"PC 上的音频"命令，在弹出的"插入音频"对话框中选择合适的声音文件插入幻灯片。

（2）选中刚刚插入的音频图标，在"音频工具 / 播放"选项卡的"音频选项"组中选择"放映时隐藏"、"循环播放，直到停止"和"播放完毕返回开头"复选框，在"开始"下拉列表框中选择"自动"。

（3）单击"动画"选项卡"高级动画"组中的"动画窗格"按钮，打开"动画窗格"任务窗格，单击该声音对象动画上的下拉按钮，从下拉列表中选择"效果选项"命令，如图 3-31 所示。

（4）弹出"播放音频"对话框，在"停止播放"栏中设置在 4 张幻灯片后停止播放，如图 3-32 所示。这样，声音就会连续地播放，并在播完 4 张幻灯片后自动停止播放。

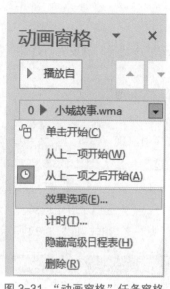

图 3-31 "动画窗格"任务窗格

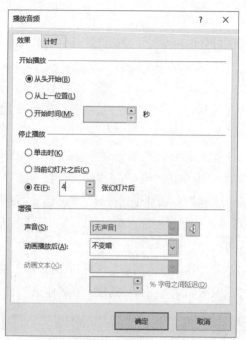

图 3-32 "播放音频"对话框

3. 录制旁白

在 PowerPoint 中，可以为幻灯片放映录制旁白，对幻灯片进行解说配音，适用于某些需要重复放映幻灯片的场合。录制旁白的具体操作步骤如下：

（1）在计算机上安装设置好麦克风。

（2）单击"幻灯片放映"选项卡"设置"组中的"录制幻灯片演示"下拉按钮，从下拉列表中选择"从当前幻灯片开始录制"命令，如图 3-33 所示。

（3）弹出"录制幻灯片演示"对话框，选择"幻灯片和动画计时"和"旁白、墨迹和激光笔"复选框，如图 3-34 所示，单击"开始录制"按钮，进入幻灯片放映状态，一边播放幻灯片一边对着麦克风讲解旁白。

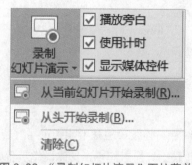

图 3-33 "录制幻灯片演示"下拉菜单

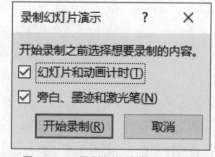

图 3-34 "录制幻灯片演示"对话框

（4）录制完毕后，在每张幻灯片的右下角会自动显示一个音频图标，可以在此试听每张幻灯片的录制效果。如果某张幻灯片不需要旁白，则可以将该幻灯片中的音频图标删除。如果想删除所有幻灯片中的旁白，可以单击"幻灯片放映"选项卡"设置"组中的"录制幻灯片演示"下拉按钮，从下拉列表中选择"清除"→"清除所有幻灯片中的旁白"命令。

3.3.2 视频

在演示文稿中添加一些视频并进行相应的处理，可以使演示文稿变得更加美观。PowerPoint 提供了丰富的视频处理功能。

扫一扫

视频3-5
视频的使用

1. 插入视频

单击"插入"选项卡"媒体"组中的"视频"按钮，选择"PC上的音频"命令，从弹出的"插入视频文件"对话框中选择要插入幻灯片的视频文件，然后调整视频的大小，如图3-35所示。在PowerPoint中，既可以在非放映状态下也可以在放映状态下控制视频的播放，进行播放进度、声音大小等调整。

为了进一步美化，可以对视频设置一些效果。单击"视频工具/格式"选项卡"视频样式"组中的"视频形状"下拉按钮，可以设置视频播放界面的外形，单击"视频效果"下拉按钮可以设置视频的效果。设置了"椭圆"形状和"半映像，4磅偏移量"效果的视频播放效果如图3-36所示。

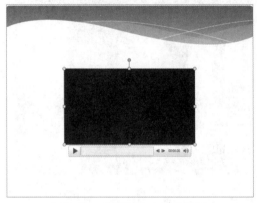

图 3-35　调整了大小后的视频

图 3-36　设置了形状和效果的视频

2. 为视频添加封面

当插入视频时，一般默认显示的是黑色的屏幕，看起来十分不美观。为了使演示文稿更加专业，可以根据需要为插入到幻灯片的视频设计一个封面。视频的封面可以是事先制作的图片，也可以是当前视频中某一帧的画面。

若要把视频中某一帧的画面作为封面，可以先定位到该帧画面，然后单击"视频工具/格式"选项卡"调整"组中的"海报框架"下拉按钮，在图3-37所示的"海报框架"下拉列表中选择"当前帧"命令。这样，视频的封面就被设定为该帧画面，并在视频底下显示"海报框架已设定"字样。

图 3-37　"海报框架"下拉列表

若要恢复到以前的面貌，可以单击"视频工具/格式"选项卡"调整"组中的"海报框架"下拉按钮，选择"重置"命令清除封面。

若要使用事先制作的图片做封面，则可以在"海报框架"下拉列表中选择"文件中的图像"，从弹出的"插入图片"对话框中选择某一幅图片作为视频封面。

3. 为视频添加书签

一个视频通常可以分为几个精彩片段，在演示文稿中观看视频的时候，可能会想要快速跳转到某个精彩片段。在PowerPoint中，可以通过添加书签的形式轻松地实现在视频中快速的跳转，具体操作步骤如下：

将鼠标定位在要跳转的位置，单击"视频工具/播放"选项卡"书签"组中的"添加书签"按钮，便出现了黄色的书签圆点，可以根据需要添加多个书签，如图3-38所示。

在播放视频时，只需要单击书签就可以实现快速跳转。按【Alt+Home】组合键可以快速定位到当前位置的前一个书签处开始播放，按【Alt+End】组合键可以跳转到当前位置的下一个书签处开始播放。

如果想要删除书签，选择要删除的书签，单击"视频工具 / 播放"选项卡"书签"组中的"删除书签"按钮即可。

4. 剪辑视频

在 PowerPoint 中，无须下载专业软件，即可进行专业的视频剪辑。选中视频，单击"视频工具播放"选项卡"编辑"组中的"剪裁视频"按钮，弹出"剪裁视频"对话框，设置视频的开始和结束位置，如图 3-39 所示，单击"确定"按钮即可完成视频的剪辑。

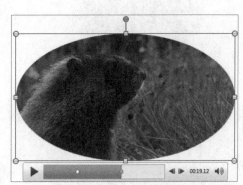

图 3-38　添加了书签的视频

图 3-39　"剪裁视频"对话框

3.4　演示文稿的修饰

在用 PowerPoint 制作演示文稿时，可以利用主题、幻灯片母版来统一幻灯片的风格，达到快速修饰演示文稿的目的。为了使幻灯片更加协调、美观，还可以对幻灯片进行一些美化和修饰，如背景设置等。

3.4.1　主题

PowerPoint 主题是一组统一的设计元素，包括主题颜色、主题字体和主题效果等内容。利用设计主题，可以快速对演示文稿进行外观效果的设置。PowerPoint 提供了一些内置主题可以供用户直接使用，用户也可以修改主题进一步满足自己的需求。

1. 主题的应用

一般情况下，一个演示文稿通常应用一个主题。用户可以在图 3-40 所示的"设计"选项卡的"主题"组中选择合适的主题，也可以单击"主题"组中的"其他"按钮打开图 3-41 所示的主题库，这里有更多的主题可供选择。在应用主题前可以看到实时预览，只需将指针停留在主题库的缩略图上，即可看到应用该主题后的演示文稿效果。

图 3-40　"设计"选项卡

图 3-41　主题库

在一些特殊情况下，演示文稿也可以包含两种或者更多的主题，具体的操作方法如下：

（1）选中要应用主题的幻灯片，右击"设计"选项卡"主题"组中合适的主题。

（2）在弹出的快捷菜单中选择"应用于选定幻灯片"命令。

在实际应用时，可以根据需要直接使用默认的主题，也可以在应用某个主题后再对主题颜色、主题字体和主题效果进行调整。如果希望长期应用，可以在图 3-41 所示的主题库中选择"保存当前主题"命令把主题保存为自定义主题。

2. 主题颜色

主题颜色包含了文本、背景、文字强调和超链接等颜色。通过更改主题颜色可以快速地调整演示文稿的整体色调。

单击"设计"选项卡"变体"组中的"其他"下拉按钮，再选择"颜色"命令，打开图 3-42 所示的主题颜色库。主题颜色库显示了内置主题中的所有颜色组，单击其中的某个主题颜色即可更改演示文稿的整体配色。

若不想修改整个演示文稿的配色，只想要修改部分幻灯片的配色，可以先选中要设置配色的幻灯片，然后单击"设计"选项卡"主题"组中的"颜色"下拉按钮，右击主题颜色库中相应的主题颜色，在弹出的快捷菜单中选择"应用于选定幻灯片"命令。

若要创建用户自定义的主题颜色，可以选择主题颜色库中的"自定义颜色"按钮，弹出图 3-43 所示的"新建主题颜色"对话框，共有 12 种颜色可以设置。前 4 种颜色用于文本和背景，接下来的 6 种用于强调文字颜色，最后 2 种颜色用于超链接和已访问的超链接。

3. 主题字体

在幻灯片设计中，对整个文档使用一种字体始终是一种美观且安全的设计选择，当需要营造对比效果时，可以使用两种字体。在 PowerPoint 中，每个内置主题均定义了两种字体：一种用于标题；另一种用于正文文本。二者可以是相同的字体，也可以是不同的字体。更改主题字体可以快速地对演示文稿中的所有标题和正文文本进行更新。

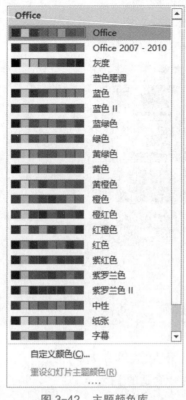

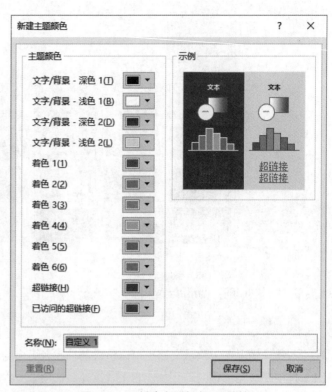

图 3-42　主题颜色库　　　　　　　　　图 3-43　"新建主题颜色"对话框

　　单击"设计"选项卡"变体"组中的"其他"下拉按钮，再选择"字体"命令，打开图 3-44 所示的主题字体库。主题字体库显示了内置主题中的所有字体组，单击其中的某个主题字体即可更改演示文稿的所有标题和正文文本的字体。

　　若要创建用户自定义主题字体，可以单击主题字体库中的"自定义字体"按钮，弹出图 3-45 所示的"新建主题字体"对话框，设置好标题字体和正文字体之后单击"保存"按钮。

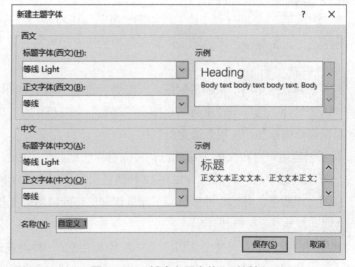

图 3-44　主题字体库　　　　　　　　　图 3-45　"新建主题字体"对话框

4. 主题效果

　　主题效果主要是设置幻灯片中图形线条和填充效果的组合，包含了多种常用的阴影和三维设置组合。主题效果可以应用于图表、SmartArt 图形、形状、图片、表格、艺术字和文本。通过使用主题效果库，可以替换不同的效果以快速更改这些对象的外观。

用户不能创建自己的主题效果，但单击"设计"选项卡"变体"组中的"其他"下拉按钮，再选择"效果"命令，可以打开图 3-46 所示的主题效果库，然后选择要在自己的主题中使用的效果即可。

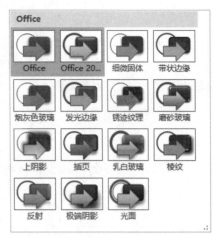

图 3-46　主题效果库

3.4.2　母版

PowerPoint 的母版可以分成 3 类：幻灯片母版、讲义母版和备注母版。幻灯片母版是一种特殊的幻灯片，用于存储有关演示文稿的主题和幻灯片版式的信息，包括背景、颜色、字体、效果、占位符大小和位置等。讲义母版主要用于控制幻灯片以讲义形式打印的格式，备注母版主要用于设置备注幻灯片的格式。下面介绍的主要是幻灯片母版。

使用幻灯片母版的目的是使幻灯片具有一致的外观，用户可以对演示文稿中的每张幻灯片进行统一的样式更改。使用幻灯片母版时，由于无须在多张幻灯片上输入相同的信息，因此节省了时间。每个演示文稿至少包含一个幻灯片母版。

打开一个空白演示文稿，然后单击"视图"选项卡"母版视图"组中的"幻灯片母版"按钮，可以看到图 3-47 所示的幻灯片母版视图。这里显示了一个具有默认相关版式的空白幻灯片母版。在幻灯片缩略图窗格中，第一张较大的幻灯片图像是幻灯片母版，位于幻灯片母版下方的是相关版式的母版。

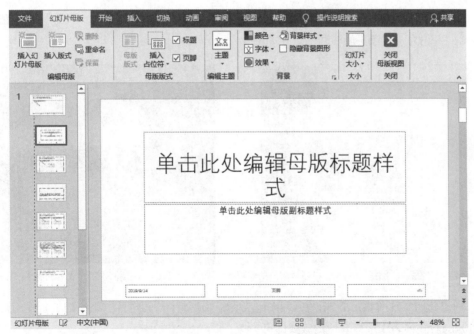

图 3-47　幻灯片母版视图

幻灯片母版能影响所有与它相关的版式母版，对于一些统一的内容、图片、背景和格式，可直接在幻灯片母版中设置，其他版式母版会自动与之一致。版式母版也可以单独控制配色、文字和格式等。

3.4.3　版式

幻灯片版式包含要在幻灯片上显示的全部内容的格式设置、位置和占位符。占位符是版式中的容器，可容纳文本（包括正文文本、项目符号列表和标题）、表格、图表、SmartArt 图形、影片、声音、图片及剪贴画等内容。

PowerPoint 提供了 11 种常用的内置版式，如图 3-48 所示。在打开空演示文稿时，会显示默认版式"标题幻灯片"，如图 3-49 所示。

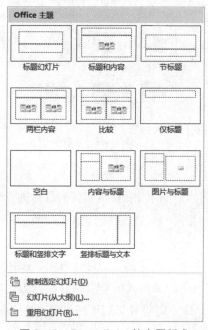

图 3-48　PowerPoint 的内置版式

图 3-49　标准标题幻灯片

版式也包含幻灯片的主题（颜色、字体、效果和背景）。例如，主题为"平面"的标题幻灯片如图 3-50 所示，主题为"徽章"的标题幻灯片如图 3-51 所示。

图 3-50　主题为"平面"的标题幻灯片

图 3-51　主题为"徽章"的标题幻灯片

如要在创建新幻灯片时指定版式，可以单击"开始"选项卡"幻灯片"组中的"新建幻灯片"下拉按钮，在打开的版式列表中选择合适的版式即可。

如果要修改幻灯片的版式，可以单击"开始"选项卡"幻灯片"组中的"版式"下拉按钮，在打开的版式列表中选择合适的版式即可。

用户也可以根据需要创建自定义版式。单击"视图"选项卡"母版视图"组中的"幻灯片母版"按钮，在图 3-52 所示的"幻灯片母版"选项卡中，单击"编辑母版"组中的"插入版式"按钮可以新建一个自定义版式；单击"母版版式"组中的"插入占位符"下拉按钮，可以根据需要插入各种占位符。

图 3-52　"幻灯片母版"选项卡

3.4.4　背景

在 PowerPoint 中，用户可以为幻灯片设置不同的颜色、图案或者纹理等背景，不仅可以为单张或多张幻灯片设置背景，而且可对母版设置背景，从而快速改变演示文稿中所有幻灯片的背景。

改变幻灯片背景的具体操作步骤如下：

（1）单击"设计"选项卡"变体"组中的"其他"下拉按钮，再选择"背景样式"命令，在图 3-53 所示的背景样式下拉列表中选择合适的背景样式，整个演示文稿的背景就设置好了。

（2）若要对指定的幻灯片设置背景，可以先选中目标幻灯片，然后右击合适的背景样式，在弹出的快捷菜单中选择"应用于所选幻灯片"命令。

（3）若不想使用默认的背景样式，可以单击"设计"选项卡中的"自定义"组中的"设置背景格式"按钮，打开图 3-54 所示的"设置背景格式"任务窗格，可以根据需要设置纯色填充、渐变填充、图片或纹理填充、图案填充等各种效果的背景。设置好需要的效果后，如果要将更改应用到当前选中的幻灯片，可单击"关闭"按钮，如果要将更改应用到所有的幻灯片，可单击"应用到全部"按钮。

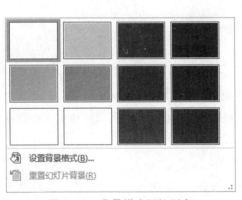

图 3-53　背景样式下拉列表

图 3-54　"设置背景格式"任务窗格

3.4.5　模板

模板是一种用来快速制作幻灯片的已有文件，其扩展名为 potx。它可以包含演示文稿的版式、主题颜色、主题字体、主题效果和背景样式，甚至还可以包含内容。使用模板的好处是可以方便、快速地创建一系列主题一致的演示文稿。

1. 根据已有模板生成演示文稿

用户若想要根据已有模板生成演示文稿，可以应用微软提供的 Office 模板或者自己创建并保存到计算机中的个人模板。具体的操作步骤如下：

（1）在"文件"选项卡中选择"新建"命令，打开图 3-55 所示的新建演示文稿窗口。

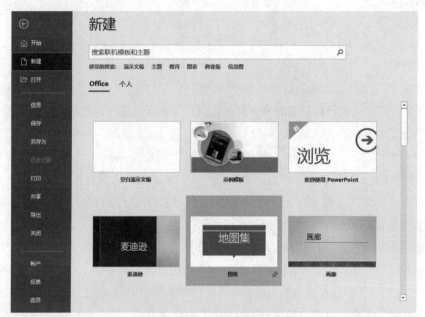

图 3-55　新建演示文稿窗口

（2）根据需要选择微软提供的 Office 模板或者用户自定义的个人模板，也可以搜索联机模板和主题。

2. 创建用户自定义模板

在 PowerPoint 制作过程中，直接应用微软提供的模板固然方便，但容易千篇一律，失去新意，一个自己设计的、清新别致的模板更加容易给受众留下深刻印象。如何创建自己的模板呢？具体的操作步骤如下：

（1）打开现有的演示文稿或模板。

（2）更改演示文稿或模板以符合需要。

（3）选择"文件"选项卡中的"另存为"命令。

（4）在"文件名"下拉列表框中为设计模板输入名字。

（5）在"保存类型"下拉列表框中，选择类型为"PowerPoint 模板 (*.potx)"。

演示文稿模板文件默认保存在"自定义 Office 模板"文件夹下。如果将模板文件保存在默认的文件夹下，新模板会出现在新建演示文稿窗口的"个人"模板中。如果改变了模板文件的保存位置，可以通过"文件"选项卡中的"打开"命令打开。

下面介绍一个创建用户自定义模板的例子。

（1）准备好两张图片：一张用于标题幻灯片版式母版，如图 3-56 所示；一张用于幻灯片母版，如图 3-57 所示。打开 PowerPoint 并新建一个空白的演示文稿文档，单击"设计"选项卡"自定义"组中的"幻灯片大小"下拉按钮，将幻灯片大小设为"标准 (4:3)"。

（2）单击"视图"选项卡"母版视图"组中的"幻灯片母版"按钮，进入幻灯片母版视图。在幻灯片缩略图窗格中，右击第一张较大的幻灯片母版，在弹出的快捷菜单中选择"设置背景格式"命令，在"设置背景格式"任务窗格中选择"图片或纹理填充"，单击"插入"按钮，选择用于幻灯片母版的图片作为背景，如图 3-58 所示。

图 3-56　用于标题幻灯片版式母版的图片

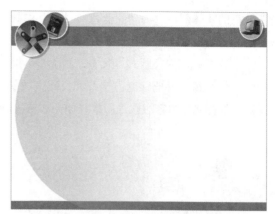

图 3-57　用于幻灯片母版的图片

图 3-58　设置了统一背景的幻灯片母版

（3）选中标题幻灯片版式母版（幻灯片母版下的第一张），在"设置背景格式"任务窗格中选择"图片或纹理填充"，单击"插入"按钮，选择用于标题幻灯片版式母版的图片作为背景，如图 3-59 所示。

图 3-59　设置了单独背景的标题幻灯片版式母版

（4）单击"幻灯片母版"选项卡"背景"组中的"字体"下拉按钮，选择一种自己喜欢的主题字体。

（5）在标题幻灯片版式母版中调整占位符的大小和位置，在"开始"选项卡的"字体"组中，把标题占位符的字体颜色设为"深蓝色"，把副标题占位符的字体颜色设为"白色"。在"幻灯片母版"选项卡中的"母版版式"组中，取消选择"页脚"复选框。设置好后的标题幻灯片版式母版效果如图 3-60 所示。

（6）在标题和内容版式母版中，删除日期区和页脚区，调整占位符的大小和位置，在"开始"选项卡的"字体"组中，把标题占位符和页码区的颜色设为"白色"，把正文占位符的颜色设为"深蓝色"。设置好后的标题和内容版式母版效果如图 3-61 所示。

图 3-60　设置好的标题幻灯片版式母版

图 3-61　设置好的标题和内容版式母版

（7）根据需要对其他版式的母版进行类似的设置。

（8）单击"幻灯片母版"选项卡"关闭"组中的"关闭母版视图"按钮，选择"文件"选项卡中的"另存为"命令，保存位置选择"这台电脑"→"自定义 Office 模板"，弹出"另存为"对话框，在"保存类型"下拉列表中选择"PowerPoint 模版 (*.potx)"，在"文件名"下拉列表框中输入一个便于记忆的名字，单击"保存"按钮。

至此，一个用户自定义模板就创建好了，新模板会出现在新建演示文稿窗口的"个人"模板中供用户使用。

3.5　动　画

制作演示文稿是为了有效地沟通，设计精美、赏心悦目的演示文稿，更能有效地表达精彩的内容。通过排版、配色、插图等手段来进行演示文稿的装饰美化可以起到立竿见影的效果，而搭配上合适的动画可以有效增强演示文稿的动感与美感，为 PowerPoint 的设计锦上添花。但动画的应用也不能太多，动画效果要符合演示文稿整体的风格和基调，不显突兀又恰到好处，否则容易分散受众的注意力。

3.5.1　动画效果

若要对文本或对象添加动画，一般的操作步骤如下：

（1）在幻灯片中选中要设置动画的对象，在图 3-62 所示的"动画"选项卡的"动画"组中，从动画库中选择一个动画效果。

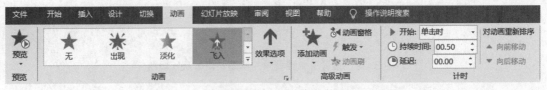

图 3-62　"动画"选项卡

（2）若要更改文本或对象的动画方式，可以单击"动画"组中的"效果选项"下拉按钮，再选择合适的效果。

（3）若要对同一个文本或对象添加多个动画，可以单击"高级动画"组中的"添加动画"下拉按钮，再选择需要的动画效果。

（4）若要指定效果计时，可以使用"动画"选项卡中的"计时"组中的命令。

1. 动画类型

在 PowerPoint 的动画库中，共有 4 种类型的动画，分别是进入、强调、退出和动作路径。

（1）进入：用于设置对象进入幻灯片时的动画效果。常见的进入效果如图 3-63 所示。

（2）强调：用于强调已经在幻灯片上的对象而设置的动画效果。常见的强调效果如图 3-64 所示。

图 3-63　进入动画效果

图 3-64　强调动画效果

（3）退出：用于设置对象离开幻灯片时的动画效果。常见的退出效果如图 3-65 所示。

（4）动作路径：用于设置按照一定路线运动的动画效果。常见的动作路径效果如图 3-66 所示。

图 3-65　退出动画效果

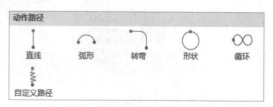

图 3-66　动作路径动画效果

2. 为动画添加声音效果

在幻灯片设计中，一般要尽量少用动画和声音，避免喧宾夺主。但在有的场合，适当的动画配上声音也会取得不错的效果。要对动画添加声音效果，具体操作步骤如下：

（1）单击"动画"选项卡"高级动画"组中的"动画窗格"按钮，打开"动画窗格"任务窗格，显示应用到幻灯片中文本或对象的动画效果的顺序、类型和持续时间。

（2）单击要添加声音的动画效果右边的下拉按钮，选择"效果选项"命令，如图 3-67 所示，打开相应的对话框。

（3）在图 3-68 所示的"效果"选项卡的"声音"下拉列表框中，选择合适的声音效果，单击"确定"按钮，幻灯片将播放加入了声音的动画预览。

3. 对动画重新排序

在图 3-69 所示的幻灯片上有多个动画效果，在每个动画对象上显示了一个数字，表示对象的动画播放顺序。可以根据需要对动画进行重新排序，具体操作可以使用以下两种方法之一：

（1）选中某个动画对象，单击"动画"选项卡"计时"组中"对动画重新排序"下的"向前移动"按钮或"向后移动"按钮。

（2）在"动画窗格"任务窗格中，可以通过向上或向下拖动列表中的动画对象来更改顺序，也可以单击"上移"或"下移"按钮进行设置。

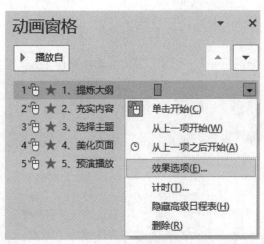

图 3-67　动画窗格

图 3-68　"效果"选项卡

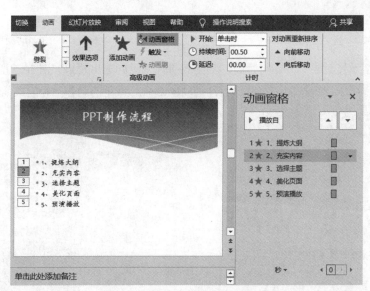

图 3-69　含有多个动画的幻灯片

4. 动画刷

在演示文稿制作过程中，总会有很多对象需要设置相同的动画，实际操作中用户不得不大量重复相同的动画设置。PowerPoint 提供了一个类似格式刷的工具，叫做动画刷。利用动画刷可以轻松、快速地复制动画效果，方便了对多个对象设置相同的动画效果。

动画刷的用法和格式刷类似，选择已经设置了动画效果的某个对象，单击"动画"选项卡"高级动画"组中的"动画刷"按钮，然后单击想要应用相同动画效果的某个对象，两者动画效果即完全相同。

单击"动画刷"只能复制一次动画效果，若想要多次应用"动画刷"，可以双击"动画刷"按钮。再次单击"动画刷"按钮或者按【Esc】键可取消动画刷的选择。

3.5.2　动画实例

1. 滚动字幕

在 PowerPoint 中制作一个从右向左循环滚动的字幕的具体步骤如下：

（1）在幻灯片中插入一个文本框，在文本框中输入文字，如"滚动的字幕"，设置好字体、格式等。把文本框对象拖到幻灯片的最左边，并使得最后一个字刚好拖出。

（2）在"动画"选项卡中，进入动画效果选择"飞入"，效果选项选择"自右侧"，"开始"选择"上一动画之后"，持续时间设为 10.00。

（3）单击"动画"选项卡中的"高级动画"组中的"动画窗格"按钮，在打开的"动画窗格"任务窗格中单击文本框动画效果右边的下拉按钮，选择"效果选项"，如图 3-70 所示。

（4）在"计时"选项卡中把"重复"设为"直到下一次单击"，如图 3-71 所示，单击"确定"按钮，一个从右向左循环滚动的字幕就完成了。

视频3-6
滚动字幕

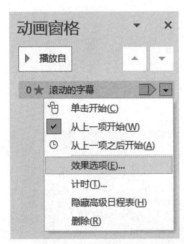

图 3-70　"动画窗格"任务窗格

图 3-71　"计时"选项卡

2. 动态图表

视频3-7
动态图表

在幻灯片中要把表 3-1 所示的销售额比较表的数据以动态三维簇状柱形图的方式呈现，具体操作步骤如下：

表 3-1　销售额比较表

姓名	张三	李四	王五
第一季度	20.4	30.6	45.9
第二季度	27.4	38.6	46.9
第三季度	30	34.6	45
第四季度	20.4	31.6	43.9

（1）单击"插入"选项卡"插图"组中的"图表"按钮，打开"插入图表"对话框，选择"三维簇状柱形图"，如图 3-72 所示，单击"确定"按钮。

（2）把表 3-1 的数据输入相应的工作表中，退出数据编辑状态，生成三维簇状柱形图。

（3）在"动画"选项卡中，进入动画效果选择"擦除"，效果选项选择"自底部"和"按系列中的元素"，"开始"选择"上一动画之后"。

至此，一个动态的图表设置就完成了，各数据柱形将以自底部擦除的形式逐步显现，效果如图 3-73 所示。

在图 3-74 所示的"动画窗格"任务窗格中可以看到各个动画对象，如果想要三维簇状柱形图的背景不使用动画效果，只要删除背景的动画效果即可。也可以根据需要对各个对象设置不同的动画效果。

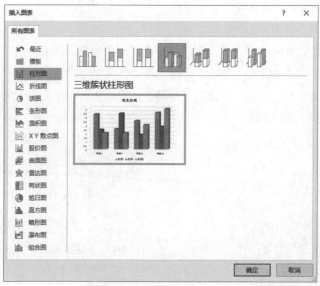

图 3-72 "插入图表"对话框

图 3-74 "动画窗格"任务窗格

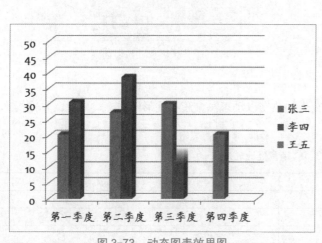

图 3-73 动态图表效果图

●扫一扫

视频3-8
触发器应用

3. 跳动的小球

要实现单击"开始跳动"按钮即可让小球跳动的效果，具体操作步骤如下：

（1）在一张空白幻灯片中，单击"插入"选项卡"插图"组中的"形状"下拉按钮，在形状下拉列表中选择"动作按钮：空白"，在幻灯片右下角拉出一个动作按钮，弹出"操作设置"对话框，设置"无动作"。右击该动作按钮，从弹出的快捷菜单中选择"编辑文字"命令，输入"开始跳动"，按钮制作完成。

（2）单击"插入"选项卡"插图"组中的"形状"下拉按钮，在形状下拉列表中选择"椭圆"，按住【Shift】键，绘制出圆形小球。

（3）选中小球对象，单击"动画"选项卡"动画"组中的"其他"按钮，在动作路径中选择"自定义路线"，效果选项选择"曲线"，绘制出小球的运动路线，如图 3-75 所示。

（4）单击"动画"选项卡"高级动画"组中的"触发"下拉按钮，选择"单击"→"动作按钮：空白 1"。

至此，跳动的小球动画制作完成，播放的时候单击"开始跳动"按钮可以触发小球的动画。如果想要对该动画进行进一步设置，如要求小球重复跳动 3 次，可以在"动画窗格"任务窗格中单击椭圆动画效果右边的下拉按钮，选择"效果选项"命令，弹出图 3-76 所示的对话框，在"计时"选项卡中把重复次数设为"3"。

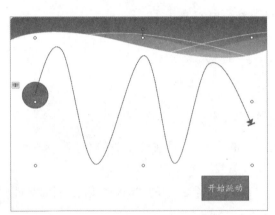

图 3-75　小球的运动路线

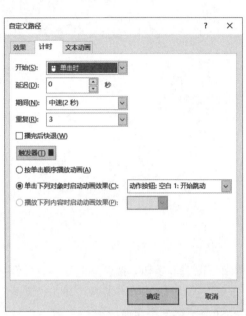

图 3-76　"计时"选项卡

4. 选择题制作

在图 3-77 所示的幻灯片中，插入了 3 个文本框对象，内容分别是选择题的题目、选项 A 和选项 B，另外还插入了 2 个声音文件，分别用于回答正确和回答错误的声音提示。要实现单击选项 A 时出现回答正确的声音提示，单击选项 B 时出现回答错误的声音提示，具体操作步骤如下：

（1）单击"开始"选项卡"编辑"组中的"选择"下拉按钮，在下拉列表中选择"选择窗格"命令，在打开的"选择"任务窗格中，分别给相应的对象命名为"题目"、"选项 A"、"选项 B"、"回答正确提示声音"和"回答错误提示声音"，如图 3-78 所示。

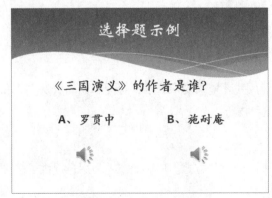

图 3-77　"选择题示例"幻灯片

图 3-78　"选择"任务窗格

（2）选中"回答正确提示声音"对象,在"动画"选项卡的"动画"组中选择"播放",在"高级动画"组中单击"触发"按钮,选择"单击"→"选项A",如图3-79所示。

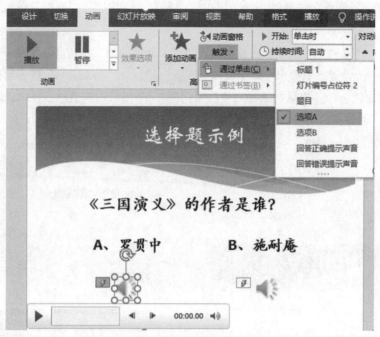

图 3-79　触发器设置

（3）选中"回答错误提示声音"对象,在"动画"选项卡的"动画"组中选择"播放",在"高级动画"组中单击"触发"按钮,选择"单击"→"选项B"。

至此,选择题动画制作完成。单击"动画"选项卡"高级动画"组中的"动画窗格"按钮,可以看到图3-80所示的动画序列。

图 3-80　触发器动画序列

3.6　演示文稿的放映与输出

一个演示文稿创建后,可以根据演示文稿的用途、放映环境或受众需求,选择不同的放映方式和输出形式。本节将介绍演示文稿的放映和输出方面的知识和技巧。

3.6.1　演示文稿的放映

在不同的场合和不同的需求下,演示文稿需要有不同的放映方式。PowerPoint 为用户提供了多种幻灯片放映方式。

1. 幻灯片切换

幻灯片切换效果是指在幻灯片放映过程中，当一张幻灯片转到下一张幻灯片上时所出现的特殊效果。为演示文稿中的幻灯片增加切换效果后，可以使得演示文稿放映过程中的幻灯片之间的过渡衔接更加自然、流畅。

PowerPoint 提供了很多幻灯片切换效果。选中一个或多个要添加切换效果的幻灯片，在图 3-81 所示的"切换"选项卡中进行以下设置：

（1）选择合适的切换方式及切换效果。

（2）设置幻灯片的切换速度和声音。

（3）在"计时"组中的"换片方式"区域，可选择幻灯片的换页方式。

（4）如果要将幻灯片切换效果应用到所有幻灯片上，则单击"应用到全部"按钮。

图 3-81　"切换"选项卡

2. 放映方式

单击"幻灯片放映"选项卡"设置"组中的"设置幻灯片放映"按钮，弹出"设置放映方式"对话框，如图 3-82 所示。

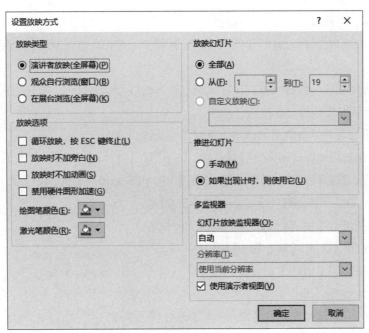

图 3-82　"设置放映方式"对话框

在"设置放映方式"对话框中，可以进行以下设置：

（1）设置幻灯片的放映类型。

①演讲者放映：此方式是最为常用的一种放映方式。在放映过程中幻灯片全屏显示，演讲者自动控制放映全过程，可采用自动或人工方式控制幻灯片，还可以暂停幻灯片放映、添加记录、录制旁白等。

②观众自行浏览：此放映方式适用于小规模的演示，幻灯片显示在小窗口内。该窗口提供相应的操作命令，允许移动、复制、编辑和打印幻灯片。通过该窗口上的滚动条，可以从一张幻灯片移到另一张

幻灯片，同时打开其他程序。

③ 在展台浏览：这种方式一般适用于大型放映，如在展览会场等，此方式自动放映演示文稿，不需专人管理便可达到交流的目的。用此方式放映前，要事先设置好放映参数，以确保顺利进行。放映时可自动循环放映，鼠标不起作用，按【Esc】键终止放映。

（2）设置幻灯片的放映选项。

① 如果选择"循环放映，按 ESC 键终止"复选框，则循环放映演示文稿。当放映完最后一张幻灯片后，再次切换到第一张幻灯片继续进行放映，若要退出放映，可按【Esc】键。如果选择"在展台浏览（全屏幕）"单选按钮，则自动选中该复选框。

② 如果选择"放映时不加旁白"复选框，则在放映幻灯片时，将隐藏伴随幻灯片的旁白，但并不删除旁白。

③ 如果选择"放映时不加动画"复选框，则在放映幻灯片时，将隐藏幻灯片上的对象的动画效果，但并不删除动画效果。

（3）设置幻灯片的放映范围。

在"放映幻灯片"栏中，如果选择"全部"单选按钮，则放映整个演示文稿。如果选择"从"单选按钮，则可以在"从"数值框中，指定放映的开始幻灯片编号，在"到"数值框中，指定放映的最后一张幻灯片编号。

如果要进行自定义放映，则可以选择"自定义放映"单选按钮，然后在下拉列表框中选择自定义放映的名称。

（4）设置幻灯片的换片方式。

需要手动放映时，可选择"手动"单选按钮。

需要自动放映时，可在进行过计时排练的基础上选择"如果存在排练时间，则使用它"单选按钮。

3. 手动放映

手动放映是最为常用的一种放映方式。在放映过程中幻灯片全屏显示，采用人工的方式控制幻灯片。下面是手动放映时经常要用到的一些技巧。

（1）在幻灯片放映时的一些常用鼠标操作及键盘快捷键。

① 切换到下一张幻灯片可以用：单击鼠标左键、【→】键、【↓】键、【Space】键、【Enter】键、【N】键。

② 切换到上一张幻灯片可以用：【←】键、【↑】键、【Backspace】键、【P】键。

③ 到达第一张 / 最后一张幻灯片：【Home】键 /【End】键。

④ 直接跳转到某张幻灯片：输入数字并按【Enter】键。

⑤ 演示休息时白屏 / 黑屏：【W】键 /【B】键。

⑥ 使用绘图笔指针：【Ctrl+P】组合键。

⑦ 清除屏幕上的图画：【E】键。

⑧ 调出 PowerPoint 放映帮助信息：【Shift+？】组合键。

（2）绘图笔的使用。

在幻灯片播放过程中，有时需要对幻灯片画线注解，可以利用绘图笔来实现，具体操作如下：

在播放幻灯片时右击，在弹出的快捷菜单中选择"指针选项"→"笔"命令，如图 3-83 所示，就能在幻灯片上画图或写字了。要擦除屏幕上的痕迹，按【E】键即可。

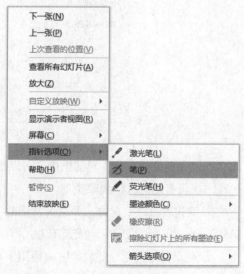

图 3-83　绘图笔

（3）隐藏幻灯片。

如果演示文稿中有某些幻灯片不必放映，但又不想删除它们，以备后用，可以隐藏这些幻灯片，具体操作步骤如下：

选中目标幻灯片，单击"幻灯片放映"选项卡中的"设置"组中的"隐藏幻灯片"按钮即可。

幻灯片被隐藏后，在放映幻灯片时就不会被放映了。想要取消隐藏，再次单击"隐藏幻灯片"按钮即可。

4. 自动放映

自动放映一般用于展台浏览等场合，此放映方式自动放映演示文稿，不需要人工控制，大多数采用自动循环放映。自动放映也可以用于演讲场合，随着幻灯片的放映，同时讲解幻灯片中的内容。这种情况下，必须设置排练计时，在排练放映时自动记录每张幻灯片的使用时间。

排练计时的设置方法如下：

单击"幻灯片放映"选项卡中的"设置"组中的"排练计时"按钮，此时开始排练放映幻灯片，同时开始计时。在屏幕上除显示幻灯片外，还有一个"录制"对话框，如图 3-84 所示，在该对话框中显示有时钟，记录当前幻灯片的放映时间。当幻灯片放映时间到，准备放映下一张幻灯片时，单击带有箭头的换页按钮，即开始记录下一张幻灯片的放映时间。如果认为该时间不合适，可以单击"重复"按钮，对当前幻灯片重新计时。放映到最后一张幻灯片时，屏幕上会显示一个确认的消息框，如图 3-85 所示，询问是否接受已确定的排练时间。

幻灯片的放映时间设置好以后，就可以按设置的时间进行自动放映。

图 3-84 "录制"对话框

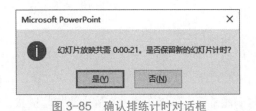

图 3-85 确认排练计时对话框

5. 自定义放映

自定义放映可以称作演示文稿中的演示文稿，可以对现有演示文稿中的幻灯片进行分组，以便给特定的受众放映演示文稿的特定部分。

创建自定义放映的操作步骤如下：

（1）单击"幻灯片放映"选项卡"开始放映幻灯片"组中的"自定义幻灯片放映"下拉按钮，在下拉列表中选择"自定义放映"命令，弹出"自定义放映"对话框，如图 3-86 所示。

图 3-86 "自定义放映"对话框

（2）单击"新建"按钮，弹出"定义自定义放映"对话框，如图 3-87 所示。在该对话框的左边列出了演示文稿中的所有幻灯片的标题或序号。

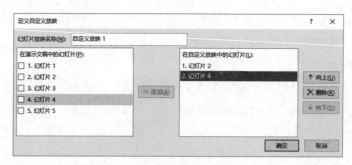

图 3-87 "定义自定义放映"对话框

（3）选择要添加到自定义放映的幻灯片后，单击"添加"按钮，这时选定的幻灯片就出现在右边列表框中。当右边列表框中出现多个幻灯片标题时，可通过右侧的上、下箭头调整播放顺序。

（4）如果右边列表框中有不想要的幻灯片，选中幻灯片后，单击"删除"按钮就可以从自定义放映幻灯片中删除，但它仍然在演示文稿中。选取幻灯片并调整完毕后，在"幻灯片放映名称"文本框中输入名称，单击"确定"按钮，回到"自定义放映"对话框。

（5）在"自定义放映"对话框中，选择相应的自定义放映名称，单击"放映"按钮就可以实现自定义的放映了。

（6）如果要添加或删除自定义放映中的幻灯片，单击"编辑"按钮，重新进入"定义自定义放映"对话框，利用"添加"或"删除"按钮进行调整。如果要删除整个自定义幻灯片放映，可以在"自定义放映"对话框中选择要删除的自定义放映名称，然后单击"删除"按钮，则自定义放映被删除，但原来的演示文稿仍存在。

6. 交互式放映

放映幻灯片时，默认顺序是按照幻灯片的次序进行播放。可以通过设置超链接和动作按钮来改变幻灯片的播放次序，从而提高演示文稿的交互性，实现交互式放映。

（1）超链接。可以在演示文稿中添加超链接，然后利用它跳转到不同的位置。例如，跳转到演示文稿的某一张幻灯片、其他文件、Internet 上的 Web 页等。

关于超链接的具体操作步骤如下：

① 选择要创建超链接的对象，可以是文本或者图片。

② 单击"插入"选项卡"链接"组中的"添加超链接"按钮，弹出"插入超链接"对话框，如图 3-88 所示。根据需要，用户可以在此建立以下几种超链接。

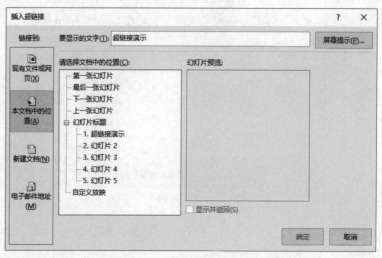

图 3-88 "插入超链接"对话框

- 链接到其他演示文稿、文件或 Web 页。
- 本文档中的其他位置。
- 新建文档。
- 电子邮件地址。

③ 超链接创建好之后，在该超链接上右击，可以根据需要进行编辑超链接或者取消超链接等操作。

（2）动作按钮。动作按钮是一种现成的按钮，可将其插入到演示文稿中，也可以为其定义超链接。动作按钮包含形状（如右箭头和左箭头）及通常被理解为用于转到下一张、上一张、第一张、最后一张幻灯片和用于播放影片或声音的符号。动作按钮通常用于自运行演示文稿，如在人流密集区域的触摸屏上自动、连续播放的演示文稿。

插入动作按钮的操作步骤如下：

单击"插入"选项卡"插图"组中的"形状"下拉按钮，在形状下拉列表中的"动作按钮"区域选择需要的动作按钮，在幻灯片的合适位置拖出大小合适的动作按钮，然后在弹出的图 3-89 所示的"操作设置"对话框中进行相应的设置。

图 3-89　"操作设置"对话框

3.6.2　演示文稿的输出

演示文稿制作完成以后，PowerPoint 提供了多种输出方式，可以将演示文稿打包成 CD、转换为视频等。

1. 将演示文稿打包成 CD

为了便于在未安装 PowerPoint 的计算机上播放演示文稿，需要把演示文稿打包输出，包括所有链接的文档和多媒体文件，以及 PowerPoint 播放程序。PowerPoint 提供了把演示文稿打包成 CD 的功能，可打包演示文稿、链接文件和播放支持文件等，并能从 CD 自动运行演示文稿。

具体操作步骤如下：

（1）打开要打包的演示文稿，将空白的可写入 CD 插入到刻录机的 CD 驱动器中。

（2）选择"文件"选项卡下的"导出"命令，单击"将演示文稿打包成 CD"下的"打包成 CD"按钮，弹出图 3-90 所示的"打包成 CD"对话框。

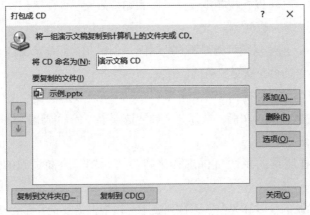

图 3-90　"打包成 CD"对话框

（3）在"将 CD 命名为"文本框中输入 CD 名称。

（4）若要添加其他演示文稿或其他不能自动包括的文件，可以单击"添加"按钮。默认情况下，演示文稿被设置为按照"要复制的文件"列表中排列的顺序进行自动运行，若要更改播放顺序，可选择一个演示文稿，然后单击向上按钮或向下按钮，将其移动到列表中的新位置。若要删除演示文稿，选中后单击"删除"按钮。

（5）若要更改默认设置，可以单击"选项"按钮，弹出图 3-91 所示的"选项"对话框，然后执行下列操作之一：若要包含链接的文件，可以选择"链接的文件"复选框；若要包括 TrueType 字体，可以选择"嵌入的 TrueType 字体"复选框；若在打开或编辑打包的演示文稿时需要密码，可以在"增强安全性和隐私保护"栏下设置要使用的密码。

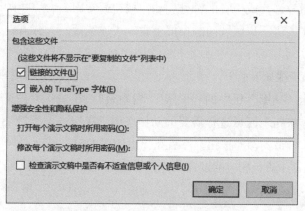

图 3-91 "选项"对话框

（6）在"打包成 CD"对话框中，单击"复制到 CD"按钮。

（7）如果计算机上没有安装刻录机，可使用以下方法将一个或多个演示文稿打包到计算机或某个网络位置上的文件夹中，而不是在 CD 上。在"打包成 CD"对话框中，单击"复制到文件夹"按钮，弹出"复制到文件夹"对话框，然后提供相应的文件夹信息，单击"确定"按钮即可。

2. 将演示文稿转换为视频

在 PowerPoint 中，可以把演示文稿保存为 MPEG-4 视频 (.mp4) 文件或者 Windows Media 视频 (.wmv) 文件，这样可以确保演示文稿中的动画、旁白和多媒体内容顺畅播放，即使观看者的计算机没有安装 PowerPoint，也能观看。

在将演示文稿录制为视频时，可以在视频中录制语音旁白和激光笔运动轨迹，也可以控制多媒体文件的大小以及视频的质量，还可以在视频中包括动画和切换效果。即使演示文稿中包含嵌入的视频，该视频也可以正常播放，而无须加以控制。

根据演示文稿的内容，创建视频可能需要一些时间。创建冗长的演示文稿和具有动画、切换效果和多媒体内容的演示文稿，可能会花费更长时间。

将演示文稿转换为视频的具体操作步骤如下：

（1）打开欲转换为视频的演示文稿，选择"文件"选项卡中的"导出"命令，再选择"创建视频"，如图 3-92 所示。

（2）创建视频有 4 种质量的视频可供选择：超高清 (4K)、全高清 (1080P)、高清 (720P)、标准 (480P)。

（3）在"不要使用录制的计时和旁白"下拉列表中可以根据需要选择是否使用录制的计时和旁白。

（4）每张幻灯片的放映时间默认设置为 5 s，可以根据需要调整。

（5）单击"创建视频"按钮，弹出"另存为"对话框，设置好文件名和保存位置，然后单击"保存"按钮。创建视频可能会需要几个小时，具体取决于视频长度和演示文稿的复杂程度。

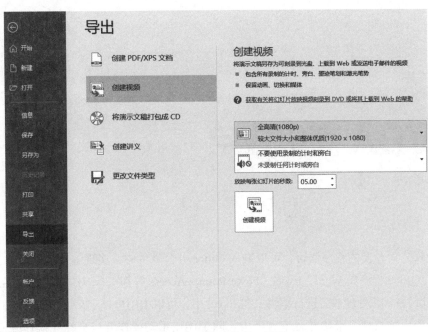

图 3-92　"创建视频"界面

第4章
宏与VBA高级应用

VBA是微软公司开发的程序语言,可以嵌入Office办公软件中,实现一些自定义的功能来完成办公自动化工作。Office程序如Word、Excel、PowerPoint、Access等都支持VBA。例如,在Word中,可以加入文字、进行格式化处理或者进行编辑;在Excel中,可以由用户自定义过程嵌入到工作簿。

VBA使操作更加快捷、准确并且节省人力。除了能使手动操作变成自动化操作外,VBA还提供了交互界面——消息框、输入框和用户窗体。这些图形界面用来制作窗体和自定义对话框。VBA可以在软件中生成用户自己的应用程序。例如,可以在Word中自定义一个程序使得其中的文字转换到PowerPoint中。

本章主要介绍宏录制和VBA简单的入门基础和实例,以宏录制功能作为学习编程的起点。

4.1 宏的录制与运行

宏是一连串可以重复使用的操作步骤,可以使用一个命令反复运行宏。例如,可以在Word中录制一个宏,能够自动对文档进行格式处理,用户可以在打开文档时手动或自动运行该宏。

4.1.1 宏基础

宏是一种子过程,有时候也称子程序。宏有时候被看作录制的代码,而不是写入的代码。本章采用宽泛的定义,将写入的代码也看作宏。

在支持录制宏的软件(Word和Excel)中,有两种方法生成宏:

(1)打开宏录制器,然后进行用户所需的一系列操作,直到关闭录制器。

(2)打开Visual Basic编辑器,在相应的代码窗口中编写VBA代码。

可以用宏录制器录制一些基本操作,然后打开录制的宏把不必要的代码删除。在对宏进行编辑时,还可以加入其他用户所需的代码、控件和用户界面等,这样宏可以实现人机交互功能。

4.1.2 录制宏

打开宏录制器,选择某个使用宏的方法(按钮或组合键),然后操作预先设计的一系列步骤,操作结束后,关闭宏录制器。在用软件进行操作时,宏录制器将操作命令以VBA编程语言的形式录制下来。

1. 计划宏

在录制宏之前,首先要明确宏应该完成的操作。一般情况下,首先要设计好宏步骤,然后将操作命令录制下来。

2. 打开宏录制器

单击"文件"选项卡中的"选项",弹出"Word 选项"对话框。切换到"自定义功能区"选项卡,选择右侧列表框中的"开发工具"复选框,单击"确定"按钮,功能区中即可显示"开发工具"选项卡,其中包含了"代码"组和宏命令,如图 4-1 所示。

打开宏录制器的步骤是:单击"开发工具"选项卡"代码"组中的"录制宏"按钮,弹出"录制宏"对话框,如图 4-2 所示。在对话框中,给出了默认的宏名(如宏 1、宏 2 等)及相关说明,用户可以默认接受它们或者更改它们。

图 4-1　Word 中的"代码"组　　　　图 4-2　"录制宏"对话框

一般情况下,必须指明宏存放的位置和宏的使用方式。如图 4-2 所示,一种方式是将宏指定到"按钮",第二种方式是将宏指定到"键盘"。前者的宏使用方式为按钮方式,后者的宏使用方式为组合键方式。在"将宏指定到"栏中选择"按钮"时,可以将按钮存放在快速访问工具栏上,也可以将按钮存放在自定义选项卡内。

3. 设定宏的运行方式

在完成宏的命名、给出宏说明并选择存放宏的位置后,Word 和 Excel 还要求用户指定宏的运行方式:组合键方式或按钮方式,本书简单介绍这两种方式。

在设定宏的运行方式时,无论在 Word 还是 Excel 中都需要按下面的方法来操作。

(1)指定在 Word 中的运行方式。

① 在"录制宏"对话框中,在"将宏指定到"栏中选择"按钮",弹出"Word 选项"对话框。

② 在"Word 选项"对话框中,可以看到左侧默认选中"快速访问工具栏"选项卡,中间的"从下列位置选择命令"下拉列表框中默认选中了"宏",如图 4-3 所示。

③ 在"自定义快速访问工具栏"下拉列表框中可将宏用于默认的所有文档。当选中"Normal. NewMacros. 宏 1",单击"添加"按钮,则将"Normal.NewMacros. 宏 1"按钮存放在快速访问工具栏上。

④ 如果将宏按钮设定到选项卡内,则必须将宏指定在自定义的选项卡内。在"Word 选项"对话框中切换到"自定义功能区"选项卡,然后从"从下列位置选择命令"下拉列表框中选择"宏",则出现图 4-4 的"Word 选项"对话框。在右边的"自定义功能区"下拉列表框中可选择"主选项卡",单击"新建选项卡"按钮,然后选中新生成的"新建组(自定义)",选择"Normal.NewMacros. 宏 1",单击"添加"按钮,则出现图 4-5 所示的状态,可以分别对选项卡名、新建的组名和录制的宏名进行重命名。

⑤ 在图 4-5 中,选中"新建组(自定义)"下的"Normal.NewMacros. 宏 1",单击"重命名"按钮,将其改为"GGS",然后单击"确定"按钮,再单击"Word 选项"对话框的"确定"按钮,此时,在功

能区可以看到新建的选项卡，在该选项卡内，可以看到新建的组和宏的按钮。

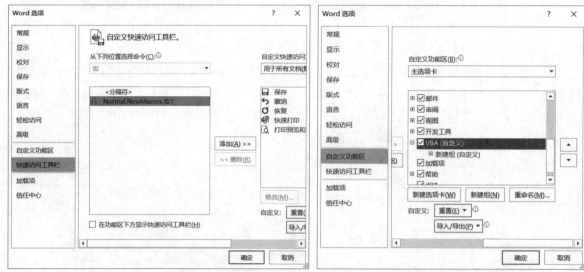

图 4-3　指定宏的运行方式　　　　　　　　　　图 4-4　新建选项卡和新建组

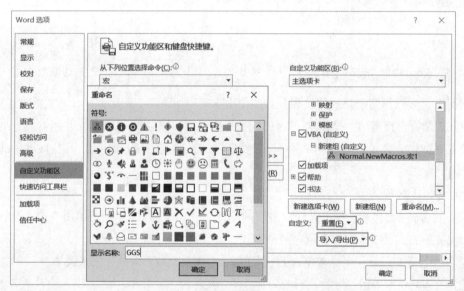

图 4-5　更改"宏 1"的名称

将宏指定到组合键的方法可以在"录制宏"对话框中完成。在"将宏指定到"栏中选择"键盘"按钮，弹出"自定义键盘"对话框，如图 4-6 所示。单击"请按新快捷键"文本框内的插入点，再按想要输入的快捷键，如【Ctrl+Q】等。单击"指定"按钮，以便将组合键指定给宏。

（2）指定在 Excel 中宏的运行方式。

在 Excel 中录制宏只是需要指定一个【Ctrl】快捷键来运行它。如果想增加宏命令按钮到选项卡，则必须在录制宏完成之后进行添加新建选项卡等工作，类似于图 4-5 的操作。

指定【Ctrl】快捷键来运行所录制的宏的操作步骤如下：

① 在"请按新快捷键"文本框中输入新字母作为快捷键字母。如果希望快捷键中有【Shift】键，则按【Shift】键的同时，输入该字母。

② 在"将宏保存在"下拉列表框中，指明让宏录制器把宏保存在什么位置。可以选择如下几种：

· 当前工作簿：将宏保存在活动工作簿内。

- 个人宏工作簿：把宏和其他自定义内容保存在"个人宏工作簿"里，就能够使这些宏为所有过程使用，类似于 Word 中的 Normal.dotm。

③ 单击"确定"按钮，以启动宏录制器。当所有操作完成后，单击"开发工具"选项卡中的"代码"组中的"停止录制"按钮，类似于 Word 中的操作，如图 4-7 所示。

图 4-6 "自定义键盘"对话框

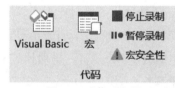

图 4-7 "代码"组

4.1.3 运行宏

运行已录制的宏，可以使用下面的任何一种方法：

（1）如果录制的宏指定了运行方式，则可按照指定的方式运行。

（2）如果未指定控件，选择"视图"选项卡"宏"组中的"宏"按钮，弹出"宏"对话框。在对话框中选择某个宏，单击"运行"按钮。

4.1.4 Word 宏

在录制宏之前，首先设计一个宏以便完成以下一些操作：设置字体、字号、颜色和段落首行缩进 2 字符。具体操作步骤如下：

（1）打开一个 Word 文档，单击"开发工具"选项卡"代码"组中的"录制宏"按钮，弹出"录制宏"对话框，如图 4-2 所示。

（2）在对话框中输入宏名"GGS"，然后在"将宏指定到"栏中选择"按钮"，将建立的宏指定在选项卡上运行，具体设置见图 4-4。

（3）单击对话框右下角的"确定"按钮。

（4）开始录制操作步骤：按【Ctrl+A】组合键全选文章，单击"开始"选项卡"字体"组右下角的对话框启动器按钮，弹出"字体"对话框，设置字体为"楷体"，大小为"四号"，颜色为"红色"；单击"确定"按钮；单击"段落"组右下角的对话框启动器按钮，弹出"段落"对话框，在"特殊格式"下拉列表框中选择"首行缩进"，磅值为 2 字符，单击"确定"按钮。

（5）单击"开发工具"选项卡"代码"组中的"停止录制"按钮。

至此，一个宏名为 GGS 的宏录制完成，并且指定了它的运行方式是按钮方式。

扫一扫 ●

视频4-1
Word中录
制宏

4.1.5 Excel 宏

1. 创建个人宏工作簿

在 Excel 中录制宏，一般需要一个个人宏工作簿。如果在创建宏之前，没有个人宏工作簿存在，则首先需要建立个人宏工作簿。

扫一扫

视频4-2
Excel中录
制宏

建立个人宏工作簿的步骤如下：

（1）单击"开发工具"选项卡"代码"组中的"录制宏"按钮，弹出"录制宏"对话框，如图 4-8 所示。

（2）在"保存在"下拉列表框中选择"个人宏工作簿"，单击"确定"按钮。

（3）单击"开发工具"选项卡"代码"组中的"停止录制"按钮。

（4）单击"视图"选项卡"窗口"组中的"取消隐藏"按钮，弹出"取消隐藏"对话框，选择"PERSONAL.XLSB"，单击"确定"按钮。

（5）单击"开发工具"选项卡"代码"组中的"宏"按钮，弹出"宏"对话框，选择刚才录制的宏，并单击"删除"按钮。

至此，个人宏工作簿可以供用户使用。

2. 在 Excel 中录制样本宏

在 Excel 中录制宏，首先也需要设计一组操作：新建一个工作簿，从 A1 单元格开始，在 A1~A7 单元格中依次输入星期一~星期日，字体颜色为"红色"，大小为"20"，字体为"华文行楷"，具体录制宏步骤如下：

（1）单击"开发工具"选项卡"代码"组中的"录制宏"按钮，弹出"录制宏"对话框，如图 4-8 所示。在"宏名"文本框中输入"Excel_GGS"，在"快捷键"文本框中输入快捷键"q"，在"保存在"下拉列表框中选择"个人宏工作簿"。

（2）单击"确定"按钮，退出"录制宏"对话框，自动启用录制宏功能。

（3）选中 A1 单元格，输入"星期一"，利用填充操作，向下填充到星期日，并将文字设置为"红色"，大小为"20"，字体为"华文行楷"，如图 4-9 所示。

图 4-8 "录制宏"对话框

图 4-9 录制的宏的操作结果

（4）单击快速访问工具栏中的"保存"按钮，将该文档命名为"Excel_GGS"，并保存在合适的位置。单击"停止录制"工具栏上的"停止录制"按钮，同时，也保存个人宏工作簿，最后全部关闭。

至此，宏录制完成，并且保存文档结束。接下来可运行该宏，看看有什么结果。

4.1.6 宏操作

在前面设置和录制宏的过程中，同时也指定好了运行方式。如果没有指定宏的运行方式，只是录制了某个宏，可以将现有的宏指定到选项卡中的按钮上。

1. 将宏指定到选项卡中的按钮

因为这种宏运行方式在 Word 环境中的设置步骤与在 Excel 环境中的设置步骤是一样的，所以这里仅介绍 Word 环境中的设置步骤和效果。

（1）单击"文件"选项卡中的"选项"按钮，弹出"Word 选项"对话框。选中左侧"自定义功能区"选项卡，然后在"从下列位置选择命令"下拉列表框中选择"宏"，在右边的"自定义功能区"下拉列表框中可选择"主选项卡"，分别单击"新建选项卡"和"新建组"按钮。然后，选中新生成的新建组（自定义），选择需要指定的宏（如"Normal.NewMacros.GGS"），单击中间的"添加"按钮。最后，将新建的选项卡名改为"VBA"，新建的组名改为"基本 VBA"，如图 4-10 所示。

（2）单击"确定"按钮，生成新建的选项卡和新建的组，如图 4-11 所示。

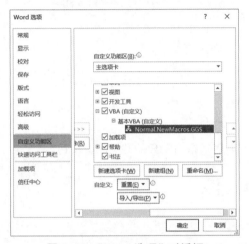

图 4-10 "Word 选项"对话框

图 4-11 新建选项卡和新建组效果

2. 将宏指定到组合键

（1）在 Word 中将存在的宏指定到组合键的步骤如下：

在 Word 中，单击"文件"选项卡中的"选项"按钮，弹出"Word 选项"对话框，选中左侧"自定义功能区"选项卡，在"从下列位置选择命令"下拉列表框中选择"宏"，然后单击"自定义"按钮，弹出"自定义键盘"对话框。在"类别"下拉列表框中选择"宏"，在"请按新快捷键"文本框中输入需要的快捷键，如图 4-12 所示，单击"指定"按钮。

（2）在 Excel 中将存在的宏指定到组合键的步骤如下：

① 单击"开发工具"选项卡"代码"组中的"宏"按钮，弹出"宏"对话框。如图 4-13 所示。在"宏"对话框中，选中相应的宏名（如果是默认宏，则有宏 1、宏 2 等），单击下方的"选项"按钮，弹出"宏选项"对话框，如图 4-14 所示。

图 4-12 "自定义键盘"对话框

② 在"宏选项"对话框中可以看到需要设置运行方式的宏的名字，同时可以设置运行宏的快捷键，单击"确定"按钮完成。

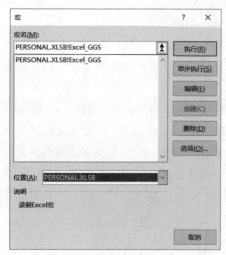

图 4-13 "宏"对话框　　　　　　　　　　图 4-14 "宏选项"对话框

3. 删除不需要的宏

（1）单击 Word 或者 Excel 环境中的"开发工具"选项卡"代码"组中的"宏"按钮，弹出"宏"对话框，如图 4-13 所示。也可以单击"视图"选项卡"宏"组中的"宏"按钮。

（2）在"宏名"列表框内选择需要删除的宏，单击"删除"按钮。

（3）在弹出的警告对话框内，单击"是"按钮，单击"宏"对话框右上角的"关闭"按钮。

4.2　宏　的　编　辑

在 Visual Basic 编辑器中针对宏进行操作主要有以下几个原因：

（1）为了改正已录制的宏过程中出现的错误或者确定出现的问题。

（2）为了向宏添加更多的代码，以使其操作有所不同，这是了解 VBA 的重要途径。

（3）为了用 Visual Basic 编辑器中编写宏的方式，而不是录制宏的方式来创建宏。可以根据实际情况，从头开始编写新宏，或是利用已有宏的部分成果来编写新宏。

4.2.1　宏的测试

如果从主应用程序运行一个宏遇到错误，那么可以在 Visual Basic 编辑器中打开这个宏，进行编辑修改，具体的步骤如下：

（1）在主应用程序中，打开"开发工具"选项卡，单击"代码"组中的"宏"按钮，以显示"宏"对话框，或者按【Alt+F8】组合键。

（2）对选中的宏，单击"编辑"按钮。Visual Basic 编辑器中将显示该宏的代码以便编辑。

（3）按【F5】功能键，或单击编辑器中"标准"工具栏中的"运行子过程/用户窗体"按钮，可运行该宏。

（4）如果宏出错和崩溃，VBA 会在屏幕上显示错误对话框，并在代码窗口中选出有错的语句，然后进行相应的修改。

1. 单步执行宏

单步执行宏就是一次执行一条命令，这样就能知道每条命令的操作效果，虽然这样做很麻烦，但是它能发现和确定问题所在。单步执行的步骤如下：

（1）单击"开发工具"选项卡"代码"组中的"宏"按钮，弹出"宏"对话框，选中需要修改的宏，单击"编辑"按钮。

（2）排列 Visual Basic 编辑器窗口和主应用程序的窗口，使二者均能看到。

（3）根据宏的需要，将插入点定位在应用程序窗口的一个合适位置上。例如，可能需要将插入点定位在一个特定的地方，或选择一个对象，以使宏能够适当运行。

（4）单击 Visual Basic 编辑器窗口，将插入点定位在需要运行的宏代码中间。

（5）按【F8】键，以便逐条命令地执行宏，每按一次【F8】键，VBA 代码就执行一行。当执行某行时，Visual Basic 编辑器使该行增亮。所以，用户可以在应用程序窗口中观察执行效果并发现问题。图 4-15 所示为单步执行录制在 Word 里的宏的例子。图 4-16 所示为设置断点的例子。

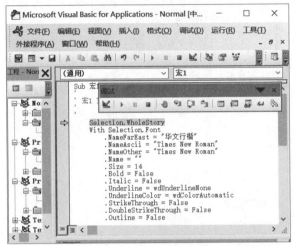

图 4-15 Word 中单步调试宏代码

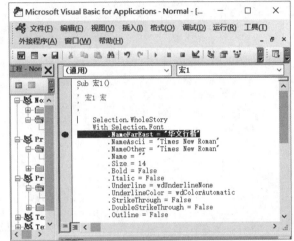

图 4-16 设置断点

2. 跳出宏

一旦已经发现和确定了宏里面的问题，用户可能不愿意再逐条地去执行剩下的代码了。如果只是想运行这个宏的余下部分，然后再返回到单步执行调用这个宏，就使用"跳出"命令。这个命令可以全速结束当前宏或过程的执行。但是，如果此后代码随另一个过程继续，那么 Visual Basic 编辑器便返回到中断模式，让用户能够考察这个过程的代码。

要执行"跳出"命令，可按【Ctrl+Shift+F8】组合键，或者单击"调试"工具栏中的"跳出"按钮，或者选择"调试"菜单中的"跳出"命令。

4.2.2 Word 宏的编辑

现在来编辑 Word 中录制的宏 GGS，并使用它来构建另外一个新的宏。

在 Visual Basic 编辑器中打开该宏，具体步骤如下：

（1）启动 Word 应用程序，按【Alt+F8】组合键，或者选择"开发工具"选项卡，单击"代码"组中的"宏"按钮，弹出"宏"对话框。

（2）选中 GGS 宏，单击"编辑"按钮。

程序清单 4-1：

```
1.  Sub GGS()
2.  '
3.  ' GGS 宏
4.  '
5.  '
6.      Selection.WholeStory
7.      With Selection.Font
8.          .NameFarEast = "楷体"
9.          .NameAscii = "Times New Roman"
```

```
10.              .NameOther = "Times New Roman"
11.              .Name = ""
12.              .Size = 14
13.              .Bold = False
14.              .Italic = False
15.              .Underline = wdUnderlineNone
16.              .UnderlineColor = wdColorAutomatic
17.              .StrikeThrough = False
18.              .DoubleStrikeThrough = False
19.              .Outline = False
20.              .Emboss = False
21.              .Shadow = False
22.              .Hidden = False
23.              .SmallCaps = False
24.              .AllCaps = False
25.              .Color = wdColorRed
26.              .Engrave = False
27.              .Superscript = False
28.              .Subscript = False
29.              .Spacing = 0
30.              .Scaling = 100
31.              .Position = 0
32.              .Kerning = 1
33.              .Animation = wdAnimationNone
34.              .DisableCharacterSpaceGrid = False
35.              .EmphasisMark = wdEmphasisMarkNone
36.              .Ligatures = wdLigaturesNone
37.              .NumberSpacing = wdNumberSpacingDefault
38.              .NumberForm = wdNumberFormDefault
39.              .StylisticSet = wdStylisticSetDefault
40.              .ContextualAlternates = 0
41.      End With
42.      With Selection.ParagraphFormat
43.              .LeftIndent = CentimetersToPoints(0)
44.              .RightIndent = CentimetersToPoints(0)
45.              .SpaceBefore = 0
46.              .SpaceBeforeAuto = False
47.              .SpaceAfter = 0
48.              .SpaceAfterAuto = False
49.              .LineSpacingRule = wdLineSpaceSingle
50.              .Alignment = wdAlignParagraphJustify
51.              .WidowControl = False
52.              .KeepWithNext = False
53.              .KeepTogether = False
54.              .PageBreakBefore = False
55.              .NoLineNumber = False
56.              .Hyphenation = True
57.              .FirstLineIndent = CentimetersToPoints(0.35)
58.              .OutlineLevel = wdOutlineLevelBodyText
59.              .CharacterUnitLeftIndent = 0
60.              .CharacterUnitRightIndent = 0
61.              .CharacterUnitFirstLineIndent = 2
62.              .LineUnitBefore = 0
63.              .LineUnitAfter = 0
64.              .MirrorIndents = False
65.              .TextboxTightWrap = wdTightNone
66.              .CollapsedByDefault = False
```

```
67.          .AutoAdjustRightIndent = True
68.          .DisableLineHeightGrid = False
69.          .FarEastLineBreakControl = True
70.          .WordWrap = True
71.          .HangingPunctuation = True
72.          .HalfWidthPunctuationOnTopOfLine = False
73.          .AddSpaceBetweenFarEastAndAlpha = True
74.          .AddSpaceBetweenFarEastAndDigit = True
75.          .BaseLineAlignment = wdBaselineAlignAuto
76.      End With
77. End Sub
```

在"代码"窗口中，能看到类似于程序清单 4-1 的代码，只是没有出现行号，行号是为了提高代码的讲解效率人为加上去的。

行 1 以 Sub GGS () 来表示宏的开始，说明这个宏的名字是 GGS，在行 77 以 End Sub 语句来表示宏的结束。也就是说，Sub 和 End Sub 分别表示宏的开始和结束。

行 2 和行 5 表示空白的注释行，宏录制器插入这些注释行是为了宏便于阅读。可以在宏里面使用任意多的空白注释行，以便把语句分成若干组。

行 3 内有宏的名称，对应于"宏录制"对话框中的信息。

行 5 到行 32 为代码行，其中 Selection 表示选中的对象（这里指文字）。行 6 的 WholeStory 表示按【Ctrl+A】组合键的全选操作，行 7 表示开始 With 结构，到 41 行结束，表示对选中段落的字体进行设置。行 8 表示选中的对象的字体名称是楷体，行 12 表示选中的对象的字体大小为 14。

行 9 到行 11、行 13 到行 24、行 26 到行 40 是对"文字"对话框的一些默认设置（这里删除了部分无效的内容），在这些代码中，体现了"字体"对话框中所有具有的信息，因此比较庞大和臃肿。可见，录制的宏具有很多字体对象默认的参数设置，未必是必要的。

行 42 到行 76 是第二个 With 结构，主要针对"段落"对话框的设置。段落只是设置了首行缩进操作，也就是只有行 61 是操作目标，其他都是默认格式，行 77 表示宏的结束。

由以上分析可见，仅仅通过系统的宏录制功能是会产生大量的无关代码，因此，在学习的后期都是由程序员自己编写代码，而不是通过宏录制来实现自动化操作。但是，宏录制以及宏的代码可以让学习者更加容易地入门 VBA 编程。

1. 单步执行 GGS 宏

使用"调试"对话框，对录制的宏 GGS 进行单步调试。

（1）排列窗口，使得 Word 窗口和 Visual Basic 编辑器能同时被看到。可以右击任务栏，选中快捷菜单中的"横向平铺窗口"或"纵向平铺窗口"。

（2）在 Visual Basic 编辑器内单击，然后将插入点置于代码窗口内的 GGS 宏里面。

（3）按【F8】键以单步执行代码，每次执行一个活动行。可以注意到，VBA 跳过空白行和注释行，因为它们不是活动行。当按【F8】键时，VBA 使当前语句增亮，同时能观察到 Word 窗口内的操作。

到达宏的结束处时（本例是行 33 的 End Sub 语句），Visual Basic 编辑器关闭中断模式。可以通过单击"标准"工具栏或"调试"工具栏中的"重新设置"按钮，或选择"运行"菜单下的"重新设置"实现，也可以在任何时刻退出中断模式。

2. 运行 GGS 宏

如果该宏在单步执行时工作正常，用户可能想从 Visual Basic 编辑器来运行它，这就要单击"标准"工具栏或"调试"工具栏中的"运行子过程 / 用户窗体"按钮；也可以单击这个按钮，从中断模式来运行该宏，它从当前的指令开始运行。

3. 创建 Word_GGS 宏

现在可以对 GGS 宏进行少量的调整，就可以创建一个新的宏，实现一些新的功能。接下来创建一个新的宏 Word_GGS。

（1）在"代码"窗口中，选中 GGS 宏的所有代码，右击，在弹出的快捷菜单中选择"复制"命令。

（2）将插入点移动到 GGS 宏的 End Sub 代码的下面一行或几行，插入点不允许在其他代码内部。

（3）右击，在弹出的快捷菜单中选择"粘贴"命令，将 GGS 所有的内容复制过来。

（4）编辑 Sub 行，将宏的名字改为 Word_GGS。

（5）对于注释行也可以根据需要进行改动，如宏名的改变等。

（6）现在需要做的就是根据原来的宏，对于需要改变的功能进行修改或者增加或者删除部分功能。

（7）这里可以将宏 GGS 中对于"段落"对话框中默认的部分进行删除，然后增加部分功能，如改变字体的颜色（绿色）、字形（华文中宋）和字体大小（Size 的值为 10）等。

至此根据录制的宏 GGS，来得到需要的宏，程序清单如 4–2 所示。

程序清单 4–2：

```
1.   Sub WORD_GGS()
2.    Selection.WholeStory                         '全选文字
3.      With Selection.Font
4.         .NameFarEast = "华文中宋"              '字体设置
5.         .Size = 10                              '字体大小设置
6.         .Color = wdColorGreen                   '字体颜色
7.      End With
8.      With Selection.ParagraphFormat
9.         .CharacterUnitFirstLineIndent = 2       '首行缩进 2 字符
10.     End With
11.  End Sub
```

在程序清单 4–2 中，对于"段落"对话框和"文字"对话框中默认的内容全部删除，只保留进行改变或者设置的内容的代码如行 4（字形）、行 5（文字大小）和行 6（文字颜色）。

通过程序清单 4–1 和程序清单 4–2 的对比，会发现实现同样的功能所用的代码量的差距是巨大的，因此，真的要实现提升工作效率，都是采用编写 VBA 代码的方式来解决问题。

4. 保存宏

当完成上述工作之后，可以运行这个宏，如果允许效果和设计的一样，那么接下来就可以保存这个宏了。保存宏的方法很多，可以在 Visual Basic 编辑器中打开"文件"菜单，单击"保存"命令，或者直接在编辑器中的工具栏中单击"保存"按钮。

4.2.3 Excel 宏的编辑

这里需要将前面 Excel 中录制的宏 Excel_GGS 进行修改以便得到一个想要的宏。和 Word 中的宏一样，可以进行功能的修改、增加和删除。

1. 取消隐藏个人宏工作簿

在编辑 Excel 宏之前，如果个人工作簿当前是被隐藏，那么必须取消隐藏：

（1）选择"视图"选项卡，单击"窗口"组的"取消隐藏"按钮，显示"取消隐藏"对话框。

（2）选择 PERSONAL.XLSX，单击"确定"按钮。

2. 打开宏

采用以下步骤可以打开宏：

（1）选择"开发工具"选项卡，单击"代码"组中的"宏"按钮，显示"宏"对话框。

（2）选择需要打开的宏的名字 Excel_GGS，单击"编辑"按钮。

（3）在 Visual Basic 编辑器中显示出该宏的代码，如程序清单 4-3 所示。

程序清单 4-3：

```
1.   Sub Excel_GGS()
2.   '
3.   ' Excel_GGS 宏
4.   '
5.   ' 快捷键: Ctrl+q
6.   '
7.       Range("A1").Select
8.       ActiveCell.FormulaR1C1 = " 星期一 "
9.       Range("A1").Select
10.      Selection.AutoFill Destination:=Range("A1:A7"), Type:=xlFillDefault
11.      Range("A1:A7").Select
12.      With Selection.Font
13.          .Name = " 华文楷体 "
14.          .Size = 11
15.          .Strikethrough = False
16.          .Superscript = False
17.          .Subscript = False
18.          .OutlineFont = False
19.          .Shadow = False
20.          .Underline = xlUnderlineStyleNone
21.          .ThemeColor = xlThemeColorLight1
22.          .TintAndShade = 0
23.          .ThemeFont = xlThemeFontNone
24.      End With
25.      With Selection.Font
26.          .Name = " 华文楷体 "
27.          .Size = 20
28.          .Strikethrough = False
29.          .Superscript = False
30.          .Subscript = False
31.          .OutlineFont = False
32.          .Shadow = False
33.          .Underline = xlUnderlineStyleNone
34.          .ThemeColor = xlThemeColorLight1
35.          .TintAndShade = 0
36.          .ThemeFont = xlThemeFontNone
37.      End With
38.      With Selection.Font
39.          .Color = -16776961
40.          .TintAndShade = 0
41.      End With
42.      Columns("A:A").ColumnWidth = 14.22
43. End Sub
```

说明：

（1）行 1 的 Sub 和行 43 的 End Sub 表示宏 Excel_GGS 的开始和结尾，在行 1 中 Excel_GGS 表示该宏的名称。

（2）行 2 和行 6 表示空白注释行，行 3 和行 5 为注释行。其中，行 3 给出宏的名称，说明它是一个宏；行 5 表示在"录制新宏"对话框中的快捷键设置。

（3）行 7 表示选中 Range 对象 A1，使单元格 A1 为活动单元格。

（4）行 8 在该活动单元格内输入"星期一"。注意：如果输入日期，宏录制器已经保存了分拆的日期值，而不是被输入的整个文本。例如，输入的日期 2019-3-2，单元格里显示的日期为 2019/3/2，但是在宏内部保留的格式为 3/2/2019。

（5）行 9 表示 Range 对象 A1 被选中，使得 A1 为活动单元格；行 10 表示自动填充 A1 到 A7，填充类型为默认类型。

（6）行 11 表示单元格区域 A1 到 A7 被选中，行 12 到行 24 表示单元格区域 A1 到 A7 内文字的默认格式。

（7）行 25 到行 37 表示单元格区域 A1 到 A7 被选中，并且对字体的字形名称、字体大小进行设置。

（8）行 38 到行 41 表示设置字体的颜色，行 42 表示列宽设置为 14.22。

3. 编辑 Excel 宏

将程序清单 4-3 中的有效语句进行整理，删除其余的代码。得到程序清单 4-4。

程序清单 4-4：

```
1.  Sub Excel_GGS()
2.  Range("A1").Select
3.  ActiveCell.FormulaR1C1 = "星期一"
4.  Range("A1").Select
5.  Selection.AutoFill Destination:=Range("A1:A7"), Type:=xlFillDefault
6.  Range("A1:A7").Select
7.  With Selection.Font
8.  .Name = "华文楷体"
9.  .Size = 20
10. .Color = vbRed
11. End With
12. Columns("A:A").ColumnWidth = 14.22
13. End Sub
```

接下来，对于以上代码进行修改，修改要求如下：

（1）要求将星期一到星期日文字颜色变为蓝色。

（2）将 B1 到 B12 单元格设置为：一月到十二月，文字大小 15，颜色紫色，列宽 15。字体设置为等线。

根据以上要求，将该宏的代码进行修改，具体清单如程序清单 4-5 所示。

程序清单 4-5：

```
1.  Sub Excel_GGS()
2.  Range("A1").Select
3.  ActiveCell.FormulaR1C1 = "星期一"
4.  Range("A1").Select
5.  Selection.AutoFill Destination:=Range("A1:A7"), Type:=xlFillDefault
6.  Range("A1:A7").Select
7.  With Selection.Font
8.  .Name = "华文楷体"
9.  .Size = 20
10. .Color = vbBlue
11. End With
12. Range("B1").Select
13. ActiveCell.FormulaR1C1 = "一月"
14. Range("B1").Select
15. Selection.AutoFill Destination:=Range("B1:B12"), Type:=xlFillDefault
16. Range("B1:B12").Select
17. With Selection.Font
```

```
18.    .Name = "等线"
19.    .Size = 15
20.    .Color = vbMagenta        '紫色
21. End With
22. Columns("A:A").ColumnWidth = 14.22
23. Columns("B:B").ColumnWidth = 15
24. End Sub
```

现在可以单步执行该宏，同时观察 Excel 程序有什么事情发生：它还是和原先一样，在 A1 到 A7 出现星期一到星期日，字体大小 20，字形华文楷体，A 的列宽是 14.22，只有字体颜色变为蓝色；另外，接下来的变化是编程增加的。在 B1 单元格输入"1 月份"，对单元格 B1 到 B12 进行默认填充，则单元格 B1 到 B12 中分别显示一月份到十二月份，文字颜色为紫色，字体大小为 15，字形为等线，列宽是 15。

4. 保存宏

当完成了针对这个宏的操作时，工作表中已经包含了该宏，也使得工作簿有了改动，此时需要从 Visual Basic 编辑器中选择"文件"菜单中的"保存"命令，以保存工作簿，关闭 Visual Basic 编辑器，返回到 Excel。至此，完成了 Word 宏和 Excel 宏代码的修改。

4.3　VBA

VBA（Visual Basic for Application）由微软公司开发的面向对象的程序设计语言，它内嵌在 Office 应用程序中，是 Office 软件的重要组件，具有面向对象、可视化，容易学习和实现办公自动化工作等特点。Visual Basic 编辑器（VBE）是 VBA 的开发环境。运用 VBA 编程需要了解对象是代码和数据的集合，对象的属性用于定义对象的特征，对象的方法用于描述对象的行为。

扫一扫

视频 4-3
VBA 的概念

4.3.1　VBA 与 VB

要介绍 VBA，不可避免地要谈论 VBA 与 Visual Basic（VB）的关系，VBA 是基于 VB 发展而来，它们具有相似的语言结构和语法特性，但它们也有不同，主要的区别如下：

（1）VB 是设计用于创建标准的应用程序，而 VBA 是用于使已有的应用程序自动化。

（2）VB 具有自己的开发环境，而 VBA 必须"寄生于"已有的应用程序。

（3）要运行 Visual Basic 开发的应用程序，用户无须调用 Visual Basic 编辑环境，可直接执行。而 VBA 应用程序是寄生性的，执行它们要求用户访问"父"应用程序，例如 Word、Excel。

尽管存在这些不同，Visual Basic 和 VBA 在结构上仍然非常相似。事实上，如果已经了解了 Visual Basic，会发现学习 VBA 非常快。当学会在 Excel 中用 VBA 创建解决方案后，就已经具备了在 Word、Excel 和 PowerPoint 中用 VBA 创建解决方案的大部分知识。

4.3.2　Office 对象

对象是 Visual Basic 的结构基础，在 Visual Basic 中进行的所有操作几乎都与修改对象有关。Microsoft Word 的任何元素，如文档、表格、段落、书签、域等，都可用 Office 中的对象来表示。

对象代表一个 Word 元素，如文档、段落、书签或单独的字符。集合也是一个对象，该对象包含多个其他对象，通常这些对象属于相同的类型。例如，一个集合对象中可包含文档中的所有书签对象。通过使用属性和方法，可以修改单独的对象，也可修改整个的对象集合。

属性是对象的一种特性或该对象行为的一个方面。例如，文档属性包含其名称、内容、保存状态以及是否启用修订。若要更改一个对象的特征，可以修改其属性值。

若要设置属性的值，可在对象的后面紧接一个英文句号（实心点）、属性名称、一个等号及新的属性值。下列示例在名为"MyDoc.docx"的文档中启用修订。

```
Sub TrackChanges()
    Documents ("MyDoc.docx").TrackRevisions = True
End Sub
```

在本示例中，Documents 引用由打开的文档构成的集合，而"MyDoc.docx"标识集合中单独的文档。并设置该文档的 TrackRevisions 属性。

属性的"帮助"主题中会标明可以设置该属性（可读写），或只能读取该属性（只读）。

通过返回对象的一个属性值，可以获取有关该对象的信息。下列示例返回活动文档的名称。

```
Sub GetDocumentName()
    Dim strDocName As String
    StrDocName = ActiveDocument.Name
    MsgBox strDocName
End Sub
```

在本示例中，ActiveDocument 引用 Word 活动窗口中的文档。该文档的名称赋给了 strDocName 变量。

方法是对象可以执行的动作。例如，只要文档可以打印，Document 对象就具有 PrintOut 方法。方法通常带有参数，以限定执行动作的方式。下列示例打印活动文档的前三页。

```
Sub PrintThreePages()
    ActiveDocument.PrintOut Range: =wdPrintRangeOfPages, Pages:="1-3"
End Sub
```

在大多数情况下，方法是动作，而属性是性质。使用方法将导致发生对象的某些事件，而使用属性则会返回对象的信息，或引起对象的某个性质的改变。

对于对象的获得，需要通过某些对象的某些方法来返回一个对象。可通过返回集合中单独的对象的方式来返回大多数对象。例如，Documents 集合包含打开的 Word 文档。可使用（位于 Word 对象结构顶层的）Application 对象的 Documents 属性返回 Documents 集合。

在访问集合之后，可以通过在括号中使用索引序号（与处理数组的方式相似）返回单独的对象。索引序号通常是一个数值或名称。

下列示例使用 Documents 属性访问 Documents 集合。索引序号用于返回 Documents 集合中的第一篇文档。然后将 Close 方法应用于 Document 对象，关闭 Documents 集合中的第一篇文档。

```
Sub CloseDocument()
    Documents(1).Close
End Sub
```

以下示例使用名称（指定为一个字符串）来识别 Documents 集合中的 Document 对象。

```
Sub CloseSalesDoc()
    Documents("Sales.docx").Close
End Sub
```

集合对象通常具有可用于修改整个对象集合的方法和属性。Documents 对象具有 Save 方法，可用于保存集合中的所有文档。以下示例通过使用 Save 方法保存所有打开的文档。

```
Sub SaveAllOpenDocuments()
    Documents.Save
End Sub
```

Document 对象也可使用 Save 方法保存单独的文档。以下示例保存名为 Sales.docx 的文档。

```
Sub SaveSalesDoc()
    Documents("Sales.docx").Save
End Sub
```

若要返回一个处于 Word 对象结构底层的对象，就必须使用可返回对象的属性和方法，"深入"到该对象。

若要查看该过程的执行，可按【Alt+F11】组合键，打开"Visual Basic 编辑器"，选择"视图"菜单中的"对象浏览器"命令。单击左侧"类"列表中的 Application，然后单击右侧"成员"列表中的 ActiveDocument。"对象浏览器"底部会显示文字，表明 ActiveDocument 是只读的，该属性返回 Document 对象。单击"对象浏览器"底部的 Document，则会在"类"列表中自动选定 Document 对象，并将在"成员"列表中显示 Document 对象的成员。滚动成员列表，找到 Close，单击 Close 方法。"对象浏览器"窗口底部会显示文字，说明该方法的语法。有关该方法的详细内容，可按【F1】键或单击"帮助"按钮，以跳转到 Close 方法的"帮助"主题。

根据这些信息可编写下列指令，以关闭活动文档。

```
Sub CloseDocSaveChanges()
    ActiveDocument.Close SaveChanges:=wdSaveChanges
End Sub
```

下列示例将活动文档窗口最大化。

```
Sub MaximizeDocumentWindow()
    ActiveDocument.ActiveWindow.WindowState = wdWindowStateMaximize
End Sub
```

ActiveWindow 属性返回一个 Window 对象，该对象代表活动窗口。将 WindowState 属性设为最大常量（wdWindowStateMaximize）。

以下示例新建一篇文档，并显示"另存为"对话框，这样即可为文档提供一个名称。

```
Sub CreateSaveNewDocument()
    Documents.Add.Save
End Sub
```

Documents 属性返回 Documents 集合。Add 方法新建一篇文档，并返回一个 Document 对象。然后对 Document 对象应用 Save 方法。

如上所示，可以使用方法或属性来访问下层对象。也就是说，在对象结构中，将方法或属性应用于某个对象的上一级对象，可返回其下级对象。返回所需对象之后，就可以应用该对象的方法并控制其属性。

以上是对于 VBA 编程所应该掌握的核心概念。当然，要进行 VBA 编程还需要很多的知识，主要有 VBA 的语法结构、数据类型、运算方式、面向对象的编程思想等。对于以上知识，本书不再详细阐述，读者可以从其他参考书籍或 MSDN 中学习和掌握。

4.4　VBA 实例

本节主要阐述 VBA 的几个编程实例，便于读者了解 VBA 编程的整个过程以及 Office 对象模型，为进一步深入学习 VBA 编程打下基础。

4.4.1　Word 对象编程

进行 Word 编程，首先需要了解 Word 对象模型。可以通过打开 Visual Basic 编辑器中的"帮助"菜单，在默认情况下（即非"显示目录"状态下），选择 Word 对象模型，可以在"帮助"窗口中查询整个对象模型，如图 4-17 所示（如果在"显示目录"状态下，则如图 4-18 所示）。

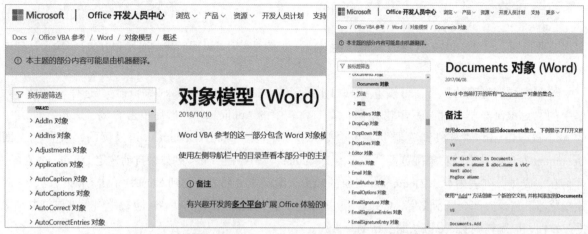

图 4-17　Word 对象模型（部分）　　　　　　图 4-18　Documents 集合

打开一个子类对象，就可以看到对应于该对象的信息，包括对象模型中属性、方法等子类别，如图 4-18 所示。

Word 有很多可以创建的对象。Word 允许用户去访问这些常用的对象，并且可以不必通过 Application 对象去访问。常用的有 ActiveDocument 对象、ActiveWindow 对象、Documents 对象、Options 对象、Selection 对象和 Windows 集合。

接下来举例说明，如何利用 VBA 来使用 Word 对象完成一定的功能。

【例 4-1】在 Word 中将格式应用于文本。

下面程序使用 Word 对象模型中的 Selection 属性将字符和段落格式应用于选定的文本。其中用 Font 属性获得字体格式的属性和方法，用 ParagraphFormat 属性获得段落格式的属性和方法，程序清单如下：

程序清单 4-6：

```
Sub wFormat()
  With Selection.Font
.Name=" 隶书 "
.Size=16
  End With
  With Selection.ParagraphFormat
    .LineUnitBefore = 0.5
    .LineUnitAfter = 0.5
  End With
End Sub
```

在 Visual Basic 编辑器中，打开 Normal 工程中模块中的 NewMacros 模块，在右边的编辑窗口内输入程序清单中的内容。然后在宿主 Word 的编辑窗口中选中某个段落，重新将鼠标置于该代码的中的任意位置，单击"调试"工具栏中的"运行子过程 / 用户窗口"按钮，就可以看到效果：文字为隶书，大小为 16，段落行前、行后都是 0.5 行的间距。

【例 4-2】在选定的每张表格的首行应用底纹。

要引用活动文档的段落、表格、域或者其他文档元素，可使用 Selection 属性返回一个 Selection 对象，然后通过 Selection 对象访问文档元素。在此例中，同时还运用 For Each…Next 循环结构在选定内容的每张表格中循环，步骤如下：

（1）打开某个 Word 文档（或新建），在文档中插入几张表格，如图 4-19 所示。

表格 1↵	↵	↵	↵	↵
↵	↵	↵	↵	↵
↵	↵	↵	↵	↵

表格 2↵	↵	↵	↵	↵
↵	↵	↵	↵	↵
↵	↵	↵	↵	↵

表格 3↵	↵	↵	↵	↵
↵	↵	↵	↵	↵
↵	↵	↵	↵	↵

图 4-19　插入空白表格

（2）打开"开发工具"选项卡，单击"代码"组内的"Visual Basic 编辑器"（或【Alt+F11】组合键）打开 Visual Basic 编辑器，输入程序清单 4-7。

程序清单 4-7：

```
Sub Tabpe_Head()
Dim My_Table As Table
If Selection.Tables.Count >= 1 Then
  For Each My_Table In Selection.Tables
     My_Table.Rows(1).Shading.Texture = wdTexture35Percent
Next My_Table
End If
End Sub
```

（3）同时打开 Word 窗口和 Visual Basic 编辑器（最好并列摆放，便于观察效果）。在 Word 窗口中选中 3 个表格以及它们中间的区域（不能用【Ctrl】键来选择表格，用鼠标拖动选中或者按住【Shift】键单击来选取连续的区域）。

（4）在 Visual Basic 编辑器中，将鼠标指针定位在 Tabpe_Head 代码内部，然后单击"调试"工具栏中的"运行子过程/用户窗体"按钮。

（5）观察 Word 窗口中 3 个表格第一行的变化，如图 4-20 所示，第一行都加了底纹。

表格 1↵	↵	↵	↵	↵
↵	↵	↵	↵	↵
↵				

表格 2↵	↵	↵	↵	↵
↵	↵	↵	↵	↵
↵				

表格 3↵	↵	↵	↵	↵
↵	↵	↵	↵	↵

图 4-20　已经加了底纹的 3 个表格

【例 4-3】 删除当前文档中选定部分的空白行。

在本例中，使用到 Selection 对象中的 Paragraphs 对象，运用 For Each…Next 语句来循环删除每个空白行（空白行是指没有任何字符的行，不能有空格）。

程序清单 4-8：

```
Sub DelBlankLine()
  For Each i In Selection.Paragraphs
    If Len(Trim(i.Range)) = 1 Then i.Range.Delete
```

扫一扫

视频4-4
删除空白行

```
    Next
 End Sub
```

打开或新建一个 Word 文档，在里面输入或者粘贴多行文字用于测试程序用，其中包含多行空白行。同时打开 Word 窗口和 Visual Basic 编辑器。在 Word 窗口中选中文字区域（包含多行空白行），然后在 Visual Basic 编辑器中，将鼠标指针置于上述代码内部，单击"运行子程序 / 用户窗体"按钮，运行之后看效果，可以发现制作的多行空白行已经被删除了，如果还有行包含 Tab 符号、空格符号，还可以运用其他的替换方法实现删除这些行。

【例 4-4】给当前文档中所有的图片按顺序添加图注。图注的形式为"图 1.1""图 1.2"等，具体步骤如下：

（1）打开或创建一个 Word 文档，名称为 test.docx。在文档中输入或粘贴一些文本，在其中插入几张图片，用于测试程序运行的效果。

（2）按【Alt+F11】组合键，打开 Visual Basic 编辑器，双击 Normal 工程，然后双击 NewMacros 模块，在打开的代码窗口中输入程序清单 4-9，然后保存代码。

程序清单 4-9：

```
Sub PicIndex()
  k = ActiveDocument.InlineShapes.Count
  For j = 1 To k
  ActiveDocument.InlineShapes(j).Select
  Selection.Range.InsertAfter Chr(13) & "图1." & j
  Next  j
End Sub
```

（3）在打开的 test.docx 文档中，打开"开发工具"选项卡内的"代码"组的"宏"按钮。在弹出的宏对话框中选择 PicIndex，单击"运行"按钮，随后看到 test.docx 文档中图片加图注的效果。

4.4.2　Excel 对象编程

了解 Excel 对象模型，可以通过打开 Visual Basic 编辑器中的"帮助"菜单，打开"显示目录"按钮，选择 Excel 对象模型，可以在屏幕上观察到整个对象模型，如图 4-21 所示。

Excel 有很多可创建对象，不必明显地通过 Application 对象就可以接触到对象模型中大多数对象。在一般情况下，以下对象都是重要的对象：

（1）Workbooks 对象，它包含多个 Workbook 对象，表示所有打开的工作簿。在一个工作簿内，Sheets 集合包含若干表示工作表的 Worksheet 对象，以及若干表示图表工作表的 Chart 对象。在一个工作表上，Range 对象可以使用户访问若干区域，从单个单元格直到整个工作表。

图 4-21　Excel 对象模型（部分）

（2）ActiveWorkbook 对象，它代表活动工作簿。

（3）ActiveSheet 对象，它代表活动工作表。

（4）Windows 集合，它包含若干 Window 对象，表示所有打开的窗口。

（5）ActiveWindow 对象，它表示活动窗口。使用此对象时，必须检查它所表示的窗口是不是想要操控的那种类型的窗口。因为该对象总是返回当前具有焦点的那个窗口。

（6）ActiveCell 对象，它表示活动单元格。这个对象对于在用户选择的单元格上进行工作的简单过程（计算各种值或校正格式设置）特别有用。

接下来，举例来讲解 Excel 对象模型的用法和提供有用的 VBA 程序。

【例 4-5】按自定义序列排序。

在默认情况下，Excel 允许用户按照数字或者字母顺序排列，但有时这并不能满足用户所有的需求。比如教师信息中，经常有按职称由高到低的排序问题。系统默认的顺序是按照拼音字母的顺序来的，具体顺序为：副教授、讲师、教授、助教。教师学历的排序为：博士、硕士、本科、大专等，而在 Excel 中这个序列的顺序却是：本科、博士、大专和硕士，显然也是无法满足需要的。面对这样的问题，可以通过 VBA 编程利用 Excel 的自定义序列功能来实现想要的顺序：教授、副教授、讲师、助教。具体实现步骤如下：

（1）创建一个 Excel 工作簿，在第一张工作表上建立用于测试的数据序列，如图 4-22 所示。其中的规则 1 和规则 2 表示排序的先后顺序。插入按钮的方法为：打开“开发工具”选项卡,单击“控件”组中的“插入”按钮，弹出“表单控件”面板，选择“按钮”项。

（2）选择“表单控件”面板中的按钮，在 Excel 工作区进行拖放完毕后自动弹出“指定宏”对话框，在该对话框中单击“新建”按钮，弹出 Visual Basic 编辑器，光标自动定位在 Private Sub 按钮 1_Click() 和 End Sub 之间。然后输入程序清单 4-10。

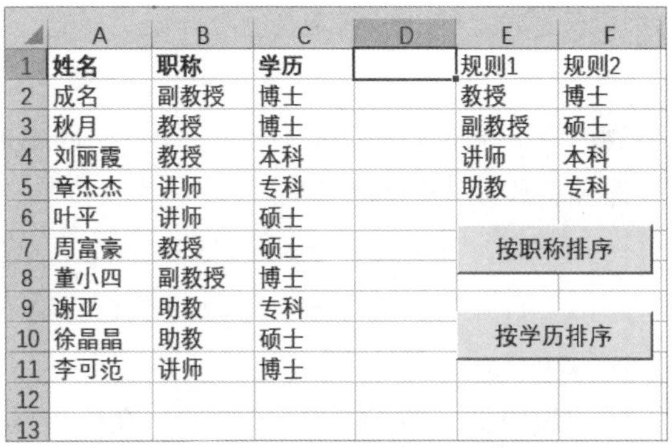

	A	B	C	D	E	F
1	姓名	职称	学历		规则1	规则2
2	成名	副教授	博士		教授	博士
3	秋月	教授	博士		副教授	硕士
4	刘丽霞	教授	本科		讲师	本科
5	章杰杰	讲师	专科		助教	专科
6	叶平	讲师	硕士			
7	周富豪	教授	硕士		按职称排序	
8	董小四	副教授	博士			
9	谢亚	助教	专科			
10	徐晶晶	助教	硕士		按学历排序	
11	李可范	讲师	博士			
12						
13						

图 4-22　测试用的表和按钮

程序清单 4-10：

```
Private Sub 按钮1_Click()
Application.AddCustomList listarray:=Sheets(1).Range("F2:F5")
n = Application.GetCustomListNum(Sheets(1).Range("F2:F5").Value)
Range("a2:c11").Sort key1: =Range("B2"), ordercustom:=n + 1
Application.DeleteCustomList n
End Sub
```

（3）同样单击和拖放第二个按钮，在弹出 Visual Basic 编辑器后，光标自动定位在 Private Sub 按钮 2_Click() 和 End Sub 之间。然后输入程序清单 4-11。

程序清单 4-11：

```
Private Sub 按钮2_Click()
Application.AddCustomList listarray:=Sheets(1).Range("G2:G5")
n = Application.GetCustomListNum(Sheets(1).Range("G2:G5").Value)
Range("a2:c11").Sort key1: =Range("C2"), ordercustom:=n + 1
Application.DeleteCustomList n
End Sub
```

（4）在 VBE 中单击“保存”按钮，回到 Excel 的 Sheet1 工作表内，右击两个按钮，分别修改问题为“按职称排序”和“按学历排序”。接下来，当单击“按职称排序”按钮时数据就会按照职称排序，如图 4-23 所示；当单击“按学历排序”按钮时数据就会按照学历排序，如图 4-24 所示。

	A	B	C	D	E	F
1	姓名	职称	学历		规则1	规则2
2	秋月	教授	博士		教授	博士
3	刘丽霞	教授	本科		副教授	硕士
4	周富豪	教授	硕士		讲师	本科
5	成名	副教授	博士		助教	专科
6	董小四	副教授	博士			
7	章杰杰	讲师	专科		按职称排序	
8	叶平	讲师	硕士			
9	李可范	讲师	博士			
10	谢亚	助教	专科		按学历排序	
11	徐晶晶	助教	硕士			
12						
13						

图 4-23　按职称排序

	A	B	C	D	E	F
1	姓名	职称	学历		规则1	规则2
2	秋月	教授	博士		教授	博士
3	成名	副教授	博士		副教授	硕士
4	董小四	副教授	博士		讲师	本科
5	李可范	讲师	博士		助教	专科
6	周富豪	教授	硕士			
7	叶平	讲师	硕士		按职称排序	
8	徐晶晶	助教	硕士			
9	刘丽霞	教授	本科			
10	章杰杰	讲师	专科		按学历排序	
11	谢亚	助教	专科			
12						
13						

图 4-24　按学历排序

【例 4-6】计算指定区域中不重复的数据个数。

统计区域中不重复数据的操作是一个很重要的操作，一般来说，可以通过数组公式来完成。这里，通过编写一个函数来这个功能，以后只要在 Excel 中使用该函数就可以得到需要的统计结果。这个例子中，不是编写一个事件，也不是一个过程，而是一个函数。编写的函数可以直接在 Excel 中调用，结果（函数返回值）显示在函数所在的单元格内。问题描述如下：在图 4-25 中，需要统计课程总数或者选修的学生总数。

接下来，自定义一个函数 Count_unq( )，具体步骤如下：

（1）打开或者新建一个 Excel 工作簿，输入图 4-25 所示的数据。

（2）打开"开发工具"选项卡内"代码"组的"Visual Basic 编辑器"，在打开的编辑器中右击本 Excel 文档，在弹出的快捷菜单中选择"插入"命令，然后选择"模块"。最后在刚才插入的模块中输入程序清单 4-12 中的内容。

视频4-5
自定义函数

	A	B
1	选课名单	课程名称
2	胡歌	计算机基础
3	胡歌	OFFICE高级应用
4	胡歌	Python基础
5	李芳	Python基础
6	李芳	C语言程序设计
7	李芳	高等数学
8	李芳	听力
9	王成	听力
10	王迪	篮球
11	王迪	外国语文学
12	张杰	计算机基础
13	张杰	C语言程序设计
14	钟名	高等数学
15	钟名	计算机基础
16	周正	Python基础

图 4-25　原始数据

程序清单 4-12：

```
Function Count_unq(Rng As Range) As Long
Dim mycollection As New Collection
On Error Resume Next
For Each cel In Rng
    mycollection.Add cel.Value, CStr(cel.Value)
Next
On Error GoTo 0
Count_unq = mycollection.Count
End Function
```

（3）在此 Excel 的原始数据表内选择任意空白单元格（如 C2），输入 =Count_unq(A2:A16)，则会将统计出的结果显示在单元格 C2 中，如图 4-26 所示。

通常，自定义的函数只能在当前工作簿使用，如果该函数需要在其他工作簿中使用，则选择"文件"选项卡中的"另存为"命令，打开"另存为"对话框，选择保存类型为"Mircosoft Excel 加载宏"，然后输入一个文件名，如"Count_unq"，单击"确定"按钮后文件就被保存为加载宏。如有其他 Excel 文档需要加载和使用这个宏，单击"开发工具"选项卡"加载项"组中的"加载项"按钮，弹出"加载宏"对话框，勾选"可用加载宏"列表框中的"Count_unq"复选框即可，单击"确定"按钮后，如图 4-27 所示，就可以在本机上的所有工作簿中使用该自定义函数了。如果没有显示 Count_unq 宏，则可以通过"浏览"按钮去打开存有这个宏的加载宏文件 Count_unq.xlam。

图 4-26　C2/D2 中输入函数

图 4-27　Excel 中加载宏

【例 4-7】实现 Excel 中计算工人的工龄。

设计图 4-28 所示的表格，输入"姓名"、"参加工作时间"和"工龄"等数据，然后编写一个函数，自动填写"工龄"信息，要求精确到月。具体步骤如下：

（1）设计工作表：新建一张工作表，按照图 4-28 设计表格内容，表格字体、字号、边框、对齐方式等自行设定即可。

（2）编写自定义函数：在此工作表显示的状态下，按【Alt+F11】组合键，打开 Visual Basic 编辑器，进入 VBA 编辑环境，在"工程窗口"选中该文件，右击，在弹出的快捷菜单中选择"插入"命令，单击"模块"。

图 4-28　原始数据

（3）在右边打开的代码窗口中，输入程序清单 4-13 中的内容。

程序清单 4-13：

```
1.  Function WorkAge(ByVal BeginDate As Date, ByVal EndDate As Date)
2.  Dim WorkYear, WorkMonth As Integer
3.  WorkYear = Year(EndDate) - Year(BeginDate)
4.  WorkMonth = Month(EndDate) - Month(BeginDate)
5.  If WorkMonth < 0 Then
6.  WorkYear = WorkYear - 1
7.  WorkMonth = 12 + WorkMonth
8.  End If
9.  If  WorkMonth = 0 Then
10.     WorkAge = WorkYear & "年整"
11. Else
12.     WorkAge = WorkYear & "年" & WorkMonth & "月"
13. End If
End Function
```

（4）在 C2 单元格中输入"=WorkAge(B2)"，然后利用填充操作向下做填充，结果如图 4-29 所示。在函数 WorkAge 中，形参 BeginDate、EndDate 表示日期型变量，在行 2 中计算两个"年"之间的差距，行 3 中计算两个"月"之间的差距。如果月差距小于 0，那么年应该减去 1，而月应该增加 12。行 4 到行 8 的 if 结构就表示了这两个不同情况下的输出结果。

4.4.3 PowerPoint 对象编程

PowerPoint 对象模型是 PowerPoint 的基础性理论体系结构。本节列举一些最常用的 PowerPoint 对象及其使用方法。

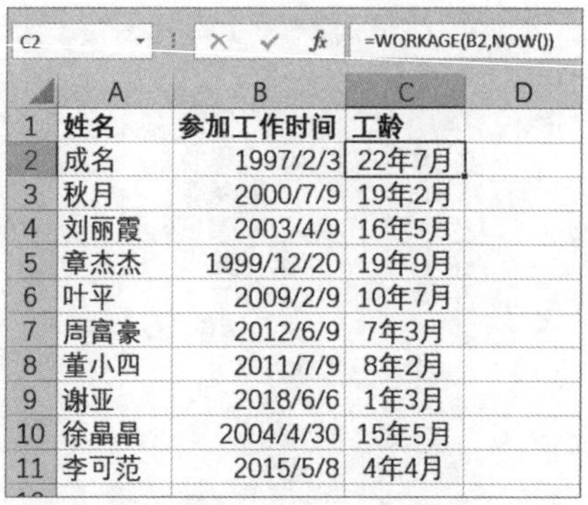

	A	B	C	D
1	姓名	参加工作时间	工龄	
2	成名	1997/2/3	22年7月	
3	秋月	2000/7/9	19年2月	
4	刘丽霞	2003/4/9	16年5月	
5	章杰杰	1999/12/20	19年9月	
6	叶平	2009/2/9	10年7月	
7	周富豪	2012/6/9	7年3月	
8	董小四	2011/7/9	8年2月	
9	谢亚	2018/6/6	1年3月	
10	徐晶晶	2004/4/30	15年5月	
11	李可范	2015/5/8	4年4月	

图 4-29　工龄计算结果

在 PowerPoint 中，通过 Application 对象可以访问到 PowerPoint 应用程序的所有对象。但是，对于很多操作，可以直接使用 PowerPoint 拥有的可创建对象。常用的可创建对象如下：

（1）ActivePresetation 对象，它表示活动的演示文稿。

（2）Presentations 集合，它包含若干 Presentation 对象，每个对象表示一个打开的演示文稿。

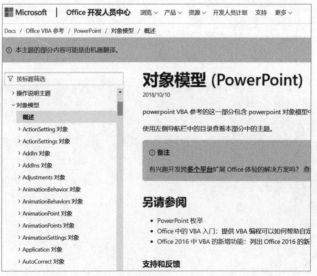

（3）ActiveWindow 对象，它表示应用程序中的活动窗口。

（4）CommandBars 集合，它包含若干 CommandBar 对象，每个对象表示 PowerPoint 应用程序中的一个命令栏（工具栏、菜单栏及快捷菜单）。通过对各种 CommandBar 对象进行操作，能够以程序方式改变 PowerPoint 的界面。

（5）SlideShowWindows 集合，它包含若干 SildeShowWindow 对象，每个对象表示一个打开的幻灯片放映窗口。这个集合对于控制当前显示的幻灯片放映是很有用的。

在一个演示文稿中，经常要对 Slides 集合进行操作，这个集合包含表示各张幻灯片的 Slide 对象。在一张幻灯片中，大多数项目是有 Shape 对象来表示的，这些 Shape 对象汇集成为 Shapes 集合。例如，一个占位符文本被包含在 TextFrame 对象中的 TextRange 对象的 Text 属性之内，而这个 TextFrame 对象则在一张幻灯片的某个 Shape 对象之中。

要查询和学习 PowerPoint 对象模型，可以打开其中 PowerPoint 中的 Visual Basic 编辑器，然后打开“帮助”菜单，单击“PowerPoint 对象模型”，就会出现图 4-30 所示的对象模型结构图。

图 4-30　PowerPoint 对象模型（部分）

接下来，举例讲解 PowerPoint 对象模型中常用对象的功能和使用方法。

【例 4-8】将外部幻灯片插入当前演示文稿中。

在创建演示文稿时，有时候需要的幻灯片在其他演示文稿中存在，此时，可以将其他文稿中的幻灯片插入当前文稿。为此，可以利用 Slides 集合的 InsertFromFile 方法来编写代码实现。例如，要将演示文稿“导出幻灯片为图片 .pptx”，图 4-31 中第 2 ~ 4 张幻灯片插入演示文稿“从其他文件中插入幻灯片

.pptx"（见图 4-32）中，具体步骤如下：

图 4-31　导出幻灯片为图片 .pptx

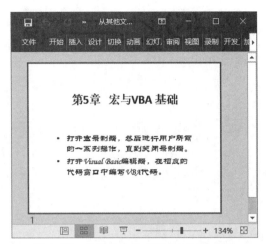

图 4-32　从其他文件中插入幻灯片 .pptx

（1）打开"从其他文件中插入幻灯片 .pptx"演示文稿，按【Alt+F11】组合键打开 Visual Basic 编辑器。

（2）右击该演示文稿，在弹出的快捷菜单中选择"插入"命令，然后单击"模块"，双击打开模块，右边出现"代码窗口"，在代码窗口中输入程序清单 4-14 中的内容。

程序清单 4-14：

```
1.   Sub Insert_Slides()
2.   Presentations("从其他文件中插入幻灯片 .pptx").Slides.InsertFromFile _
3.   FileName:="d:\MyPic\导出幻灯片为图片 .pptx ", Index:=1, SlideStart:=2, SlideEnd:=4
4.   End Sub
```

（3）输入完成后，单击工具栏中的"保存"按钮，然后，单击"调试"工具栏中的"运行子程序 /用户窗体"按钮。

（4）切换"从其他文件中插入幻灯片 .pptx"的视图为"幻灯片浏览"视图，可看到图 4-33 所示的运行结果。

本例用到了 Presentation 对象中 Slides 对象的 InsertFromFile 方法，该方法可以将其他演示文稿中的幻灯片插入本演示文稿中。但是，该方法只是插入幻灯片，并没有同时插入幻灯片的设计模板。

【例 4-9】使演示文稿中所有的页眉和页脚标准化。

在制作 PowerPoint 演示文稿时，有时候会需要把来自各个现有演示文稿的若干幻灯片汇集或提取成新的演示文稿，或者如果不同人员在他们的演示文稿中使用了不一致的页眉和页脚。这时，有可能需要使

图 4-33　插入后的效果

演示文稿中的所有页眉和页脚实现标准化。因此，可以编写一个程序实现这样的功能。在这个程序中，先清除原有的页眉和页脚，确保所有幻灯片都显示幻灯片母版上的各个占位符，然后将一种页眉和页脚应用到演示文稿中的所有幻灯片。具体步骤如下：

（1）建立一个演示文稿"PPT_Temp.pptx"，然后插入若干幻灯片，要求它们具有不同的幻灯片页脚，如图 4-34 所示。具体内容为：第 1 ~ 3 张幻灯片的页脚内容分别为计算机基础教研室、计算机公共课部、PPT-VBA，第 4 张页脚为空白。

（2）按【Alt+F11】组合键，打开 Visual Basic 编辑器，在工程窗口中，右击 PPT_Temp 工程，在弹出的快捷菜单中选择"插入"命令，单击"模块"；然后双击插入的模块，弹出代码对话框，输入程序清单 4-15。

程序清单 4-15：

```
Sub Reset_Head_Footer()
Dim mypresentation As Presentation, myslide As Slide
Set mypresentation = ActivePresentation
For Each myslide In mypresentation.Slides
    With myslide.HeadersFooters
        .Clear
        With .Footer
            .Visible = msoTrue
            .Text = "计算机基础教研部"
        End With

        With .DateAndTime
            .Visible = msoTrue
            .UseFormat = True
            .Format = ppDateTimedddMMMMddyyyy
        End With
    End With
Next myslide
End Sub
```

（3）单击"调试"工具栏中的"运行子程序/用户窗体"按钮，就可以在 PPT_Temp 中看到页脚统一设为"计算机基础教研部"以及每个幻灯片都显示了日期，如图 4-35 所示。

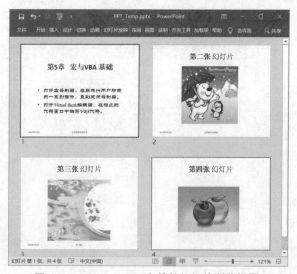

图 4-34　PPT_Temp 文件的幻灯片浏览视图

图 4-35　统一日期和页脚的效果

【例 4-10】利用 PowerPoint 中的控件制作单选测试题。

用 PowerPoint 制作的课件一般交互性较差，而当需要制作具有较强交互性和智能化的课件时，就不能用普通的技术了。在本例中，给出用 VBA 结合 PowerPoint 控件制作课件的方法，设置完毕后的幻灯片如图 4-36 和图 4-37 所示。具体步骤如下：

图 4-36 第一张幻灯片

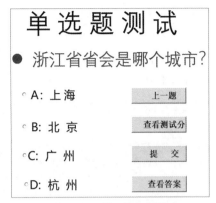

图 4-37 第二张幻灯片

（1）建立一个演示文稿，名称为 PPT_Test.pptx，在里面建立两张幻灯片，分别为 Slide1 和 Slide2。

（2）利用"控件"工具栏，在第一张幻灯片中添加"标签"控件，右击"标签"控件，在弹出的快捷菜单中选择"属性"命令，在弹出的属性对话框中将标签的 Caption 属性为"中国首都是哪个城市？"。

（3）然后添加 4 个"选项按钮"，利用"属性"对话框，将它们的 Caption 属性分别设为："A：上海""B：北京""C：广州""D：杭州"。

（4）接下来，在第一张幻灯片的右边放置 4 个"命令按钮"，用同样的方法，设置 Caption 属性为"开始答题""下一题""提交""查看答案"。

（5）单击打开第 2 张幻灯片，用同样的方法，设置"标签"控件的 Caption 属性为"浙江省省会是哪个城市？"。

（6）和第一张幻灯片一样，添加 4 个"选项按钮"，Caption 属性和第一张幻灯片相同。

（7）和第一张幻灯片一样，添加 4 个"命令按钮"，Caption 属性分别为"上一题""查看测试分""提交""查看答案"。

接下来添加 VBA 代码。在第一张幻灯片中可以逐个双击"命令按钮"，打开 Visual Basic 编辑器代码窗口，下面具体阐述相应的代码。

（1）双击"开始答题"按钮，在打开的代码窗口中输入程序清单 4-16。

程序清单 4-16：

```
1.  Private Sub CommandButton1_Click()
2.  NowSlideNum = 1
3.  OptionButton1.Value = False
4.  OptionButton2.Value = False
5.  OptionButton3.Value = False
6.  OptionButton4.Value = False
7.  End Sub
```

在这个代码中，将所有"选项按钮"的 Value 都设为 False（行 3 到行 6）表示：答题前，所有的选项都为空。在行 2 中，看到将 NowSlideNum 变量赋值为 1，表示当前幻灯片的编号为 1（即第一张幻灯片），这个变量因为在所有幻灯片中都要用到，所以将这个变量设为全局变量。设置方法步骤（2）。

（2）在"工程窗口"中，右击"模块"文件夹，在弹出的快捷菜单中选择"插入"命令，单击"模块"，双击建立的模块，在"模块"代码窗口中输入程序清单 4-17。

程序清单 4-17：

```
' 全局变量: 统计正确个数
Public Right_Count As Integer
' 全局变量: 当前的幻灯片编号
Public NowSlideNum As Integer
```

代码清单4–17中，共有两个变量：Right_Count和NowSlideNum。Right_Count变量表示答题正确的个数，因为这个变量也是所有幻灯片都要用到的，所以也是设为全局变量。

（3）双击"下一题"按钮，在出现的代码窗口内输入程序清单4–18。

程序清单4–18：

```
1.   Private Sub CommandButton2_Click()
2.   '下一题
3.   If MsgBox("是否提交？", vbYesNo + vbQuestion, "下一题") = vbYes Then
4.       With SlideShowWindows(1).View
5.             .GotoSlide NowSlideNum + 1
6.       End With
7.       NowSlideNum = NowSlideNum + 1
8.   End If
9.   OptionButton1.Value = False
10.  OptionButton2.Value = False
11.  OptionButton3.Value = False
12.  OptionButton4.Value = False
13.  End Sub
```

程序清单4–18中，行3到行8表示如果确定需要进行下一题操作，那么行5表示进入到编号为NowSlideNum的幻灯片，行7表示将当前幻灯片编号变量加上1。行9到行10表示将4个"选项按钮"设为空，即没选中任何一个。

（4）接下来，对"提交"按钮双击，输入程序清单4–19。

程序清单4–19：

```
1.   Private Sub CommandButton3_Click()
2.   '提交
3.   If OptionButton2.Value = True Then
4.       Right_Count = Right_Count + 1
5.   End If
6.   End Sub
```

"提交"按钮的功能是统计当前的答案是否正确，如果正确，则行4将"正确个数"变量Right_Count增加1。

（5）双击"查看答案"命令按钮，在打开的代码窗口内输入代码清单4–20。在此代码清单中，利用MsgBox函数，给出提示信息，将正确的答案用弹出对话框显示给用户。

程序清单4–20：

```
Private Sub CommandButton4_Click()
'查看答案
  MsgBox ("正确答案是："B:  北京"")
End Sub
```

至此，将第一张幻灯片上需要编写程序的控件都进行了编写，接下来对第二张幻灯片进行类似的操作，具体步骤不再重复。将程序清单4–21中的代码写在Slide2相应的控件代码中。

程序清单4–21：

```
Private Sub CommandButton1_Click()
'上一题
  If MsgBox("是否提交？", vbYesNo + vbQuestion, "上一题") = vbYes Then
    With SlideShowWindows(1).View
          .GotoSlide NowSlideNum - 1
    End With
```

```
      End If
NowSlideNum = NowSlideNum - 1
End Sub
Private Sub CommandButton2_Click()
'总分按钮
MsgBox "你的总分为: " & Right_Count * 10
End Sub
Private Sub CommandButton3_Click()
'查看答案
    MsgBox ("正确答案是: "D: 杭州"")
End Sub
Private Sub CommandButton4_Click()
 '提交按钮
    If OptionButton4.Value = True Then
        Right_Count = Right_Count + 1
    End If
End Sub
```

以上代码中，用斜体字符表示每一个事件代码的开始和结束，以便于阅读。至此，简单介绍了一些 Office 应用程序的对象和属性，并用实例来给出具体的用法，作为抛砖引玉之用。

第2篇

Office 2016 高级应用案例

◎第 5 章　Word 2016 高级应用案例

◎第 6 章　Excel 2016 高级应用案例

◎第 7 章　PowerPoint 2016 高级应用案例

◎第 8 章　宏与 VBA 高级应用案例

本篇共精选了 14 个不同应用领域的完整案例，其中 Word 案例 4 个，Excel 案例 4 个，PowerPoint 案例 3 个，宏与 VBA 案例 3 个。这些案例均来自学习和工作中有一定代表性和难度的日常事务操作，每个案例均从"问题描述""知识要点""操作步骤""操作提高" 4 个方面进行详细论述，集成度高、操作性强，具有较强的参考性。这些案例从不同侧面反映了 Office 2016 在日常办公事务处理中的重要作用以及使用 Office 的操作技巧，读者可以加以学习和借鉴。

第5章
Word 2016 高级应用案例

本章是 Word 2016 理论知识的实践应用讲解，包含 4 个典型案例，分别是 "Word 2016 高级应用" 学习报告、毕业论文排版、期刊论文排版与审阅和基于邮件合并的批量数据单生成。4 个案例囊括了 Word 2016 的绝大部分重点知识。通过本章的学习，读者能够掌握利用 Word 2016 实现长文档排版的技巧。

5.1 "Word 2016 高级应用" 学习报告

5.1.1 问题描述

同学们学习了 "Word 2016 高级应用" 章节的内容后，任课老师给出了一篇长文档 "Word 2016.docx"，要求同学们按格式进行排版，以总结、应用 Word 2016 的长文档排版技巧。具体要求如下：

（1）调整文档版面，要求页面宽度 20.5 厘米，高度 30 厘米，页边距（上、下、左、右）都为 2 厘米。

（2）章名使用样式 "标题 1"，居中；编号格式为 "第 X 章"，编号和文字之间空一格，字体为 "三号，黑体"，左缩进 0 字符，其中 X 为自动编号，标题格式形如 "第 1 章 ×××"。

（3）节名使用样式 "标题 2"，左对齐；编号格式为多级列表编号（形如 "X.Y"，X 为章序号，Y 为节序号），编号与文字之间空一格，字体为 "四号，隶书"，左缩进 0 字符，其中，X 和 Y 均为自动编号，节格式形如 "1.1 ×××"。

（4）新建样式，名为 "样式 0001"，并应用到正文中除章节标题、表格、表和图的题注外的所有文字。样式 0001 的格式为：中文字体为 "仿宋"，西文字体为 "Times New Roman"，字号为 "小四"；段落格式为左缩进 0 字符，首行缩进 2 字符，1.5 倍行距。

（5）对正文中出现的 "1., 2., 3., …" 编号进行自动编号，编号格式不变；对出现的 "1），2），3），…" 编号进行自动编号，编号格式不变；对第 3 章中出现的 "1），2），3），…" 段落编号重新设置为项目符号，符号为实心的五角星，形如 "★"。

（6）对正文中的图添加题注，位于图下方文字的左侧，居中对齐，并使图居中。标签为 "图"，编号为 "章序号 – 图序号"，例如，第 1 章中的第 1 张图，题注编号为 "图 1–1"。对正文中出现 "如下图所示" 的 "下图" 使用交叉引用，改为 "图 X–Y"，其中 "X–Y" 为图题注的对应编号。

（7）对正文中的表添加题注，位于表上方文字的左侧，居中对齐，并使表居中。标签为 "表"，编号为 "章序号 – 表序号"，例如，第 1 章中的第 1 张表，题注编号为 "表 1–1"。对正文中出现 "如下表所示" 的 "下表" 使用交叉引用，改为 "表 X–Y"，其中 "X–Y" 为表题注的对应编号。

（8）对全文中出现的 "word" 修改为 "Word"，并加粗显示；将全文中的全部 "软回车" 符号（手

扫一扫

视频5–1
Word高级应用
学习报告

动换行符）修改成"硬回车"符号（段落标记）。

（9）对正文中出现的第 1 张表（Word 版本），添加表头行，输入表头内容"时间"及"版本"，将表格制作成"三线表"，外边框线宽 1.5 pt，内边框线宽 0.75 pt。

（10）对正文中的第 3 个图"图 2-2 公司组织结构"，在其右侧插入一个 SmartArt 图，与原图结构、内容完全相同，图形宽度和高度分别设置为 7 厘米和 5 厘米，删除正文中的原图。

（11）将正文"2.6 表格制作"节中"学生成绩表"行下面的文本转换成表格，并设置成图 5-1 所示的表格形式，同时添加表格题注，并实现文本中的表格交叉引用；通过公式计算每个学生的总分及平均分，并保留一位小数，同时，计算每门课程的最高分，最低分，将计算结果保存在相应的表格单元格中。

表 2-1　学生成绩表

学号	姓名	英语 1	计算机	高数	概率统计	体育	总分	平均分
201943885301	曾远善	78	90	82	83	94		
201943885303	庞娟	85	80	79	92	83		
201943885304	王相云	78	90	84	90	92		
201943885306	赵杰武	83	89	83	80	86		
201943885307	陈天浩	76	88	93	79	95		
201943885308	詹元杰	92	83	80	87	92		
201943885309	吴天	82	93	84	83	79		
201943885310	熊招成	86	90	81	77	87		
最大值								
最小值								

图 5-1　表格样式

（12）从正文中的节标题"2.6 表格制作"开始，将本节（包括标题、文本内容、学生成绩表表题注及表格）单独形成一页，本页页面要求横向显示，页边距（上、下、左、右）都为 1 厘米，页眉及页脚均设置为 1 厘米。

（13）将正文中的"学生成绩表"中的 B2:G9 数据用簇状柱形图表示，并自动插入表格下面的空白处，并添加图表标题"学生成绩表"，插入的图表高度设为 6.5 厘米，宽度为默认值。

（14）为全文中所有的"《计算机软件保护条例》"建立引文标记，类别为"法规"。

（15）制作文字水印，水印名称为"Word 2016 高级应用"，字号 40，黑色，斜式。

（16）在正文之前按顺序插入 4 个分节符，分节符类型为"下一页"。每节内容如下：

①第 1 节：目录，文字"目录"使用样式"标题 1"，删除自动编号，居中，自动生成目录项。

②第 2 节：图目录，文字"图目录"使用样式"标题 1"，删除自动编号，居中，自动生成图目录项。

③第 3 节：表目录，文字"表目录"使用样式"标题 1"，删除自动编号，居中，自动生成表目录项。

④第 4 节：引文目录，文字"引文目录"使用样式"标题 1"，删除自动编号，居中，自动生成引文目录项。

（17）添加正文的页眉。对于奇数页，页眉中的文字为"章序号"+"章名"；对于偶数页，页眉中的文字为"节序号"+"节名"。

（18）添加页脚。在页脚中插入页码，居中显示；正文前的页码采用"i, ii, iii, …"格式，页码连续；正文页码采用"1, 2, 3, …"格式，页码从 1 开始，页码连续。更新目录、图目录、表目录和引文目录。

（19）为整个文档插入一个封面"花丝"，并输入文档标题："Word 2016 高级应用学习报告"，日期选择当前日期，并删除封面上其余文本占位符。

（20）以文件名"Word 2016（排版结果）.docx"保存，并另外生成一个同名的 PDF 文档进行保存。

5.1.2　知识要点

（1）布局。

（2）字符格式、段落格式的设置。

（3）样式的建立、修改及应用，章节编号的自动生成，项目符号和编号的使用。

（4）目录、图表目录和引文目录的生成和更新。

（5）题注、交叉引用的使用。

（6）分节的设置。

（7）水印，SmartArt 图形的生成及编辑。

（8）图表生成、表格数据的运算。

（9）页眉、页脚的设置。

（10）域的插入与更新。

（11）文档封面的设置。

5.1.3 操作步骤

1. 文档版面

扫一扫

视频5-2
第1～3题

调整文档整体布局的操作步骤如下：

（1）打开要操作的原始 Word 文档，文件名为"Word 2016.docx"。

（2）单击"布局"选项卡"页面设置"组右下角的对话框启动器按钮，弹出"页面设置"对话框。

（3）在"页面设置"对话框的"页边距"选项卡中，设置页边距的上、下、左、右边距都为"2 厘米"。在"应用于"下拉列表框中选择"整篇文档"，如图 5-2 所示。

（4）在对话框中单击"纸张"选项卡，在纸张大小下拉列表框中选择"自定义大小"，设置纸张宽度为"20.5 厘米"，高度为"30 厘米"。在"应用于"下拉列表中选择"整篇文档"。

（5）单击"确定"按钮，完成页面设置。

图 5-2 "页面设置"对话框

2. 章名和节名标题样式的建立

章名和节名的标题样式可以放在一起进行设置，操作过程主要分为标题样式的建立、修改及应用。标题样式的建立可以利用多级列表结合标题 1 样式和标题 2 样式来实现，详细操作步骤如下：

（1）将光标定位在文档第 1 章所在的标题文本中的任意位置，单击"开始"选项卡"段落"组中的"多级列表"下拉按钮，弹出图 5-3 所示的下拉列表。

（2）选择下拉列表中的"定义新的多级列表"命令，弹出"定义新多级列表"对话框。单击对话框左下角的"更多"按钮，对话框变成如图 5-4 所示。

① 章名标题样式的建立。在"定义新多级列表"对话框中的"单击要修改的级别"列表框中选择"级别"为"1"的项，即用来设定章名标题样式。在"输入编号的格式"文本框中将会自动出现带灰色底纹的数字"1"，即为自动编号，在数字"1"的前面和后面分别输入文字"第"和"章"。若"输入编号的格式"文本框中无自动编号，可在"此级别的编号样式"下拉列表框中选择"1，2，3，…"格式的编号样式。编号对齐方式选择"左对齐"，对齐位置设置为"0 厘米"，文本缩进位置设置为"0 厘米"，在"编号之后"下拉列表框中选择"空格"。在"将级别链接到样式"下拉列表框中选择"标题 1"样式。

② 节名标题样式的建立。在"定义新多级列表"对话框中的"单击要修改的级别"列表框中选择"级别"为"2"的项，即用来设定节名标题样式。在"输入编号的格式"文本框中将自动出现带灰色底纹的数字"1.1"，即为自动编号。若"输入编号的格式"文本框中无自动编号，可先在"包含的级别编号来自"下拉列表框中选择"级别 1"，在"输入编号的格式"文本框中将自动出现带灰色底纹的数字"1"，

在数字"1"的后面输入".",然后在"此级别的编号样式"下拉列表框中选择"1,2,3,…"格式的编号样式即可。编号对齐方式选择"左对齐",对齐位置设置为"0厘米",文本缩进位置设置为"0厘米",在"编号之后"下拉列表框中选择"空格"。在"将级别链接到样式"下拉列表框中选择"标题 2"样式。

图 5-3　下拉列表

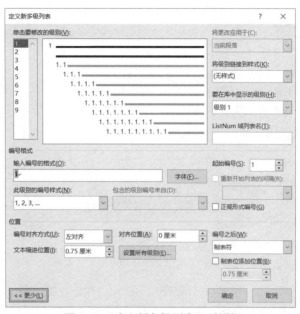

图 5-4　"定义新多级列表"对话框

单击"确定"按钮完成章名、节名标题样式的设置。

需要特别强调的是,章名、节名标题样式设置全部完成后,再单击"确定"按钮退出"定义新多级列表"对话框。

（3）在"开始"选项卡"样式"组中的"快速样式"库中将会出现标题 1 和标题 2 样式,分别形如"第 1 章 标题 1"和"1.1 标题 2",如图 5-5 所示。

图 5-5　标题 1 和标题 2 样式

各级标题的缩进值设置还可以采取以下方法:在"定义新多级列表"对话框中单击"设置所有级别"按钮,弹出"设置所有级别"对话框,如图 5-6 所示,将各级标题设为统一的缩进值,例如"0厘米"。

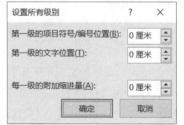

图 5-6　"设置所有级别"对话框

3. 章名和节名标题样式的修改及应用

（1）章名和节名标题样式的修改。设置的章名和节名标题样式还不符合要求,需要进行修改,操作步骤如下:

① 章名标题样式的修改。在"快速样式"库中右击样式"第 1 章标题 1",在弹出的快捷菜单中选择"修改"命令,弹出"修改样式"对话框,如图 5-7 所示。在该对话框中,字体选择"黑体",字号为"三号",单击"居中"按钮。单击对话框左下角的"格式"下拉按钮,在弹出的下拉列表中选择"段落"命令,弹出"段落"对话框,进行段落格式设置,设置左缩进为"0字符"。单击"确定"按钮返回"修改样式"对话框,再单击"确定"按钮完成设置。

② 节名标题样式的修改。在"快速样式"库中右击样式"1.1 标题 2",在弹出的快捷菜单中选择"修改"命令,弹出"修改样式"对话框,如图 5-8 所示。在该对话框中,字体选择"隶书",字号为"四号",单击"左对齐"按钮。单击对话框左下角的"格式"按钮,在弹出的下拉列表中选择"段落"命令,

弹出"段落"对话框，进行段落格式设置，设置左缩进为"0字符"。单击"确定"按钮返回"修改样式"对话框，再单击"确定"按钮完成设置。

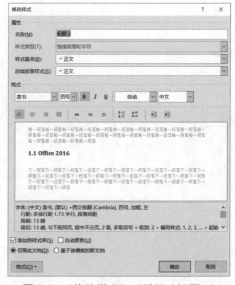

图 5-7 "修改样式"对话框（标题1）　　　　　图 5-8 "修改样式"对话框（标题2）

（2）章名和节名标题样式的应用，操作步骤如下：

① 章名。将光标定位在文档中的章名所在行的任意位置，单击"快速样式"库中的样式"第1章 标题1"，则章名自动设为指定的样式格式，然后删除原有的章名编号。其余章名应用样式的方法类似，也可用"格式刷"进行格式复制实现相应操作。

② 节名。将光标定位在文档中的节名所在行的任意位置，单击"快速样式"库中的样式"1.1 标题2"，则节名自动设为指定的样式格式，然后删除原有的节名编号。其余节名应用样式的方法类似，也可用"格式刷"进行格式复制实现相应操作。

（3）标题样式的显示。在 Word 2016 中，"快速样式"库中的部分样式在使用前是隐藏的，甚至在"样式"窗格中也有可能找不到其样式名称，可以按照下面的操作显示被隐藏的样式，并以修改后的样式格式进行显示。

① 单击"开始"选项卡"样式"组右下角的对话框启动器按钮，打开"样式"窗格。

② 选择窗格底部的"显示预览"复选框，窗格中显示为最新修改过的各个样式。

③ 单击"样式"窗格右下角的"选项"按钮，弹出"样式窗格选项"对话框。在"选择要显示的样式"下拉列表框中选择"所有样式"，如图 5-9 所示，单击"确定"按钮返回。"样式"窗格中将显示 Word 2016 的所有样式，包括修改后的标题样式。

图 5-9 "样式窗格选项"对话框

4. "样式 0001"的建立与应用

（1）新建"样式 0001"，具体操作步骤如下：

① 将光标定位到正文中除各级标题行的正文文本中的任意位置。

② 单击"开始"选项卡"样式"组右下角的对话框启动器按钮，打开"样式"窗格。单击"样式"窗格左下角的"新建样式"按钮，弹出"根据格式化创建新样式"对话框。

③ 在"名称"文本框中输入新样式的名称"样式 0001"。

④ 在"样式类型"下拉列表框中选择"段落"；在"样式基准"下拉列表框中选择"正文"。

····● 扫一扫

视频5-3
第4、5题

⑤ 单击对话框左下角的"格式"下拉按钮，在弹出的下拉列表中选择"字体"命令，弹出"字体"对话框，进行字符格式设置，中文字体为"仿宋"，西文字体为"Times New Roman"，字号为"小四"。设置好字符格式后，单击"确定"按钮返回。

⑥ 单击对话框左下角的"格式"下拉按钮，在弹出的下拉列表中选择"段落"命令，弹出"段落"对话框，进行段落格式设置，左缩进"0字符"，首行缩进"2字符"，行距"1.5倍行距"。设置好段落格式后，单击"确定"按钮返回。

⑦ 在"根据格式化创建新样式"对话框中单击"确定"按钮，"样式"窗格中会显示新创建的样式"样式 0001"。

（2）应用样式"样式 0001"，具体操作步骤如下：

① 将光标定位到正文中除各级标题、表格、表和图的题注的文本中的任意位置，也可以选择所需文字，或同时选择多个段落的文字。

② 单击"开始"选项卡"样式"组右下角的对话框启动器按钮，打开"样式"窗格。

③ 选择"样式 0001"，光标所在段落或选择的文字部分即自动设置为所选样式。

④ 用相同的方法将"样式 0001"应用于正文中的其他段落文字。

注意：正文中的标题（标题 1、标题 2）、表格（表格内数据）、表和图的题注禁止使用定义的样式"样式 0001"。若正文中已有自动编号或项目符号，也不可使用样式"样式 0001"，否则原有自动编号或符号将自动删除。

包括章名、节名标题样式和新建样式"样式 0001"在内，应用样式之后的文档格式如图 5-10 所示。

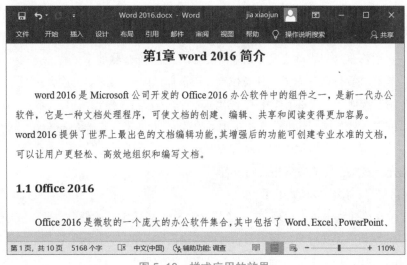

图 5-10　样式应用的效果

5. 编号与项目符号

（1）添加编号，操作步骤如下：

① 将光标定位在正文中第一处出现形如"1.，2.，3.，…"的段落中的任意位置，或选择该段落，或通过按【Ctrl】键加鼠标拖动方式选择要设置自动编号的多个段落，然后单击"开始"选项卡"段落"组中的"编号"下拉按钮，弹出图 5-11 所示的"编号库"下拉列表。

② 选择与正文编号一样的编号类型即可。如果没有格式相同的编号，可选择"定义新编号格式"命令，弹出"定义新编号格式"对话框，如图 5-12 所示，在对话框中设置编号样式、编号格式、对齐方式等。设置好编号格式后单击"确定"按钮。

③ 光标所在段落前面将自动出现编号"1."，其余段落可以通过步骤①和②实现，也可采用"格式刷"进行自动编号格式复制。插入自动编号后，原来文本中的编号需人工删除。

图 5-11 "编号库"下拉列表

图 5-12 "定义新编号格式"对话框

④ 插入自动编号后，编号数字将以递增的方式出现。根据实际需要，当编号在不同的章节出现时，其起始编号应该重新从 1 开始编号，上述方法无法自动更改。若使编号重新从 1 开始，操作方法为：右击该编号，在弹出的快捷菜单中选择"重新开始于 1"命令即可。

注意：在选择多个要插入自动编号的段落插入自动编号后，第一个段落的自动编号可能为"a)"，后面依次为"2.,3.,……"。要将"a)"调整为自动编号"1."，一种简单的操作方法是用格式刷，操作方法为：选择自动编号"2."，单击"格式刷"命令，然后去刷"a)"，"a)"将自动变为"1."。

对于形如"1)，2)，3)，…"的自动编号的设置方法，可参照前述编号"1.，2.，3.，…"的设置方法。

插入自动编号后，编号所在段落的段落缩进格式将自动设置为相应的默认值，例如本题，左缩进为 0.85 厘米，悬挂缩进为 0.74 厘米。与正文的其他段落格式不一样（正文段落格式为左缩进 0 厘米，首行缩进 2 个字符）。可以修改这些段落格式（如果需要的话），操作步骤如下：

① 将插入点定位在要修改的段落中任意位置，或选择该段落，或同时选择多个段落。

② 单击"开始"选项卡"段落"组中右下角的对话框启动器按钮，弹出"段落"格式对话框。

③ 在该对话框中，将缩进的"左侧"文本框中的值改为"0 厘米"，在"特殊格式"下拉列表中选择"首行缩进"，在"磅值"下面的文本框中删除原有值，输入"2 字符"。

④ 单击"确定"按钮，完成段落格式的设置。

（2）添加项目符号，操作步骤如下：

① 将光标定位在第 3 章中首次出现"1)，2)，3)，…"段落编号的任意位置，或选择段落，或通过按【Ctrl】键加鼠标拖动方式选择要设置项目符号的多个段落，单击"开始"选项卡"段落"组中的"项目符号"下拉按钮，弹出图 5-13 所示的"项目符号库"下拉列表。

② 选择所需的项目符号即可。如果没有所需的项目符号，选择"定义新项目符号"命令，弹出"定义新项目符号"对话框，如图 5-14 所示。

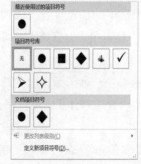

图 5-13 "项目符号库"下拉列表

图 5-14 "定义新项目符号"对话框

③ 单击"定义新项目符号"对话框中的"符号"或"图片"按钮，弹出"符号"对话框或"图片项目符号"对话框，根据需要选择所需的项目符号。这种方法可以将某张图片作为项目符号添加到选择的段落中。本题直接选择实心的五角星"★"，然后单击"确定"按钮。

④ 光标所在段落前面将自动出现项目符号"★"，其余段落可以通过步骤①～步骤③实现，也可采用"格式刷"进行自动添加项目符号。

插入项目符号后，符号所在段落的段落缩进格式将自动设置为相应的默认值，若要修改为与正文其他段落相同的段落格式，其操作步骤可参考自动编号段落格式的修改，在此不再赘述。

6. 图题注与交叉引用

首先要建立图题注，然后才能对其进行交叉引用。

（1）创建图题注，操作步骤如下：

① 将光标定位在文档中第一个图下面一行文字的左侧，单击"引用"选项卡"题注"组中的"插入题注"按钮，弹出"题注"对话框，如图 5-15 所示。

② 在"标签"下拉列表框中选择"图"。若没有标签"图"，可单击"新建标签"按钮，在弹出的"新建标签"对话框中输入标签名称"图"，单击"确定"按钮返回。

③ "题注"文本框中将会出现"图 1"。单击"编号"按钮，弹出"题注编号"对话框。在对话框中选择格式为"1, 2, 3, …"的类型，选择"包含章节号"复选框，在"章节起始样式"下拉列表框中选择"标题 1"，在"使用分隔符"下拉列表框中选择"-（连字符）"，如图 5-16 所示。单击"确定"按钮返回"题注"对话框，"题注"文本框中将自动出现"图 1-1"。

图 5-15　"题注"对话框

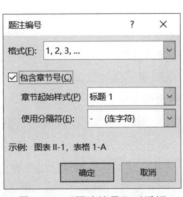

图 5-16　"题注编号"对话框

④ 单击"确定"按钮完成题注的添加，插入点位置将会自动出现"图 1-1"题注编号。选择图题注及图，单击"开始"选项卡"段落"组中的"居中"按钮，实现图题注及图的居中显示。

⑤ 重复步骤①和②，可以插入其他图的题注。或者将第一个图的题注编号"图 1-1"复制到其他图下面一行文字的前面，并通过"更新域"操作实现题注编号的自动更新，即选择题注编号，按【F9】键，或右击并从弹出的快捷菜单中选择"更新域"命令。

插入题注后，题注的字符格式默认为"黑体，10 磅"。若需要，可直接修改其字符格式或用格式刷实现格式修改。

（2）图题注的交叉引用，其操作步骤如下：

① 选择文档中第一个图对应的正文中的"下图"文字并删除。单击"引用"选项卡"题注"组中的"交叉引用"按钮，弹出"交叉引用"对话框。

② 在"引用类型"下拉列表框中选择"图"。在"引用内容"下拉列表框中选择"仅标签和标号"，如图 5-17 所示。在"引用哪一个题注"列表框中选择要引用的题注，

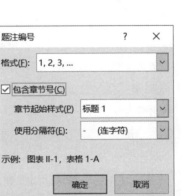

图 5-17　"交叉引用"对话框

扫一扫

视频5-4
第6、7题

单击"插入"按钮。

③选择的题注编号将自动添加到文档中。按照步骤②的方法可实现所有图的交叉引用。插入需要的所有交叉引用题注后单击"关闭"按钮，完成交叉引用的操作。

7. 表题注与交叉引用

首先要建立表题注，然后才能对其进行交叉引用。

（1）创建表题注，操作步骤如下：

①将光标定位在文档中第一张表上面一行文字的左侧，单击"引用"选项卡"题注"组中的"插入题注"按钮，弹出"题注"对话框。

②在"标签"下拉列表框中选择"表"。若没有标签"表"，可单击"新建标签"按钮，在弹出的"新建标签"对话框中输入标签名称"表"，单击"确定"按钮返回。

③"题注"文本框中将会出现"表 1"。单击"编号"按钮，将弹出"题注编号"对话框。在"题注编号"对话框中选择"格式"为"1, 2, 3, …"的类型，选择"包含章节号"复选框，在"章节起始样式"下拉列表框中选择"标题 1"，在"使用分隔符"下拉列表框中选择"–（连字符）"。单击"确定"按钮返回"题注"对话框，"题注"文本框中将自动出现"表 1–1"。

④单击"确定"按钮完成表题注的添加，插入点位置将会自动出现"表 1–1"题注编号。单击"居中"按钮，实现表题注的居中显示。右击表格的任意单元格，在弹出的快捷菜单中选择"表格属性"命令，弹出"表格属性"对话框，选择"表格"选项卡中的"居中"对齐方式，单击"确定"按钮完成表格居中设置。

⑤重复步骤①和②，可以插入其他表的题注。或者将第一个表的题注编号"表 1–1"复制到其他表上面一行文字的前面，并通过"更新域"操作实现题注编号的自动更新。

（2）表题注的交叉引用，其操作步骤如下：

①选择第一张表对应的正文中的"下表"文字并删除。单击"引用"选项卡"题注"组中的"交叉引用"按钮，弹出"交叉引用"对话框。

②在"引用类型"下拉列表框中选择"表"，在"引用内容"下拉列表框中选择"仅标签和标号"，在"引用哪一个题注"列表框中选择要引用的题注，单击"插入"按钮。

③选择的题注编号将自动添加到文档中。按照步骤②的方法可实现所有表的交叉引用。插入需要的所有交叉引用题注后单击"关闭"按钮，完成表的交叉引用的操作。

8. 查找与替换

本题利用"查找与替换"功能实现相关操作，操作步骤如下：

（1）将光标定位于正文中的任意位置，单击"开始"选项卡"编辑"组中的"替换"按钮，弹出"查找和替换"对话框，如图 5–18（a）所示。

（2）在"查找内容"下拉列表框中输入查找的内容"word"，在"替换为"下拉列表框中输入目标内容"Word"。

（3）单击对话框左下角的"更多"按钮，弹出更多选项。将光标定位于"替换为"下拉列表框中的任意位置，也可选择其中的内容。

（4）单击对话框左下角的"格式"按钮，在弹出的下拉列表中选择"字体"命令，弹出"字体"对话框，选择字形为"加粗"，单击"确定"按钮返回"查找和替换"对话框。

（5）单击"全部替换"按钮，出现图 5–18（b）所示的提示对话框，单击"确定"按钮完成全文中的"word"替换操作。

（6）删除"查找内容"下拉列表框中的内容，单击对话框底部的"特殊格式"下拉按钮，在弹出的

● 扫一扫

视频5–5
第8、9题

下拉列表中选择"手动换行符",下拉列表框中将自动出现"^l",或者直接在下拉列表框中输入"^l",其中,"l"为小写字母。

（7）删除"替换为"下拉列表框中的内容,并单击对话框底部"不限定格式"按钮,取消格式设置,单击对话框底部的"特殊格式"下拉按钮,在弹出的下拉列表中选择"段落标记",下拉列表框中将自动出现"^p",或者直接在下拉列表框中输入"^p",如图 5-18（c）所示。

（8）单击"全部替换"按钮,弹出图 5-18（d）所示的提示对话框,单击"确定"按钮完成全文中的手动换行符替换操作。

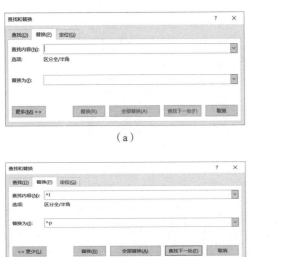

（a）

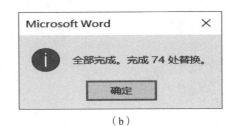

（b）

（c）

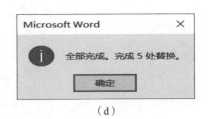

（d）

图 5-18　查找和替换

（9）单击"查找和替换"对话框中的"取消"或"关闭"按钮,将退出"查找和替换"对话框。

9. 表格设置

本题实现表格行的增加及表格边框线的格式设置,操作步骤如下:

（1）将光标定位在"表 1-1 Word 版本"表格第一行中的任意单元格中,或选择表格第一行。单击"表格工具/布局"选项卡"行和列"组中的"在上方插入"按钮,将在表格第一行的上方自动插入一个空白行。

（2）分别在第一行的左、右单元格中输入表头内容"时间"和"版本"。

（3）将光标定位于表格的任意单元格中,或选择整个表格,也可以单击出现在表格左上角的按钮 ⊞ 选择整个表格。单击"表格工具/设计"选项卡"边框"组中的"边框"按钮的下拉按钮,从弹出的下拉列表中选择"边框和底纹"命令,弹出"边框和底纹"对话框。或者单击"边框"组右下角的对话框启动器按钮也可打开该对话框。

（4）在"设置"栏中选择"自定义",在"宽度"下拉列表框中选择"1.5 磅",在"预览"栏的表格中,将显示表格的所有边框线。直接双击表格的 3 条竖线及表格内部的横线以去掉所对应的边框线,即仅剩下表格的上边线和下边线。在表格剩下的上边线及下边线上单击,表格的上下边线将自动设置为对应的边框线格式。在"应用于"下拉列表框中选择"表格",如图 5-19（a）所示。

（5）单击"确定"按钮，表格将变成图 5-19（b）所示的样式。

（6）选择表格的第 1 行，按前述步骤进入"边框和底纹"对话框，单击"自定义"，在"宽度"下拉列表框中选择"0.75 磅"，在"预览"栏的表格中直接单击表格的下边线。"预览"栏中的表格样式如图 5-19（c）所示。在"应用于"下拉列表框中选择"单元格"。

（7）单击"确定"按钮，表格将变成图 5-19（d）所示的排版结果。

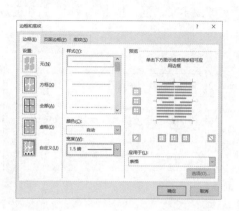

（a）

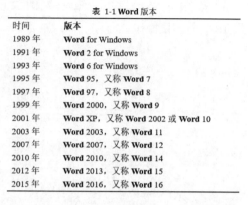

表 1-1 **Word** 版本

时间	版本
1989 年	**Word** for Windows
1991 年	**Word** 2 for Windows
1993 年	**Word** 6 for Windows
1995 年	**Word** 95，又称 **Word** 7
1997 年	**Word** 97，又称 **Word** 8
1999 年	**Word** 2000，又称 **Word** 9
2001 年	**Word** XP，又称 **Word** 2002 或 **Word** 10
2003 年	**Word** 2003，又称 **Word** 11
2007 年	**Word** 2007，又称 **Word** 12
2010 年	**Word** 2010，又称 **Word** 14
2012 年	**Word** 2013，又称 **Word** 15
2015 年	**Word** 2016，又称 **Word** 16

（b）

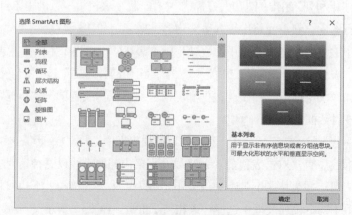

（c）

表 1-1 **Word** 版本

时间	版本
1989 年	**Word** for Windows
1991 年	**Word** 2 for Windows
1993 年	**Word** 6 for Windows
1995 年	**Word** 95，又称 **Word** 7
1997 年	**Word** 97，又称 **Word** 8
1999 年	**Word** 2000，又称 **Word** 9
2001 年	**Word** XP，又称 **Word** 2002 或 **Word** 10
2003 年	**Word** 2003，又称 **Word** 11
2007 年	**Word** 2007，又称 **Word** 12
2010 年	**Word** 2010，又称 **Word** 14
2012 年	**Word** 2013，又称 **Word** 15
2015 年	**Word** 2016，又称 **Word** 16

（d）

图 5-19 边框设置

10. SmartArt 图形

插入及编辑 SmartArt 图形的操作步骤如下：

（1）将光标定位在文档中"图 2-2 公司组织结构"图形的右侧，单击"插入"选项卡"插图"组中的"SmartArt"按钮，弹出"选择 SmartArt 图形"对话框，如图 5-20 所示。

扫一扫

视频5-6
第10题

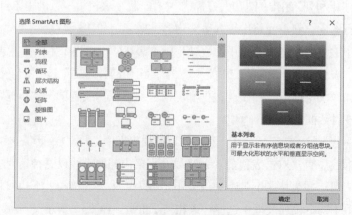

图 5-20 "选择 SmartArt 图形"对话框

（2）在对话框左边的列表中选择"层次结构"，然后在右边窗格中选择图形样式"组织结构图"。

（3）单击"确定"按钮，在光标处将自动插入一个基本组织结构图。

（4）在各个文本框中直接输入相应的文字，如图 5-21（a）所示。

（5）选择"项目总监"所在的文本框，单击"SmartArt 工具 / 设计"选项卡"创建图形"组中的"添加形状"下拉按钮，在弹出的下拉列表中选择"在下方添加形状"命令，将在"项目总监"文本框的下方自动添加一个文本框，输入文字"规划部"。单击"项目总监"文本框与"规划部"文本框之间的连接线，再单击"SmartArt 工具 / 设计"选项卡"创建图形"组中的"布局"下拉按钮，从下拉列表中选择"标准"命令。

（6）选择"技术总监"文本框，单击"创建图形"组中的"添加形状"下拉按钮，在弹出的下拉列表中选择"在下方添加形状"命令，将在"技术总监"文本框的下方添加一个文本框，输入文字"方案执行部"即可。重复此步骤，可在"方案执行部"文本框的后面添加"技术支持部"文本框。设置时，方向选择"在后面添加形状"。

（7）按照上述操作方法，可以将"政府事业"文本框与"企业"文本框添加进去。

（8）右击 SmartArt 图形的边框，在弹出的快捷菜单中选择"其他布局选项"命令，弹出"布局"对话框。切换到"大小"选项卡，在高度和宽度处分别输入"5 厘米"和"7 厘米"，单击"确定"按钮，完成 SmartArt 图形的创建，如图 5-21（b）所示。

（9）选择文档中的原图，按【Delete】键删除。

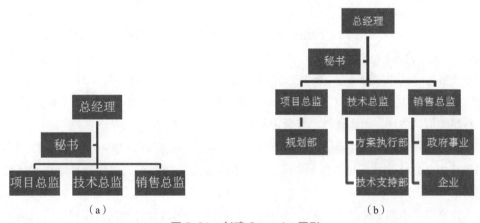

图 5-21　创建 SmartArt 图形

11. 表格制作与计算

本题实现 Word 2016 表格的制作以及表格内数据的计算，分为两个大的操作步骤，首先实现表格的制作，然后进行表格数据计算。

（1）表格制作的操作步骤如下：

① 拖动鼠标，选择要转换成表格数据的文本，但文本"学生成绩表"所在行不要选择。单击"插入"选项卡"表格"组中的"表格"下拉按钮，在弹出的下拉列表中选择"文本转换成表格"命令，弹出"将文字转换成表格"对话框，如图 5-22 所示。

② 在该对话框中，表格的行、列数根据选择的文本数据自动出现；选择"根据内容调整表格"单选按钮，使表格各列列宽根据数据长度自动调整；文字分隔位置将自动选择，也可以根据数据分隔符进行选择。单击"确定"按钮，将自动生成一个 11 行 ×9 列的表格。

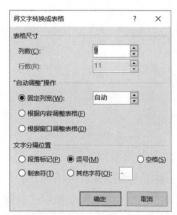

图 5-22　"将文字转换成表格"对话框

扫一扫

视频5-7
第11题

③ 生成的表格默认状态下处于选择状态（选择表格），单击"开始"选项卡"段落"组中的"居中"按钮，整个表格将水平居中。

④ 单击表格左上角第一个单元格，然后拖动鼠标直到右下角最后一个单元格，表示选择了表格内的所有单元格的数据，单击"开始"选项卡"段落"组中的"居中"按钮，实现表格内各个单元格中数据的水平居中。

⑤ 拖动鼠标，选择 A10 和 B10 两个单元格并右击，在弹出的快捷菜单中选择"合并单元格"命令，实现两个单元格的合并。按照相同方法，可以实现将 A11 和 B11 合并成一个单元格，区域 H10:I11 合并成一个单元格。

⑥ 将光标定位在表格上方一行文本的左侧，即文本"学生成绩表"的左侧。按照"插入题注"的操作步骤，插入题注并将该行居中显示，然后在文档中的相应位置交叉引用此表格题注。

（2）表格中数据的计算，其操作步骤如下：

① 将光标定位在文档中"表 2-1 学生成绩表"第 1 条记录"总分"字段下面的单元格中，单击"表格工具 / 布局"选项卡"数据"组中的"公式"按钮，弹出"公式"对话框。

② 在"公式"文本框中已经显示出所需的公式"=SUM(LEFT)"，表示对光标左侧的所有数值型单元格数据求和。在"编号格式"下拉列表框中输入"0.0"，如图 5-23 所示。单击"确定"按钮，目标单元格中将出现计算结果"427.0"。在"公式"文本框中还可以输入公式"=C2+D2+E2+F2+G2"或"=SUM(C2,D2,E2,F2,G2)"或"=SUM(C2:G2)"，都可以得到相同的结果。按照类似的方法，可以计算出其余记录的"总分"列值。

③ 将光标定位于"平均分"字段下面的第 1 个单元格中，单击"数据"组中的"公式"按钮，弹出"公式"对话框。输入公式"=H2/5"，在"编号格式"下拉列表框中输入"0.0"，单击"确定"按钮，目标单元格中将出现计算结果"85.4"。在"公式"文本框中还可以输入公式"=(C2+D2+E2+F2+G2)/5"或"=SUM(C2,D2,E2,F2,G2)/5"或"=SUM(C2:G2)/5"或者用求平均值函数 AVERAGE 来实现，得到的结果均相同。按照类似的方法，可以计算出其余记录的"平均分"列值。

④ 将光标定位于"最大值"右侧的第 1 个单元格中，单击"数据"组中的"公式"按钮，弹出"公式"对话框。删除其中的默认公式，输入等号"="，在"粘贴函数"下拉列表框中选择函数"MAX"，然后在函数后面的括号中输入"ABOVE"，或者输入"C2,C3,C4,C5,C6,C7,C8,C9"或"C2:C9"，单击"确定"按钮，目标单元格中将出现计算结果"92"。按照类似的方法，可以计算出其余课程对应的最大值。

⑤ 最小值的计算方法类似于最大值，只不过选择的函数名为"MIN"。操作方法参照步骤④。

⑥ 表格数据的计算的结果如图 5-24 所示。

图 5-23 "公式"对话框

表 2-1 学生成绩表

学号	姓名	英语1	计算机	高数	概率统计	体育	总分	平均分
201943885301	曾远善	78	90	82	83	94	427.0	85.4
201943885303	庞娟	85	80	79	92	83	419.0	83.8
201943885304	王相云	78	90	84	90	92	434.0	86.8
201943885306	赵杰武	83	89	83	80	86	421.0	84.2
201943885307	陈天浩	76	88	93	79	95	431.0	86.2
201943885308	詹元杰	92	83	80	87	92	434.0	86.8
201943885309	吴天	82	93	84	83	79	421.0	84.2
201943885310	熊招成	86	90	81	77	87	421.0	84.2
最大值		92	93	93	92	95		
最小值		76	80	79	77	79		

图 5-24 表格计算结果

扫一扫

视频 5-8
第12、13题

12. 单页设置

本题可利用分节符结合页面设置功能来实现，操作步骤如下：

（1）光标定位在文档中节标题"2.6 表格制作"的段首，由于"2.6"为自动编号，光标只能定位在文本"表格制作"的前面，或者选中编号。单击"布局"选项卡"页面设置"组中的"分隔符"下拉按钮，在弹出的下拉列表中选择"分节符 / 下一页"命令，"2.6 表格制作"（包含）开始的文档将在下一页中显示。

（2）将光标定位在表格后面的段落的段首，例如本例，可定位在文本"第 3 章 Word 2016 的特点"的前面，由于"第 3 章"为自动编号，光标只能定位在文本"Word 2016 的特点"的前面或者选中这个编号，再单击"布局"选项卡"页面设置"组中的"分隔符"下拉按钮，在弹出的下拉列表中选择"分节符 / 下一页"命令，光标后面的文本将在下一页中显示。

（3）将光标定位在表格所在页的任意位置，单击"布局"选项卡"页面设置"组中右下角的对话框启动器按钮，弹出"页面设置"对话框，选择"页边距"选项卡。

（4）在对话框中设置页面的上、下、左、右页边距均为"1 厘米"，纸张方向选择"横向"。选择"版式"选项卡，页眉和页脚的边距均设置为"1 厘米"，在"应用于"下拉列表框中选择"本节"。单击"确定"按钮。完成设置后的效果如图 5-25 所示。

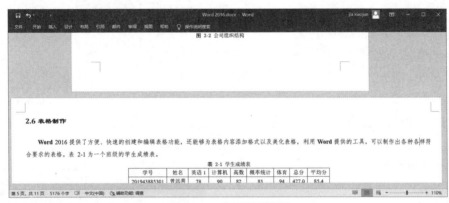

图 5-25　单页设置效果

13. 制作图表

本题实现将表格的目标数据制作成图表的形式进行显示，操作步骤如下：

（1）将光标定位在表格下面的空白处，必须位于【Enter】键的前面（若无空白行，可先按【Enter】键产生空行）表示与表格处于同一节中。单击"插入"选项卡"插图"组中的"图表"命令，弹出"插入图表"对话框，如图 5-26（a）所示。

（2）在对话框的左侧列表框中选择"柱形图"，在对话框右侧列表框中选择"簇状柱形图"，单击"确定"按钮。在插入点处将自动生成一个图表，如图 5-26（b）所示，图表数据来自于一个 Excel 文件，该 Excel 文件被自动启动并由系统提供初始数据，如图 5-27 所示。

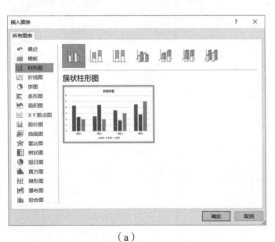

（a）

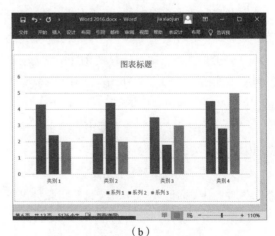

（b）

图 5-26　插入图表

（3）选择自动产生的图表，单击"开始"选项卡"段落"组中的"居中"按钮，使图表居中显示。

（4）修改图 5-27 所示的 Excel 表格中的数据，以显示目标数据。拖动鼠标，选择"学生成绩表"表中的数据区域 B2:B9，按【Ctrl+C】组合键进行复制，也可用其他方法进行复制。

（5）单击 Excel 中的单元格 A2，即"类别 1"所在的单元格，按【Ctrl+V】组合键进行粘贴，也可用其他方法实现粘贴。在弹出的对话框中单击"确定"按钮，实现将选择的姓名列复制到 Excel 中的类别列操作。

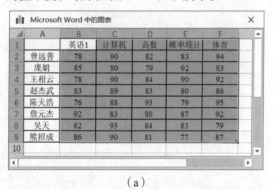

图 5-27　Excel 数据

（6）拖动鼠标，选择"学生成绩表"表中的数据区域 C1:G9，按【Ctrl+C】组合键进行复制。单击 Excel 中的单元格 B1，即"序列 1"所在的单元格，按【Ctrl+V】组合键进行粘贴。Excel 中的数据区域即为目标数据，如图 5-28（a）所示。

（7）Word 中的图表将自动调整为 Excel 中的数据所对应的图表。

（8）选择图表，单击"图表格工具 / 设计"选项卡"图表布局"组中的"添加图表元素"下拉按钮，在弹出的下拉列表中选择"图表标题"中的"图表上方"命令，在图表的上方将自动插入一个图表标题文本框，删除文本框中的信息，输入"学生成绩表"。若有标题框可直接单击该标题框，然后输入图表标题。选择"格式"选项卡"大小"组中的"高度"文本框，将文本框中的值修改为"6.5 厘米"，宽度文本框的值不变，结果如图 5-28（b）所示。

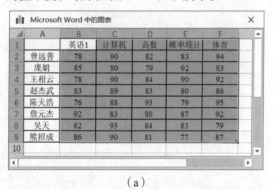

（a）

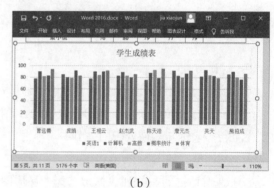

（b）

图 5-28　Excel 数据及 Word 图表

14. 引文标记

视频5-9
第14、15题

本题将实现为全文中的"《计算机软件保护条例》"建立引文标记，其操作步骤如下：

（1）在文档的正文中选择要创建引文标记的文本"《计算机软件保护条例》"（选择一个即可）。单击"引用"选项卡"引文目录"组中的"标记引文"按钮，弹出"标记引文"对话框，如图 5-29 所示。

（2）在"所选文字"列表框中将显示选择的文本，在"类别"下拉列表框中选择引文的类别为"法规"。

（3）单击"标记全部"按钮，文档中所有的"《计算机软件保护条例》"将自动加上引文标记"{ TA \s "《计算机软件保护条例》"}"。

（4）单击"关闭"按钮完成标记引文的操作。

（5）单击"开始"选项卡"段落"组中的"显示 / 隐藏编辑标记"按钮，用来隐藏引文标记。再次单击，可显示引文标记。

图 5-29　"标记引文"对话框

15. 制作水印

制作水印的具体操作步骤如下：

（1）单击"设计"选项卡"页面背景"组中的"水印"下拉按钮，在弹出的下拉列表中选择"自定义水印"命令，弹出"水印"对话框，如图 5-30（a）所示。

（2）在该对话框中，选择"文字水印"单选按钮，在"文字"下拉列表框中输入文字"Word 2016 高级应用"。字号选择 40，颜色选择"黑色"，版式选择"斜式"，其余默认。

（3）单击"确定"按钮，完成水印设置。图 5-30（b）所示为插入文字水印后的效果。

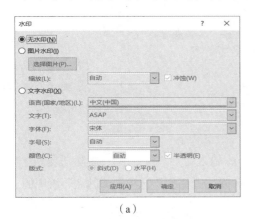
（a）

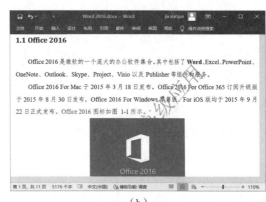
（b）

图 5-30　水印及操作结果

16. 建立目录、图表目录和引文目录

（1）分节，在文档中插入分节符，具体操作步骤如下：

① 将光标定位在正文的最前面。

② 单击"布局"选项卡"页面设置"组中的"分隔符"下拉按钮，在弹出的下拉列表中的"分节符类型"中选择"下一页"，完成一节的插入。

③ 重复此操作，插入另外 3 个分节符。

扫一扫 •

视频5-10
第16题

（2）生成目录，具体操作步骤如下：

① 将光标定位在要插入目录的第 1 行（插入的第 1 节位置），输入文字"目录"，删除"目录"前的章编号，居中显示。将插入点定位在"目录"文字的右侧，单击"引用"选项卡"目录"组中的"目录"下拉按钮，在弹出的下拉列表中选择"自定义目录"命令，弹出"目录"对话框，如图 5-31 所示。

② 在该对话框中确定目录显示的格式及级别，例如"显示页码""页码右对齐""制表符前导符""格式""显示级别"等，或选择默认值。

③ 单击"确定"按钮，完成创建目录的操作。

（3）生成图目录，操作步骤如下：

① 将光标移到要建立图目录的位置（插入的第 2 节位置），输入文字"图目录"，删除"图目录"前的章编号，居中显示。将插入点定位在"图目录"文字的右侧，单击"引用"选项卡"题注"组中的"插入表目录"按钮，弹出"图表目录"对话框，如图 5-32 所示。

② 在"题注标签"下拉列表框中选择"图"题注标签类型。

③ 在"图表目录"对话框中还可以对其他选项进行设置，例如"显示页码""页码右对齐""格式"等，与目录设置方法类似。

④ 单击"确定"按钮，完成图目录的创建。

图 5-31 "目录"对话框

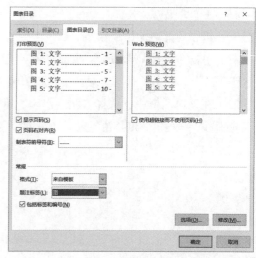

图 5-32 "图表目录"对话框

（4）生成表目录，操作步骤如下：

① 将光标移到要建立表目录的位置（插入的第 3 节位置），输入文字"表目录"，删除"表目录"前的章编号，居中显示。将插入点定位在"表目录"文字的右侧，单击"引用"选项卡"题注"组中的"插入表目录"按钮，弹出"图表目录"对话框。

② 在"题注标签"下拉列表框中选择"表"题注标签类型。

③ 在"图表目录"对话框中还可以对其他选项进行设置，例如"显示页码""页码右对齐""格式"等，与目录设置方法类似。

④ 单击"确定"按钮，完成表目录的创建。

（5）生成引文目录，操作步骤如下：

① 将光标移到要建立引文目录的位置（插入的第 4 节位置），输入文字"引文目录"，删除"引文目录"前的章编号，居中显示。将插入点定位在"引文目录"文字的右侧，按【Enter】键换行，然后单击"引用"选项卡"引文目录"组中的"插入引文目录"按钮，弹出"引文目录"对话框，如图 5-33 所示。

② 对话框中的各个参数取默认值。

③ 单击"确定"按钮，完成引文目录的创建，创建效果如图 5-34 所示。

图 5-33 "引文目录"对话框

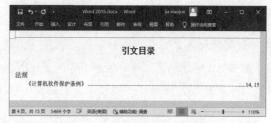

图 5-34 "引文目录"排版效果

扫一扫

视频5-11
第17题

17. 页眉

页眉设置包括正文前（目录、图表目录及引文目录）的页眉设置和正文页眉设置。本题不包括正文前的页眉设置，直接设置正文的页眉，具体操作步骤如下：

（1）将光标定位在正文部分的首页，即"第1章"所在页，单击"插入"选项卡"页眉和页脚"组中的"页眉"下拉按钮，在弹出的下拉列表中选择"编辑页眉"命令。

（2）进入"页眉和页脚"编辑状态，同时显示"页眉和页脚工具 / 设计"选项卡。选择"选项"组中的"奇偶页不同"复选框。或单击"布局"选项卡"页面设置"组中右下角的对话框启动器按钮，弹出"页面设置"对话框。选择"版式"选项卡，在"页眉和页脚"栏选择"奇偶页不同"复选框，在"应用于"下拉列表中选择"整篇文档"，单击"确定"按钮。

（3）将光标定位到正文第一页页眉处，即奇数页页眉处，单击"页眉和页脚工具 / 设计"选项卡"导航"组中的"链接到前一节"按钮，取消与前一奇数页眉的链接关系（若该按钮无底纹，表示无链接关系，否则一定要单击，表示去掉链接），然后删除页眉中的原有内容（如果有）。

（4）单击"插入"选项卡"文本"组中的"文档部件"下拉按钮，在弹出的下拉列表中选择"域"命令，将弹出"域"对话框，如图 5-35 所示。

图 5-35 "域"对话框

（5）在"域名"列表框中选择"StyleRef"，在"样式名"列表框中选择"标题1"，选择"插入段落编号"复选框。单击"确定"按钮，在页眉中将自动添加章序号。

（6）输入一个空格。用同样的方法打开"域"对话框。在"域名"列表框中选择"StyleRef"，在"样式名"列表框中选择"标题1"。若选择了"插入段落编号"，则再次单击复选框以去掉"插入段落编号"。选择"插入段落位置"复选框，单击"确定"按钮，实现在页眉中添加章名。

（7）按【Ctrl+E】组合键，使页眉中的文字居中显示，或者直接单击"开始"选项卡"段落"组中的"居中"按钮。

（8）将光标定位到正文第 2 页页眉处，即偶数页页眉处，单击"页眉和页脚工具 / 设计"选项卡"导航"组中的"链接到前一节"按钮，取消与前一偶数页页眉的链接关系。用上述方法添加页眉，不同的是在"域"对话框中的"样式名"列表框中选择"标题2"。

（9）偶数页页眉设置后，双击非页眉和页脚区域，即可退出页眉和页脚编辑环境。或单击"页眉和页脚工具 / 设计"选项卡"关闭"组中的"关闭页眉和页脚"按钮，完成本题操作。

18. 页脚

文档页脚的内容通常是页码，实际上就是如何生成页码的过程。页脚设置包括正文前（目录、图表目录及引文目录）的页码生成和正文的页码生成。

（1）正文前页码的生成，操作步骤如下：

扫一扫

视频5-12
第18题

① 进入"页眉和页脚"编辑环境，并将光标定位在目录所在页的页脚处，单击"页眉和页脚工具／设计"选项卡"页眉和页脚"组中的"页码"下拉按钮，在弹出的下拉列表中选择"页面底端"中的"普通数字 2"命令，页脚中将会自动插入形如"1, 2, 3, …"的页码格式，并自动为居中显示。或单击"插入"选项卡"页眉和页脚"组中的"页码"下拉按钮，在弹出的下拉列表中选择"页面底端"中的"普通数字 2"命令，也可实现。

② 右击插入的页码，在弹出的快捷菜单中选择"设置页码格式"命令，弹出"页码格式"对话框，设置编号格式为"i, ii, iii, …"，起始页码为"i"，如图 5-36 所示，单击"确定"按钮。或单击"页眉和页脚工具／设计"选项卡"页眉和页脚"组中的"页码"下拉按钮，在弹出的下拉列表中选择"设置页码格式"，也会弹出"页码格式"对话框。

③ 由于文档中插入了分节符，而且设置为奇偶页不同，所以步骤②仅仅实现了当前分节符中奇数页页脚格式的设置，还需要设置偶数页及不同节的页脚格式。将插入点定位在偶数页脚中重复步骤②操作，可实现偶数页页脚的设置。对于其他节的页脚，其格式默认为"1, 2, 3, …"，可以按照步骤②的操作将其页码格式修改为指定格式。需要注意，在"页码格式"对话框的"页码编号"栏中必须选择"续前节"单项按钮，以保证正文前的页码连续。

（2）正文页码的生成，操作步骤如下：

① 将光标定位在正文"第 1 章"所在页的页脚处，单击"页眉和页脚工具／设计"选项卡"导航"组中的"链接到前一节"按钮，取消与前一节页脚的链接。

② 右击插入的页码，在弹出的快捷菜单中选择"设置页码格式"命令，出现"页码格式"对话框，设置编号格式为"1, 2, 3, …"，起始页码为"1"，单击"确定"按钮。或单击"页眉和页脚工具／设计"选项卡"页眉和页脚"组中的"页码"下拉按钮，在弹出的下拉列表选择"设置页码格式"命令，也会弹出"页码格式"对话框。

③ 查看每一节的起始页码是否与前一节连续，否则，在"页码格式"对话框的"页码编号"栏中必须选择"续前节"单项按钮，以保证正文的页码连续。

（3）更新目录、图表目录和引文目录

① 右击目录中的任意位置，在弹出的快捷菜单中选择"更新域"命令，弹出"更新目录"对话框，如图 5-37 所示，选择"更新整个目录"单选按钮，单击"确定"按钮完成目录的更新。

② 重复步骤①的操作，可以更新图表目录和引文目录。

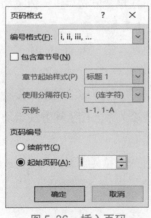

图 5-36　插入页码

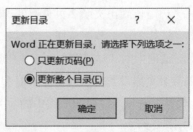

图 5-37　"更新目录"对话框

扫一扫

视频5-13
第19、20题

19. 文档封面

为现有文档添加文档封面的操作步骤如下：

（1）单击"插入"选项卡"页面"组中的"封面"下拉按钮。

（2）在弹出的下拉列表中选择一个文档封面样式，本题选择"花丝"。该封面将自动被插入到文档的第一页中，现有的文档内容会自动后移一页。

（3）将封面的"标题"文本框中的内容修改为"Word 2016 高级应用学习报告"，在"日期"下拉列表中选择"今日"。

（4）分别选择副标题及文本框，公司标签及文本框，作者标签及文本框，按【Delete】键删除。

20. 保存文档及生成 PDF 文件

将当前完成编辑的文档另存为指定文档及生成 PDF 文件的操作步骤如下：

（1）单击"文件"选项卡，在弹出的下拉列表中选择"另存为"命令，出现"另存为"界面。单击"浏览"按钮，弹出"另存为"对话框。

（2）在该对话框中，通过左侧的列表确定文件保存的位置，在文件名文本框中输入要保存的文件名"Word 2016(排版结果)"，在保存类型的下拉列表框中选择"Word 文档 (*.docx)"。

（3）单击"保存"按钮，当前文档将以指定的文档名并以 Word 文件格式保存。

（4）重复前面的操作，在"另存为"对话框中，在保存类型的下拉列表框中选择"PDF(*.pdf)"。当前文档将以 PDF 文件格式保存，并在 PDF 应用程序中被自动打开。

21. 排版效果

文档排版结束后，其部分效果如图 5-38 所示。

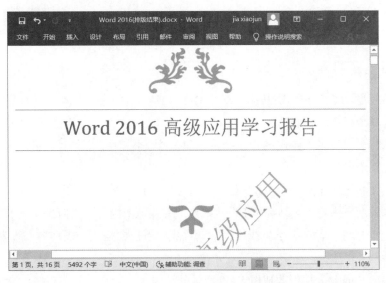

（a）文档封面

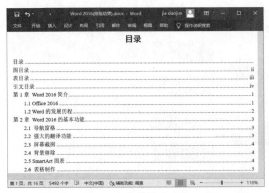

（b）目录

（c）图目录

图 5-38　排版效果

（d）表目录

（e）引文目录

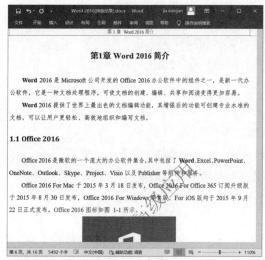

（f）标题与内容

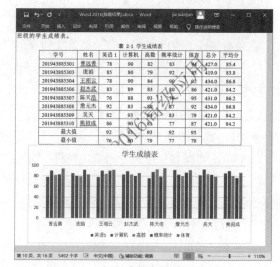

（g）表格与图表

图 5-38　排版效果（续）

5.1.4　操作提高

（1）修改一级标题（章名）样式：从第 1 章开始自动编号，小二号，黑体，加粗，段前 1 行，段后 1 行，单倍行距，左缩进 0 个字符，居中对齐。

（2）修改二级标题（节名）样式：从 1.1 开始自动编号，小三号，黑体，加粗，段前 1 行，段后 1 行，单倍行距，左缩进 0 个字符，左对齐。

（3）将第 1 章 1.1 节的内容（不包括标题）分成两栏显示，选项采用默认值。

（4）将第 1 章的所有内容（包括标题）分为一节，并使该节内容以横向方式显示。

（5）设置表边框，将"表 2-1 学生成绩表"设置成以下边框格式：表格为三线表，外边框为双线，1.5 pt，内边框为单线，0.75 pt。

（6）将文档中的 SmartArt 图形改成图 5-39 所示的结构。

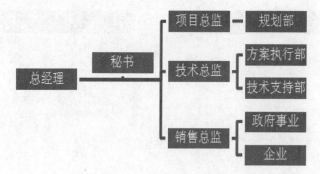

图 5-39　公司的组织结构图

（7）将全文中的"Office 2016"改为加粗显示。

（8）将全文中的"Office 2016"添加一个"协议"引文标记，并更新引文目录。

（9）启动修订功能，删除文档中最末一页的最后一段文本。

5.2　毕业论文排版

5.2.1　问题描述

毕业论文设计是高等教育教学过程中的一个重要环节，论文格式排版是毕业论文设计中的重要组成部分，是每位大学毕业生应该掌握的文档基本操作技能。毕业论文的整体结构主要分成以下几大部分：封面、中文摘要、英文摘要、目录、正文、结论、致谢、参考文献。毕业论文格式的基本要求是：封面无页码，格式固定；中文摘要至正文前的页面有页码，用罗马数字连续表示；正文部分的页码用阿拉伯数字连续表示；正文中的章节编号自动排序；图、表题注自动更新生成；参考文献用自动编号的形式按引用次序给出；等等。

扫一扫

视频5–14
毕业论文排版

通过本节的学习，使读者对毕业论文的排版有一个整体的认识，并掌握长文档的高级排版技巧，为后期毕业论文的撰写及排版做准备，也为将来的工作需要奠定长文档操作技能基础。毕业论文的排版要求详细介绍如下：

1.　整体布局

采用 A4 纸，设置上、下、左、右页边距分别为 2 厘米、2 厘米、2.5 厘米、2 厘米；页眉和页脚距边界均为 1.5 厘米。

2.　分节

论文的封面、中文摘要、英文摘要、正文各章、结论、致谢和参考文献分别进行分节处理，每部分内容单独为一节，并且每节从奇数页开始。

3.　正文格式

正文是指从第 1 章开始的论文文档内容，排版格式包括以下几方面内容。

（1）一级，二级和三级标题样式，具体要求如下：

① 一级标题（章名）使用样式"标题 1"，居中；编号格式为"第 X 章"，编号和文字之间空一格，字体为"三号，黑体"，左缩进 0 字符，段前 1 行，段后 1 行，单倍行距，其中 X 为自动编号，标题格式形如"第 1 章 ×××"。

② 二级标题（节名）使用样式"标题 2"，左对齐；编号格式为多级列表编号（形如"X.Y"，X 为章序号，Y 为节序号），编号与文字之间空一格，字体为"四号，黑体"，左缩进 0 字符，段前 0.5 行，段后 0.5 行，单倍行距，其中，X 和 Y 均为自动编号，节格式形如"1.1 ×××"。

③ 三级标题（次节名）使用样式"标题 3"，左对齐；编号格式为多级列表编号（形如"X.Y.Z"，X 为章序号，Y 为节序号，Z 为次节序号），编号与文字之间空一格，字体为"小四，黑体"，左缩进 0 个字符，段前 0 行，段后 0 行，1.5 倍行距，其中，X、Y 和 Z 均为自动编号，次节格式形如"1.1.1 ×××"。

（2）新建样式，名为"样式 0002"，并应用到正文中除章节标题、表格、表和图的题注、自动编号外的所有文字。样式 0002 的格式为：中文字体为"宋体"，西文字体为"Times New Roman"，字号为"小四"；段落格式为左缩进 0 字符，首行缩进 2 字符，1.5 倍行距。

（3）对正文中出现的"(1), (2), (3), …"段落进行自动编号，编号格式不变。对正文中出现的"●"项目符号重新设置为"➢"项目符号。

（4）对正文中的图添加题注，位于图下方文字的左侧，居中对齐，并使图居中。标签为"图"，编号为"章序号 – 图序号"，例如，第 1 章中的第 1 张图，题注编号为"图 1–1"。对正文中出现"如下图所示"

的"下图"使用交叉引用，改为"图 X–Y"，其中"X–Y"为图题注的对应编号。

（5）对正文中的表添加题注，位于表上方文字的左侧，居中对齐，并使表居中。标签为"表"，编号为"章序号 – 表序号"，例如，第 1 章中的第 1 张表，题注编号为"表 1–1"。对正文中出现"如下表所示"的"下表"使用交叉引用，改为"表 X–Y"，其中"X–Y"为表题注的对应编号。

（6）论文正文"3.1.1 径向畸变"小节中的公式（3–1）为图片格式，利用 Word 2016 的公式编辑器重新输入该公式，并将该图片删除；将正文中的所有公式所在段落右对齐，并调整公式与编号之间的空格，使公式本身位于水平居中位置。

（7）将论文正文中的图"图 3–1 相机镜头像差"的宽度、高度尺寸等比例设置，宽设置为 6.5 厘米，并将图片及其题注置于同一个文本框中，以四周环绕方式放在 3.1 节内容的右侧。

（8）将第 1 章中的文本"OpenCV（Open Source Computer Vision Library）"建立超链接，链接地址为"https://opencv.org/"。

（9）在论文正文的第 1 页一级标题末尾插入脚注，内容为"计算机科学与技术 161 班"。

（10）结论、致谢、参考文献。结论部分的格式设置与正文各章节格式设置相同。致谢、参考文献的标题使用建立的样式"标题 1"，并删除标题编号；致谢的内容部分，排版格式使用定义的样式"样式0002"；参考文献内容为自动编号，格式为"[1], [2], …"。根据提示，在正文中的相应位置重新交叉引用参考文献的编号并设为上标形式。

4. 中英文摘要

（1）中文摘要格式：标题使用建立的样式"标题 1"，并删除自动编号；作者及单位为"宋体，五号"，1.5 倍行距，居中显示。文字"摘要："为"黑体，四号"，其余摘要内容为"宋体，小四号"；首行缩进 2 个字符，1.5 倍行距。文字"关键词："为"黑体，四号"，其余关键词段落内容为"宋体，小四号"；首行缩进 2 个字符，1.5 倍行距。

（2）英文摘要格式：所有英文字体为"Times New Roman"；标题使用定义的样式"标题 1"，删除自动编号；作者及单位为"五号"，居中显示，1.5 倍行距。字符"Abstract："为"四号，加粗"，其余摘要内容为"小四"，首行缩进 2 个字符，1.5 倍行距；字符"Key words："为"四号，加粗"，其余关键字段落内容为"小四"，首行缩进 2 个字符，1.5 倍行距。

5. 目录

在正文之前按照顺序插入 3 节，分节符类型为"奇数页"。每节内容如下：

第 1 节：目录，文字"目录"使用样式"标题 1"，删除自动编号，居中，并自动生成目录项。

第 2 节：图目录，文字"图目录"使用样式"标题 1"，删除自动编号，居中，并自动生成图目录项。

第 3 节：表目录，文字"表目录"使用样式"标题 1"，删除自动编号，居中，并自动生成表目录项。

6. 论文页眉

（1）封面不显示页眉，摘要至正文部分（不包括正文）的页眉显示"×××大学本科生毕业论文（设计）"。

（2）使用域，添加正文的页眉。对于奇数页，页眉中的文字为"章序号＋章名"；对于偶数页，页眉中的文字为"节序号＋节名"。

（3）使用域，添加结论、致谢、参考文献所在页的页眉为相应章的标题名，不带章编号。

7. 论文页脚

在页脚中插入页码；封面不显示页码；摘要至正文前采用"i, ii, iii, …"格式，页码连续并居中；正文页码采用"1, 2, 3, …"格式，页码从 1 开始，各章节页码连续，直到参考文献所在页；正文奇数页的页码位于右侧，偶数页的页码位于左侧；更新目录、图目录和表目录。

5.2.2　知识要点

（1）页面设置；字符、段落格式设置。

（2）样式的建立、修改及应用；章节编号的自动生成；项目符号和编号的使用。

（3）目录、图目录、表目录的生成和更新。

（4）题注、脚注，交叉引用的建立与使用。

（5）分节的设置。

（6）页眉、页脚的设置。

（7）域的插入与更新。

（8）公式的输入。

（9）图文混排，超链接的插入。

5.2.3　操作步骤

1. 整体布局

利用页面设置功能，将毕业论文各页设置为统一的布局格式，操作步骤如下：

（1）单击"布局"选项卡"页面设置"组右下角的对话框启动器按钮，弹出"页面设置"对话框。

（2）在"页面设置"对话框的"页边距"选项卡中，设置页边距的上、下、左、右边距分别为"2 厘米""2 厘米""2.5 厘米""2 厘米"。在"应用于"下拉列表框中选择"整篇文档"。

（3）在对话框中单击"纸张"选项卡，选择纸张大小为"A4"；在对话框中单击"版式"选项卡，设置页眉和页脚边距均为"1.5 厘米"。

（4）单击"确定"按钮，完成页面设置。

2. 分节

根据双面打印毕业论文的一般习惯，毕业论文各部分内容（封面、中文摘要、英文摘要、目录、正文各章节、结论、致谢、参考文献）应从奇数页开始，因此每节应该设置成从奇数页开始。操作步骤如下：

（1）将光标定位在中文摘要所在页的标题文本的最前面，单击"布局"选项卡"页面设置"组中的"分隔符"下拉按钮，弹出下拉列表。

（2）在下拉列表中的"分节符"栏中选择分节符类型为"奇数页"，完成第 1 个分节符的插入。

如果光标定位在封面所在页的最后面，然后再插入分节符，此时在中文摘要内容的最前面会产生一空行，需人工删除。

（3）重复步骤（1）和（2），用同样的方法在中文摘要、英文摘要、正文各章、结论、致谢所在页的后面插入分节符。参考文献所在页已经位于最后一节，所以在其后面不必插入分节符。

如果插入"分节符"时选择的是"下一页"，还可以通过如下方法实现每节从"奇数页"开始的设置。单击"布局"选项卡"页面设置"组右下角的对话框启动器按钮，弹出"页面设置"对话框，单击"版式"选项卡，在"节的起始位置"下拉列表框中选择"奇数页"，在"应用于"下拉列表框中选择"整篇文档"，单击"确定"按钮即可。

3. 正文格式

1）一级、二级、三级标题样式

一级、二级、三级标题样式的设置可以放在一起进行操作，主要分为标题样式的建立、修改及应用。标题样式的建立可以利用"多级列表"结合"标题 1"样式、"标题 2"样式和"标题 3"样式来实现，详细操作步骤如下：

（1）将光标定位在论文正文第 1 章所在的标题文本的任意位置，单击"开始"选项卡"段落"组中

扫一扫 ●

视频5-15
第1、2题

扫一扫 ●

视频5-16
正文第1题

的"多级列表"下拉按钮，弹出图 5-3 所示的下拉列表。

（2）选择下拉列表中的"定义新的多级列表"命令，弹出"定义新多级列表"对话框。单击对话框左下角的"更多"，对话框变成如图 5-4 所示。

① 一级标题（章名）样式的建立。操作步骤请参考 5.1 节中的"5.1.3 操作步骤"小节中的"2. 章名和节名标题样式的建立"内容。

② 二级标题（节名）样式的建立。操作步骤请参考 5.1 中的"5.1.3 操作步骤"小节中的"2. 章名和节名标题样式的建立"内容。

③ 三级标题（次节）样式的建立。在"定义新多级列表"对话框中的"单击要修改的级别"列表框中选择"级别"为"3"的项，即用来设定三级标题样式。在"输入编号的格式"文本框中将自动出现带灰色底纹的数字"1.1.1"，即为自动编号。若"输入编号的格式"文本框中无编号，可先在"包含的级别编号来自"下拉列表框中选择"级别 1"，在"输入编号的格式"文本框中将自动出现带灰色底纹的数字"1"，然后在数字"1"的后面输入"."，然后在"包含的级别编号来自"下拉列表框中选择"级别 2"，在"输入编号的格式"文本框中将自动出现"1.1"，在数字"1.1"的后面输入"."，最后，在"此级别的编号样式"下拉列表框中选择"1, 2, 3, …"格式的编号样式。编号对齐方式选择"左对齐"，对齐位置设置为"0 厘米"，文本缩进位置设置为"0 厘米"，在"编号之后"下拉列表框中选择"空格"。在"将级别链接到样式"下拉列表框中选择"标题 3"样式。

④ 单击"确定"按钮完成一级、二级及三级标题样式的建立。

特别强调，一级、二级、三级标题样式的设置全部完成后，再单击"确定"按钮关闭"定义新多级列表"对话框。

（3）在"开始"选项卡"样式"组中的"快速样式"库中将会出现标题 1、标题 2 和标题 3 样式。

（4）修改各级标题样式，其操作步骤如下：

① 一级标题样式的修改。在"快速样式"库中右击样式"第 1 章 标题 1"，在弹出的快捷菜单中选择"修改"命令，弹出"修改样式"对话框。字体选择"黑体"，字号为"三号"，单击"居中"按钮。单击对话框左下角的"格式"下拉按钮，在弹出的下拉列表中选择"段落"命令，弹出"段落"对话框，进行段落格式设置，设置左缩进为"0 字符"，段前"1 行"，段后"1 行"，行距选择"单倍行距"，其中，"1 行"可直接输入。单击"确定"按钮返回"修改样式"对话框，单击"确定"按钮完成设置。

② 二级标题样式的修改。在"快速样式"库中右击样式"1.1 标题 2"，在弹出的快捷菜单中选择"修改"命令，弹出"修改样式"对话框。字体选择"黑体"，字号为"四号"，单击"左对齐"按钮。单击对话框左下角的"格式"下拉按钮，在弹出的下拉列表中选择"段落"命令，弹出"段落"对话框，进行段落格式设置，设置左缩进为"0 字符"，段前"0.5 行"，段后"0.5 行"，行距选择"单倍行距"，其中，"0.5 行"可直接输入。单击"确定"按钮返回"修改样式"对话框。单击"确定"按钮完成设置。

③ 三级标题样式的修改。在"快速样式"库中右击样式"1.1.1 标题 3"，在弹出的快捷菜单中选择"修改"命令，弹出"修改样式"对话框。字体选择"黑体"，字号为"小四"，单击"左对齐"按钮。单击对话框左下角的"格式"下拉按钮，在弹出的下拉列表中选择"段落"命令，弹出"段落"对话框，进行段落格式设置，设置左缩进为"0 字符"，段前"0 行"，段后"0 行"，行距选择"1.5 倍行距"。单击"确定"按钮返回"修改样式"对话框。单击"确定"按钮完成设置。

（5）应用各级标题样式。

① 一级标题（章名）。将光标定位在文档中的一级标题（章名）所在行的任意位置，单击"快速样式"库中的"第 1 章 标题 1"样式，则章名将自动设为指定的样式格式，删除原有的章名编号。其余章名应用章标题样式的方法类似，也可用"格式刷"进行格式复制实现相应操作。

② 二级标题（节名）。将光标定位在文档中的二级标题（节名）所在行的任意位置，单击"快速样式"库中的"1.1 标题 2"样式，则节名将自动设为指定的格式，删除原有的节名编号。其余节名应用节标题样式的方法类似，也可用"格式刷"进行格式复制实现相应操作。

③ 三级标题（次节名）。将光标定位在文档中的三级标题（次节名）所在行的任意位置，单击"快速样式"库中的"1.1.1 标题 3"样式，则次节名将自动设为指定的格式，删除原有的次节名编号。其余次节名应用次节标题样式的方法类似，也可用"格式刷"进行格式复制实现相应操作。

2）"样式 0002"的建立与应用

（1）新建"样式 0002"的具体操作步骤请参考 5.1 节"5.1.3 操作步骤"中的"4.'样式 0001'的建立与应用"内容。

（2）应用"样式 0002"的具体操作步骤请参考 5.1 节"5.1.3 操作步骤"中的"4.'样式 0001'的建立与应用"内容。

扫一扫 ●

视频5–17
正文第2、3题

注意：论文正文中的标题（一级、二级、三级）、表格（表格内数据）、表和图的题注禁止使用定义的样式"样式 0002"。若正文中已有自动编号或项目符号，也不可使用样式"样式 0002"，否则原有自动编号或符号将自动删除。如果文档中包含有公式，在应用样式"样式 0002"后，公式的垂直对齐方式将以"基线对齐"方式显示，而不是上下"居中"。若垂直对齐方式要调整为上下"居中"显示，操作方法为：右击公式所在段落的任意位置，在弹出的快捷菜单中选择"段落"命令，弹出"段落"对话框，单击"中文版式"选项卡，在"文本对齐方式"下拉列表框中选择"居中"，单击"确定"按钮。

包括标题样式和新建样式在内，应用样式之后的毕业论文格式如图 5-40 所示。

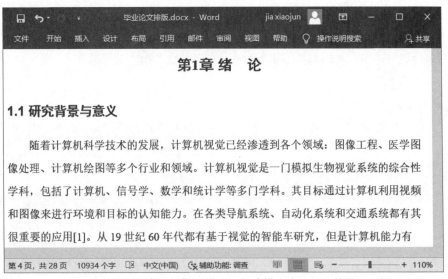

图 5-40　定义的标题样式及新建样式应用后的效果

3）编号与项目符号

（1）添加编号的操作步骤如下：

① 将光标定位在论文正文中第一处出现形如"(1),(2),(3),…"的段落中的任意位置，或选择该段落，或通过按【Ctrl】键加鼠标拖动方式选择要设置自动编号的多个段落，单击"开始"选项卡"段落"组中"编号"下拉按钮，将弹出编号下拉列表。

② 在下拉列表中选择与正文编号一样的编号类型即可。如果没有格式相同的编号，选择"定义新编号格式"命令，弹出"定义新编号格式"对话框。在该对话框中，设置好编号格式后单击"确定"按钮。

③ 光标所在段落将自动出现编号"(1)"，其余段落可通过重复步骤①和②实现，也可以采用"格式刷"

进行自动编号格式复制。插入自动编号后，原来文本中的编号需人工删除。

④ 插入自动编号后，编号数字将以递增的方式出现，根据实际需要，当编号在不同的章节出现时，其起始编号应该重新从 1 开始编号，上述方法无法自动更改。若使编号重新从 1 开始，操作方法为：右击该编号，在弹出的快捷菜单中选择"重新开始于 1"命令即可。

（2）添加项目符号的操作步骤如下：

① 将光标定位在首次出现"●"的段落符号中的任意位置，或选择段落，或通过按【Ctrl】键加鼠标拖动方式选择要设置项目符号的多个段落，单击"开始"选项卡"段落"组中的"项目符号"下拉按钮，弹出项目符号下拉列表。

② 在下拉列表中选择所需的项目符号即可。如果没有所需的项目符号，选择"定义新项目符号"命令，打开"定义新项目符号"对话框。

③ 单击"定义新项目符号"对话框中的"符号"或"图片"按钮，弹出"符号"对话框或"图片项目符号"对话框，根据需要选择所需的项目符号。这种方法可以将某张图片作为项目符号添加到选择的段落中。本题选择实心的向右箭头符号"➤"，单击"确定"按钮。

④ 光标所在段落前面将自动出现项目符号"➤"，其余段落可以通过步骤①～步骤③实现，也可采用"格式刷"进行自动添加项目符号。

4）图题注与交叉引用

（1）创建图题注，具体操作步骤请参考 5.1 节"5.1.3 操作步骤"中的"6. 图题注与交叉引用"内容。

（2）图题注的交叉引用，具体操作步骤请参考 5.1 节"5.1.3 操作步骤"中的"6. 图题注与交叉引用"内容。

5）表题注与交叉引用

（1）创建表题注，具体操作步骤请参考 5.1 节"5.1.3 操作步骤"中的"7. 表题注与交叉引用"内容。

（2）表题表的交叉引用，具体操作步骤请参考 5.1 节中的"5.1.3 操作步骤"中的"7. 表题注与交叉引用"内容。

6）公式输入与编辑

（1）首先在论文中相应位置处插入公式，然后再对公式所在段落进行格式设置，操作步骤如下：

① 将光标定位在需要插入公式的位置，单击"插入"选项卡"符号"组中的"公式"下拉按钮，在弹出的下拉列表中选择"插入新公式"命令，将会出现"公式工具/设计"选项卡，且功能区中自动显示编辑公式时所需的各种数学符号。在插入点所在位置处自动出现公式编辑框 在此处键入公式。，在编辑框中可以直接输入数学公式。或按【Alt+=】组合键，也可以弹出公式编辑器。

② 单击"公式工具/设计"选项卡"结构"组中的"括号"下拉按钮，在弹出的下拉列表中选中单方括号"{□"，然后输入"x_corrected"，按一次【Space】（空格）键，公式编辑框中出现"{$x_{corrected}$"，其中，"_"表示后面的内容为下标形式。继续输入公式第 1 行的其余内容。指数形式可以用符号"^"表示，即"r^2"表示 r 的平方。

③ 输完公式的第一行，按【Enter】键将增加一行，按步骤②输入公式的第二行，直到完成整个公式的输入。

④ 选择论文中的原有公式图片，按【Delete】键删除。

⑤ 一般来说，在文档中，公式本身需要水平居中对齐，而公式右边的编号右对齐。相应的操作可采用：将光标定位在公式所在段落的任意位置，例如公式 (2-1)，单击"开始"选项卡"段落"组中的"右对齐"按钮，实现公式所在段落的"右对齐"。调整公式与编号之间的空格数，使公式在所在行中水平居中显示。

● 扫一扫

视频5–18
正文第6题

⑥ 按照相同的处理方法，可以实现论文中其余公式的格式设置。论文中的公式设置格式后的效果如图 5-41 所示。

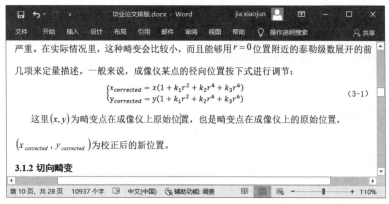

图 5-41　公式编辑

（2）在输入公式时，也可以直接在功能区中选择相应的数学符号及运算符号来进行公式的录入。

7）图文混排

本题实现论文中指定图片与文本的混合排版，操作步骤如下：

（1）在论文中找到"图 3-1 相机镜头像差"所对应的图片并右击，在弹出的快捷菜单中选择"大小和位置"命令，弹出"布局"对话框，如图 5-42 所示。

（2）在"大小"选项卡中，选择"锁定纵横比"和"相对原始图片大小"复选框，在宽度的绝对值文本框中输入"6.5 厘米"，单击"确定"按钮。

（3）拖动鼠标，选中该图及其下方的题注文本"图 3-1 相机镜头像差"，单击"插入"选项卡"文本"组中的"文本框"下拉按钮，在弹出的下拉列表中选择"绘制横排文本框"命令，选择的图片及文本将自动出现在文本框中，且文本框自动为"四周型"环绕方式。

（4）选择文本框并右击，在弹出的快捷菜单中选择"设置形状格式"命令，弹出"设置形状格式"工具栏，如图 5-43 所示。

扫一扫 ●

视频5-19
正文第7~9题

图 5-42　"布局"对话框

图 5-43　"设置形状格式"对话框

（5）在工具栏中选择"线条"，并在列表中选择"无线条"单选按钮，单击工具栏右上角的"关闭"按钮，去掉文本框的边框线。

（6）移动该文本框（拖动边框或按键盘上的光标移动键移动），将其置于 3.1 节内容的右侧，设置结果如图 5-44 所示。如果图片的环绕方式不是"四周型"，可按前面的方法设置为"四周型"环绕方式，再进行移动。

图 5-44　图文混排效果

注意：当插入题注的文本生成文本框后，其交叉引用将失效。因此，文本中将不能交叉引用该题注，案例文档中的"图 3-1"需手工输入。

8）超链接

在 Word 中，可以将文档中的文本或图片链接到指定的目标位置，目标位置可以是网址、Word 文档、书签、Web 网页、电子邮件等。本题的操作步骤如下：

（1）选择第 1 章中的文本"OpenCV（Open Source Computer Vision Library）"，单击"插入"选项卡"链接"组中的"链接"命令，弹出"插入超链接"对话框，如图 5-45 所示。或右击选择的文本，在弹出的快捷菜单中选择"链接"命令，也可弹出该对话框。

（2）在该对话框中的地址文本框中输入网址"https://opencv.org/"，单击"确定"按钮，选择的文本将被建立起指向目标网址的超链接，超链接的外形如图 5-46 所示。

图 5-45　"插入超链接"对话框

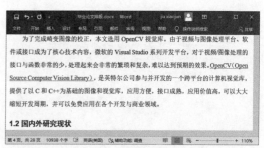

图 5-46　超链接文本

9）插入脚注

插入脚注的操作步骤如下：

（1）将光标定位在毕业论文正文中第 1 章标题的后面，单击"引用"选项卡"脚注"组中的"插入脚注"按钮，即可在选择的位置处看到脚注标记。或者单击"脚注"组右下角的对话框启动器按钮，弹出图 5-47 所示的"脚注和尾注"对话框，选择"脚注"单选按钮，格式取默认设置，单击"确定"按钮。

（2）在页面底端光标闪烁处输入注释内容"计算机科学与技术 161 班"即可。

10）结论、致谢、参考文献

（1）结论部分的格式设置与正文各章节格式设置相同，包括标题及内容格式。此部分操作步骤略。

扫一扫

视频5-20
正文第10题

（2）致谢、参考文献的标题的格式设置的操作步骤如下：

① 将光标定位在致谢标题行的任意位置，或选择标题行，单击“开始”选项卡“样式”组中“快速样式”库中的“第 1 章 标题 1”样式，则致谢标题将自动设为指定的样式格式，删除自动出现的章编号，并使其居中显示即可。

② 重复步骤①，可实现参考文献的标题的格式设置。

（3）致谢内容的格式设置，操作步骤如下：

① 选择除致谢标题外的内容文本，单击“样式”窗格中的样式“样式 0002”即可。或者通过“开始”选项卡“字体”组中的对应按钮实现字体设置，通过“段落”组中的相应按钮实现段落格式设置。

② 若致谢内容中还有其他设置对象，可参照正文各章节对应项目的设置方法实现相应操作。

③ 参考文献的内容的格式采用默认格式，即五号，宋体，单倍行距，左对齐，若不是此格式，可重新设置。

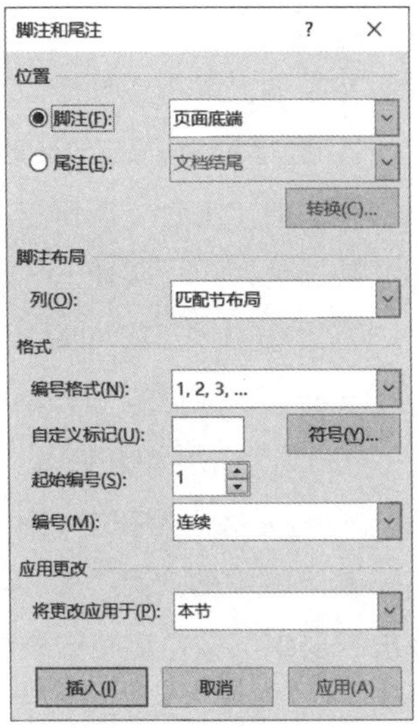

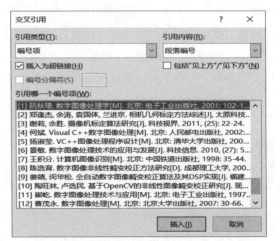

图 5-47 “脚注和尾注”对话框

（4）参考文献的自动编号设置，操作步骤如下：

① 选择所有的参考文献，单击“开始”选项卡“段落”组中的“编号”下拉按钮，弹出“编号”下拉列表。

② 在下拉列表中选择“定义新编号格式”命令，打开“定义新编号格式”对话框，编号样式选择“1, 2, 3, …”，在“编号格式”文本框中将会自动出现数字“1”，在数字的左、右分别输入“[”和“]”，对齐方式选择“左对齐”。设置好编号格式后单击“确定”按钮。

③ 在每篇参考文献的前面将自动出现如“[1], [2], [3], …”形式的自动编号，删除原来的编号，操作结果如图 5-48 所示。

（5）论文中的参考文献的交叉引用，其操作步骤如下：

① 将光标定位在毕业论文正文中引用第 1 篇参考文献的位置，删除原有参考文献标号。单击“引用”选项卡“题注”组中的“交叉引用”按钮，弹出“交叉引用”对话框。

② 在“引用类型”下拉列表框中选择“编号项”。在“引用内容”下拉列表框中选择“段落编号”。在“引用哪一个题注”列表框中选择要引用的参考文献编号，如图 5-49 所示。

参考文献

[1] 阮秋琦. 数字图像处理学[M]. 北京: 电子工业出版社, 2001: 102-132.
[2] 郑逢杰, 余涛, 袁国体, 兰进京. 相机几何标定方法综述[J]. 太原科技, 2010, (2): 72-73.
[3] 谢莉, 余胜. 摄像机标定算法研究[J]. 科技视界, 2011, (25): 22-24.
[4] 何斌. Visual C++数字图像处理[M]. 北京: 人民邮电出版社, 2002: 97-102.
[5] 扬淑莹. VC++图像处理程序设计[M]. 北京: 清华大学出版社, 2003: 15-55.
[6] 景敏. 数字图像处理技术的应用与发展[J]. 科技信息. 2010, (27): 577-607.
[7] 王积分. 计算机图像识别[M]. 北京: 中国铁道出版社, 1998: 35-44.
[8] 陈选育. 数字图像非线性畸变校正方法研究[D]. 成都理工大学, 2008.
[9] 姜靖, 闵华松. 全自动数字图像畸变校正算法及其 DSP 实现[J]. 福建电脑. 2007, (9): 71-78.
[10] 陶旺林, 卢选民. 基于 OpenCV 的非线性图像畸变校正研究[J]. 现代电子技术. 2011, (12): 117-120.
[11] 崔屹. 数字图像处理技术与应用[M]. 北京: 电子工业出版社, 1997: 112-142.

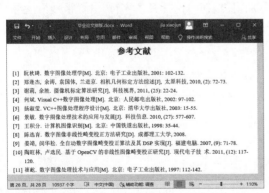

图 5-48　参考文献自动编号

图 5-49　参考文献“交叉引用”对话框

③ 单击“插入”按钮，实现第一篇参考文章的交叉引用。

④重复步骤①～步骤③，可实现所有参考文献的交叉引用。单击"关闭"按钮，完成论文中所有的参考文献的交叉引用操作。

⑤选择论文中已插入交叉引用的第一篇参考文献对应的编号，例如"[1]"，单击"开始"选项卡"字体"组中的"上标"按钮，"[1]"变成"[1]"，即为上标。或在"字体"对话框中选择"效果"栏中的"上标"复选框，也可实现上标操作，或按【Ctrl+Shift++】组合键添加上标。

⑥重复步骤⑤，可以实现论文中所有引用的参考文献编号设为上标形式。

4. 中英文摘要

······ ● 扫一扫

视频5-21
中英文摘要

（1）中文摘要的格式设置。中文摘要的格式主要包括字符格式及段落格式的设置，操作步骤如下：

①将光标定位在中文摘要标题行的任意位置，或选择标题行，单击"开始"选项卡"样式"组中"快速样式"库中的"第1章 标题1"样式，则标题将自动设为指定的样式格式，删除自动产生的章编号，单击"居中"按钮使其居中显示。

②选择作者及单位内容，单击"开始"选项卡"字体"组中的相应按钮实现字符格式的设置，字体选择"宋体"，字号选择"五号"。单击"段落"组中的"居中"按钮实现居中显示；选择"段落"组中的"行和段落间距"下拉列表框中的"1.5"，实现1.5倍行距的设置。

③选择文字"摘要："，设置字体为"黑体"，字号为"四号"即可。选择其余文字，设置字体为"宋体"，字号为"小四"即可。单击"段落"组右下角的对话框启动器按钮，弹出"段落"对话框，设置首行缩进为"2字符"，行距为"1.5倍行距"，单击"确定"按钮返回。

④选择文字"关键词："，设置字体为"黑体"，字号为"四号"即可。选择其余文字，设置字体为"宋体"，字号为"小四"即可。单击"段落"组中右下角的对话框启动器按钮，弹出"段落"对话框，设置首行缩进为"2字符"，行距为"1.5倍行距"，单击"确定"按钮返回。

（2）英文摘要的格式设置。英文摘要的格式主要包括字符格式及段落格式的设置，操作步骤如下：

①选择整个英文摘要，单击"开始"选项卡"字体"组中的相应按钮实现字符格式的设置，字体选择"Times New Roman"。

②将光标定位在英文摘要标题行的任意位置，或选择标题行，单击"开始"选项卡"样式"组中"快速样式"库中的"第1章 标题1"样式，则标题将自动设为指定的样式格式，删除自动产生的章编号，单击"居中"按钮使其居中显示。

③选择作者及单位内容，单击"开始"选项卡"字体"组中的相应按钮实现字符格式的设置，字号选择"五号"，单击"段落"组中的"居中"按钮实现居中显示。单击"段落"组右下角的对话框启动器按钮，弹出"段落"对话框，设置行距为"1.5倍行距"，单击"确定"按钮返回。

④选择字符"Abstract："，设置字号为"四号"，并单击"加粗"按钮。选择其余字符，设置字号为"小四"。单击"段落"组右下角的对话框启动器按钮，弹出"段落"对话框，设置首行缩进为"2字符"，行距为"1.5倍行距"，单击"确定"按钮返回。

⑤选择字符"Key words："，设置字号为"四号"，并单击"加粗"按钮。选择其余字符，设置字号为"小四"。单击"段落"组右下角的对话框启动器按钮，弹出"段落"对话框，设置首行缩进为"2字符"，行距为"1.5倍行距"，单击"确定"按钮返回。

5. 目录

利用分节符功能进行分节，并在各节中自动生成目录和图表目录。

（1）分节。毕业论文的目录的位置一般位于英文摘要与正文之间，因此插入分节符可按下列操作方法实现：将光标定位在毕业论文第1章标题文本的左侧，或选中编号，单击"布局"选项卡"页面设置"组中的"分隔符"下拉按钮，在分节符类型中选择"奇数页"，完成一节的插入。重复此操作，插入另外两个分节符。

（2）生成目录。

① 将光标定位在要插入目录的页面的第 1 行（插入的第 1 个分节符所在的页面），输入文字"目录"，删除"目录"前面自动产生的章编号，并居中显示。将插入点定位在"目录"文字的右侧，单击"引用"选项卡"目录"组中的"目录"下拉按钮，在弹出的下拉列表中选择"自定义目录"命令，弹出"目录"对话框。

② 在对话框中确定目录显示的格式及级别，例如"显示页码""页码右对齐""制表符前导符""格式""显示级别"等，或选择默认值。

③ 单击"确定"按钮，完成创建目录的操作。

（3）生成图目录。

① 将光标移到要建立图目录的位置（插入的第 2 个分节符所在的页面），输入文字"图目录"，删除"图目录"前面自动产生的章编号，并居中显示。将插入点定位在"图目录"文字的右侧，单击"引用"选项卡"题注"组中的"插入表目录"按钮，弹出"图表目录"对话框。

② 在"题注标签"下拉列表框中选择"图"题注标签类型。

③ 在"图表目录"对话框中还可以对其他选项进行设置，例如"显示页码""页码右对齐""格式"等，与目录设置方法类似，或取默认值。

④ 单击"确定"按钮，完成图目录的创建。

（4）生成表目录。

① 将光标移到要建立表目录的位置（插入的第 3 个分节符所在的页面），输入文字"表目录"，删除"表目录"前面自动产生的章编号，并居中显示。将插入点定位在"表目录"文字的右侧，单击"引用"选项卡"题注"组中的"插入表目录"按钮，弹出"图表目录"对话框。

② 在"题注标签"下拉列表框中选择"表"题注标签类型。

③ 在"图表目录"对话框中还可以对其他选项进行设置，例如"显示页码""页码右对齐""格式"等，与目录设置方法类似，或取默认值。

④ 单击"确定"按钮，完成表目录的创建。

6. 论文页眉

毕业论文的页眉设置包括正文前（封面、中英文摘要、目录及图表目录）的页眉设置和正文（各章节、结论、致谢及参考文献）的页眉设置，各部分的页眉内容要求也有所不同。

（1）正文前的页眉的设置，操作步骤如下：

① 封面为单独一页，无页眉和页脚，故要省略封面页眉和页脚的设置。方法是：将光标定位在中文摘要所在页，单击"插入"选项卡"页眉和页脚"组中的"页眉"下拉按钮，在弹出的下拉列表中选择"编辑页眉"命令，或直接双击页面顶部。

② 进入"页眉和页脚"编辑状态，同时显示"页眉和页脚工具 / 设计"选项卡，单击"导航"组中的"链接到前一节"按钮，取消与封面页之间的链接关系。若链接关系无灰色底色，表示无链接关系，否则一定要单击，表示去掉链接。

③ 在页眉中直接输入"×××大学本科生毕业论文（设计）"，并居中显示。

④ 双击非页眉和页脚的任意区域，返回文档编辑状态，完成正文前的页眉的设置。

一般情况下，在文档中添加页眉内容后，页眉区域的底部将自动添加一条横线与页面内容隔开。若无此横线，添加的方法如下：

① 进入页眉的编辑状态。

扫一扫

视频5-22
论文页眉

② 输入页眉内容，并拖动鼠标以选择页眉内容，同时选择页眉内容后面的换行符。

③ 单击"开始"选项卡"段落"组中的"边框"下拉按钮，弹出下拉列表。

④ 在下拉列表中选择"下框线"命令，在页眉区域的底部将自动添加一条横线。

如果要删除页眉中的横线，只要在上述步骤④操作中选择下拉列表中的"无框线"命令即可。

（2）正文的页眉的设置，其操作步骤如下：

① 将光标定位在毕业论文正文部分所在的首页，即"第1章"所在页。单击"插入"选项卡"页眉和页脚"组中的"页眉"下拉按钮，在弹出的下拉列表中选择"编辑页眉"命令。

② 进入"页眉和页脚"编辑状态，单击"页眉和页脚工具/设计"选项卡"导航"组中的"链接到前一节"按钮，取消与前一页页眉的链接关系，然后删除页眉中的原有内容。选择"选项"组中的"奇偶页不同"复选框。

③ 单击"插入"选项卡"文本"组中的"文档部件"下拉按钮，在弹出的下拉列表中选择"域"命令，弹出"域"对话框。

④ 在"域名"列表框中选择"StyleRef"，并在"样式名"列表框中选择"标题1"，选择"插入段落编号"复选框，单击"确定"按钮，在页眉中将自动添加章序号，并从键盘上输入一个空格。

⑤ 用同样的方法打开"域"对话框。在"域名"列表框中选择"StyleRef"，并在"样式名"列表框中选择"标题1"。如果"插入段落编号"复选框处于选择状态，单击将其取消。选择"插入段落位置"复选框，单击"确定"按钮，实现在页眉中自动添加章名。

⑥ 若页眉内容没有居中，可单击"居中"按钮，使页眉中的文字居中显示。

⑦ 将光标定位到正文的第2页页眉处，即偶数页页眉处，用同样的方法添加页眉（必须取消与前一页页眉的链接关系），不同的是在"域"对话框中的"样式名"列表框中应选择"标题2"。

⑧ 偶数页页眉设置后，双击非页眉和页脚区域，即可退出页眉和页脚编辑环境。或单击"关闭"组中的"关闭页眉和页脚"按钮。

⑨ 若正文中的页眉区域的底部无横线，可按照添加横线的方法实现。

（3）添加结论、致谢和参考文献的页眉，操作步骤如下：

① 在页眉和页脚编辑环境下，将光标定位到论文结论所在页的页眉处，单击"页眉和页脚工具/设计"选项卡"导航"组中的"链接到前一节"按钮，取消与前一页眉的链接关系，然后删除页眉中的内容。

② 单击"插入"选项卡"文本"组中的"文档部件"下拉按钮，在弹出的下拉列表选择"域"命令，弹出"域"对话框。

③ 在"域名"列表框中选择"StyleRef"，并在"样式名"列表框中选择"标题1"，选择"插入段落位置"复选框，单击"确定"按钮，实现在页眉中自动添加章名。

④ 致谢和参考文献部分的页眉内容将会自动添加。

⑤ 结论、致谢和参考文献的页眉区域中的横线添加方法，可参考前面的相关内容。

还有一种比较简单地修改这3部分页眉内容方法，在取消与前一页眉的链接关系后，不用删除页眉中的全部内容，而是删除页眉内容当中的编号，例如，删除编号"第5章"即可，致谢及参考文献所在页的页眉内容的编号将自动删除，章的名称保留。

7. 论文页脚

毕业论文页脚的内容通常是页码，实际上就是如何生成页码的过程。毕业论文的页脚设置包括正文前（封面、中英文摘要、目录及图表目录）的页码生成和正文（各章节、结论、致谢及参考文献）的页码生成，各部分的页码格式要求也有所不同。

扫一扫

视频5-23
论文页脚

（1）正文前的页码生成，其操作步骤如下：

①　由于论文封面不加页码，所以进入"页眉和页脚"编辑状态后，直接将光标定位在第 2 节（中文摘要所在页）的页脚处，单击"页眉和页脚工具／设计"选项卡"导航"组中的"链接到前一节"按钮，取消与第 1 节（论文封面）页脚之间的链接关系。单击"页眉和页脚"组中的"页码"下拉按钮，在弹出的下拉列表中选择"页面底端"中的"普通数字 2"页码格式，默认为居中显示。或单击"页眉和页脚"组中的"页码"下拉按钮，在弹出的下拉列表中选择"页面底端"中的"普通数字 1"，页脚中将会自动插入形如"1, 2, 3, …"的页码格式，再设置为居中显示。

②　右击插入的页码，在弹出的快捷菜单中选择"设置页码格式"命令，弹出"页码格式"对话框，设置编号格式为"i, ii, iii, …"，起始页码为"i"，单击"确定"按钮。或单击"页眉和页脚工具／设计"选项卡"页眉和页脚"组中的"页码"下拉按钮，在弹出的下拉列表中选择"设置页码格式"命令，也会弹出"页码格式"对话框。

③　由于正文前的内容插入了多个分节符，而且设置为奇偶页不同，所以步骤②仅实现了当前分节符中奇数页页脚格式的设置，还需要设置偶数页及不同分节符所在页面的页脚格式（需要的话）。将插入点定位在本节偶数页脚中重复步骤②，可实现偶数页页脚格式的设置。对于其他节的页脚格式，默认为"1, 2, 3, …"，可以按照步骤②的操作进行页码格式设置，并修改为指定形式。需要注意，对于正文前的各节的页脚，在"页码格式"对话框中，必须选择"续前节"单选按钮，以保证论文正文前各页面的页码连续。

（2）正文的页码生成，其操作步骤如下：

①　将光标定位在论文正文"第 1 章"所在页的页脚处，单击"页眉和页脚工具／设计"选项卡"导航"组中的"链接到前一节"按钮，取消与前一节页脚的链接关系。

②　若该页的页脚的页码为数字形式的"1"，即为要求的页码格式，否则需要进行修改。可单击插入的页码，在弹出的快捷菜单中选择"设置页码格式"命令，出现"页码格式"对话框，设置编号格式为"1, 2, 3, …"，起始页码为"1"，单击"确定"按钮。或单击"页眉和页脚工具／设计"选项卡"页眉和页脚"组中的"页码"下拉按钮，在弹出的下拉列表中选择"设置页码格式"命令，也会弹出"页码格式"对话框。

③　单击"开始"选项卡"段落"组中的"右对齐"按钮，实现奇数页的页脚的页码右对齐。

④　步骤①～步骤③实现了正文中奇数页的页脚的页码格式设置，接下来设置正文中偶数页的页脚的页码格式。将光标定位到正文的第 2 页页脚处，即偶数页脚处，单击"页眉和页脚工具／设计"选项卡"导航"组中的"链接到前一节"按钮，取消与正文前页脚之间的链接关系。若该页的页脚的页码为数字形式的"2"，即为要求的页码格式，否则需要插入页码。单击"页眉和页脚"组中的"页码"下拉按钮，在弹出的下拉列表中选择"页面底端"中的"普通数字 2"页码格式，默认为居中显示。页脚中将出现数字形式的页码"2"。

⑤　单击"开始"选项卡"段落"组中的"左对齐"按钮，实现偶数页的页脚的页码左对齐。

⑥　查看正文各节（还有结论、致谢及参考文献）的起始页面的页码是否与前一节连续，否则需选择"页码格式"对话框中的"续前节"单选按钮，以保证正文各部分的页码连续。

（3）更新目录、图表目录

①　右击目录中的任意标题名称，在弹出的快捷菜单中选择"更新域"命令，弹出"更新目录"对话框，选择"更新整个目录"单选按钮，单击"确定"按钮完成目录的更新。

②　重复步骤①，可以更新图目录和表目录。

③　保存排版后的结果。

8. 排版效果

毕业论文排版结束后，其部分效果如图5-50所示。

（a）中文摘要

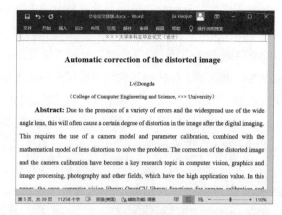

（b）英文摘要

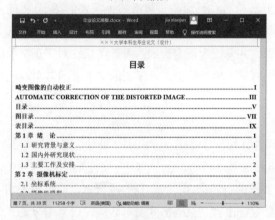

（c）目录

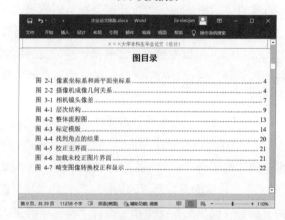

（d）图目录

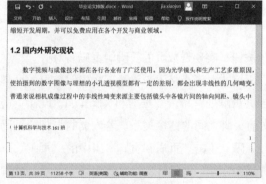

（e）脚注及页码

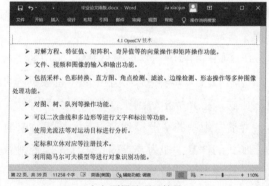

（f）页眉及项目符号

图5-50 排版效果

5.2.4 操作提高

（1）修改一级标题样式：从第1章开始自动排序，小二号，黑体，加粗，段前2行，段后1行，单倍行距，左缩进0个字符，居中对齐。

（2）修改二级标题样式：从1.1开始自动排序，小三号，黑体，加粗，段前1行，段后1行，单倍行距，左缩进0个字符，左对齐。

（3）修改三级标题样式：从 1.1.1 开始自动排序，小四号，黑体，加粗，段前 0.5 行，段后 0.5 行，单倍行距，左缩进 0 个字符，左对齐。

（4）将正文中的表格全部改为以下格式：三线表，外边框单线，1.5 pt，内边框单线，0.75 pt。

（5）对正文中出现的"1., 2., 3., …"编号进行自动编号，编号格式不变。

（6）将第 1 章中出现的"OpenCV"全部改成粗体显示的"OpenCV"。

（7）将正文中"3.1.2 切向畸变"小节中的公式（3-2）利用公式编辑器重新输入，放在其下面，成为公式（3-3）。

（8）对结论所在的标题添加批注，批注内容为"此部分内容需再详细阐述。"

（9）将结论所在的内容以两栏方式显示，选项采用默认方式。

（10）将致谢所在的节的内容以横排方式显示。

（11）在第 1 章的标题后另起一段，插入一子文档，内容为"作者简介：吕东达，男，1998 年 3 月生，本科生，计算机科学与技术专业。"，并以默认文件和默认路径进行保存。

（12）给本篇文档设置密码，打开密码为"ABCDEF"，修改密码为"123456"。

5.3　期刊论文排版与审阅

5.3.1　问题描述

学生小张将主持的 SRT（Students Research Training）项目的研究成果写成了一篇学术论文，向某期刊投稿。小张事先按照期刊的排版要求进行了论文格式编辑，然后向该期刊投稿，经审稿人审阅后提出修改意见返回。现在请读者模拟论文处理过程中的排版编辑，按要求完成下列格式操作。

扫一扫

视频5-24
期刊论文排版
与审阅

（1）全文采用单倍行距。

（2）中英文标题及摘要的格式要求如下：

中文标题：小二号，黑体，加粗，居中对齐，段前 2 行，段后 1 行。作者和单位：小四号，仿宋，居中对齐，姓名后面及单位前面的数字设为上标形式。字符"摘要："及"关键词："采用五号，黑体，加粗。其余内容采用小五号，宋体，段首空 2 字符。

英文标题及摘要采用字体 Times New Roman，其中英文标题：小四号，黑体，加粗，段前 2 行，段后 1 行，居中对齐。作者和单位：五号，居中对齐，姓名后面及单位前面的数字设为上标形式。字符"Abstract："及"Key words："采用五号，黑体，加粗。其余内容采用小五号，段首空 2 字符。

（3）以首页一级标题的最末一个字为标签插入脚注（"概述"的"述"），标签格式与标题格式相同，内容为"收稿日期：2019-9-20 E-mail：Paper@gmail.com"。脚注内容格式为六号，黑体，加粗。

（4）一级标题：采用样式"标题 1"。要求从 1 开始自动编号，小四号，黑体，加粗，段前 1 行，段后 1 行，单倍行距，左对齐。

（5）二级标题：采用样式"标题 2"。要求从 1.1 开始自动编号，五号，黑体，加粗，段前 0 行，段后 0 行，单倍行距，左对齐。

（6）正文（除各级标题、图表题注、表格内容、公式、参考文献外）为五号，中文字体为"宋体"，英文字体为"Times New Roman"，单倍行距，段首空 2 字符。

（7）添加图题注，形式为"图 1，图 2，…"，自动编号，位于图下方文字的左侧，与文字间隔一个空格，图及题注居中，并将文档中的图引用改为交叉引用方式。

（8）添加表题注，形式为"表 1，表 2，…"，自动编号，位于表上方文字的左侧，与文字间隔一个空格，表及题注居中，并将文档中的表引用改为交叉引用方式。

（9）参考文献采用"[1], [2], …"格式，并自动编号。将正文中引用到的参考文献设为交叉引用方式，并设为上标形式。

（10）将正文到参考文献（包括参考文献）内容进行分栏，分为两栏，无分隔线，栏宽宽度取默认值，其中图2（包括图及图题注内容）保留单栏形式。

（11）调整论文中公式所在行的格式，使公式编号右对齐，公式本身居中显示。

（12）将表格"表1车牌实验数据"设置成"三线表"，外边框线线宽2.25磅，绿色，内边框线线宽0.75磅，绿色。表格内的数据的字号为"小五"，并且表格内的数据"居中"显示。

（13）添加页眉，内容为论文中文标题，居中显示；添加页脚页码，格式为"1, 2, 3, …"，居中显示。

（14）对论文的中文标题添加批注，批注内容为"标题欠妥，请修改。"。

（15）将"1概述"章标题下面一段文本的段落首字（"汽车牌照识别技术是车辆自动识别系统……"所在的段落）设为下沉2行形式。

（16）启动修订，将中文摘要中重复的文字"车牌"删除，并将"5结语"改为"5结论"。

（17）在论文的最后插入子文档，文档内容为"作者简介：张三，男，2000年6月生，本科生，计算机科学与技术专业。"，并以默认文件名及默认路径保存。

（18）保存Word文档，并生成一个名为"一种基于纹理模式的汽车牌照定位方法.PDF"的PDF文档。

5.3.2 知识要点

（1）字符格式、段落格式设置。

（2）样式的建立、修改及应用；自动编号的使用。

（3）分栏设置。

（4）题注、交叉引用的使用。

（5）表格边框的设置。

（6）脚注的编辑。

（7）页眉、页脚的设置。

（8）批注的编辑。

（9）修订的编辑。

（10）子文档的插入。

5.3.3 操作步骤

1. 全文行间距

拖动鼠标选择全文或按【Ctrl+A】组合键选择全文，单击"开始"选项卡"段落"组中的"行和段落间距"下拉按钮，在弹出的下拉列表中选择"1.0"，即可将全文行间距设为单倍行距，或在"段落"对话框中进行设置。

2. 中英文标题及摘要格式

（1）中文标题及摘要格式。

① 中文标题。选择中文标题，在"开始"选项卡"字体"组中设置字体为"黑体"，字号为"小二号"，单击"加粗"按钮。单击"段落"组右下角的对话框启动器按钮，弹出"段落"对话框，设置段前距为"2行"，段后距为"1行"，对齐方式选择"居中"，单击"确定"按钮返回。

② 作者和单位。选择作者及单位所在段落，在"开始"选项卡"字体"组中设置字体为"仿宋"，字号为"小四"。单击"段落"组中的"居中"按钮。分别选择中文姓名后面及单位前面的数字，单击"字体"组中的"上标"按钮 $\mathbf{x}^2$，将指定的数字设为上标形式。

扫一扫

视频5-25
第1、2题

③ 分别选择字符"摘要："及"关键词："，在"开始"选项卡"字体"组中设置字体为"黑体"，字号为"五号"，单击"加粗"按钮。选择其余内容，在"字体"组中设置字体为"宋体"，字号为"小五"。打开"段落"对话框，在特殊格式下拉列表框中选择"首行缩进"，并设置为"2 字符"，单击"确定"按钮返回。

（2）英文标题及摘要格式。

① 选择所有英文标题及摘要内容，在"开始"选项卡"字体"组中设置字体为"Times New Roman"。

② 英文标题。选择英文标题，在"开始"选项卡"字体"组中设置字体为"黑体"，字号为"小四"，单击"加粗"按钮。单击"段落"组右下角的对话框启动器按钮，弹出"段落"对话框，设置段前距为"2 行"，段后距为"1 行"，对齐方式选择"居中"，单击"确定"按钮返回。

③ 作者和单位。选择作者及单位所在段落，在"开始"选项卡"字体"组中设置字号为"五号"。单击"段落"组中的"居中"按钮。分别选择英文姓名后面及单位前面的数字，单击"字体"组中的"上标"按钮 $\mathbf{x}^2$，将指定的数字设为上标形式。

④ 分别选择英文字符"Abstract："及"Key words："，在"开始"选项卡"字体"组中设置字体为"黑体"，字号为"五号"，单击"加粗"按钮。选择其余内容，字号选择"小五"。打开"段落"对话框，在特殊格式下拉列表框中选择"首行缩进"，并设置为"2 字符"，单击"确定"按钮返回。

3. 插入脚注

本题实现在指定位置插入符合要求的脚注，操作步骤如下：

（1）将光标定位到首页一级标题行的末尾（"1 概述"行的末尾），单击"引用"选项卡"脚注"组右下角的对话框启动器按钮，弹出"脚注和尾注"对话框。

（2）在"位置"栏中选择"脚注"单选按钮，并设置位于"页面底端"。在"自定义标记"文本框中输入标题的最后一个汉字，即"1 概述"的"述"，其他选项取默认值，如图 5-51 所示，单击"插入"按钮。此时在标题的末尾出现脚注标记"述"，并且页面底部也出现脚注标记，分别为"1 概述述"和"述‾"。

（3）选中一级标题中的"概述"文字，单击"开始"选项卡"剪贴板"组中的"格式刷"按钮，进行格式复制。然后，拖动鼠标刷题注标记"述"字，使其格式与"概述"字符格式相同，并删除原文标题中的字符"述"。

（4）将光标定位到页面底端题注标记"述"的右侧，按

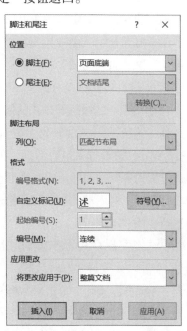

图 5-51　"脚注和尾注"对话框

扫一扫

视频5-26
第3题

【Backspace】键删除字符"述"，并输入文本"收稿日期：2019-9-20　E-mail：Paper@gmail.com"。选择输入的文本，在"开始"选项卡"字体"组中设置字体为"黑体"，字号为"六号"，单击"加粗"按钮，完成脚注的添加及格式设置。

（5）一级标题及页面底端的脚注将分别形如"1 概述"和"收稿日期：2019-9-20　E-mail：Paper@gmail.com"。

4. 一级、二级标题样式的建立

第 4 题一级标题和第 5 题二级标题样式的操作可以放在一起进行操作，其过程主要分为样式的建立、修改及应用。标题样式的建立可以利用多级列表结合标题 1 样式和标题 2 样式来实现，详细操作步骤如下：

（1）将光标定位在论文标题文本"1 概述"中的任意位置，单击"开始"选项卡"段落"组中的"多级列表"下拉按钮，弹出下拉列表。

（2）选择下拉列表中的"定义新的多级列表"命令，弹出"定义新多级列表"对话框。单击对话框中左下角的"更多"按钮，对话框选项将增加。

① 一级标题样式的建立。在"定义新多级列表"对话框中的"单击要修改的级别"列表框中选择"级别"为"1"的项，即用来设定一级标题样式。在"输入编号的格式"文本框中将会自动出现带灰色底纹的数字"1"，即为自动编号。若"输入编号的格式"文本框中无自动编号，可在"此级别的编号样式"下拉列表框中选择"1, 2, 3, …"格式的编号样式。编号对齐方式选择"左对齐"，对齐位置设置为"0厘米"，文本缩进位置设置为"0厘米"，在"编号之后"下拉列表框中选择"空格"。在"将级别链接到样式"下拉列表框中选择"标题1"样式。

② 二级标题样式的建立。在"定义新多级列表"对话框中的"单击要修改的级别"列表中选择"级别"为"2"的项，即用来设定二级标题样式。在"输入编号的格式"文本框中将自动出现带灰色底纹的数字"1.1"，即为自动编号。若"输入编号的格式"文本框中无编号，可先在"包含的级别编号来自"下拉列表框中选择"级别1"，在"输入编号的格式"文本框中将自动出现带灰色底纹的数字"1"，在数字"1"的后面输入"."，然后在"此级别的编号样式"下拉列表框中选择"1, 2, 3, …"格式的编号样式。编号对齐方式选择"左对齐"，对齐位置设置为"0厘米"，文本缩进位置设置为"0厘米"，在"编号之后"下拉列表框中选择"空格"。在"将级别链接到样式"下拉列表框中选择"标题2"样式。

③ 单击"确定"按钮完成一级、二级标题样式的设置。特别强调，一级、二级标题样式的设置全部完成后，再单击"确定"按钮返回。

（3）在"开始"选项卡"样式"组中的"快速样式"库中将会出现标题1和标题2样式，分别形如"1标题1"和"1.1标题2"。

5. 一级、二级标题样式的修改及应用。

（1）一级、二级标题样式的修改，操作步骤如下：

① 一级标题样式的修改。在"快速样式"库中右击样式"1标题1"，在弹出的快捷菜单中选择"修改"命令，弹出"修改样式"对话框。在该对话框中，字体选择"黑体"，字号为"小四"，单击"加粗"按钮，单击"左对齐"按钮。单击对话框左下角的"格式"下拉按钮，在弹出的下拉列表中选择"段落"命令，弹出"段落"对话框，进行段落格式设置，设置左缩进为"0字符"，段前距为"1行"，段后距为"1行"，设置行距为"单倍行距"。单击"确定"按钮返回"修改样式"对话框，单击"确定"按钮完成设置。

② 二级标题样式的修改。在"快速样式"库中右击样式"1.1标题2"，在弹出的快捷菜单中选择"修改"命令，弹出"修改样式"对话框。在该对话框中，字体选择"黑体"，字号为"五号"，单击"加粗"按钮，单击"左对齐"按钮。单击对话框左下角的"格式"下拉按钮，在弹出的下拉列表中选择"段落"命令，弹出"段落"对话框，进行段落格式设置，设置左缩进为"0字符"，段前距为"0行"，段后距为"0行"，设置行距为"单倍行距"。单击"确定"按钮返回"修改样式"对话框，单击"确定"按钮完成设置。

（2）一级、二级标题样式的应用，操作步骤如下：

① 一级标题样式的应用。将光标定位在论文中的一级标题所在行的任意位置，单击"快速样式"库中的"1标题1"样式，则一级标题将自动设为指定的样式格式，删除原有的编号。按照此方法，可以将论文中的其余一级标题格式设置为指定的标题样式格式。

② 二级标题样式的应用。将光标定位在论文中的二级标题所在行的任意位置，单击"快速样式"库中的"1.1标题2"样式，则二级标题将自动设为指定的格式，删除原有的编号。按照此方法，可以将论文中的其余二级标题格式设置为指定的标题样式格式。

6. 正文格式设置

本题可以先建立一个样式"样式0003"，然后利用应用样式方法来实现相应操作。

（1）新建样式"样式 0003"，具体操作步骤请参考 5.1 节"5.1.3 操作步骤"中的"4.'样式 0001'的建立与应用"内容。

（2）应用样式"样式 0003"，具体操作步骤请参考 5.1 节"5.1.3 操作步骤"中的"4.'样式 0001'的建立与应用"内容。

包括标题样式和新建样式在内，应用样式之后的论文格式如图 5-52 所示。

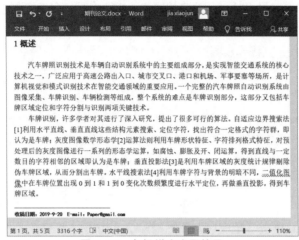

图 5-52　各级样式应用效果

7. 图题注及交叉引用

（1）创建图题注，其操作步骤如下：

① 将光标定位在论文中第一个图下面一行文字内容的左侧，单击"引用"选项卡"题注"组中的"插入题注"按钮，弹出"题注"对话框。

② 在"标签"下拉列表框中选择"图"。若没有标签"图"，可单击"新建标签"按钮，在弹出的"新建标签"对话框中输入标签名称"图"，单击"确定"按钮返回。

③ "题注"文本框中将会出现"图 1"，单击"确定"按钮完成题注的添加，插入点位置将会自动出现"图 1"题注编号。

④ 选择图题注及图，单击"开始"选项卡"段落"组中的"居中"按钮，实现图题注及图的居中显示。

⑤ 重复步骤①和步骤②，可以插入其他图的题注。或者将第一个图的题注编号"图 1"复制到其他图下面一行文字的前面，并通过"更新域"命令实现图题注编号的自动更新。

（2）图题注的交叉引用，其操作步骤如下：

① 选择论文中第一个图对应的论文中的图引用文字并删除。单击"引用"选项卡"题注"组中的"交叉引用"按钮，弹出"交叉引用"对话框。

② 在"引用类型"下拉列表框中选择"图"。在"引用内容"下拉列表框中选择"仅标签和标号"。在"引用哪一个题注"列表框中选择要引用的题注，单击"插入"按钮。

③ 选择的题注编号将自动添加到文档中。按照步骤②的方法可实现论文中所有图的交叉引用。选择完要插入的交叉引用题注后单击"关闭"按钮，完成图交叉引用的操作。

8. 表题注及交叉引用

（1）创建表题注，其操作步骤如下：

① 将光标定位在论文中第一张表上面一行文字内容的左侧，单击"引用"选项卡"题注"组中的"插入题注"按钮，弹出"题注"对话框。

② 在"标签"下拉列表框中选择"表"。若没有标签"表"，可单击"新建标签"按钮，在弹出的"新建标签"对话框中输入标签名称"表"，单击"确定"按钮返回。

③"题注"文本框中将会出现"表 1"，单击"确定"按钮完成题注的添加，插入点位置将会自动出现"表 1"题注编号。

④单击"居中"按钮，实现表题注的居中显示。右击表格任意单元格，在弹出的快捷菜单中选择"表格属性"命令，弹出"表格属性"对话框，选择"表格"选项卡中的"居中"对齐方式，单击"确定"按钮完成表格居中设置。

⑤重复步骤①和步骤②，可以插入其他表的题注。或者将第一个表的题注编号"表 1"复制到其他表上面一行文字的前面，并通过"更新域"命令实现表题注编号的自动更新。

（2）表题注的交叉引用，其操作步骤如下：

①选择第一张表对应的论文中的表引用文字并删除。单击"引用"选项卡"题注"组中的"交叉引用"按钮，弹出"交叉引用"对话框。

②在"引用类型"下拉列表框中选择"表"。在"引用内容"下拉列表框中选择"仅标签和标号"。在"引用哪一个题注"列表框中选择要引用的题注，单击"插入"按钮。

③选择的题注编号将自动添加到文档中。按照步骤②的方法可实现所有表的交叉引用。选择完要插入的交叉引用题注后单击"关闭"按钮，完成表交叉引用的操作。

9. 参考文献

选择字符"参考文献"，单击"开始"选项卡"样式"组中的"快速样式"库中的"1 标题 1"样式，删除自动产生的编号，并使其居中显示。

对于参考文献在论文中的引用操作，首先要创建参考文献的自动编号，然后再建立参考文献的交叉引用。

（1）参考文献的自动编号设置，操作步骤如下：

①选择所有的参考文献，单击"开始"选项卡"段落"组中的"编号"下拉按钮，弹出"编号"下拉列表。

②在下拉列表中选择"定义新编号格式"按钮，打开"定义新编号格式"对话框，编号样式选择"1, 2, 3, …"，在"编号格式"文本框中将会自动出现数字"1"，在数字的左右分别输入"["和"]"，对齐方式选择"左对齐"。设置好编号格式后单击"确定"按钮。

③在每篇文章的前面将自动出现如"[1], [2], [3], …"形式的自动编号，删除原来的编号。

（2）参考文献的交叉引用，操作步骤如下：

①将光标定位在引用第 1 篇参考文献的论文中的位置，删除原有参考文献标号。单击"引用"选项卡"题注"组中的"交叉引用"按钮，弹出"交叉引用"对话框。

②在"引用类型"下拉列表框中选择"编号项"。在"引用内容"下拉列表框中选择"段落编号"。在"引用哪一个题注"列表框中选择要引用的参考文献编号。

③单击"插入"按钮，实现第一篇参考文献的交叉引用。

④重复步骤①~步骤③，可实现所有参考文献的交叉引用。单击"关闭"按钮，完成参考文献的交叉引用操作。

⑤选择论文中已插入交叉引用的第 1 篇参考文献对应的编号，例如"[1]"，单击"开始"选项卡"字体"组中的"上标"按钮，"[1]"变成"[1]"，即为上标。或在"字体"对话框中选择"效果"栏中的"上标"复选框，也可实现上标操作，或按【Ctrl+Shift++】组合键添加上标。

⑥重复步骤⑤，实现论文中所有的交叉引用编号设为上标形式。

10. 分栏

本题实现将选中内容进行分栏的功能。Word 2016 的分栏操作要求是选中的内容必须连续，中间没有间隔。由于本题要求图 2 及其题注为单栏形式，所以论文的分栏操作分成两部分单独进行，操作步骤如下：

（1）选择第一部分内容（从正文一级标题开始到图 2 前面的段落文字结束位置，但不包括图 2）。

（2）单击"布局"选项卡"页面设置"组中的"栏"下拉按钮，在弹出的下拉列表中选择"更多分栏"命令，弹出"栏"对话框。

（3）在"预设"栏中单击"两栏"，其他选项取默认值，如图 5-53 所示，单击"确定"按钮，实现选中内容的分栏。

（4）选择第二部分内容，从图 2 后面的段落（不包括图 2 及其题注）开始到论文结束位置，即最后一篇参考文献后面，注意不包括论文最后一个段落符号。

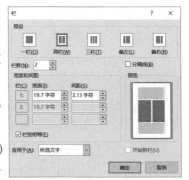

视频 5-27
第 10、11 题

图 5-53　"栏"对话框

（5）重复步骤（2）和步骤（3）实现第二部分选中内容的分栏操作。

11. 公式布局

公式所在行的格式与论文其他段落格式略有不同，通常采用右对齐方式，其格式设置的操作步骤如下：

（1）将光标定位在论文中公式所在段落的任意位置，例如公式(1)，单击"开始"选项卡"段落"组中的"右对齐"按钮，实现公式所在段落的"右对齐"。

（2）调整公式与编号之间的空格数，使公式在所在行中水平居中显示。

（3）按照相同的方法，实现论文中其余公式的格式设置。

12. 表格设置

本题实现对表格边框线及表格内数据的格式设置，操作步骤如下：

（1）将光标定位于表格"表 1 车牌实验数据"的任意单元格中，或选择整个表格，也可以单击出现在表格左上角的按钮 以选择整个表格。单击"表格工具 / 设计"选项卡"边框"组右下角的对话框启动器按钮，弹出"边框和底纹"对话框。

视频 5-28
第 12 题

（2）在"设置"栏中选择"自定义"，在"颜色"下拉列表框中选择"绿色"，在"宽度"下拉列表框中选择"2.25 磅"，在"预览"栏的表格中将显示表格的所有边框线。单击两次（不要直接双击）表格的 3 条竖线及表格内部的横线以去掉所对应的边框线，即仅剩下表格的上边线和下边线，然后单击表格剩下的上边线和下边线，上边线和下边线将加粗。在"应用于"下拉列表框中选择"表格"。

（3）单击"确定"按钮，表格将变成图 5-54（a）所示的形式。

（4）选择表格的第 1 行，按前面的步骤进入"边框和底纹"对话框，单击"自定义"，在"颜色"下拉列表框中选择"绿色"，在"宽度"下拉列表框中选择"0.75 磅"，在"预览"栏的表格中，直接单击表格的下边线，在预览中将显示表格的下边线。在"应用于"下拉列表框中选择"单元格"。

（5）单击"确定"按钮，完成表格边框线的设置。

（6）拖动鼠标，选择整个表格内的数据，在"开始"选项卡"字体"组中的"字号"下拉列表框中选择"小五"，并单击"段落"组中的"居中"按钮。设置完成后，表格格式如图 5-54（b）所示。

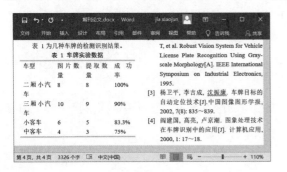

（a）

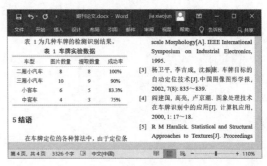

（b）

图 5-54　表格边框线

13. 页眉和页脚

本题实现在论文中添加页眉和页脚，其操作步骤如下：

（1）单击"插入"选项卡"页眉和页脚"组中的"页眉"下拉按钮，在展开的下拉列表中单击"编辑页眉"命令，或者直接双击论文文档顶部的空白区域。

（2）进入"页眉和页脚"编辑状态，在光标处直接输入论文的中文标题即可。单击"开始"选项卡"段落"组中的"居中"按钮，完成页眉居中设置。

（3）将光标定位到页脚处，单击"页眉和页脚工具/设计"选项卡"页眉和页脚"组中的"页码"下拉按钮，在弹出的下拉列表中选择"页面底端"中的"普通数字2"，页脚中将会自动插入形如"1, 2, 3, …"的页码格式。

（4）双击非页眉和页脚的任意区域，返回文档编辑状态，完成论文页眉和页脚的设置，或单击"页眉和页脚工具/设计"选项卡"关闭"组中的"关闭页眉和页脚"按钮退出。

14. 添加批注

添加批注的操作步骤如下：

● 扫一扫

视频5-29
第14~16题

（1）选择论文的中文标题文本，单击"审阅"选项卡"批注"组中的"新建批注"按钮。选择的文本将被填充颜色，旁边为批注框。

（2）直接在批注框中输入批注内容"标题欠妥，请修改。"，单击批注框外的任何区域，即可完成添加批注操作。

（3）根据步骤（1）和步骤（2），可以实现论文中其他批注的添加操作。

15. 首字下沉

设置首字下沉的操作步骤如下：

（1）将光标定位在该段落中的任意位置，单击"插入"选项卡"文本"组中的"首字下沉"下拉按钮，弹出下拉列表。

（2）在下拉列表中选择"首字下沉选项"命令，弹出"首字下沉"对话框，如图5-55所示。

（3）在对话框中的"位置"栏处选择"下沉"图标，"下沉行数"下拉列表中设置为2。

（4）单击"确定"按钮完成设置。

图5-55 "首字下沉"对话框

16. 修订

添加修订的操作步骤如下：

（1）单击"审阅"选项卡"修订"组中的"修订"按钮即可启动修订功能，或者单击"修订"下拉按钮，在弹出的下拉列表中选择"修订"命令。如果"修订"按钮以灰色底纹突出显示，形如▓，则打开了文档的修订功能，否则文档的修订功能为关闭状态。

（2）选择中文摘要中的文本"车牌"，按【Delete】键，将出现形如"车牌"的修订提示，可根据需要接受或拒绝修订操作。

（3）选择"5 结语"中的文字"语"，直接输入文字"论"，将出现形如"**结语论**"的修订提示，可根据需要接受或拒绝修订操作。

（4）若对论文内容进行其他编辑操作，也会自动添加相应的修订提示，并可根据需要接受或拒绝修订操作。

17.子文档的建立

本题要求在论文的最后建立一个子文档,操作步骤如下：

(1)将光标定位在论文的最后,即最后一个【Enter】键处,单击"视图"显示卡"视图"组中的"大纲"按钮,切换到大纲视图模式下。此时,光标所在的段落为正文,需提升为标题才能建立子文档。单击"大纲显示"选项卡"大纲工具"组中的"升级"按钮,可将光标所在段落提升 1 级标题,删除其中自动产生的编号。

(2)单击"大纲显示"选项卡"主控文档"组中的"显示文档"按钮,将展开"主控文档"组,单击"创建"按钮。此时,光标所在标题周围自动出现一个灰色细线边框,其左上角显示一个标记,表示该标题及其下级标题和正文内容为该主控文档的子文档。

(3)在该标题下面空白处输入子文档的内容"作者简介：张三,男,2000 年 6 月生,本科生,计算机科学与技术专业。",如图 5-56(a)所示。

(4)输完子文档的内容后,单击"大纲"功能区中"主控文档"组中的"折叠子文档"按钮,将弹出是否保存主控文档的提示对话框,单击"确定"按钮,插入的子文档将以超链接的形式显示在主控文档的大纲视图中,如图 5-56(b)所示。同时,系统将自动以默认文件名及默认路径(主控文档所在的文件夹)保存创建的子文档。

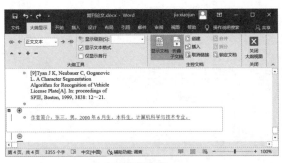

(a)子文档内容　　　　　　　　　　　　　　(b)子文档超链接

图 5-56　建立子文档窗口

(5)单击状态栏右侧的"页面视图"按钮,切换到页面视图模式下,完成子文档的创建操作。或单击"大纲显示"选项卡"关闭"组中的"关闭大纲视图"按钮进行切换,或单击"视图"选项卡"文档视图"组中的"页面视图"按钮进行切换。

(6)还可以在论文中建立多个子文档,操作方法类似。

18.保存文档及生成 PDF 文件

将当前编辑好的论文进行保存及另存为 PDF 文件的操作步骤如下：

(1)直接单击"快捷启动栏"中的"保存"按钮,编辑后的文档将以原文件名进行保存。

(2)单击"文件"选项卡,在弹出的下拉列表中选择"另存为"命令,出现"另存为"界面。单击"浏览"按钮,弹出"另存为"对话框。

(3)在该对话框中,通过左侧的列表确定文件保存的位置,在文件名文本框中输入要保存的文件名"一种基于纹理模式的汽车牌照定位方法",在保存类型的下拉列表框中选择"PDF(*.pdf)"。

(4)单击"保存"按钮,当前论文将以 PDF 文件格式保存,并在 PDF 应用程序中被自动打开。

19.排版效果

论文文档按要求排版结束后,其效果如图 5-57 所示。

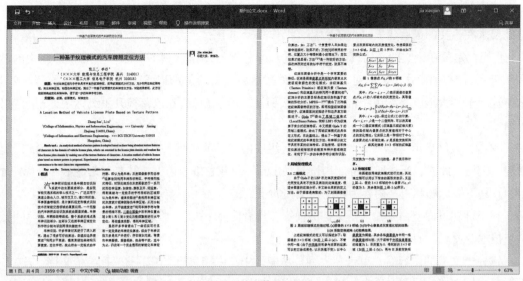

（a）论文的第 1、2 页

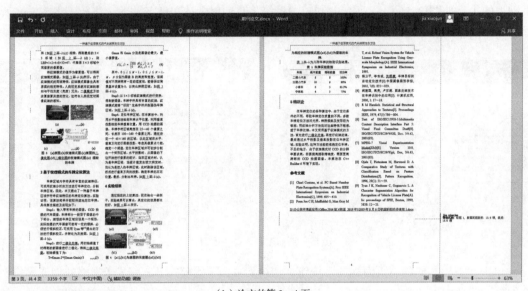

（b）论文的第 3、4 页

图 5-57　排版效果

5.3.4　操作提高

（1）删除批注，接受对论文的一切修订操作。

（2）修改一级标题样式：从 1 开始自动排序，宋体，四号，加粗，段前 0.5 行，段后 0.5 行，单倍行距，左缩进为 0 个字符，左对齐。

（3）修改二级标题样式：从 1.1 开始自动排序，宋体，五号，加粗，段前 0 行，段后 0 行，单倍行距，左缩进为 0 个字符，左对齐。

（4）在论文首页的脚注内容后面另起一行，增加脚注内容：浙江省自然科学基金（No. Y2020000A）。

（5）将论文中的表格改为三线表，外边框为双实线，线宽为 1.5 pt，蓝色；内边框为 0.75 pt，单线，绿色；表题注与表格左对齐。

（6）将论文中图 3 的 5 个子图放在一行显示，整体格式如图 5-58 所示。

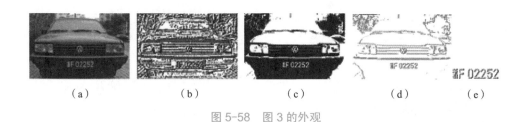

(a)	(b)	(c)	(d)	(e)

图 5-58　图 3 的外观

（7）将参考文献的编号格式改为"1., 2., 3., …"，论文中引用参考文献时，使用交叉引用，并以上标方式显示。

5.4　基于邮件合并的批量数据单生成

5.4.1　问题描述

本案例包含三个子案例，分别用来制作毕业论文答辩会议通知单、学生成绩单和发票领用申请单。这三个子案例从不同角度反映了邮件合并的强大功能，可以方便地生成批量数据单。接下来详细介绍各个子案例的操作方法。

1. 制作毕业论文答辩会议通知单

某高校计算机学院将于近期举行学生毕业论文答辩会议，安排教务办小吴书面通知每个要参加毕业论文答辩会议的教师。小吴将参加答辩会议的教师信息放在一个 Excel 表格中，以文件"答辩成员信息表.xlsx"进行保存，如图 5-59 所示。会议通知单内容单独放在一个 Word 文件"答辩会议通知.docx"中，内容及格式如图 5-60 所示。小吴根据图 5-59 所示的答辩成员信息，需要批量生成每位答辩会议成员的通知单，具体要求如下：

（1）建立 Excel 2016 文档"答辩成员信息表.xlsx"，数据如图 5-59 所示。

（2）建立 Word 2016 文档"答辩会议通知.docx"，内容如图 5-60 所示，其中要求：

① 以字符"通知"为文档标题，中间空两个字符，标题的格式为"宋体""二号""加粗""居中"显示；"姓名"行的格式为"宋体""小四""左对齐"；通知内容的格式为"宋体""小四"，段首空"2 字符"；最后两行文本格式为"宋体""五号""右对齐"；所有段落左右缩进各"4 个字符""1.5 倍行距"。

② 在文档的右下角处插入一个小图片作为院标，图片等比例缩放，宽度为 3 厘米，布局如图 5-60 所示。

图 5-59　答辩成员信息表

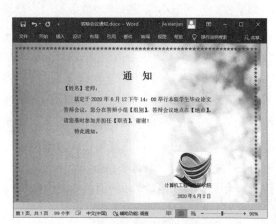

图 5-60　会议通知单

③ 将"会议通知单背景图.jpg"设置为文档背景。

④ 设置文档的页面边框为红色的五角星"★"。

扫一扫

视频5–31
基于邮件合并的
批量数据单生
成

（3）自动生成一个合并文档，并以文件名"答辩会议通知文档.docx"进行保存。

2. 制作学生成绩单

2019—2020学年第二学期的期末考试已经结束，学生辅导员小张需要为某班级制作一份学生成绩单。首先建立一个Word文档，用来记录每个学生各门课程成绩，以文件"学生成绩表.docx"进行保存，如图5-61所示。成绩通知单也放在一个Word文件"成绩通知单.docx"中，内容及格式如图5-62所示。小张根据如图5-61所示的学生成绩信息，需要自动建立每位学生的成绩通知单。具体要求如下：

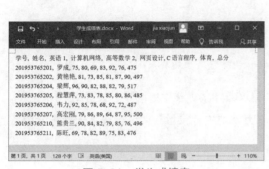

图 5-61　学生成绩表

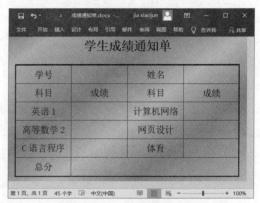

图 5-62　学生成绩通知单

（1）建立Word 2016文档"学生成绩表.docx"，内容如图5-61所示。

（2）建立Word 2016文档"成绩通知单.docx"，内容如图5-62所示，其中要求：

① 插入一个6行×4列的表格，并设置行高为"1厘米"，列宽为"3.5厘米"；输入表格数据，并设置字体为"宋体"，字号为"三号""居中"显示；单元格"总分"右边的所有单元格合并为一个单元格；设置表格边框线，外边框线宽2.25 pt，单实线，内边框线宽0.75 pt，单实线，均为黑色。

② 在表格上面插入一行文本"学生成绩通知单"作为表格的标题，文本格式为"宋体""二号""加粗"，段前"1行"，段后"1行""单倍行距"；表格标题及表格水平居中显示。

③ 以填充效果"金色年华"作为文档背景。

④ 将"平面"主题应用于该文档。

（3）自动生成一个合并文档，并以文件名"成绩通知单文档.docx"进行保存。

3. 制作发票领用申请单

某单位财务处请小陈设计《增值税专用发票领用申请单》模板，以提高日常报账效率。小程根据要求，生成了申请单模板。现小陈要根据"申请资料.xlsx"文件中包含的发票领用信息，使用申请单模板自动批量生成所有申请单。其中，对于金额为80 000.00元（含）以下的单据，经办单位意见栏填写"同意，送财务审核。"，否则填写"情况属实，拟同意，请所领导审批。"对于金额为100 000.00元（含）以下的单据，财务部门意见栏填写"同意，可以领用。"，否则填写"情况属实，拟同意，请计财处领导审批。"领用人必须按格式"姓名（男）"或"姓名（女）"显示。同时，要求因材料无姓名的单据（信息不全）不再单独审核，需在批量生成单据时将这些单据自动跳过。生成的批量单据以文件名"批量申请单.docx"进行保存，具体要求如下：

（1）建立Excel 2016文档"申请资料.xlsx"，数据如图5-63所示。

（2）建立Word 2016文档"增值税专用发票领用申请单.docx"，内容如图5-64所示，其中要求：

① 表格标题文字为"宋体""三号""加粗"并"居中"对齐，其余文字为"宋体""五号"。

② 表格外边框线宽"2.25磅"，内边框线宽"0.75磅"。

图 5-63　申请资料

③ 表格内文字若为单行的，行高设置为"1厘米"；文字为二行的，行高为"1.5厘米"；多行文字的行高取默认值。

（3）按要求自动生成一个合并文档，并以文件名"批量申请单 .docx"进行保存。

5.4.2　知识要点

（1）创建 Excel 2016 电子表格。

（2）Word 2016 中表格的制作及其格式化。

（3）域的使用。

（4）图文混排。

（5）页面背景、页面边框的设置。

（6）主题的应用。

（7）Word 邮件合并。

5.4.3　操作步骤

1.制作毕业论文答辩会议通知单

1）创建数据源

建立 Excel 文档"答辩成员信息表 .xlsx"，操作步骤如下：

（1）启动 Excel 2016 应用程序。

（2）在 Sheet1 各单元格中输入答辩组成员信息，参考图 5-59 所示的数据。其中，第 1 行为标题行，其他行为数据行，各单元格的数据格式取默认值。

（3）数据输入完毕后，以文件名"答辩成员信息表 .xlsx"进行保存。

图 5-64　发票领用申请单

扫一扫

视频5-32
毕业论文答辩
会议通知单

2）创建主文档

（1）建立主文档"答辩会议通知 .docx"，操作步骤如下：

① 启动 Word 2016 应用程序，输入会议通知单所需的所有文本信息，按图 5-60 所示进行分段，其中，字符"通知"中间间隔两个空格，通知内容与学院名称之间空四行。

② 选择文本"通 知"，单击"开始"选项卡"字体"组中的相应按钮，设置字体为"宋体"，字号为"二号"，单击"加粗"按钮；单击"段落"组中的"居中"按钮，设置为居中对齐方式。

③ 选择"【姓名】"所在段落，单击"开始"选项卡"字体"组中的相应按钮，设置字体为"宋体"，字号为"小四"，单击"开始"选项卡"段落"组中的"左对齐"按钮。

④ 选择通知内容所在的段落，单击"开始"选项卡"字体"组中的相应按钮，设置字体为"宋体"，

字号为"小四"，单击"段落"组右下角的对话框启动器按钮，弹出"段落"对话框，在该对话框中设置"特殊格式"的"首行缩进"为"2字符"，单击"确定"按钮返回。

⑤ 选择最后两个段落（学院名称及日期所在的段落），单击"开始"选项卡"字体"组中的相应按钮，设置字体为"宋体"，字号为"五号"，单击"段落"组中的"右对齐"按钮。

⑥ 按【Ctrl+A】组合键选择全文，或拖动鼠标选择全文，打开"段落"对话框，在对话框中设置左缩进为"4字符"，右缩进为"4字符"，行距为"1.5倍行距"，单击"确定"按钮返回。

⑦ 文档格式设置完成后，如图5-65所示，并以文件名"答辩会议通知.docx"进行保存。

（2）插入图片。在学院名称附近插入图片以作为学院的院标，操作步骤如下：

① 将光标定位在文档中的任意位置，单击"插入"选项卡"插图"组中的"图片"按钮，弹出"插入图片"对话框，确定需要插入的图片文件夹及文件名，单击"插入"按钮，选择的图片将自动插入光标所在位置，如图5-66所示。或者，找到要插入的图片文件，进行"复制"，然后在文档中执行"粘贴"操作，也可实现图片的插入。

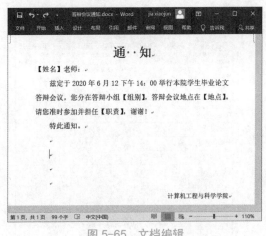

图 5-65　文档编辑

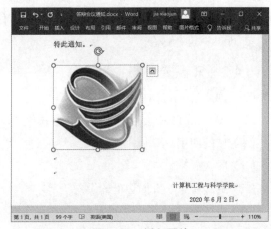

图 5-66　插入图片

② 右击插入的图片，在弹出的快捷菜单中选择"大小和位置"命令，弹出"布局"对话框，切换到"大小"选项卡。选择"锁定纵横比"和"相对原始图片大小"复选框，设置"宽度"绝对值为"3厘米"。单击对话框的"文字环绕"选项卡，选择环绕方式为"衬于文字下方"，单击"确定"按钮返回。

③ 通过键盘上的上、下、左、右光标移动键移动图片（前提是图片已经被选择）到合适的位置，效果如图5-67所示。

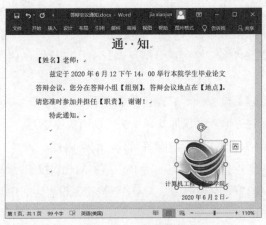

图 5-67　编辑图片

（3）设置文档背景。本题要求将指定的一张图片设置为文档的背景，操作步骤如下：

① 单击文档中的任意位置，然后单击"设计"选项卡"页面背景"组中的"页面颜色"下拉按钮，在弹出的下拉列表中选择"填充效果"命令，弹出"填充效果"对话框。

② 在对话框中单击"图片"选项卡，如图 5-68 所示，然后单击"选择图片"按钮，弹出"插入图片"对话框，单击"从文件"按钮，弹出"选择图片"对话框，确定文档背景的图片所在的文件夹及文件名"会议通知单背景图 .jpg"，单击"插入"按钮。选择的图片将在如图 5-68 所示的预览窗格中显示，单击"确定"按钮，文档背景将被设置为指定图片，效果如图 5-69 所示。

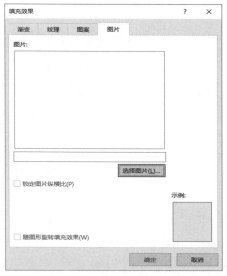

图 5-68　"填充效果"对话框

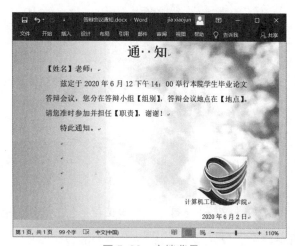

图 5-69　文档背景

（4）设置页面边框。本题要求在文档的页面四周添加一个指定形式的边框，操作步骤如下：

① 单击"设计"选项卡"页面背景"组中的"页面边框"按钮，弹出"边框和底纹"对话框，并处于"页面边框"选项卡，如图 5-70（a）所示。

② 在该对话框中，在"颜色"下拉列表框中选择"红色"，在"艺术型"下拉列表框中选择黑色的五角星"★"（有多种类型的五角星，但只有黑色的五角星可以更改为其他颜色，其他五角星本身带有颜色，不能再更改），其他设置项取默认值。设置后，对话框形式如图 5-70（b）所示。

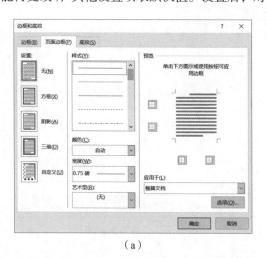

（a）

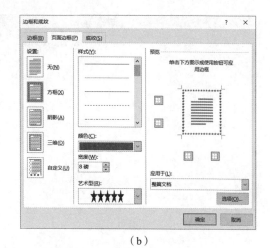

（b）

图 5-70　"边框和底纹"对话框

③ 单击"确定"按钮，文档的页面边框设置完成，设置效果如图 5-60 所示。

扫一扫

视频5-33
邮件合并

3）邮件合并

利用邮件合并功能，实现主文档与数据源的关联，批量生成答辩会议通知单，操作步骤如下：

① 打开已创建的主文档"答辩会议通知 .docx"，单击"邮件"选项卡"开始邮件合并"组中的"选择收件人"下拉按钮，在弹出的下拉列表中选择"使用现有列表"命令，弹出"选取数据源"对话框。

② 在对话框中选择已创建好的数据源文件"答辩成员信息表 .xlsx"，如图 5-71（a）所示，单击"打开"按钮。

③ 弹出"选择表格"对话框，选择数据所在的工作表，默认为"Sheet1"，如图 5-71（b）所示，单击"确定"按钮将自动返回。

（a）

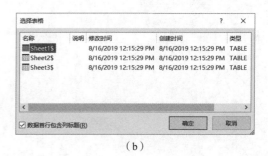

（b）

图 5-71 "选择数据源"对话框和"选择表格"对话框

④ 在主文档中选择第一个占位符"【姓名】"，单击"邮件"选项卡"编写和插入域"组中的"插入合并域"下拉按钮，在弹出的下拉列表中选择要插入的域"姓名"，主文档中的"【姓名】"变成《姓名》。

⑤ 在主文档中选择第 2 个占位符"【组别】"，按照上一步的操作，插入域"组别"。同理，插入域"地点"和"职责"。

⑥ 文档中的占位符被插入域后，其效果如图 5-72 所示。单击"邮件"选项卡"预览结果"组中的"预览结果"按钮，将显示主文档和数据源关联后的第一条数据结果，单击查看记录按钮"⏮◀ 1 ▶⏭"，可逐条显示各记录对应数据源的数据。

⑦ 单击"邮件"选项卡"完成"组中的"完成并合并"下拉按钮，在弹出的下拉列表中选择"编辑单个文档"命令，弹出"合并到新文档"对话框，如图 5-73 所示。

图 5-72 插入域后的效果

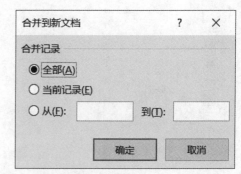

图 5-73 "合并到新文档"对话框

⑧ 在对话框中，选择"全部"单选按钮，然后单击"确定"按钮，Word 将自动合并文档并将全部记录放入一个新文档"信函 1.docx"中。

⑨ 若自动合并生成的文档"信函 1.docx"中页面的背景为白色且无边框（丢失了刚刚添加好的文档

背景），可重新添加文档背景及页面边框。例如本题，可以单击"设计"选项卡"页面设置"组中的"页面颜色"下拉按钮，在弹出的下拉列表中选择"填充效果"命令，然后在弹出的"填充效果"对话框中直接单击"确定"按钮返回，可重新加上背景图片。单击"设计"选项卡"页面背景"组中的"页面边框"按钮，然后在弹出的"边框和底纹"对话框中直接单击"确定"按钮返回，可重新加上页面边框。文档的部分结果如图 5-74 所示。

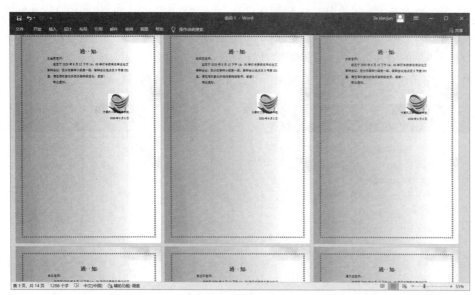

图 5-74 邮件合并效果

⑩ 单击"文件"选项卡，选择下拉列表中的"另存为"命令，对文档"信函 1.docx"重新以文件名"答辩会议通知文档 .docx"在指定位置进行保存。

2. 制作学生成绩单

1）创建数据源

建立 Word 文档"学生成绩表 .docx"，操作步骤如下：

① 启动 Word 2016 应用程序。

② 参考如图 5-61 所示的数据，直接录入学生成绩表信息。其中，第 1 行为标题行，各字段名之间用英文标点符号"，"分隔，以【Enter】键换行，其他行为数据行，各数据之间用英文标点符号"，"分隔，以【Enter】键换行，各数据格式取默认值。特别强调，各行数据之间的间隔符（这里指逗号）必须在英文状态下输入，否则无法进行后面的邮件合并。

③ 数据输入完毕后，以文件名"学生成绩表 .docx"进行保存。

2）创建主文档

（1）建立主文档"成绩通知单 .docx"，操作步骤如下：

① 启动 Word 2016 程序。单击"插入"选项卡"表格"组中的"表格"下拉按钮，在弹出的下拉列表中选择"插入表格"命令，弹出"插入表格"对话框。在对话框中，确定表格的尺寸，列数为"4"，行数为"6"，单击"确定"按钮，在光标处将自动生成一个 6 行 ×4 列的表格。

② 选择整个表格，在"表格工具 / 布局"选项卡"单元格大小"组中的"高度"文本框中输入"1 厘米"，"宽度"文本框中输入"3.5 厘米"。

③ 参照图 5-62 所示，在插入的表格的相应单元格中输入数据，输完数据后，表格形式如图 5-75 所示。

④ 拖动鼠标选择表格的所有单元格，单击"开始"选项卡"字体"组中的相应按钮，设置字体为"宋体"，字号为"三号"，单击"段落"组中的"居中"按钮，实现单元格内的数据的居中显示。

扫一扫

视频5-34
学生成绩单

⑤ 拖动鼠标选择"总分"单元格右边的 3 个单元格并右击，在弹出的快捷菜单中选择"合并单元格"命令，选择的 3 个单元格将合并为 1 个单元格。

⑥ 单击"表格工具 / 设计"选项卡"边框"组中的"边框"下拉按钮，在弹出的下拉列表中选择"边框和底纹"命令，弹出"边框和底纹"对话框，将对话框切换到"边框"选项卡。在对话框左侧的"设置"列表中选择"自定义"，"宽度"下拉列表框中选择"2.25 磅"，"预览"列表框中单击表格的上、下、左、右边框线，表格的四条边框线将以 2.25 磅重新显示；再在"宽度"下拉列表框中选择"0.75 磅"，"预览"列表框中单击表格的中间的竖线和横线，表格内部的线将以 0.75 磅重新显示；在"应用于"下拉列表框中选择"表格"，表格的内外边框线默认为单实线且为黑色，其余取默认值。单击"确定"按钮完成设置。

⑦ 表格设置完成后，形式如图 5-76 所示，并以文件名"成绩通知单 .docx"进行保存。

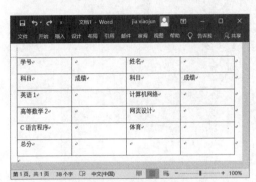

图 5-75　插入的表格

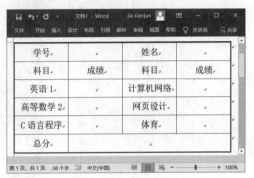

图 5-76　表格边框

（2）设置表格标题，操作步骤如下：

① 将光标定位在 A1 单元格中的数据"学号"的左侧，按【Enter】键，在表格上方将自动插入一个空行。此操作的前提是表格前面无任何文档内容，即表格为本页的起始内容。

② 在空行处输入文本"学生成绩通知单"，并选择该文本，单击"开始"选项卡"字体"组的相应按钮，设置字体为"宋体"，字号为"二号"，单击"加粗"按钮，单击"段落"组中的"居中"按钮，使文本居中显示。

③ 单击"段落"组右下角的对话框启动器按钮，弹出"段落"对话框，在对话框中设置段前距"1 行"，段后距"1 行"，行距选择"单倍行距"，单击"确定"按钮返回。

④ 右击表格中任意单元格，在弹出的快捷菜单中选择"表格属性"命令，弹出"表格属性"对话框，将对话框切换到"表格"选项卡。选择"对齐方式"为"居中"，单击"确定"按钮返回，表格将水平居中显示。

⑤ 设置完成后，单击"保存"按钮，表格形式如图 5-77 所示。

（3）设置文档背景，本题的操作步骤如下：

① 单击"设计"选项卡"页面背景"组中的"页面颜色"下拉按钮，在弹出的下拉列表中选择"填充效果"命令，弹出"填充效果"对话框。

② 在对话框中单击"渐变"选项卡。首先选择颜色为"预设"的单选按钮，然后在弹出的"预设颜色"下拉列表框中选择"金色年华"，其余项取默认值，单击"确定"按钮返回，文档背景将被设置为"金色年华"，如图 5-78 所示。

（4）设置文档主题，本题的操作步骤如下：

单击文档中的任意位置，然后单击"设计"选项卡"文档格式"组中的"主题"下拉按钮，在弹出的下拉列表框中选择"平面"主题样式，文档将被应用"平面"主题格式。单击"保存"按钮进行文档的保存。

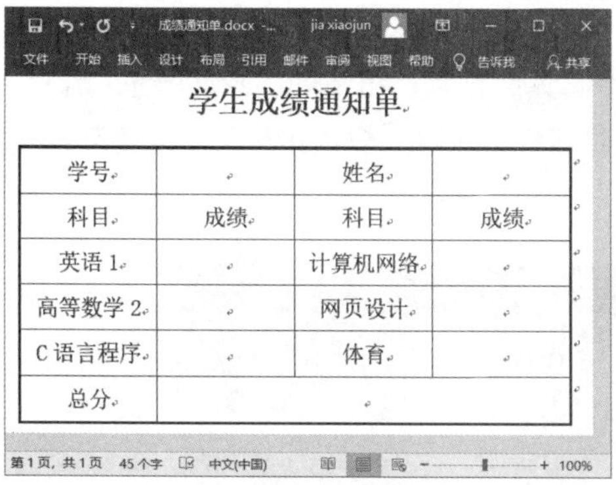

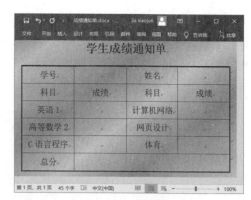

学生成绩通知单

学号		姓名	
科目	成绩	科目	成绩
英语 1		计算机网络	
高等数学 2		网页设计	
C 语言程序		体育	
总分			

图 5-77　表格标题

学生成绩通知单

学号		姓名	
科目	成绩	科目	成绩
英语 1		计算机网络	
高等数学 2		网页设计	
C 语言程序		体育	
总分			

图 5-78　文档背景

3）邮件合并

利用邮件合并功能，实现主文档与数据源的关联，批量生成学生成绩通知单，其操作步骤如下：

（1）打开已创建的主文档“成绩通知单 .docx”，单击“邮件”选项卡“开始邮件合并”组中的“选择收件人”下拉按钮，在弹出的下拉列表中选择“使用现有列表”命令，弹出“选取数据源”对话框。

（2）在对话框中选择已创建好的数据源文件“学生成绩表 .docx”，单击“打开”按钮。

（3）在主文档中选择第一个占位符，即将插入点定位到表格中“学号”右侧的空单元格中，单击“邮件”选项卡“编写和插入域”组中的“插入合并域”下拉按钮，在弹出的下拉列表中选择要插入的域“学号”。

（4）在主文档中选择第 2 个占位符，即将插入点移到“姓名”右侧的空单元格中，按上一步操作，插入域“姓名”。同理，依次插入域“英语 1”“计算机网络”“高等数学 2”“网页设计”“C 语言程序”“体育”“总分”。

（5）文档中的占位符被插入域后，其效果如图 5-79 所示。单击“邮件”选项卡“预览结果”组中的“预览结果”按钮，将显示主文档和数据源关联后的第一条数据结果，单击查看记录按钮“|◀ ◀ 1 ▶ ▶|”，可逐条显示各记录对应数据源的数据。

学生成绩通知单

学号	«学号»	姓名	«姓名»
科目	成绩	科目	成绩
英语 1	«英语 1»	计算机网络	«计算机网络»
高等数学 2	«高等数学 2»	网页设计	«网页设计»
C 语言程序	«C 语言程序»	体育	«体育»
总分	«总分»		

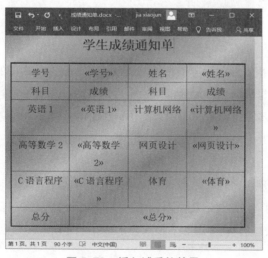

图 5-79　插入域后的效果

（6）单击“邮件”选项卡“完成”组中的“完成并合并”下拉按钮，在弹出的下拉列表中选择“编辑单个文档”命令，弹出“合并到新文档”对话框。

（7）在对话框中选择“全部”单选按钮，然后单击“确定”按钮，Word 将自动合并文档并将全部记录放入一个新文档“信函 1.docx”中。

（8）若自动合并生成的文档"信函1.docx"中页面的背景为白色（丢失了刚刚添加好的文档背景），可重新添加文档背景。例如本题，可以单击"设计"选项卡"页面背景"组中的"页面颜色"下拉按钮，在弹出的下拉列表中选择"填充效果"命令，然后在弹出的对话框中选择"金色年华"预设颜色，单击"确定"按钮返回。合并文档的部分结果如图5-80所示。

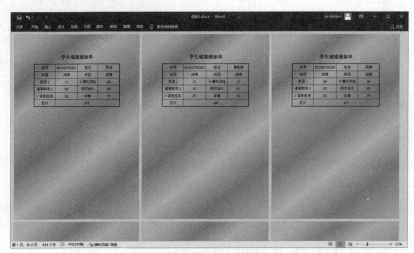

图5-80　邮件合并效果

（9）单击"文件"选项卡，选择下拉列表中的"另存为"命令，对文档"信函1.docx"重新以文件名"学生成绩通知单.docx"进行保存。

• 扫一扫

视频5-35
发票领用
申请单

3. 制作发票领用申请单

（1）创建数据源。

建立Excel文档"申请资料.xlsx"，操作步骤如下：

① 启动Excel 2016应用程序。

② 参考图5-63所示的数据，在Sheet1各单元格中输入资料信息。其中，第1行为标题行，其他行为数据行，各单元格的数据格式取默认值。

③ 数据输入完毕后，以文件名"申请资料.xlsx"进行保存。

（2）创建主文档。

建立主文档"增值税专用发票领用申请单.docx"，插入一个多行多列的表格，进行单元格的拆分与合并并输入数据，利用"边框和底纹"对话框对表格边框线进行设置；通过设置表格的行高以调整表格中指定行的高度。具体操作步骤可参考前面相关操作，在此不再赘述。表格设置完成后，形式如图5-64所示，并以文档名"增值税专用发票领用申请单.docx"进行保存。

（3）邮件合并。

利用邮件合并功能，实现主文档与数据源的关联，批量生成发票领用申请单，其操作步骤如下：

① 打开已创建的主文档"增值税专用发票领用申请单.docx"，单击"邮件"选项卡"开始邮件合并"组中的"选择收件人"下拉按钮，在弹出的下拉列表中选择"使用现有列表"命令，弹出"选取数据源"对话框。

② 在对话框中选择已创建好的数据源文件"申请资料.xlsx"，单击"打开"按钮。

③ 弹出"选择表格"对话框，在对话框中选择存放申请资料信息的工作表，默认为"Sheet1"，单击"确定"按钮将自动返回。

④ 在主文档中选择第一个占位符，即将插入点定位到"申报日期"右侧的空白处，单击"邮件"选项卡"编写和插入域"组中的"插入合并域"下拉按钮，在弹出的下拉列表中选择要插入的域"申报日期"，

主文档中出现"《申报日期》"。

⑤ 在主文档中选择第 2 个占位符，即将插入点移到"领用部门"右侧的空单元格中，按照上一步操作，插入域"领用单位"。

⑥ 将光标定位在"领用人"右侧的单元格中，单击"邮件"选项卡"编写和插入域"组中的"规则"下拉按钮，在弹出的下拉列表中选择"跳过记录条件"命令，弹出"插入 Word 域：Skip Record If"对话框。在域名下拉列表框中选择"领用人"，比较条件下拉列表框中选择"等于"，比较对象文本框中不输入，如图 5-81（a）所示。单击"确定"按钮返回。单元格中出现合并域"《跳过记录条件…》"。

⑦ 将光标定位在合并域"《跳过记录条件…》"的后面，按插入域"申报日期"的方法插入域"领用人"。然后再单击"邮件"选项卡"编写和插入域"组中的"规则"下拉按钮，在弹出的下拉列表中选择"如果…那么…否则…"命令，弹出"插入 Word 域：如果"对话框。在域名下拉列表框中选择"性别"，比较条件下拉列表框中选择"等于"，比较对象文本框中输入"男"，"则插入此文字"文本框中输入文本"（男）"，"否则插入此文字"文本框中输入文本"（女）"，如图 5-81（b）所示。单击"确定"按钮返回。该单元格中的数据将自动显示为"《跳过记录条件…》《领用人》（男）"，表示单元格中有三个合并域。

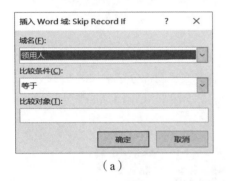
（a）

（b）

图 5-81　"插入 Word 域"对话框

⑧ 按照插入合并域"申报日期"方法，分别插入小写金额，大写金额，付款单位名称，项目名称，项目代码、项目负责人及联系电话右侧单元格中的合并域。

⑨ 将光标定位在经办单位意见右侧的单元格中，单击"邮件"选项卡"编写和插入域"组中的"规则"下拉按钮，在弹出的下拉列表中选择"如果…那么…否则…"命令，弹出"插入 Word 域：如果"对话框。在域名下拉列表框中选择"金额（小写）"，比较条件下拉列表框中选择"小于等于"，比较对象文本框中输入"80000"，"则插入此文字"文本框中输入文本"同意，送财务审核。"，"否则插入此文字"文本框中输入文本"情况属实，拟同意，请所领导审批。"，如图 5-82（a）所示。单击"确定"按钮返回。

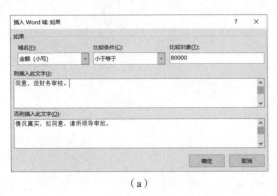
（a）

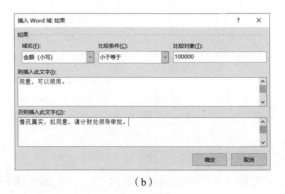
（b）

图 5-82　编辑 Word 域

⑩ 将光标定位在财务部门意见右侧的单元格中，单击"邮件"选项卡"编写和插入域"组中的"规则"

下拉按钮，在弹出的下拉列表中选择"如果…那么…否则…"命令，弹出"插入 Word 域：如果"对话框。在域名下拉列表框中选择"金额（小写）"，比较条件下拉列表框中选择"小于等于"，比较对象文本框中输入"100000"，"则插入此文字"文本框中输入文本"同意，可以领用。"，"否则插入此文字"文本框中输入文本"情况属实，拟同意，请计财处领导审批。"，如图 5-82（b）所示。单击"确定"按钮返回。

图 5-83　插入域结果

⑪ 文档中的占位符被插入域后，其效果如图 5-83 所示。单击"邮件"选项卡"预览结果"组中的"预览结果"按钮，将显示主文档和数据源关联后的第一条数据结果，单击查看记录按钮"◀◀ ◀ 1 ▶ ▶▶"，可逐条显示各记录对应数据源的数据。由于文档"申请资料 .xlsx"有一条记录没有姓名，故此记录被过滤，也就是仅有 9 条记录。

⑫ 单击"邮件"选项卡"完成"组中的"完成并合并"下拉按钮，在弹出的下拉列表中选择"编辑单个文档"命令，弹出"合并到新文档"对话框。在对话框中选择"全部"单选按钮，然后单击"确定"按钮，Word 将自动合并文档并将全部记录放入一个新文档"信函 1.docx"中。合并文档的部分结果如图 5-84 所示。

⑬ 单击"文件"选项卡，选择下拉列表中的"另存为"命令，对文档"信函 1.docx"重新以文件名"批量申请单 .docx"进行保存。

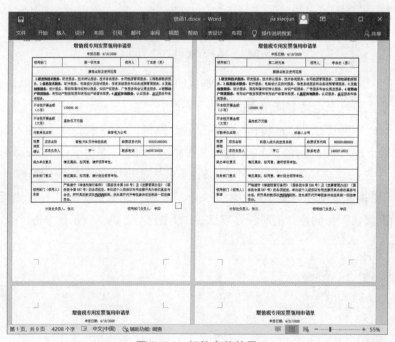

图 5-84　邮件合并效果

5.4.4　操作提高

（1）根据图 5-85 所示的计科 191 班成绩表，在 Excel 2016 环境下建立文件"计科 191 班成绩表 .xlsx"作为邮件合并的数据源，然后在 Word 2016 环境下建立图 5-62 所示的主文档，最后利用邮件合并功能自动生成计科 191 班每个学生的成绩单。

（2）利用 Word 2016 中"邮件"选项卡"创建"组中的"中文信封"按钮，生成一张空白信封，然后再输入提示文字，生成图 5-86 所示的信封主文档模板。根据图 5-87 所示的计科 191 班学生的通信地址表，在 Excel 2016 环境下建立邮件合并的数据源。利用 Word 邮件合并功能，自动生成计科 191 班每个学生的信封，用于邮寄计科 191 班每个学生的成绩单。图 5-88 所示为插入合并域后的信封，自动生成的信封如图 5-89 所示。

图 5-85 计科 191 班成绩表

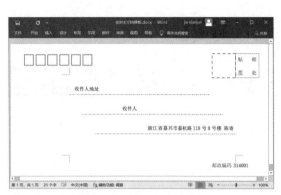

图 5-86 信封主文档模板

图 5-87 计科 191 班学生通信地址

图 5-88 信封域格式

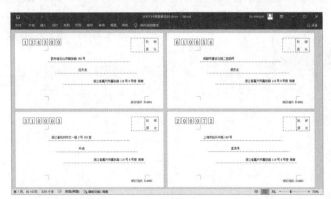

图 5-89 生成的信封（部分）

第6章
Excel 2016 高级应用案例

本章介绍 Excel 2016 高级应用知识的实际应用，精心组织了 4 个案例，分别是费用报销分析与管理、学生期末考试成绩分析与统计、家电销售统计分析与管理、职工科研奖励汇总与分析。4 个案例囊括了本书讲解的 Excel 2016 高级应用的绝大多数知识点，通过这些案例的学习，可让读者进一步熟悉和掌握函数的实际应用，并能快速解决实际工作中遇到的问题。

6.1 费用报销分析与管理

6.1.1 问题描述

小王大学毕业后应聘到某公司财务部门工作，主要负责职工费用的报销与处理。报销数据量大，烦琐，需要对报销的原始数据进行整理、制作报销费用汇总、按报销性质进行分类管理、制作报销费用表等。在图 6-1 所示的费用报销表中，完成如下操作。

图 6-1　费用报销表

（1）在费用报销表中根据摘要列提取经手人姓名填入经手人列中。

（2）在费用报销表中将报销费用的数据按部门自动归类，并填入按部门自动分类的区域中。

（3）在费用报销表中将报销费用的数据按报销性质自动归类，并填入按报销性质自动分类的区域中。

（4）在费用报销表中将报销费用超过 10 000 的记录以红色突出显示。

（5）制作表 6-1 所示的 2019 年度各类报销费用的总和及排名的表格，将计算结果填入 2019 年度各类报销费用统计表中。

表 6-1 2019 年度各类报销费用统计表

报销名称	合计	排名
办公费		
差旅费		
招待费		
材料费		
交通费		
燃料费		

（6）创建不同日期各部门费用报销的数据透视表。具体要求如下：

① 筛选设置为"日期"。

② 列设置为"科目名称"。

③ 行设置为"部门"和"经手人"。

④ 值设置为"求和项报销金额"。

⑤ 将数据透视表放置于名为"数据透视表"的工作表 A1 单元格开始的区域中。

⑥ 数据透视表中各部门内员工的报销费用总计以从大到小的顺序显示。

（7）制作一个图 6-2 所示的费用报销单，将其放置于名为"费用报销单"的工作表中，具体要求如下：

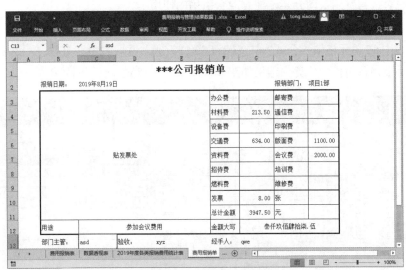

图 6-2 费用报销单

① 报销日期由系统日期自动填入，格式为 **** 年 ** 月 ** 日。

② 报销部门设置为下拉列表选择填入（其中下拉列表选项为"项目 1 部""项目 2 部""项目 3 部""项目 4 部"）。

③ 求报销单中的总计金额和大写金额。

④ 报销单创建完成后，取消网格线以及对报销单设置保护，并设定保护密码，其中在 G3:G10 区域、I3：I9 区域、I2 单元格、C13 单元格、E13 单元格和 G13 单元格可以输入内容，也可以修改内容，其余部分则不能修改。

6.1.2 知识要点

（1）左截函数 LEFT 和文本查找函数 FIND。

（2）逻辑函数 IF。

（3）条件格式。

（4）条件求和函数 SUMIF 和排名函数 RANK.EQ。

（5）数据透视表。

（6）时间函数 YEAR、MONTH、DAY、TODAY 和字符连接符“&”。

（7）数据验证。

（8）求和函数 SUM 和 TEXT 函数。

（9）工作表的保护。

6.1.3 操作步骤

扫一扫

视频6-1
第1～3题

1. 根据摘要填经手人姓名

在摘要中有一个共同特征：在经手人姓名后都有一个“报”字，只要获得“报”字的位置，就可以知道经手人姓名的长度，从而提取出姓名。要获得“报”字的位置，可以用 FIND 函数实现。具体操作步骤如下：

在费用报销表中 G3 单元格输入公式“=LEFT(D3,FIND(" 报 ", D3)-1)”，按【Enter】键即可得到对应的经手人姓名。拖动填充柄完成其他单元格的填充。

2. 对报销费用的数据按部门自动分类

在费用报销表中 H3 单元格输入公式“=IF($C3=H$2,$F3,"")”，并向右填充至 K3 单元格，然后向下填充，完成按部门对报销费用自动分类（注意混合引用的使用）。

3. 对报销费用的数据按报销性质自动分类

在费用报销表中 L3 单元格输入公式“=IF($E3=L$2,$F3,"")”，并向右填充至 Q3 单元格，然后向下填充，完成按报销性质对报销费用自动分类，结果如图 6-3 所示（注意混合引用的使用）。

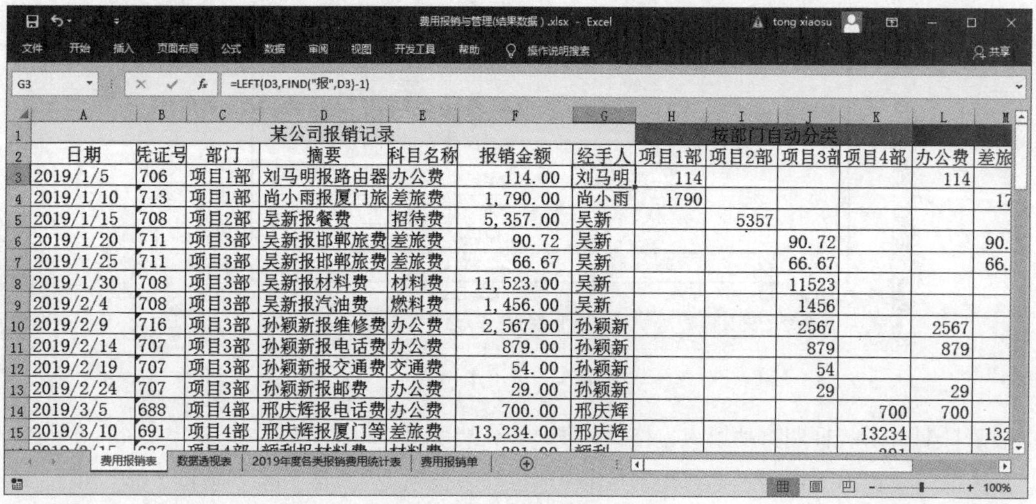

	A	B	C	D	E	F	G	H	I	J	K	L	M
1	某公司报销记录							按部门自动分类					
2	日期	凭证号	部门	摘要	科目名称	报销金额	经手人	项目1部	项目2部	项目3部	项目4部	办公费	差旅
3	2019/1/5	706	项目1部	刘马明报路由器	办公费	114.00	刘马明	114				114	
4	2019/1/10	713	项目1部	尚小雨报厦门旅	差旅费	1,790.00	尚小雨	1790					17
5	2019/1/15	708	项目2部	吴新报餐费	招待费	5,357.00	吴新		5357				
6	2019/1/20	711	项目3部	吴新报邯郸旅费	差旅费	90.72	吴新			90.72			90.
7	2019/1/25	711	项目3部	吴新报邯郸旅费	差旅费	66.67	吴新			66.67			66.
8	2019/1/30	708	项目3部	吴新报材料费	材料费	11,523.00	吴新			11523			
9	2019/2/4	708	项目3部	吴新报汽油费	燃料费	1,456.00	吴新			1456			
10	2019/2/9	716	项目3部	孙颖新报维修费	办公费	2,567.00	孙颖新			2567		2567	
11	2019/2/14	707	项目3部	孙颖新报电话费	办公费	879.00	孙颖新			879		879	
12	2019/2/19	707	项目3部	孙颖新报交通费	交通费	54.00	孙颖新			54			
13	2019/2/24	707	项目3部	孙颖新报邮费	办公费	29.00	孙颖新			29		29	
14	2019/3/5	688	项目4部	邢庆辉报电话费	办公费	700.00	邢庆辉				700	700	
15	2019/3/10	691	项目4部	邢庆辉报厦门等	差旅费	13,234.00	邢庆辉				13234		132

图 6-3 前 3 题操作后的结果

4. 将报销费用超过 10 000 的记录以红色突出显示

扫一扫

视频6-2
第4～6题

（1）在费用报销表中选择 A3:Q70 单元格区域。

（2）单击“开始”选项卡“样式”组中的“条件格式”，从下拉列表中选择“新建规则”命令，弹出图 6-4 所示的“新建规则”对话框，选择“使用公式确定要设置格式的单元格”，在“为符合此公式的值设置格式”框中输入公式“=$F3>10000”，单击“格式”按钮，弹出图 6-5 所示的“设置单元格格式”对话框，单击“填充”，选择“红色”，单击“确定”按钮，再单击“确定”按钮，则得到图 6-6 所示的结果。

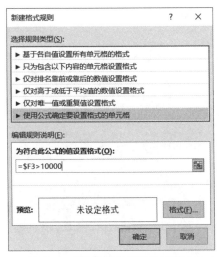

图 6-4 "新建格式规则"对话框

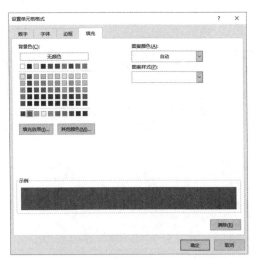

图 6-5 "设置单元格格式"对话框

图 6-6 设置条件格式后的效果

5. 求 2019 年度各类报销费用合计

求各类报销费用合计是一个条件求和的问题，用 SUMIF 函数实现。在 2019 年度各类报销费用统计表中的 B3 单元格中输入公式"=SUMIF(费用报销表 !$E$3:$E$70,' 2019 年度各类报销费用统计表 '!A3,费用报销表 !$F$3:$F$70)"，按【Enter】键后拖动填充柄完成填充。

各类报销费用排名可以用 RANK.EQ 函数实现。在 C3 单元格输入公式"=RANK.EQ(B3,$B$3:$B$8)"，按【Enter】键后拖动填充柄完成填充。计算结果如图 6-7 所示。

6. 创建不同日期各部门费用报销的数据透视表

创建数据透视表的操作步骤如下：

（1）单击费用报销表数据表中的任意单元格。

（2）单击"插入"选项卡下"表格"组中的"数据透视表"按钮，打开图 6-8 所示的"创建数据透视表"对话框。在"创建数据透视表"对话框中，设定数据区域和选择放置的位置。

（3）将"选择要添加到报表的字段"中的字段分别拖动到对应的"筛选""列""行""值"框中（例如将"日期"字段拖入"筛选"框，将"科目名称"字段拖入"列"框，将"部门"和"经手人"字段拖入"行"框，将"报销金额"拖入"值"框），便能得到不同日期各部门费用报销的数据透视表，如图 6-9 所示。

（4）单击 H6 单元格，右击，在弹出的快捷菜单中选择"排序"下的"降序"命令，排序结果如图 6-10 所示。

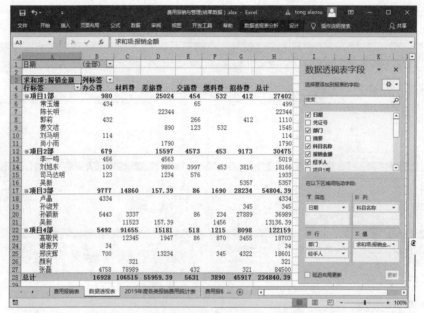

图 6-7　各类报销费用统计表

图 6-8　"创建数据透视表"对话框

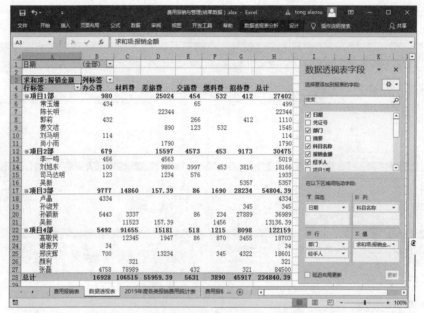

图 6-9　不同日期各部门费用报销的数据透视表

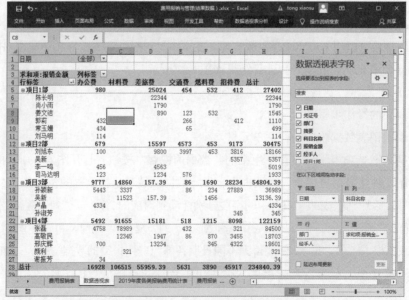

图 6-10　各部门内员工报销费用总计降序显示

7. 制作费用报销单

（1）在费用报销单工作表中，报销日期由系统日期自动填入，格式为 ****年 **月 ** 日。

在费用报销单工作表的 C2 单元格输入公式"=YEAR(TODAY())&" 年 "&MONTH(TODAY())& " 月 "&DAY(TODAY())&" 日 ""。

（2）报销部门设置为下拉列表选择填入（其中下拉列表选项为"项目 1 部""项目 2 部""项目 3 部""项目 4 部"）。

首先在费用报销单工作表中选择 I2 单元格，在"数据"选项卡下"数据工具"组中，单击"数据验证"按钮，打开"数据验证"对话框，在"允许"下拉列表框中选择"序列"选项，在"来源"文本框中输入"项目 1 部,项目 2 部,项目 3 部,项目 4 部"（逗号为英文逗号），如图 6-11 所示。输入完后单击"确定"按钮完成报销部门下拉列表的设置。

（3）求报销单中的总计金额和大写金额。

在费用报销单工作表的 G11 单元格输入公式 "=SUM(G3:G9,I3:I9)"。在费用报销单工作表的 G12 单元格输入公式 "=TEXT(G11, "[dbnum2]")"。

扫一扫 ●

视频6-3
第7题

图 6-11　设置有效性条件（序列）

8. 取消网格线以及对报销单设置保护，并设定保护密码。其中 G3:G10 区域、I3:I9 区域、I2 单元格、C13 单元格、E13 单元格和 G13 单元格可以输入内容，也可以修改内容，其余部分则不能修改。

取消网格线操作步骤如下：

在"视图"选项卡下"显示"组中取消选中"网格线"复选框。

对报销单设置保护，并设定保护密码的操作步骤如下。

（1）在费用报销单工作表中按住【Ctrl】键加鼠标选择，选定不需要保护的单元格区域（G3:G10 区域、I3:I9 区域、I2 单元格、C13 单元格、E13 单元格和 G13 单元格），右击选定的区域，在快捷菜单中选择"设置单元格格式"，弹出图 6-12 所示的"设置单元格格式"对话框，单击"保护"选项卡，取消选中"锁定"复选框。

（2）单击"审阅"选项卡"更改"组中的"保护工作表"按钮，弹出图 6-13 所示的对话框，勾选"保护工作表和锁定的单元格内容"复选框，在密码框里输入保护密码，在"允许此工作表的所有用户进行"列表框中，取消选定"选定锁定单元格"复选框，最后单击"确定"按钮，完成工作表的保护。

图 6-12　"设置单元格格式"对话框　　　　　图 6-13　"保护工作表"对话框

6.1.4 操作提高

（1）插入一新工作表，工作表命名为“2019 年各部门报销费用汇总表”，工作表标签颜色设为“红色”，用以统计 2019 年度各部门报销费用的总和及排名，统计表格式如表 6-2 所示。

表 6-2 2019 年各部门报销费用汇总表

部门	报销费用合计	排名
项目 1 部		
项目 2 部		
项目 3 部		
项目 4 部		

（2）筛选出报销费用表中招待费超过 5 000 或差旅费超过 10 000 的记录，将筛选结果放置于表中 A73 开始的区域。

（3）对报销费用表按照科目名称对报销费用进行分类求和。

6.2 期末考试成绩统计与分析

6.2.1 问题描述

学期期末考试结束后，需要对考试成绩进行统计、分析。图 6-14 所示为一次“大学计算机”期末考试的成绩表，请根据表内的信息按要求完成以下操作。

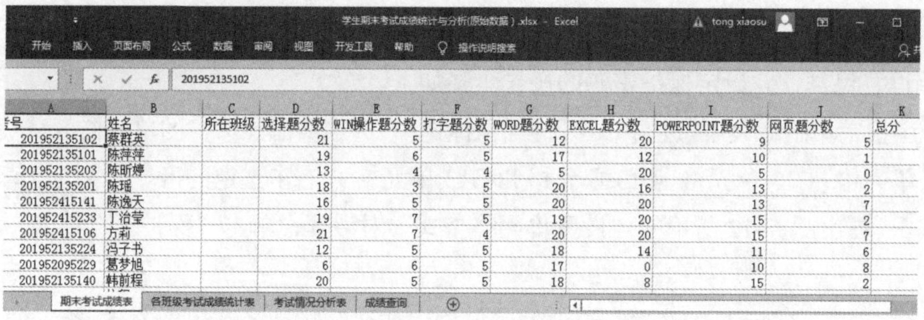

号	姓名	所在班级	选择题分数	WIN操作题分数	打字题分数	WORD题分数	EXCEL题分数	POWERPOINT题分数	网页题分数	总分
201952135102	蔡群英		21	5	5	12	20	9	5	
201952135101	陈萍萍		19	6	5	17	12	10	1	
201952135203	陈昕婷		13	4	4	5	20	5	0	
201952135201	陈瑶		18	3	5	20	16	13	2	
201952415141	陈逸天		16	5	5	20	20	13	7	
201952415233	丁治莹		19	7	5	19	20	15	2	
201952415106	方莉		21	7	4	20	20	15	7	
201952135224	冯子书		12	5	5	18	14	11	6	
201952095229	葛梦旭		6	6	5	17	0	10	8	
201952135140	韩前程		20	5	5	18	8	15	2	

图 6-14 “大学计算机”期末考试成绩表

（1）对期末考试成绩表套用合适的表格样式，要求至少四周有边框，偶数行有底纹，并求出每个学生的总分。

（2）在期末考试成绩表中根据每个学生的学号确定学生所在的班级。其中学号的前 4 位表示入学年份，7 和 8 两位表示专业（13 表示营销专业、41 表示会计专业、09 表示国经专业），第 10 位表示几班（1 表示 1 班，2 表示 2 班等）。例如，学号 201952135102 所对应的班级为营销 191 班，201852415201 所对应的班级为会计 182 班等。

（3）在期末考试成绩表中的“总分”列后增加一列“总评”，总评采用五级制，划分的依据如表 6-3 所示，在期末考试成绩表中的 P1:Q6 区域输入表 6-3 的内容，将区域 P1:Q6 定义名称为“五级制划分表”。利用查找函数实现总评的填入，并在公式中引用所定义的名称“五级制划分表”。

表 6-3 总评五级制划分标准

分　数	总　评
0	E
60	D
70	C
80	B
90	A

（4）利用函数完成成绩分布表的计算，如表 6-4 所示，并将计算结果填入期末考试成绩表中 A80 开始的统计区域中。

表 6-4　统计各分数段的人数

分 数 区 间	人 数
90 以上	
80~89	
70~79	
60~69	
60 以下	

（5）利用函数求总成绩标准差，填入期末考试成绩表中相应的单元格。

（6）利用公式和函数完成表 6-5 的计算，其中班级平均分保留一位小数，并将计算结果填入各班级考试成绩统计表中。

表 6-5　各班级考试成绩统计表

班　级	最　高　分	最　低　分	班级平均分	不合格人数	优秀人数 (>=90)
会计 191 班					
会计 192 班					
国经 191 班					
国经 192 班					
营销 191 班					
营销 192 班					

（7）根据表 6-6 题型及分数分配表利用函数完成表 6-7 学生考试情况分析表的计算，并将计算结果填入考试情况分析表中。

表 6-6　题型及分数分配表

题　型	选择题	Windows 操作	汉字输入	Word 操作	Excel 操作	PPT 操作	网页操作
分数	25	7	5	20	20	15	8

表 6-7　考试情况分析表

题　型	选择题	Windows 操作	汉字输入	Word 操作	Excel 操作	PPT 操作	网页操作
平均分							
失分率							

（8）根据期末考试成绩表筛选出单项题分数至少有一项为 0 的学生记录，放置于期末考试成绩表 A99 开始的区域。

（9）根据表 6-4 的统计数据制作一个显示百分比的成绩分布饼图。

6.2.2　知识要点

（1）套用表格格式。

（2）MID 函数、IF 函数和字符连接符 "&"。

（3）查找函数 VLOOKUP 和名称。

（4）单条件统计 COUNTIF 函数，多条件统计 COUNTIFS 函数。

（5）标准偏差函数 STDEVA。

（6）数组公式、MAX 函数、IF 函数、AVERAGEIF 函数、ROUND 函数和 COUNTIFS 函数。

（7）AVERAGE 函数、公式、单元格格式设置。

（8）高级筛选。

（9）图表。

6.2.3 操作步骤

扫一扫

视频6-4
第1～3题

1. 套用表格样式以及求每个学生的总分。

（1）在期末考试成绩表中选择 A1：K76 数据区域，单击"开始"选项卡"样式"组中的"套用表格格式"按钮，在弹出的下拉列表中选择一种四周有边框、偶数行有底纹的样式即可。

（2）在期末考试成绩表中选择 K2 单元格，在公式编辑栏中输入公式"=SUM([@[选择题分数]:[网页题分数]])"，按【Enter】键完成总分的自动填充。

2. 根据每个学生的学号确定学生所在的班级。

在期末考试成绩表中 C2 单元格输入公式"=IF(MID(A2,7,2)="13"," 营销 ", IF(MID(A2,7,2)="41"," 会计 "," 国经 "))&MID(A2,3,2)&MID(A2,10,1)&" 班 ""，按【Enter】键完成班级的自动填充，如图 6-15 所示。

图 6-15　班级填充结果

3. 求总评

（1）在期末考试成绩表的 L1 单元格输入"总评"。

（2）在期末考试成绩表的 P1:Q6 区域建立表 6-3 所示的五级制划分表。

（3）选中 P1:Q6 区域，右击，在弹出的快捷菜单中选择"定义名称"命令，在弹出的"新建名称"对话框中输入名称"五级制划分表"。

（4）在期末考试成绩表的 L2 单元格输入公式"=VLOOKUP(K2, 五级制划分表 ,2,TRUE)"或"=VLOOKUP([@ 总分], 五级制划分表 ,2,TRUE)"，按【Enter】键完成总评的填充。操作结果如图 6-16 所示。

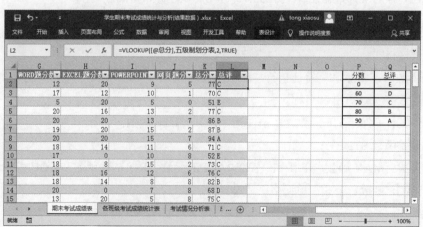

图 6-16　总评的填充结果

4. 利用函数完成成绩分布表的计算

在期末考试成绩表中的 B82 单元格中输入公式 "=COUNTIF(K2: K76, ">=90")"。

在期末考试成绩表中的 B83 单元格中输入公式 "=COUNTIFS(K2: K76, ">=80", K2:K76, "<90")"。

在期末考试成绩表中的 B84 单元格中输入公式 "=COUNTIFS(K2: K76, ">=70", K2:K76, "<80")"。

在期末考试成绩表中的 B85 单元格中输入公式 "=COUNTIFS(K2: K76, ">=60", K2:K76, "<70")"。

在期末考试成绩表中的 B86 单元格中输入公式 "=COUNTIF(K2: K76, "<60")"。

计算完成后的效果如图 6-17 所示。

扫一扫

视频6-5
第4~6题

图 6-17　统计各分数段的人数

5. 求总成绩标准差

在期末考试成绩表中 K77 单元格输入公式 "=STDEVA(K2:K76)"。

6. 填写各班级考试成绩统计表

① 求每个班级的最高分。在各班级考试成绩统计表的 B3 单元格中输入数组公式 "=MAX(IF(期末考试成绩表 !$C$2:$C$76=A3, 期末考试成绩表 !$K$2:$K$76,0))"，按【Shift+Ctrl+Enter】组合键完成最高分的计算，拖动填充柄完成其他班级最高分的填充。

公式 "=MAX(IF(期末考试成绩表 !$C$2:$C$76=A3, 期末考试成绩表 !$K$2:$K$76,0))" 的意义是：外侧 MAX 表示求圆括号内各数的最大值；里面的 "IF(期末考试成绩表 !$C$2:$C$76=A3, 期末考试成绩表 !$K$2:$K$76,0)" 的运算流程是判别期末考试成绩表 C2:C76（期末考试成绩表中的 "所在班级" 列）区域内单元格的值是不是为 A3（"会计 191 班"），如果是则结果为 "总分" 列对应的分数，否则结果为 0。选中编辑栏公式中的 "IF(期末考试成绩表 !$C$2:$C$76=A3, 期末考试成绩表 !$K$2:$K$76,0)" 按【F9】键，得到运算结果为：{0;0;0;0;86;0;94;0;0;0;82;0;0;0;0;0;78;0;0;0;0;99;0;0;0;0;0;0;0;0;0;0;0;0;0;0;0;90;85;0;0;95;0;0;0;0;0;0;0;0;0;0;97;0;0;0;0;0;0;0;0;0;0;0;0;0;0;87;0}（按【F9】功能键后注意按【Esc】键返回公式状态）。因此，公式的计算结果求的是指定班级的最高分。

② 求每个班级的最低分。在各班级考试成绩统计表的 C3 单元格中输入数组公式 "=MIN(IF(期末考试成绩表 !$C$2:$C$76=A3, 期末考试成绩表 !$K$2:$K$76,101))"，按【Shift+Ctrl+Enter】组合键完成最低分的计算，拖动填充柄完成其他班级最低分的填充。

求每个班级的最低分的数组公式的意义同求最高分的数组公式类似，但要注意里面的 "IF(期末考试成绩表 !$C$2:$C$76=A3, 期末考试成绩表 !$K$2:$K$76,101)"，不满足条件时，值取 >100 的数（因总分满分 100），不能取 0，否则会影响求最小值。

③ 求每个班级的平均分，并保留一位小数。在各班级考试成绩统计表的 D3 单元格中输入公式 "=ROUND(AVERAGEIF(期末考试成绩表 !$C$2:$C$76, 各班级考试成绩统计表 !A3, 期末考试成绩表 !$K$2:$K$76),1)"，按【Enter】键完成班级平均分的计算，拖动填充柄完成其他班级平均分的填充。

④ 求每个班级的不合格人数。在各班级考试成绩统计表的 E3 单元格中输入公式 "=COUNTIFS(期末考试成绩表 !$C$2:$C$76, 各班级考试成绩统计表 !A3, 期末考试成绩表 !$K$2:$K$76,"<60")"，按【Enter】键完成不及格人数的统计，拖动填充柄完成其他班级不合格人数的填充。

⑤ 求每个班级的优秀人数。在各班级考试成绩统计表的 F3 单元格中输入公式 "=COUNTIFS(期末考试成绩表 !$C$2:$C$76, 各班级考试成绩统计表 !A3, 期末考试成绩表 !$K$2:$K$76,">=90")"，按【Enter】

键完成优秀人数的统计，拖动填充柄完成其他班级优秀人数的填充。

各班级考试成绩统计表操作结果如图 6-18 所示。

各班级考试成绩统计表					
班级	最高分	最低分	班级平均分	不合格人数	优秀人数(>=90)
会计191班	99	78	89.3	0	5
会计192班	91	60	81.0	0	3
国经191班	76	65	72.3	0	0
国经192班	75	52	66.8	3	0
营销191班	77	53	69.6	1	0
营销192班	77	48	68.3	2	0

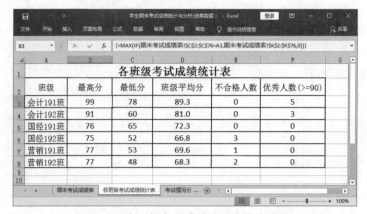

图 6-18　各班级考试成绩统计表操作结果

扫一扫

视频6-6
第7～9题

7. 填写考试情况分析表

在考试情况分析表的 B6 单元格输入公式“=AVERAGE(期末考试成绩表 !D2:D76)”，按【Enter】键后向右拖动填充柄完成平均分的填充。

在考试情况分析表的 B7 单元格输入公式“=(B3-B6)/B3”，按【Enter】键，单击“开始”选项卡中的“数字”组中的“百分比”按钮，向右拖动填充柄完成失分率的填充。

8. 筛选出单项题分数至少有一项为 0 的学生记录

（1）在期末考试成绩表中 A88:G95 单元格区域设置图 6-19 所示的条件区域。

（2）单击“数据”选项卡“排序和筛选”组中的“高级”按钮，在弹出的“高级筛选”对话框中进行筛选设置，如图 6-20 所示。并将筛选结果置于 A99 开始的区域，操作结果如图 6-21 所示。

选择题分数	WIN操作题	打字题分数	WORD题分数	EXCEL题分数	POWERPOINT题	网页题分数
0						
	0					
		0				
			0			
				0		
					0	
						0

图 6-19　条件区域

图 6-20　“高级筛选”对话框

考号	姓名	所在班级	选择题分数	WIN操作题分数	打字题分数	WORD题分数	EXCEL题分数	POWERPOINT题分	网页题分数	总分	总评
201952135203	陈昕婷	营销192班	13	4	4	5	20	5	0	51	E
201952095229	葛梦旭	国经192班	6	6	5	17	0	10	8	52	E
201952095103	黄丹霞	国经191班	22	6	5	20	0	7	8	68	D
201952135146	李景龙	营销191班	17	2	5	20	20	12	0	76	C
201952135124	刘霞	营销191班	23	6	5	8	8	13	0	63	D
201952135236	楼经纬	营销192班	10	6	5	14	20	15	0	70	C
201952095126	徐银	国经191班	10	4	5	14	20	12	0	65	D
201952135125	杨锦娟	营销191班	18	7	5	20	12	6	0	68	D
201952095207	杨鑫月	国经192班	14	4	5	20	16	15	0	74	C
201952095226	姚雨娇	国经192班	17	0	5	20	0	10	0	52	E
201952135123	张博	营销191班	14	3	5	15	10	0	6	53	E
201952135109	张静静	营销191班	21	5	5	16	0	13	8	68	D
201952135115	张晓宁	营销191班	19	7	5	12	20	10	0	73	C
201952095230	张轩	国经192班	25	7	5	20	0	10	6	73	C

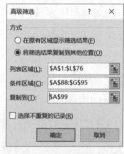

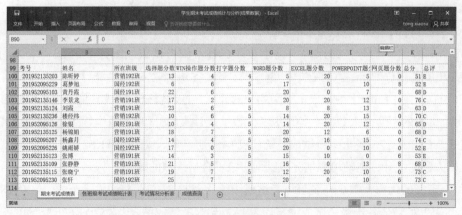

图 6-21　“高级筛选”结果

9. 根据表 6-4 的统计数据制作一个显示百分比的成绩分布饼图

（1）在期末考试成绩表中选择 A81:B86 单元格区域，然后单击"插入"选项卡"图表"组中的"饼图"按钮，弹出下拉菜单，选择二维饼图的第一种样式，在工作表中就插入了一个饼图。

（2）选中饼图，再单击"图表设计"选项卡，在"图表布局"组中的"快速布局"里选择"布局 2"，操作结果如图 6-22 所示。

图 6-22　显示百分比的成绩分布饼图

6.2.4　操作提高

（1）在期末考试成绩表中用红色将总分最高的记录标示出来。

（2）在成绩查询表中利用查找函数，根据学生的学号查询学生的成绩，如图 6-23 所示，即在学号框中输入学号，在 D3 单元格中自动显示期末总成绩。

图 6-23　成绩查询

（3）在期末考试成绩表中总评旁增加一列"名次"，为学生的考试成绩排名。

（4）根据期末考试成绩表中的数据建立一个图 6-24 所示的数据透视表，并以此数据透视表的结果为基础，创建一个簇状柱形图，对各班级的平均分进行比较，将此图表放置于一个名为"柱形分析图"的新工作表中。

行标签	平均值项:总分	最大值项:总分	最小值项:总分
营销191班	69.57	77	53
营销192班	68.33	77	48
会计191班	89.30	99	78
会计192班	81.00	91	60
国经192班	66.75	75	52
国经191班	72.33	76	65
总计	73.77	99	48

图 6-24　数据透视表

6.3 家电销售统计与分析

6.3.1 问题描述

每年年底，家电销售公司都要对本公司各销售点和销售人员的销售情况进行统计与分析。要求根据图 6-25 所示的 2019 年家电销售统计表中列出的项目完成以下工作。

图 6-25 家电销售统计表

（1）整理数据，将 2019 年家电销售统计表中文本日期转换为日期型数据，并填入原"日期"列中。

（2）在"销售人员"列后增加一列，名称为"性别"，其值（男或女）在下拉列表中选择输入。

（3）根据销售量和单价求销售金额，并添加人民币的货币符号。

（4）将日销售量大于等于 30 的销售记录用红色标示出来。

（5）制作表 6-8 所示的各销售地销售业绩统计表，要求计算各个销售地的销售总额及销售排名，将结果填入各销售地销售业绩统计表中。

表 6-8 各销售地销售业绩统计表

销 售 地	销 售 总 额	销 售 排 名
北京		
天津		
上海		
南京		
沈阳		
太原		
武汉		
长春		

（6）制作表 6-9 所示的个人销售业绩统计表。根据家电销售统计表，计算每个销售员的年销售总额及销售排名，并根据销售总额计算每个销售员的销售提成，将计算结果填入个人销售业绩统计表中。提成的计算方法为：每人的年销售定额为 50 000 元，超出定额部分给予 1% 的提成奖励；未超过定额，则提成奖励为 0。

表 6-9　个人销售业绩统计表

姓　　名	销 售 总 额	销 售 排 名	销 售 提 成
程小飞			
戴云辉			
高博			
贺建华			
李新			
刘松林			
刘玉龙			
王鹏			
许文翔			
杨旭			
杨颖			
袁宏伟			
张丹阳			
张力			
赵颖			
周平			

（7）制作商品月销售业绩统计表。根据家电销售统计表，计算各种商品月销售额业绩，填入商品月销售业绩统计表中。

（8）筛选记录。根据 2019 年家电销售统计表，筛选出销售地为北京、商品名称为彩电或电脑的记录，将筛选结果放置于 2019 年家电销售统计表中 J1 开始的区域。

（9）制作一个显示每个销售员每个季度所销售的不同商品的销售量及销售金额的数据透视表，并将数据透视表放置于名为"数据透视表"的工作表中。

（10）将"2019 年家电销售统计表"生成一个副本"2019 年家电销售统计表 (2)"放置于"数据透视表"工作表后，在"2019 年家电销售统计表 (2)"中按照商品名称进行分类汇总，求出各类商品的金额总和，以分类汇总结果为基础，创建一个簇状柱形图，对每类商品的销售金额总和进行比较，并将该图表放置在一个名为"柱状分析图"的新工作表中。

6.3.2　知识要点

（1）LEFT 函数、MID 函数和 DATE 函数。

（2）数据验证设置。

（3）公式运算及单元格格式设置。

（4）条件格式。

（5）SUMIF 函数、RANK.EQ 函数和 IF 函数。

（6）数组公式、MONTH 函数、COLUMN 函数。

（7）高级筛选。

（8）数据透视表。

（9）分类汇总、图表。

6.3.3　操作步骤

1. 将表中文本日期转换为日期型数据

在 2019 年家电销售统计表中的 H2 单元格输入公式"=DATE(LEFT(A2,4),MID(A2,5,2),MID(A2,7,2))"，按【Enter】键后拖动填充柄完成所有文本日期的转换。右击 H2：H37 单元格区域，在弹出

扫一扫

视频 6-7
第 1 ~ 4 题

的快捷菜单中选择"复制"命令，右击 A2 单元格，在弹出的快捷菜单中选择"粘贴选项"中的"值"，而后右击，在弹出的快捷菜单中选择"设置单元格格式"命令，在"分类"列表框中选择"日期"，单击"确定"按钮。最后，将 H2:H37 单元格区域中的数据删除。

2. 增加"性别"列，值从下拉列表中选择输入

在"销售人员"列后增加一列，名称为"性别"，其值（男或女）在下拉列表中选择输入。

在 2019 年家电销售统计表中右击"商品名称"列，在快捷菜单中选择插入，插入一列，在 D1 单元格中输入"性别"。选择 D2:D37 区域，单击"数据"选项卡"数据工具"组中的"数据验证"按钮，弹出图 6-26 所示"数据验证"对话框，在"设置"选项卡下，在允许下拉列表框中选择"序列"，在"来源"框中输入"男，女"，单击"确定"按钮，完成下拉列表的生成。

3. 根据销售量和单价求销售金额，并添加人民币的货币符号

在 2019 年家电销售统计表中 H2 单元格输入公式"=F2*G2"，按【Enter】键并拖动填充柄完成填充。接着右击该单元格，在弹出的快捷菜单中选择"设置单元格格式"命令，弹出图 6-27 所示的"设置单元格格式"对话框，在"数字"选项卡的"分类"列表框中选择"货币"，在"货币符号"下拉列表框中选择"¥中文（中国）"。

图 6-26 "数据验证"对话框

图 6-27 "设置单元格格式"对话框

4. 将日销售量大于等于 30 的销售记录用红色标示出来

（1）选择 A2:H 37 单元格区域。

（2）单击"开始"选项卡"样式"组中的"条件格式"下拉按钮，在下拉列表中选择"新建规则"命令，弹出图 6-28 所示的"新建格式规则"对话框，选择"使用公式确定要设置格式的单元格"，在"为符合此公式的值设置格式"文本框中输入公式"=$F2>30"，单击"格式"按钮，在弹出的"设置单元格格式"对话框中单击"填充"选项卡，选择"红色"，单击"确定"按钮，再单击"确定"按钮，则得到图 6-29 所示的结果。

图 6-28 "新建格式规则"对话框

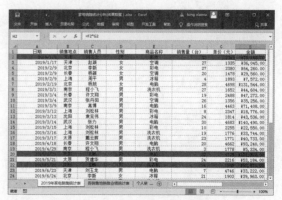

图 6-29 前 4 题操作的结果

5. 制作各销售地销售业绩统计表

求各销售地销售业绩是一个条件求和的问题，用 SUMIF 函数实现。在各销售地销售业绩统计表中的 B3 单元格输入公式"=SUMIF('2019 年家电销售统计表 '!$B$2:$B$37, 各销售地销售业绩统计表 !A3,'2019 年家电销售统计表 '!$H$2:$H$37)"，按【Enter】键后拖动填充柄完成填充。

销售排名可以用 RANK.EQ 函数实现。在 C3 单元格输入公式"=RANK.EQ(B3,$B$3:$B$10)"，按【Enter】键后拖动填充柄完成填充。计算结果如图 6-30 所示。

6. 制作个人销售业绩统计表

求销售员的销售总额是一个条件求和的问题，用 SUMIF 函数实现。在个人销售业绩统计表中的 B3 单元格输入公式"=SUMIF('2019 年家电销售统计表 '!$C$2:$C$37,' 个人销售业绩统计表 '!A3,'2019 年家电销售统计表 '!$H$2:$H$37)"，按【Enter】键后拖动填充柄完成填充。

求销售排名可以用 RANK.EQ 函数实现。在 C3 单元格输入公式"=RANK.EQ(B3,$B$3:$B$18)"，按【Enter】键后拖动填充柄完成填充。

求销售提成可以用 IF 函数实现。在 D3 单元格输入公式"=IF(B3>50000,(B3-50000)*0.01,0)"，按【Enter】键后拖动填充柄完成填充。操作结果如图 6-31 所示。

扫一扫

视频6-8
第5～7题

图 6-30　各销售地销售业绩统计表

图 6-31　个人销售业绩统计表

7. 制作商品月销售业绩统计表

求各商品月销售业绩是条件求和的问题，但此题条件复杂，很难用条件求和函数计算得到，故采用数组公式计算。首先是求和条件的描述，表示商品的类别，比较简单，只需在 2019 年家电销售统计表的"商品名称"列（E 列）挑出指定类别就可以；表示统计的月份，因 2019 年家电销售统计表的"日期"列（A 列）是一个完整的日期格式，要表示月必须用 MONTH 函数提取月份，同时为了能够用拖动方式填充，所以月份的值用 COLUMN 函数来表示。第 2 列表示 1 月，所以具体表示的时候，COLUMN 函数要减 1，故在月销售业绩统计表中的 B2 单元格输入数组公式"=SUM(('2019 年家电销售统计表 '!$E$2:$E$37= 月销售业绩统计表 !$A2)*(MONTH('2019 年家电销售统计表 '!$A$2:$A$37)=COLUMN()-1)*'2019 年家电销售统计表 '!$H$2:$H$37)"，按【Shift+Ctrl+Enter】组合键完成 1 月冰箱的销售总额的计算，向右拖动填充柄完成各个月份的冰箱销售总额的填充，向下填充完成所有家电的销售业绩填充，操作结果如图 6-32 所示。

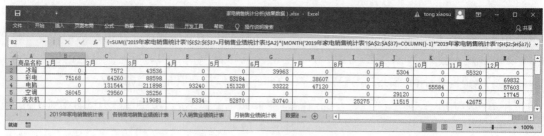

商品名称	1月	2月	3月	4月	5月	6月	7月	8月	9月	10月	11月	12月
冰箱	0	7572	43536	0	0	39963	0	0	5304	0	55320	0
彩电	75168	64260	88598	0	53184	0	38607	0	0	0	0	69832
电脑	0	131544	211898	93240	151328	33222	47120	0	0	55584	0	57603
空调	36045	29560	35256	0	0	0	0	0	29120	0	0	17745
洗衣机	0	0	119081	5334	52870	30740	0	25275	11515	0	42675	0

图 6-32　月销售业绩统计表

8. 筛选记录

扫一扫

视频6-9

第8～10题

（1）在 2019 年家电销售统计表中 B39:C41 区域做图 6-33 所示的条件区域。

（2）单击“数据”选项卡“排序和筛选”组中的“高级”按钮，在弹出的“高级筛选”对话框中进行筛选设置，如图 6-34 所示。筛选结果置于 J1 开始的区域，操作结果如图 6-35 所示。

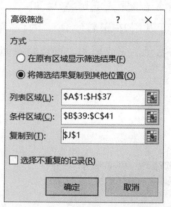

销售地点	商品名称
北京	彩电
北京	电脑

图 6-33　条件区域

图 6-34　“高级筛选”对话框

日期	销售地点	销售人员	性别	商品名称	销售量（台）	单价（元）	金额
2019/2/9	北京	李新	女	彩电	27	2380	¥64,260.00
2019/2/19	北京	杨旭	女	电脑	28	4698	¥131,544.00
2019/7/8	北京	李新	女	彩电	17	2271	¥38,607.00

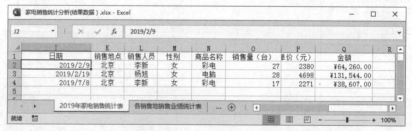

图 6-35　“高级筛选”结果

9. 制作透视表

创建数据透视表的操作步骤如下：

（1）单击“2019 年家电销售统计表”数据表中的任意单元格。

（2）单击“插入”选项卡“表格”组中的“数据透视表”按钮，弹出图 6-36 所示的“创建数据透视表”对话框，设定数据区域和选择放置的位置。

（3）将“选择要添加到报表的字段”中的字段分别拖动到对应的“行”、“列”和“值”框中（例如将“销售人员”和“日期”拖入“行”，“商品名称”拖入“列”，“销售量”和“金额”拖入“值”框中，汇总方式为求和），便能得到不同日期每个销售员所销售的不同商品的销售量及销售金额的数据透视表，如图 6-37 所示。

（4）单击数据透视表 A 列任意日期单元格（例如 A5），选择“数据透视表分析”选项卡“组合”组中的“分组字段”按钮，弹出图 6-38 所示的“组合”对话框，在“步长”列表框中取消选择步长“日”和“月”，只选中“季度”，单击“确定”按钮，完成对日期按季度分组，效果如图 6-39 所示。

图 6-36 "创建数据透视表"对话框

图 6-37 数据透视表

图 6-38 "组合"对话框

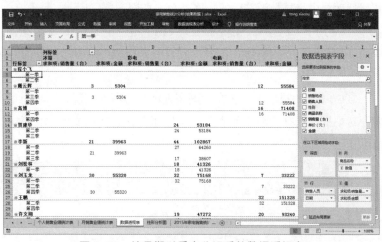

图 6-39 按日期以季度分组后的数据透视表

10. 分类汇总及创建簇状柱形图

（1）创建分类汇总。

① 右击"2019年家电销售统计表"工作表标签，在弹出的快捷菜单中选择"移动或复制工作表"

命令，在弹出的"移动或复制工作表"对话框中，选择"移至最后"，勾选"建立副本"复选框，并单击"确定"按钮，则自动生成一个名为"2019年家电销售统计表(2)"的工作表。

② 在"2019年家电销售统计表(2)"工作表中先单击E1单元格，然后单击"开始"选项卡"编辑"组中"排序和筛选"下的"升序"命令，将数据表按商品名称排序。

③ 单击"数据"选项卡"分级显示"组中的"分类汇总"按钮，弹出"分类汇总"对话框，在此对话框中分类字段选"商品名称"，汇总方式选"求和"，汇总项选"金额"，单击"确定"按钮后完成分类汇总，如图6-40所示。

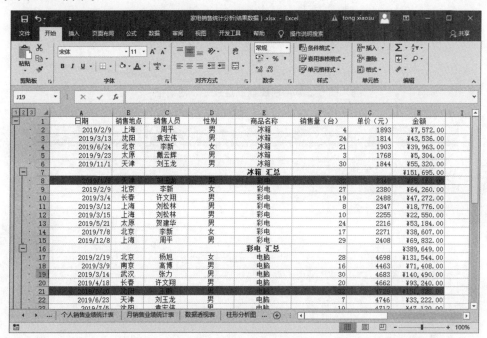

图6-40 分类汇总的结果

（2）以分类汇总结果创建簇状柱形图。

① 单击分类汇总数据表左侧分级显示按钮 **1 2 3** 中的"2"，隐藏明细数据，只显示一级和二级数据。此时，表格中只显示汇总后的数据条目，如图6-41所示。

② 先选中E1：E42，然后按住【Ctrl】键选中H1：H42数据，接着单击"插入"选项卡"图表"组中的"柱形图"下拉按钮，在下拉列表中选择"二维图形"下的"簇状柱形图"样式，此时，就生成一个图表。

③ 选中新生成的图表，在"图表设计"选项卡"位置"组中单击"移动图表"按钮，弹出"移动图表"对话框，选择"新工作表"单选按钮，在右侧的文本框中输入"柱状分析图"，单击"确定"按钮即可新建一个工作表且将此图表放置于其中，如图6-42所示。

图6-41 隐藏明细数据

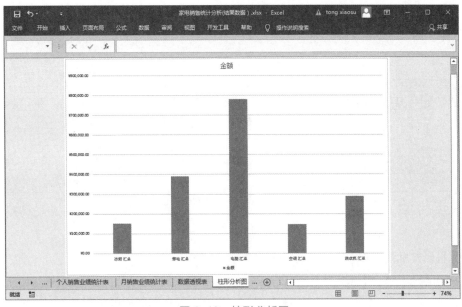

图 6-42 柱形分析图

6.3.4 操作提高

（1）根据 2019 年家电销售统计表中的数据利用数据库函数完成表 6-10 所示的统计计算。

表 6-10 各类统计计算

冰箱销售量的最大值	
电脑销售量的最小值	
男销售员的人数	
男销售员的平均销售量	
女销售员的销售量的总和	
1 季度北京的销售额总和	

（2）筛选出销售量大于等于 30 的记录，放置于新工作表中，并将工作表取名为"销售量大于或等于 30 的记录清单"，工作表标签的颜色设置为红色。

（3）将 2019 年家电销售统计表按照性别分类汇总，求出男女销售员销售金额的平均值和最大值。

6.4 职工科研奖励统计与分析

6.4.1 问题描述

每年年底，某大学的每一个学院都要对本学院内教职工的科研奖励情况进行统计与分析。要求根据图 6-43 所示的科研奖励汇总表中列出的项目完成以下工作。

（1）在科研奖励汇总表中职工号后增加一列，名称为"新职工号"，新职工号填入的具体要求为：根据其聘任岗位的性质决定在原有职工号前增加字母 A 或 B 或 C 填入。如果岗位类型为教学为主型则添加 A；如果岗位类型为教学科研型则添加 B；否则添加 C。

（2）在科研奖励汇总表中利用数组公式完成记奖分、不记奖分和合计列的计算。

（3）根据科研奖励汇总表中 X3:Z20 的条件区域，完成"应完成分值"列的填充。

（4）计算科研奖励汇总表中科研奖励。科研奖励的计算规则为：如果不记奖分大于等于应完成分值，则科研奖励 = 记奖分 *45；如果不记奖分小于应完成分值，则科研奖励 =(记奖分 -(应完成分值 - 不记奖分))*45。

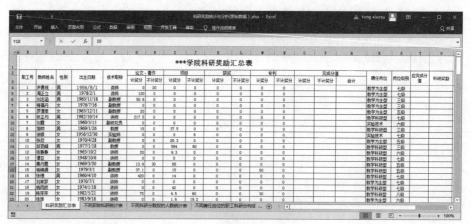

图 6-43　科研奖励汇总表

（5）计算科研奖励汇总表中第 129 行的合计。

（6）将科研奖励汇总表中未完成科研任务（科研奖励 <0）的职工用红色的小旗标注出来。

（7）制作表 6-11 所示的不同职称科研统计表。要求计算各类职称的科研分合计、科研分平均值、科研分最低值、科研分最高值，将结果填入不同职称科研统计表中。

表 6-11　不同职称科研统计表

技 术 职 称	科研分合计	科研分平均值	科研分最低值	科研分最高值
助教				
讲师				
副教授				
副研究员				
教授				
实验师				
高级实验师				

（8）制作表 6-12 所示的不同科研分数段的人数统计表。要求计算不同科研分数段的人数，将结果填入不同科研分数段的人数统计表中。

表 6-12　不同科研分数段的人数统计表

科 研 分	人 数
0	
<50	
>=50 和 <100	
>=100 和 <500	
>=500 和 <1000	
>=1000	

（9）制作表 6-13 所示的不同聘任岗位的职工科研分构成统计表。要求计算不同岗位类别的论文和著作、项目、获奖、专利的科研总分，将结果填入不同聘任岗位的职工科研分构成统计表中。

表 6-13　不同聘任岗位的职工科研分构成统计表

聘 任 岗 位	论文、著作	项　目	获　奖	专　利
教学为主型				
教学科研型				
实验技术				

（10）根据不同聘任岗位的职工科研分构成统计表制作一个动态饼图，具体要求为：根据用户选择的聘任岗位类型，动态显示该类型的科研分构成的饼图。

6.4.2　知识要点

（1）IF 函数、REPLACE 函数。

（2）数组公式。

（3）VLOOKUP 函数。

（4）公式计算。

（5）SUM 函数。

（6）条件格式。

（7）SUMIF 函数、AVERAGEIF 函数、数组公式、MAX 函数、MIN 函数。

（8）COUNTIF 函数和 COUNTIFS 函数。

（9）数据验证的设置和动态图表。

6.4.3　操作步骤

1. 新职工号的填入

在科研奖励汇总表中选中"教师姓名"列，接着右击"教师姓名"列，在弹出的快捷菜单中选择"插入"命令，在"教师姓名"前插入一列，然后将 C2 和 C3 单元格合并，在合并后的单元格中输入列名为"新职工号"，在 C4 单元格输入公式"=IF(S4=$S$4,REPLACE(B4,1,0," A"),IF(S4=$S$9,REPLACE(B4,1,0,"B"),REPLACE(B4,1,0,"C")))"，按【Enter】键，双击填充柄，完成整列的填充。

扫一扫 ●

视频6-10
第1~3题

2. "记奖分"、"不记奖分"和"合计列"的计算

（1）记奖分的计算。选择 P4:P128 区域，在编辑栏输入公式"=H4:H128+J4:J128+L4:L128+N4:N128"，然后按【Shift+Ctrl+Enter】组合键完成计算。

（2）不记奖分的计算。选择 Q4:Q128 区域，在编辑栏输入公式"=I4:I128+K4:K128+M4:M128+O4:O128"，然后按【Shift+Ctrl+Enter】组合键完成计算。

（3）合计列的计算。选择 R4:R128 区域，在编辑栏输入公式"=P4:P128+Q4:Q128"，然后按【Shift+Ctrl+Enter】组合键完成计算。

第 1 题和第 2 题操作后的结果如图 6-44 所示。

3. 完成"应完成分值"列的填充

在科研奖励汇总表中 U4 单元格输入公式"=IF(S4=$X$4,VLOOKUP(T4,$Y$4:$Z$8,2,FALSE),IF(S4=$X$9,VLOOKUP(T4,$Y$9:$Z$15,2,FALSE),VLOOKUP(T4,$Y$16:$Z$20,2,FALSE)))"，按【Enter】键，然后双击填充柄完成整列的计算。

扫一扫 ●

视频6-11
第4~6题

4. 计算科研奖励汇总表中科研奖励

在科研奖励汇总表中 V4 单元格输入公式"=IF(Q4>U4,P4*45,(P4-(U4-Q4))*45)"，按【Enter】键，然后双击填充柄完成整列的计算。

第 3 题和第 4 题操作后的结果如图 6-45 所示。

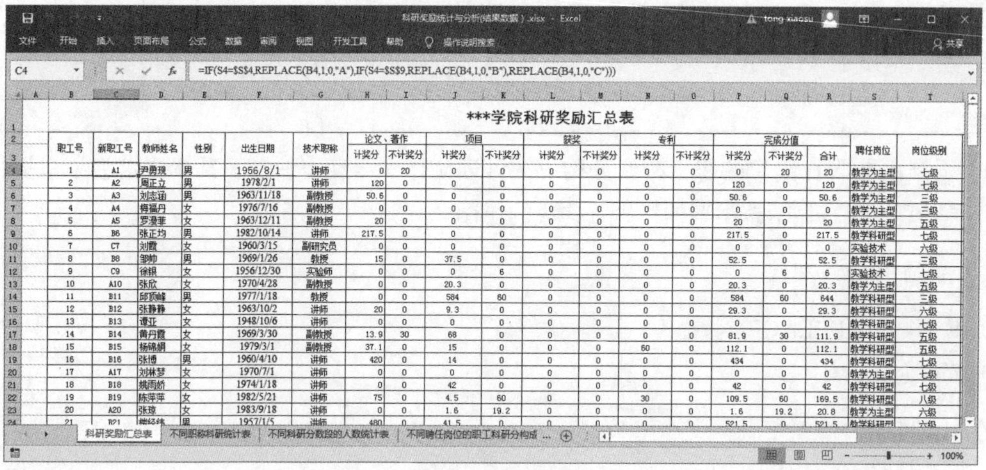

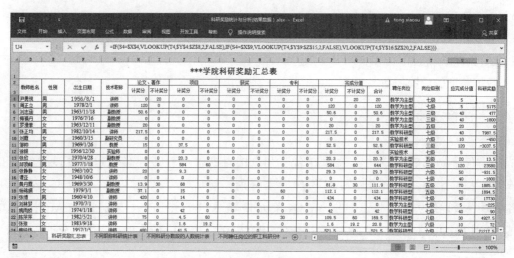

图 6-44　第 1 题和第 2 题操作后的结果

图 6-45　第 3 题和第 4 题操作后的结果

5. 计算科研奖励汇总表中第 129 行的合计

在科研奖励汇总表中 H129 单元格输入公式 "=SUM(H4:H128)"，按【Enter】键，然后向右拖动填充柄完成其他合计的计算。操作结果如图 6-46 所示。

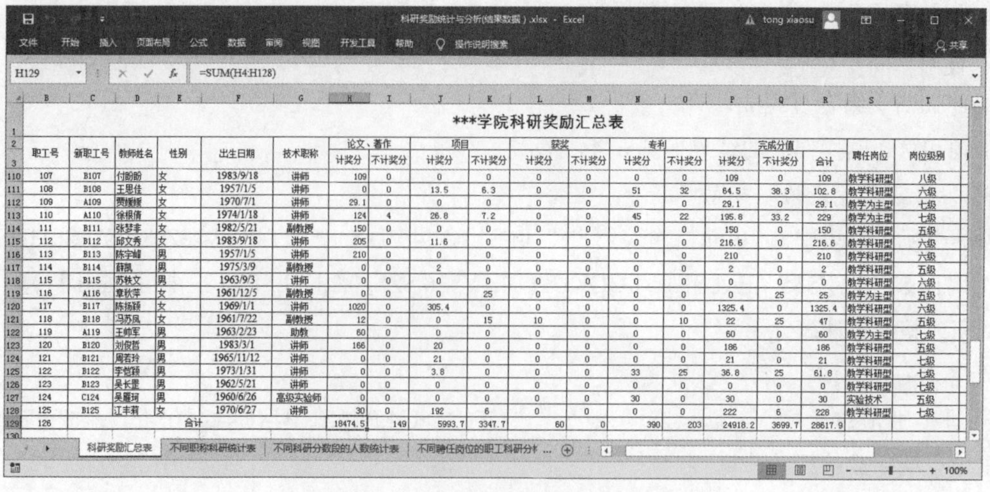

图 6-46　第 5 题操作后的结果

6. 将科研奖励汇总表中未完成科研任务（科研奖励 <0）的职工用红色的小旗标注出来

（1）在 A4 单元格输入公式"=IF(V4<0,1,0)"，按【Enter】键，然后向下拖动填充柄，完成计算。

（2）选择 A4:A128 单元格区域。

（3）单击"开始"选项卡"样式"组中的"条件格式"，从下拉列表中选择"新建规则"命令，弹出图 6-47 所示的"新建格式规则"对话框。

图 6-47　新建格式规则对话框

（4）在"新建格式规则"对话框中，"规则类型"选择"基于各自值设置所有单元格的格式"；"编辑规则说明"中的"格式样式"选择"图标集"，勾选"仅显示图标"复选框；单击"图标"下的第一个下拉按钮，选择"一面小红旗"，"当值是"设置为">=1"；单击"图标"下的第二个下拉按钮，选择"无单元格图标"，"当 <1 且"设置为">=0"，单击"确定"，按钮，则得到图 6-48 所示的结果。

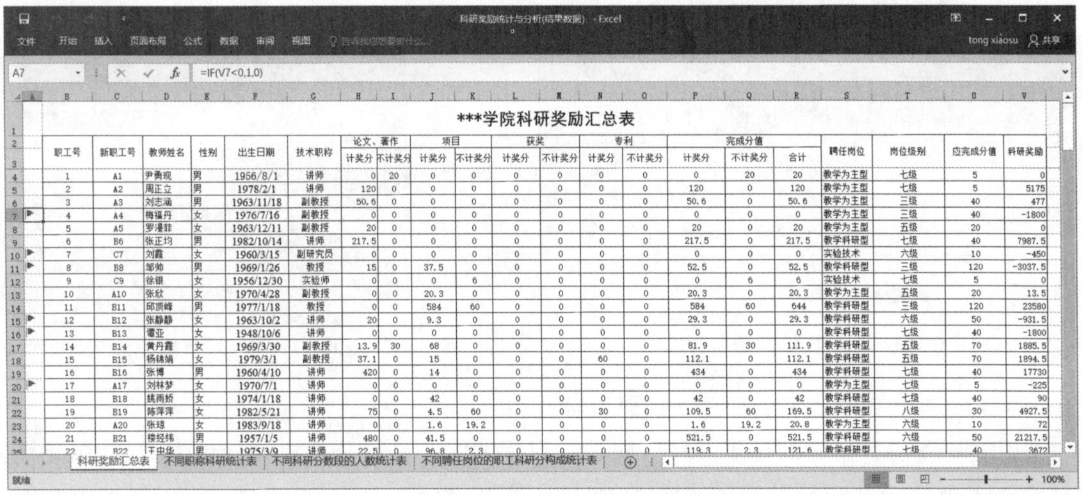

图 6-48　未完成科研任务的职工用红色小旗标注的效果图

扫一扫

视频6-12
第7～8题

7. 制作不同职称科研统计表

（1）科研分合计的计算。在不同职称科研统计表中 B2 单元格输入公式"=SUMIF(科研奖励汇总表!$G$4:$G$128,不同职称科研统计表!A2,科研奖励汇总表!$R$4:$R$128)"，按【Enter】键，然后向下拖动填充柄，完成科研分合计的计算。

（2）科研分平均值的计算。在不同职称科研统计表中 C2 单元格输入公式“=AVERAGEIF(科研奖励汇总表!$G$4:$G$128,不同职称科研统计表!A2,科研奖励汇总表!$R$4:$R$128)”，按【Enter】键，然后向下拖动填充柄，完成科研分平均值的计算。

（3）科研分最低值的计算。在不同职称科研统计表中 D2 单元格输入数组公式“=MIN(IF(科研奖励汇总表!$G$4:$G$128=不同职称科研统计表!A2,科研奖励汇总表!$R$4:$R$128,100000))”，然后按【Shift+Ctrl+Enter】组合键完成计算，并向下拖动填充柄，完成所有科研分最低值的计算。

（4）科研分最高值的计算。在不同职称科研统计表中 E2 单元格输入数组公式“=MAX(IF(科研奖励汇总表!$G$4:$G$128=不同职称科研统计表!A2,科研奖励汇总表!$R$4:$R$128,0))”，然后按【Shift+Ctrl+Enter】组合键完成计算，并向下拖动填充柄，完成所有科研分最高值的计算。

不同职称科研统计表最终计算结果如图 6-49 所示。

8. 不同科研分数段的人数的统计

在不同科研分数段的人数统计表中 B2 单元格输入公式“=COUNTIF(科研奖励汇总表!R4:R128,0)”，然后按【Enter】键完成计算。

在不同科研分数段的人数统计表中 B3 单元格输入公式“=COUNTIFS(科研奖励汇总表!R4:R128,">0",科研奖励汇总表!R4:R128,"<50")”，然后按【Enter】键完成计算。

在不同科研分数段的人数统计表中 B4 单元格输入公式“=COUNTIFS(科研奖励汇总表!R4:R128,">=50",科研奖励汇总表!R4:R128,"<100")”，然后按【Enter】键完成计算。

在不同科研分数段的人数统计表中 B5 单元格输入公式“=COUNTIFS(科研奖励汇总表!R4:R128,">=100",科研奖励汇总表!R4:R128,"<500")”，然后按【Enter】键完成计算。

在不同科研分数段的人数统计表中 B6 单元格输入公式“=COUNTIFS(科研奖励汇总表!R4:R128,">=500",科研奖励汇总表!R4:R128,"<1000")”，然后按【Enter】键完成计算。

在不同科研分数段的人数统计表中 B7 单元格输入公式“=COUNTIF(科研奖励汇总表!R4:R128,">=1000")”，然后按【Enter】键完成计算。

不同科研分数段的人数的统计表的计算结果如图 6-50 所示。。

扫一扫

视频6-13
第9～10题

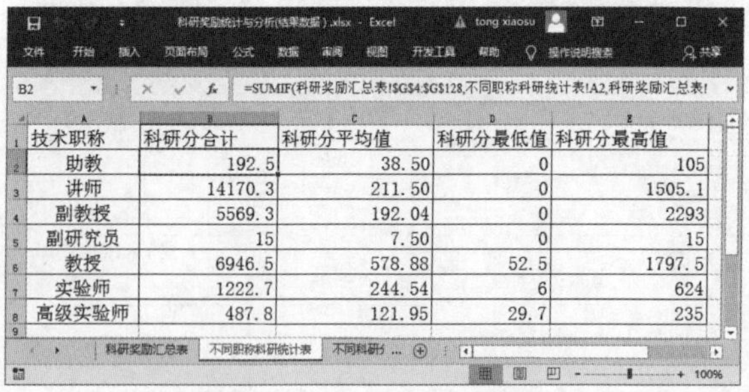

技术职称	科研分合计	科研分平均值	科研分最低值	科研分最高值
助教	192.5	38.50	0	105
讲师	14170.3	211.50	0	1505.1
副教授	5569.3	192.04	0	2293
副研究员	15	7.50	0	15
教授	6946.5	578.88	52.5	1797.5
实验师	1222.7	244.54	6	624
高级实验师	487.8	121.95	29.7	235

图 6-49　不同职称科研统计表

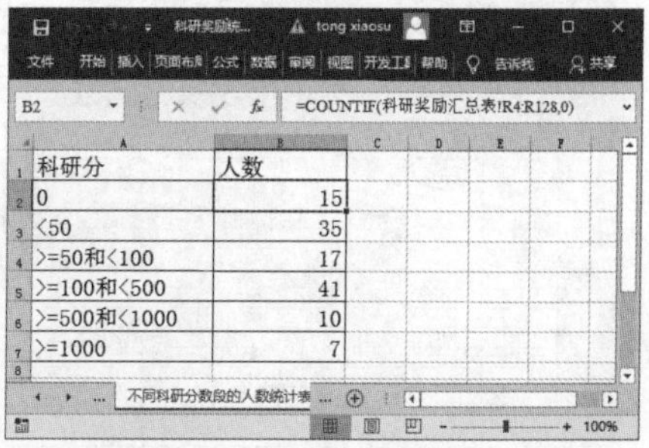

科研分	人数
0	15
<50	35
>=50和<100	17
>=100和<500	41
>=500和<1000	10
>=1000	7

图 6-50　不同科研分数段人数的统计表

9. 不同聘任岗位的职工科研分构成的统计计算

（1）论文论著的科研分的计算。在不同聘任岗位的职工科研分构成统计表中的 B2 单元格输入数组公式“=SUM((科研奖励汇总表!$H$4:$H$128+科研奖励汇总表!$I$4:$I$128)*(科研奖励汇总表!$S$4:$S$128=不同聘任岗位的职工科研分构成统计表!A2))”，然后按【Shift+Ctrl+Enter】组合键完成计算，并向下拖动填充柄，完成所有聘任岗位论文论著科研分的计算。

（2）项目的科研分的计算。在不同聘任岗位的职工科研分构成统计表中的 C2 单元格输入数组公式“=SUM((科研奖励汇总表!$J$4:$J$128+科研奖励汇总表!$K$4:$K$128)*(科研奖励汇总表!$S$4:$S$128=不同聘任岗位的职工科研分构成统计表!A2))”，然后按【Shift+Ctrl+Enter】组合键完成计算，并向下拖动填充柄，完成所有聘任岗位项目科研分的计算。

（3）获奖的科研分的计算。在不同聘任岗位的职工科研分构成统计表中的 D2 单元格输入数组公式"=SUM((科研奖励汇总表 !$L$4:$L$128+ 科研奖励汇总表 !$M$4:$M$128)*(科研奖励汇总表 !$S$4:$S$128= 不同聘任岗位的职工科研分构成统计表 !A2))"，然后按【Shift+Ctrl+Enter】组合键完成计算，并向下拖动填充柄，完成所有聘任岗位获奖科研分的计算。

（4）专利科研分的计算。在不同聘任岗位的职工科研分构成统计表中的 E2 单元格输入数组公式"=SUM((科研奖励汇总表 !$N$4:$N$128+ 科研奖励汇总表 !$O$4:$O$128)*(科研奖励汇总表 !$S$4:$S$128= 不同聘任岗位的职工科研分构成统计表 !A2))"，然后按【Shift+Ctrl+Enter】组合键完成计算，并向下拖动填充柄，完成所有聘任岗位专利科研分的计算。

不同聘任岗位的职工科研分构成的统计计算结果如图 6-51 所示。

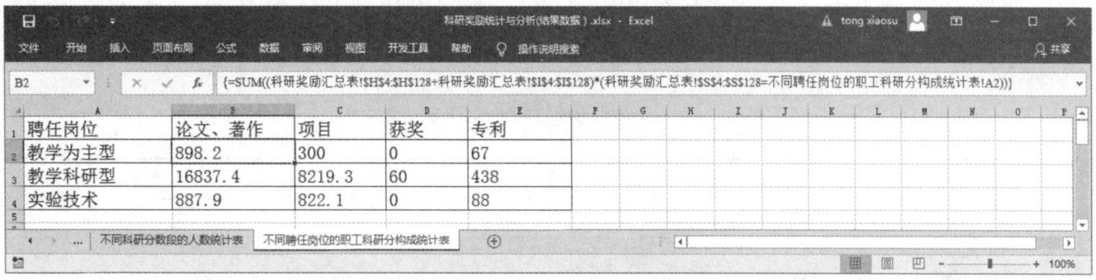

图 6-51 不同聘任岗位的职工科研分构成统计表

10. 动态饼图的制作

（1）在不同聘任岗位的职工科研分构成统计表 A7 单元格中输入"请选择聘任岗位："。

（2）选择 A8 单元格，单击"数据"选项卡"数据工具"组中的"数据验证"按钮，弹出图 6-52 所示的"数据验证"对话框，在"设置"选项卡的"允许"框中选择"序列"，"来源"选择 A2:A4 区域。

（3）选择 A8 单元格，单击单元格右侧的下拉按钮，在下拉列表中选择"教学为主型"。选择 B8 单元格，输入公式"=VLOOKUP($A$8,$A$2:$E$4,COLUMN(),FALSE)"并【Enter】键确认，向右拖动填充柄到 E8 单元格。

（4）选择 A8:E8 区域，再按住【Ctrl】键选择 A1:E1 区域，单击"插入"选项卡"图表"组中的"饼图"下拉按钮，在下拉列表中选择"二维饼图"里的"饼图"，在工作表中就插入了一个饼图。选中饼图，再单击"图表设计"选项卡"图表布局"组中的"快速布局"下拉按钮，在弹出的下拉列表中选择"布局 2"命令。在 A8 单元格的下拉列表中选择不同的岗位类别，即可以得到随岗位类别变化的饼图，如图 6-53 所示。

图 6-52 设置数据验证

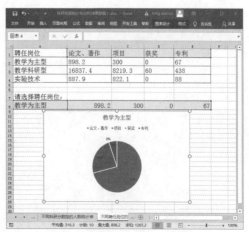

图 6-53 动态饼图

6.4.4　操作提高

（1）在科研奖励汇总表中"出生日期"列后增加一列"年龄"，请根据出生日期求出每一位职工的年龄。

（2）制作表 6-14 所示的不同年龄段的职工科研分统计表。

表 6-14　不同年龄段的职工科研分统计表

年　龄　段	科研分合计
<35	
35~45	
>=45	

（3）将科研奖励汇总表中没有完成科研任务的教职工记录以红色标示出来。

（4）在科研奖励汇总表中，分别统计出男、女职工未完成科研任务的人数，填入表 6-15 所示的未完成科研任务人数统计表。

表 6-15　未完成科研任务人数统计表

性　别	未完成科研任务人数
男	
女	

第 7 章
PowerPoint 2016
高级应用案例

本章精选了 3 个在日常生活和工作中很常见的 PowerPoint 演示文稿制作案例，分别是毕业论文答辩演示文稿、教学课件优化和西湖美景赏析。通过本章的学习，读者能够掌握很多常见的演示文稿制作技巧，包括多媒体、主题和母版、动态图表、动画和幻灯片切换效果、幻灯片的放映及发布等应用技巧。

7.1　毕业论文答辩演示文稿

7.1.1　问题描述

小吕同学要制作一个毕业论文答辩演示文稿，他已经整理好了相关的资料和素材存放在 Word 文档"毕业论文答辩大纲 .docx"中，现在需要根据毕业论文答辩大纲完成演示文稿的制作。

通过本案例的学习，读者可以掌握制作一个完整的演示文稿的方法，幻灯片母版与版式的设置，SmartArt 图形的应用，动画和幻灯片切换效果的应用以及幻灯片的分节等知识。

具体要求如下：

1. 根据毕业论文答辩大纲生成演示文稿

（1）创建一个名为"毕业论文答辩 .pptx"的演示文稿，该演示文稿需要包含 Word 文档"毕业论文答辩大纲 .docx"中的所有内容，其中 Word 文档中应用了"标题 1"、"标题 2"和"标题 3"样式的文本内容，分别对应演示文稿中每页幻灯片的标题文字、第一级文本内容和第二级文本内容。

（2）将 Word 文档中的图片和表格复制到演示文稿相应的幻灯片中。

2. 设置幻灯片母版与版式

（1）将第 1 张和第 13 张幻灯片的版式设为"标题幻灯片"，将第 4 张和第 5 张幻灯片的版式设为"两栏内容"。

（2）对于所有幻灯片所应用的幻灯片母版，将其中的标题字体设为"华文新魏"，对齐方式为"左对齐"，其他文本字体设为"微软雅黑"，并设置背景为艺术字"畸变图像的自动校正"。

（3）对于第 1 张和第 13 张幻灯片所应用的标题幻灯片母版，删除副标题占位符、日期区、页脚区和页码区，插入图片"校园风光 .jpg"，将标题占位符的背景填充色设为"蓝色"，将标题文字设为"华文新魏，48 号，白色"。

（4）对于其他幻灯片母版，在标题文本和其他文本之间增加一条渐变的分隔线。

3. SmartArt 图形的应用

（1）将第 3 张幻灯片中除标题外的文本转换为 SmartArt 图形"基本矩阵"，并设置进入动画效果为"逐个轮子"。

（2）将第 4 张幻灯片中左侧文本转换为 SmartArt 图形"水平项目符号列表"，右侧文本转换为 SmartArt 图形"齿轮"，并设置进入动画效果为"以对象为中心逐个缩放"。

（3）将第 5 张幻灯片中的左侧文本转换为 SmartArt 图形"射线循环"，并设置进入动画效果为"整体翻转式由远及近"。右侧的第二级文本采用阿拉伯数字编号，并依次设置进入动画效果为"浮入"。

（4）将第 8 张幻灯片中除标题外的文本转换为 SmartArt 图形"环状蛇形流程"，并设置进入动画效果为"逐个弹跳"。

4. 设置幻灯片的动画效果

（1）在第 10 张幻灯片中，先将 2 个图片的样式设为"柔化边缘矩形"，然后设置同时进入，动画效果为"延迟 1 s 以方框形状缩小"。

（2）在第 11 张幻灯片中，将图片的进入动画效果设为"上一动画之后延迟 1 s 中央向左右展开劈裂"。

（3）在第 7 张幻灯片中，依次设置以下动画效果。

① 将标题内容"(1) 整体流程图"的强调动画效果设置为"跷跷板"，并且在幻灯片放映 1 s 后自动开始，而不需要单击鼠标。

② 将流程图的进入动画效果设为"上一动画之后自顶部擦除"。

（4）对第 2 张、第 9 张和第 12 张幻灯片中的第一级文本内容，分别依次按以下顺序设置动画效果：首先设置进入动画效果为"向上浮入"，然后设置强调动画效果为"红色画笔颜色"，强调动画完成后恢复原来的黑色。

（5）在第 6 张幻灯片中，对表格设置以下动画效果：先是表格以"淡出"动画效果进入，然后单击表格可以使表格全屏显示，再单击回到表格原来的大小。

5. 分节并设置幻灯片切换方式

将演示文稿按表 7-1 所示要求分节，并为每节设置不同的幻灯片切换方式，所有幻灯片要求单击鼠标进行手动切换。

表 7-1 分节的设置

节 名	包含的幻灯片	幻灯片切换方式
封面页	1	自右侧涡流
相关技术介绍	2 ~ 5	自右侧立方体
基于 OpenCV 的畸变图像校正	6 ~ 12	垂直窗口
结束页	13	闪耀

6. 对演示文稿进行发布

（1）为第 1 张幻灯片添加备注信息"这是小吕的毕业论文答辩演示文稿"。

（2）将幻灯片的编号设置为：标题幻灯片中不显示，其余幻灯片显示，并且编号起始值从 0 开始。

（3）将演示文稿以 PowerPoint 放映 (*.ppsx) 类型保存到指定路径 (D:\) 下。

7.1.2 知识要点

（1）演示文稿的生成。

（2）图片与表格的处理。

（3）幻灯片版式的设置。

（4）幻灯片母版的设置。

（5）设置艺术字为母版背景。

（6）SmartArt 图形的应用。

（7）幻灯片动画的设置。

（8）幻灯片分节的设置。

（9）幻灯片切换方式的设置。

（10）幻灯片编号的设置。

（11）备注信息的处理。

（12）幻灯片的发布。

7.1.3　操作步骤

1. 根据毕业论文答辩大纲生成演示文稿

（1）创建一个名为"毕业论文答辩.pptx"的演示文稿，该演示文稿需要包含 Word 文档"毕业论文答辩大纲.docx"中的所有内容，其中 Word 文档中应用了"标题 1"、"标题 2"和"标题 3"样式的文本内容，分别对应演示文稿中每页幻灯片的标题文字、第一级文本内容和第二级文本内容。

操作步骤如下：

打开 PowerPoint，在"文件"选项卡中选择"打开"命令，在"打开"对话框的文件类型下拉列表中选择"所有文件 (*.*)"，然后选择"毕业论文答辩大纲.docx"，如图 7-1 所示。单击"打开"按钮之后，会生成一个新的演示文稿，该演示文稿已经包含"毕业论文答辩大纲.docx"中除了图片和表格之外的所有内容，其中 Word 文档中应用了"标题 1"、"标题 2"和"标题 3"样式的文本内容分别自动对应演示文稿中每页幻灯片的标题文字、第一级文本内容和第二级文本内容，把该演示文稿保存为"毕业论文答辩.pptx"。

扫一扫 ●

视频7-1
第1题

图 7-1　"打开"对话框

（2）将 Word 文档中的图片和表格复制到演示文稿相应的幻灯片中。

操作步骤如下：

打开 Word 文档"毕业论文答辩大纲.docx"，将第 3 页中的表格复制到"毕业论文答辩.pptx"演示文稿中的第 6 张幻灯片。选中幻灯片中的表格，单击"表格工具 / 设计"选项卡中的"表格样式"组中的"其他"按钮，在下拉列表中可以选择合适的表格样式，然后调整表格的大小和位置。

将 Word 文档第 4 页中的"整体流程图"复制到演示文稿中的第 7 张幻灯片，将 Word 文档第 5 页中的两个图"不同角度的图片找角点"复制到演示文稿中的第 10 张幻灯片，将 Word 文档第 6 页中的"图像校正结果"图复制到演示文稿的第 11 张幻灯片，然后调整各张幻灯片中图片的大小和位置。

完成以后，演示文稿一共有 13 张幻灯片，其中第 6、7、10、11 张幻灯片分别如图 7-2 的（a）（b）（c）（d）所示。

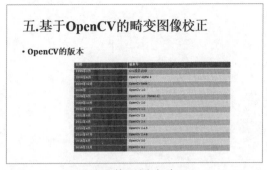

（a）第 6 张幻灯片

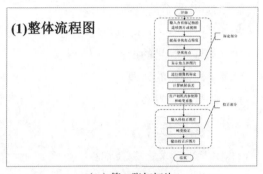

（b）第 7 张幻灯片

（c）第 10 张幻灯片

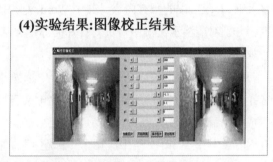

（d）第 11 张幻灯片

图 7-2　调整大小和位置后的各张幻灯片

● 扫一扫

视频 7-2
第 2 题

2. 幻灯片母版与版式的设置

（1）设置幻灯片版式。将第 1 张和第 13 张幻灯片的版式设为"标题幻灯片"，将第 4 张和第 5 张幻灯片的版式设为"两栏内容"。

操作步骤如下：

① 选中第 1 张幻灯片，单击"开始"选项卡中的"幻灯片"组中的"版式"下拉按钮，在下拉列表中选择"标题幻灯片"版式，如图 7-3 所示。

② 用同样的方法将第 4 张和第 5 张幻灯片的版式设为"两栏内容"，并调整其中文字的位置和级别，调整后的第 4 张幻灯片如图 7-4 所示。

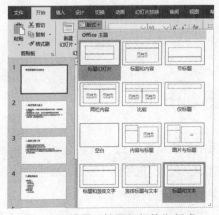

图 7-3　设置"标题幻灯片"版式

图 7-4　版式为"两栏内容"的第 4 张幻灯片

③ 将第 13 张幻灯片的版式设为 "标题幻灯片"，并将其中的文字 "七 . 致谢" 修改为 "敬请各位老师指正！"。

（2）设置幻灯片母版。对于所有幻灯片所应用的 "Office 主题 幻灯片母版"，将其中的标题字体设为 "华文新魏"，对齐方式为 "左对齐"，其他文本字体设为 "微软雅黑"，并设置背景为艺术字 "畸变图像的自动校正"。

操作步骤如下：

① 单击 "视图" 选项卡 "母版视图" 组中的 "幻灯片母版" 按钮，打开幻灯片母版视图，选中第一张母版，也就是所有幻灯片所应用的幻灯片母版，选中标题文本，将字体设为 "华文新魏"，对齐方式设为 "左对齐"，选中其他文本，将字体设为 "微软雅黑"。

② 单击 "插入" 选项卡 "文本" 组中的 "艺术字" 下拉按钮，在下拉列表中选择第一种样式，输入文字 "畸变图像的自动校正"。在 "绘图工具 / 格式" 选项卡中，单击 "艺术字样式" 组中的 "文本效果" 下拉按钮，在下拉列表中选择 "三维旋转" → "等角轴线：右上" 效果，如图 7-5 所示。然后选中该艺术字对象，按【Ctrl+X】组合键剪切，把艺术字存放在剪贴板中。

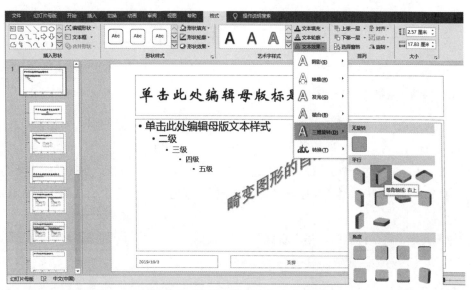

图 7-5　设置 "艺术字" 文本效果

③ 单击 "幻灯片母版" 选项卡 "背景" 组中的 "背景样式" 下拉按钮，在下拉列表中选择 "设置背景格式" 命令，打开 "设置背景格式" 任务窗格，选择 "图片或纹理填充" 单选按钮，如图 7-6 所示。单击 "剪贴板" 按钮，存放于剪贴板中的艺术字就被填充到了背景中。

④ 为了使作为背景的艺术字颜色更淡，可以在 "图片颜色" 选项卡的 "重新着色" 预设效果中选择 "冲蚀"，如图 7-7 所示。

⑤ 单击 "幻灯片母版" 选项卡 "关闭" 组中的 "关闭母版视图" 按钮。

⑥ 如果幻灯片中的文字字体没有变成母版中设置的字体，可以选中所有幻灯片，单击 "开始" 选项卡 "幻灯片" 组中的 "重置" 按钮。

（3）设置标题幻灯片母版。对于第 1 张和第 13 张幻灯片所应用的标题幻灯片母版，删除副标题占位符、日期区、页脚区和页码区，插入图片 "校园风光 .jpg"，将标题占位符的背景填充色设为 "蓝色"，将标题文字设为 "华文新魏，48 号，白色"。

操作步骤如下：

① 选中第 1 张幻灯片，单击 "视图" 选项卡 "母版视图" 组中的 "幻灯片母版" 按钮，会自动选中

第1张幻灯片所应用的标题幻灯片母版，删除副标题占位符，删除左下角的日期区、中间的页脚区和右下角的页码区。

图7-6 "设置背景格式"任务窗格

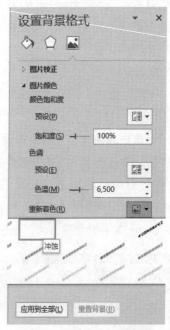

图7-7 给艺术字重新着色

② 单击"插入"选项卡"图像"组中的"图片"按钮，在弹出的"插入图片"对话框中选择图片文件"校园风光.jpg"，插入图片后分别调整图片和标题占位符的大小和位置。

③ 右击标题占位符，在弹出的快捷菜单中选择"设置形状格式"命令，在打开的"设置形状格式"任务窗格的"填充"选项卡中选择"纯色填充"单选按钮，颜色选择"蓝色"，如图7-8所示，单击"关闭"按钮。

④ 选中标题文本，将字体设为"华文新魏"，字号设为"48"，字体颜色设为"白色"。设置完成的标题幻灯片母版如图7-9所示。

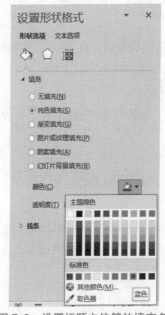

图7-8 设置标题占位符的填充色

图7-9 设置完成的标题幻灯片母版

⑤单击"幻灯片母版"选项卡"关闭"组中的"关闭母版视图"按钮。

⑥选中所有幻灯片，单击"开始"选项卡"幻灯片"组中的"重设"按钮。

（4）设置其他幻灯片母版。对于其他幻灯片母版，在标题文本和其他文本之间增加一条渐变的分隔线。

操作步骤如下：

①选中第 2 张幻灯片，单击"视图"选项卡"母版视图"组中的"幻灯片母版"按钮，会自动选中第 2 张幻灯片所应用的标题和文本幻灯片母版，单击"插入"选项卡"插图"组中的"形状"按钮下拉，在下拉列表中选择"矩形"，在幻灯片中绘制出一个矩形。

②选中该矩形，在"绘图工具 / 格式"选项卡中的"大小"组中，把矩形的高设为 0.3 厘米，宽设为 25 厘米。调整矩形的位置，把该矩形放在标题文本和其他文本之间。

③单击"形状填充"下拉按钮，在下拉列表中选择"渐变"→"其他渐变"，打开"设置形状格式"任务窗格，在"填充"选项卡中选择"渐变填充"单选按钮，类型选择"线性"，方向选择"线性向右"渐变光圈第一个停止点的颜色设为"蓝色"，最后一个停止点的颜色设为"白色"，如图 7-10 所示。

④在"线条颜色"选项卡中，选中"无线条"单选按钮，单击"关闭"按钮。完成后的标题和文本幻灯片母版如图 7-11 所示。

图 7-10　"设置形状格式"任务窗格

图 7-11　加了分隔线的标题和文本幻灯片母版

⑤选中该矩形，按【Ctrl+C】组合键复制，选中两栏内容幻灯片母版，按【Ctrl+V】组合键粘贴。

⑥单击"幻灯片母版"选项卡"关闭"组中的"关闭母版视图"按钮。

3. SmartArt 图形的应用

（1）SmartArt 图形"基本矩阵"。将第 3 张幻灯片中除标题外的文本转换为 SmartArt 图形"基本矩阵"，并设置进入动画效果为"逐个轮子"。

操作步骤如下：

①选中第 3 张幻灯片中除标题外的文本，右击，在弹出的快捷菜单中选择"转换为 SmartArt"→"其他 SmartArt 图形"命令，在"选择 SmartArt 图形"对话框的"矩阵"类别中选择"基本矩阵"，如图 7-12 所示，单击"确定"按钮。

扫一扫

视频7-3
第3题

②单击"SmartArt 工具 / 设计"选项卡"SmartArt 样式"组中的"更改颜色"下拉按钮，在下拉列表中选择"彩色"组中的"彩色 - 个性色"。

③单击"SmartArt 工具 / 设计"选项卡"SmartArt 样式"组中的"其他"按钮，在下拉列表中选择"三维"组中的"嵌入"样式。

④由于各个矩形中的文字过密，最好对文字进行精简。单击"SmartArt 工具 / 设计"选项卡中的"创建图形"组中的"文本窗格"按钮，在打开的文本窗格中分别把文字编辑为"相关技术研究"、"摄像机标定"、"畸变图像校正"和"基于 OpenCV 的畸变图像校正"。设置完成后的 SmartArt 图形如图 7-13 所示。

⑤选中 SmartArt 图形，单击"动画"选项卡"动画"组中的"其他"下拉按钮，在下拉列表中选择"进入"组中的动画效果"轮子"，单击"效果选项"下拉按钮，在下拉列表中选择"1 轮辐图案 (1)"和"逐个"，其他设置默认。

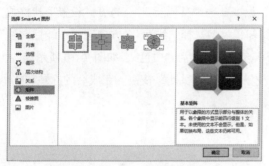

图 7-12　选择"基本矩阵"

图 7-13　SmartArt 图形"基本矩阵"

（2）SmartArt 图形"水平项目符号列表"和"齿轮"。将第 4 张幻灯片中左侧文本转换为 SmartArt 图形"水平项目符号列表"，右侧文本转换为 SmartArt 图形"齿轮"，并设置进入动画效果为"以对象为中心逐个缩放"。

操作步骤如下：

①选中第 4 张幻灯片中左侧栏目的文本，右击，在弹出的快捷菜单中选择"转换为 SmartArt"→"其他 SmartArt 图形"命令，在"选择 SmartArt 图形"对话框的"列表"类别中选择"水平项目符号列表"，单击"确定"按钮。

②选中右侧栏目的文本，右击，在弹出的快捷菜单中选择"转换为 SmartArt"→"其他 SmartArt 图形"命令，在"选择 SmartArt 图形"对话框的"关系"类别中选择"齿轮"，如图 7-14 所示，单击"确定"按钮。设置完成后的 SmartArt 图形如图 7-15 所示。

图 7-14　选择"齿轮"

图 7-15　"水平项目符号列表"和"齿轮"

③选中左侧的 SmartArt 图形，单击"动画"选项卡"动画"组中的"其他"下拉按钮，在下拉列表中选择"进入"组中的动画效果"缩放"，单击"效果选项"下拉按钮，在下拉列表中选择"对象中心"和"逐个"，其他设置默认。对右侧的 SmartArt 图形也进行同样的设置。

（3）SmartArt 图形"射线循环"。将第 5 张幻灯片中的左侧文本转换为 SmartArt 图形"射线循环"，并设置进入动画效果为"整体翻转式由远及近"。右侧的第二级文本采用阿拉伯数字编号，并依次设置进入动画效果为"浮入"。

操作步骤如下：

① 选中第 5 张幻灯片中左侧栏目的文本，右击，在弹出的快捷菜单中选择"转换为 SmartArt"→"其他 SmartArt 图形"命令，在"选择 SmartArt 图形"对话框的"循环"类别中选择"射线循环"，如图 7-16 所示，单击"确定"按钮。

② 选中 SmartArt 图形，单击"动画"选项卡中的"动画"组中的"其他"下拉按钮，在下拉列表中选择"进入"组中的动画效果"翻转式由远及近"，单击"效果选项"下拉按钮，在下拉列表中选择"作为一个对象"，其他设置默认。

③ 选中右侧栏目的第二级文本，单击"开始"选项卡"段落"组中的"编号"下拉按钮，在下拉列表中选择"1.2.3."。选中文字"校正方法"，在"动画"选项卡中，进入动画效果选择"浮入"，其他默认。依次把其余文字的进入动画效果设置成"浮入"。完成后的第 5 张幻灯片如图 7-17 所示。

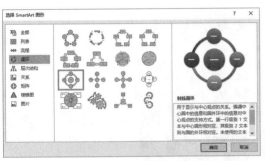

图 7-16　选择"射线循环"

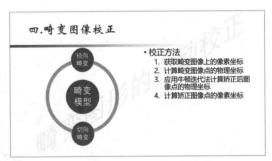

图 7-17　第 5 张幻灯片效果

（4）SmartArt 图形"环状蛇形流程"。将第 8 张幻灯片中除标题外的文本转换为 SmartArt 图形"环状蛇形流程"，并设置进入动画效果为"逐个弹跳"。

操作步骤如下：

① 选中第 8 张幻灯片中除标题外的文本，右击，在弹出的快捷菜单中选择"转换为 SmartArt"→"其他 SmartArt 图形"命令，在"选择 SmartArt 图形"对话框的"流程"类别中选择"环状蛇形流程"，如图 7-18 所示，单击"确定"按钮。

② 单击"SmartArt 工具 / 设计"选项卡"SmartArt 样式"组中的"更改颜色"下拉按钮，在下拉列表中选择"彩色"组中的"彩色 - 个性色"。

③ 单击"SmartArt 工具 / 设计"选项卡"SmartArt 样式"组中的"其他"按钮，在下拉列表中选择"三维"组中的"优雅"样式。设置完成后的 SmartArt 图形如图 7-19 所示。

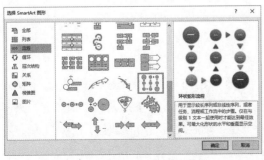

图 7-18　选择"环状蛇形流程"

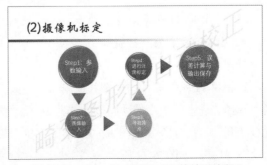

图 7-19　PowerPoint 图形"环状蛇形流程"

④ 选中 SmartArt 图形，单击"动画"选项卡"动画"组中的"其他"下拉按钮，在下拉列表中选择"进入"组中的动画效果"弹跳"，单击"效果选项"下拉按钮，在下拉列表中选择"逐个"，其他设置默认。

4. 设置幻灯片的动画效果

● 扫一扫

视频7-4
第4题

（1）设置第 10 张幻灯片的动画。在第 10 张幻灯片中，先将 2 个图片的样式设为"柔化边缘矩形"，然后设置同时进入，动画效果为"延迟 1 s 以方框形状缩小"。

操作步骤如下：

① 第 10 张幻灯片中，选中第一张图片，单击"图片工具 / 格式"选项卡"图片样式"组中的"其他"下拉按钮，在下拉列表中选择"柔化边缘矩形"样式，如图 7-20 所示。对第 2 张图片进行同样的设置。

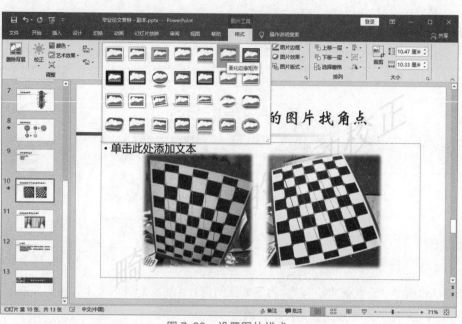

图 7-20 设置图片样式

② 一起选中两个图片，单击"动画"选项卡"动画"组中的"其他"下拉按钮，在下拉列表中选择"进入"组中的动画效果"形状"，单击"效果选项"下拉按钮，在下拉列表中选择"缩小"和"方框"，在"计时"组中的"开始"下拉列表框中选择"与上一动画同时"，延迟设为"1 s"，如图 7-21 所示。

图 7-21 设置第 10 张幻灯片的动画效果

（2）设置第 11 张幻灯片的动画。在第 11 张幻灯片中，将图片的进入动画效果设为"上一动画之后延迟 1 s 中央向左右展开劈裂"。

操作步骤如下：

选中第 11 张幻灯片中的图片，单击"动画"选项卡"动画"组中的"其他"下拉按钮，在下拉列表中选择"进入"组中的动画效果"劈裂"，单击"效果选项"下拉按钮，在下拉列表中选择"中央向左右展开"，在"计时"组中的"开始"下拉列表框中选择"上一动画之后"，持续时间设为"2 s"，延迟设为"1 s"，如图 7-22 所示。

图 7-22 设置第 11 张幻灯片的动画效果

（3）设置第 7 张幻灯片的动画。在第 7 张幻灯片中，依次设置以下动画效果。

① 将标题内容"（1）整体流程图"的强调动画效果设置为"跷跷板"，并且在幻灯片放映 1 s 后自动开始，而不需要单击鼠标。

② 将流程图的进入动画效果设为"上一动画之后自顶部擦除"。

操作步骤如下：

① 在第 7 张幻灯片，选中标题内容"（1）整体流程图"，单击"动画"选项卡中的"动画"组中的"其他"下拉按钮，在下拉列表中选择"强调"组中的动画效果"跷跷板"，在"计时"组中的"开始"下拉列表框中选择"上一动画之后"，延迟设为"1 s"。

② 选中流程图，单击"动画"选项卡"动画"组中的"其他"下拉按钮，在下拉列表中选择"进入"组中的动画效果"擦除"，单击"效果选项"下拉按钮，在下拉列表中选择"自顶部"，在"计时"组中的"开始"下拉列表框中选择"上一动画之后"。

设置完成后的第 7 张幻灯片如图 7-23 所示。

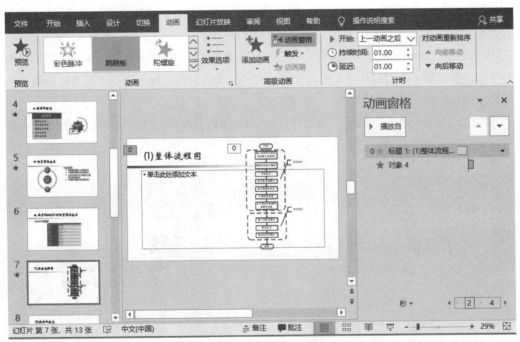

图 7-23 第 7 张幻灯片

（4）设置第 2 张、第 9 张和第 12 张幻灯片的动画。对第 2 张、第 9 张和第 12 张幻灯片中的第一级文本内容，分别依次按以下顺序设置动画效果：首先设置进入动画效果为"向上浮入"，然后设置强调动画效果为"红色画笔颜色"，强调动画完成后恢复原来的黑色。

操作步骤如下：

① 选中第 2 张幻灯片中的文本占位符，单击"动画"选项卡"动画"组中的"其他"下拉按钮，在下拉列表中选择"进入"组中的动画效果"浮入"，单击"效果选项"下拉按钮，在下拉列表中选择"上浮"和"按段落"。

②单击"高级动画"组中的"添加动画"下拉按钮，在下拉列表中选择"强调"组中的动画效果"画笔颜色"。单击"效果选项"下拉按钮，在下拉列表中选择"红色"和"按段落"，持续时间设为"3 s"。

③单击"高级动画"组中的"动画窗格"按钮，在打开的"动画窗格"任务窗格中调整动画的次序，每段文本先进入动画然后强调动画，次序调整完毕的"动画窗格"任务窗格如图 7-24 所示。

④在"动画窗格"任务窗格中双击第 2 个强调动画对象，弹出"画笔颜色"对话框，把动画播放后的颜色设为"黑色"，如图 7-25 所示，单击"确定"按钮。

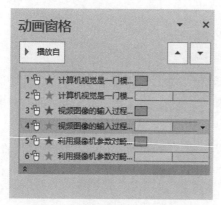

图 7-24　第 2 张幻灯片动画窗格

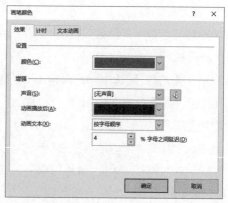

图 7-25　"画笔颜色"对话框

⑤对第 4 个和第 6 个强调动画对象进行同样的设置。设置完成后关闭"动画窗格"任务窗格，第 2 张幻灯片的动画设置完成。

⑥选中第 2 张幻灯片中的文本占位符，单击"高级动画"组中的"动画刷"按钮，然后选中第 9 张幻灯片，复制动画到第 9 张幻灯片的文本占位符，打开"动画窗格"任务窗格，调整动画的次序，次序调整完毕的"动画窗格"任务窗格如图 7-26 所示。

⑦用同样的方法将动画复制到第 12 张幻灯片，然后调整动画的次序，第 12 张幻灯片完成后的"动画窗格"任务窗格如图 7-27 所示。

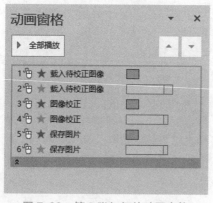

图 7-26　第 9 张幻灯片动画窗格

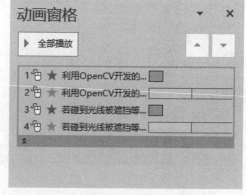

图 7-27　第 12 张幻灯片动画窗格

（5）设置第 6 张幻灯片的动画。在第 6 张幻灯片中，对表格设置以下动画效果：先是表格以"淡化"动画效果进入，然后单击表格可以使表格全屏显示，再单击回到表格原来的大小。

操作步骤如下：

①选中第 6 张幻灯片中的表格，按【Ctrl+C】组合键复制，然后再按【Ctrl+V】组合键粘贴。调整新复制的表格大小和位置，使它的大小刚好布满整个幻灯片，把该表格内的文字字号设为"20"，加粗。

② 单击"开始"选项卡中的"编辑"组中的"选择"下拉按钮,在下拉列表中选择"选择窗格"命令,打开"选择"任务窗格,在此把相应的表格命名为"大表格""小表格"。

③ 先设置大表格不可见,选中小表格,单击"动画"选项卡中的"动画"组中的"其他"下拉按钮,在下拉列表中选择"进入"组中的动画效果"淡化"。单击"高级动画"组中的"添加动画"下拉按钮,在下拉列表中选择"退出"组中的动画效果"消失",在"高级动画"组中的"触发"下拉列表中选择"单击"→"小表格",如图 7-28 所示。

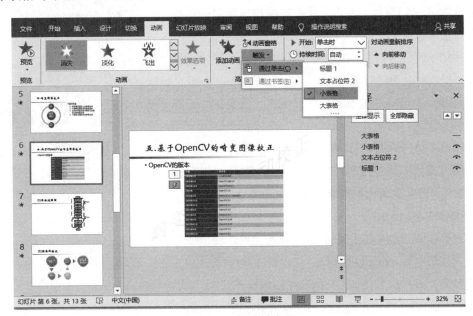

图 7-28　设置触发器

④ 接下来设置大表格可见,选中大表格,单击"动画"选项卡"动画"组中的"其他"下拉按钮,在下拉列表中选择"进入"组中的动画效果"缩放"。在"高级动画"组中的"触发"下拉列表中选择"单击"→"小表格",在"计时"组中的"开始"下拉列表框中选择"与上一动画同时",持续时间设置成"1 s"。

⑤ 单击"高级动画"组中的"添加动画"下拉按钮,在下拉列表中选择"退出"组中的动画效果"消失",在"触发"下拉列表中选择"单击"→"大表格"。

⑥ 继续设置大表格不可见,选中小表格,单击"高级动画"组中的"添加动画"下拉按钮,在下拉列表中选择"进入"组中的动画效果"淡出",在"触发"下拉列表中选择"单击"→"大表格",在"计时"组中的"开始"下拉列表框中选择"与上一动画同时",持续时间设置成"1 s"。

⑦ 设置大表格可见,关闭"选择和可见性"任务窗格。单击"动画"选项卡中的"高级动画"组中的"动画窗格"按钮,可以看到图 7-29 所示的动画序列。

图 7-29　第 6 张幻灯片动画窗格

5. 分节并设置幻灯片切换方式

将演示文稿按表 7-1 所示要求分节,并为每节设置不同的幻灯片切换方式,所有幻灯片要求单击鼠标进行手动切换。

扫一扫

视频7-5
第5题

操作步骤如下：

（1）在 PowerPoint 的缩略图窗格中，选中第一张幻灯片，右击，在弹出的快捷菜单中选择"新增节"命令，如图 7-30 所示。把节命名为"封面页"。

（2）选中第 2 张幻灯片，右击，在弹出的快捷菜单中选择"新增节"命令，把节命名为"相关技术介绍"。

（3）选中第 6 张幻灯片，右击，在弹出的快捷菜单中选择"新增节"命令，把节命名为"基于 OpenCV 的畸变图像校正"。

（4）选中第 13 张幻灯片，右击，在弹出的快捷菜单中选择"新增节"命令，把节命名为"结束页"。

（5）在任意一个节标题上右击，在弹出的快捷菜单中选择"全部折叠"命令。

（6）选中第 1 节"封面页"，单击"切换"选项卡"切换到此幻灯片"组中的"其他"下拉按钮，在下拉列表中选择"华丽型"组中的切换效果"涡流"，效果选项选择"自右侧"，换片方式仅选中"单击鼠标时"，如图 7-31 所示。

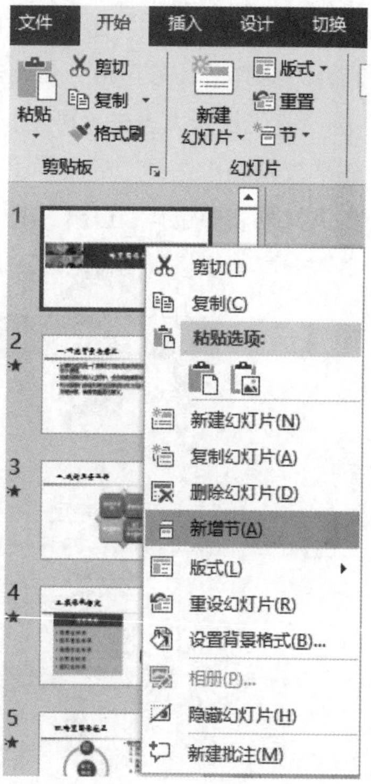

（7）选中第 2 节"相关技术介绍"，在"切换"选项卡中，选择切换效果为"立方体"，效果选项选择"自右侧"，换片方式仅选中"单击鼠标时"。

图 7-30　新增节

（8）选中第 3 节"基于 OpenCV 的畸变图像校正"，在"切换"选项卡中，选择切换效果为"窗口"，效果选项选择"垂直"，换片方式仅选中"单击鼠标时"。

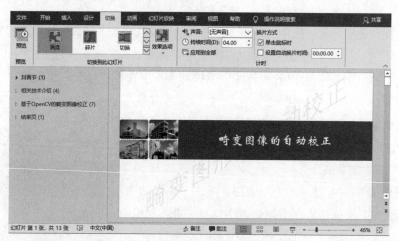

图 7-31　给一整节设置幻灯片切换方式

（9）选中第 4 节"结束页"，在"切换"选项卡中，选择切换效果为"闪耀"，效果选项默认，换片方式仅选中"单击鼠标时"。

至此，分节及幻灯片切换方式设置完毕。

6. 对演示文稿进行发布

（1）为第 1 张幻灯片添加备注信息"这是小吕的毕业论文答辩演示文稿"。

操作步骤如下：

选中第 1 张幻灯片，在底部区域的备注窗格中输入文字"这是小吕的毕业论文答辩演示文稿。"。

注意可以拖动备注窗格和幻灯片窗格之间的分隔线来调整窗格的大小，如果备注窗格看不到，可能是分隔线在最底部。

（2）将幻灯片的编号设置为：标题幻灯片中不显示，其余幻灯片显示，并且编号起始值从 0 开始。

操作步骤如下：

扫一扫 ●

视频7–6
第6题

单击"插入"选项卡中的"文本"组中的"页眉和页脚"按钮，在打开的"页眉和页脚"对话框中，选中"幻灯片编号"和"标题幻灯片中不显示"复选框，如图 7-32 所示。单击"全部应用"按钮。

由于第 1 张和第 13 张幻灯片是标题幻灯片，因此不显示页码，而第 2 张～第 12 张幻灯片会显示页码 2 ～ 12。

单击"设计"选项卡"自定义"组中的"幻灯片大小"下拉按钮，选择"自定义幻灯片大小"命令，在弹出的"幻灯片大小"对话框中，把幻灯片编号起始值设为"0"，如图 7-33 所示。这样第 2 张～第 12 张幻灯片显示的页码就变成了 1 ～ 11 了。

图 7-32 "页眉和页脚"对话框

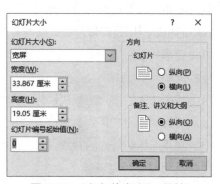

图 7-33 "幻灯片大小"对话框

（3）将演示文稿以 PowerPoint 放映 (*.ppsx) 类型保存到指定路径 (D:\) 下。

操作步骤如下：

选择"文件"选项卡中的"导出"命令，单击"更改文件类型"下的"PowerPoint 放映 (*.ppsx)"，如图 7-34 所示。再单击"另存为"按钮，在弹出的"另存为"对话框中，选择指定路径 (D:\)，文件名为"毕业论文答辩 .ppsx"，单击"保存"按钮。

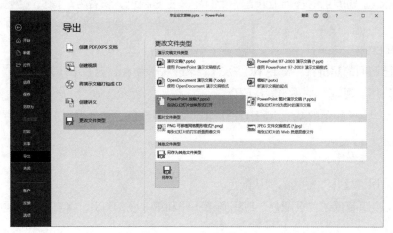

图 7-34 保存为 PowerPoint 放映 (*.ppsx) 类型

7.1.4 操作提高

对上述制作好的演示文稿文件，完成以下操作。

（1）给演示文稿的首页设计一个片头动画。

（2）修改幻灯片的母版，在合适位置插入学校的校徽图片，并设置合理的效果。

（3）在第1张幻灯片后面增加一张目录页幻灯片，目录使用 SmartArt 图形"垂直列表框列表"，并设置好超链接。

7.2　教学课件优化

7.2.1　问题描述

小杨老师要制作一个关于"古诗鉴赏"的教学课件，课件的大纲和内容已经准备好，还收集了一些相关的素材，相关素材与演示文稿文件放在同一个文件夹中，如图7-35所示。现在需要给课件进行版面、配色、动画等方面的优化，最后发布输出。

通过本案例的学习，读者可以掌握多个主题和自定义主题颜色的应用，以及幻灯片母版的合理修改，动画和幻灯片切换效果的巧妙应用，幻灯片的放映与打包发布等知识。

图 7-35　相关素材

具体要求如下：

1. 修改幻灯片的版式与背景

（1）将第2张幻灯片的版式设为"两栏内容"，并插入图片"夜书所见.jpg"。

（2）将第8张幻灯片的版式设为"标题幻灯片"，并删除副标题占位符。

（3）将第5张幻灯片的背景设为"思乡.jpg"。

2. 设置幻灯片的超链接

（1）在第1张幻灯片中，在文字"夜书所见"上建立链接到第2张幻灯片的超链接，在文字"九月九日忆山东兄弟"上建立链接到第5张幻灯片的超链接。

（2）在第8张幻灯片的右下角插入一个自定义动作按钮，按钮文本为"返回首页"，使得单击该按钮时，跳转到第1张幻灯片。

3. 多个主题和自定义主题颜色的应用

（1）将第1张和第8张幻灯片的主题设为"视差"，其余页面的主题设为"丝状"。

（2）在"视差"主题颜色的基础上新建一个自定义主题颜色，取名为"首页配色"，其中的主题颜色如下：

① 着色1：红色。

② 超链接和已访问的超链接：红色(R)为30，绿色(G)为80，蓝色(B)为210。

③ 其他颜色采用"视差"主题的默认配色。

（3）在"丝状"主题颜色的基础上新建一个自定义主题颜色，取名为"正文配色"，其中的主题颜色如下：

① 文字/背景-深色1：紫色。

② 其他颜色采用"丝状"主题的默认配色。

（4）将自定义主题颜色"首页配色"应用到第1张和第8张幻灯片，将自定义主题颜色"正文配色"应用到其余页面。

4. 设置幻灯片的编号

将幻灯片的编号设置为：第1张和第8张标题幻灯片中不显示，其余幻灯片显示。

5. 幻灯片母版的修改与应用

（1）对于第1张和第8张幻灯片所应用的标题幻灯片母版，将其中的标题样式设为"微软雅黑，48号字"。

（2）对于其他页面所应用的母版，删除页脚区和日期区，在页码区中把幻灯片编号（页码）的字体大小设为"28"。

6. 设置幻灯片的动画效果

（1）在第 2 张幻灯片中，按以下顺序设置动画效果。

① 将标题内容"夜书所见"的强调效果设置为"波浪形"，并且在幻灯片放映 1 s 后自动开始，而不需要单击鼠标。

② 按先后顺序依次将 4 行诗句内容的进入效果设置为"从左侧擦除"。

③ 将图片的进入效果设置为"以对象为中心缩放"。

（2）在第 8 张幻灯片中，首先在标题的下方插入两个横排文本框，内容分别为"设计：杨老师""制作：杨老师"，然后按以下顺序设置动画效果。

① 将"设计：杨老师"文本框的进入效果设置为"上一动画之后向上浮入"，退出效果设置为"在上一动画之后向上浮出"。

② 对"制作：杨老师"文本框进行同样的动画效果设置。

③ 把两个文本框的位置重叠。

（3）在第 7 张和第 8 张幻灯片之间插入一张新幻灯片，版式为"标题和内容"。在新插入的幻灯片中进行以下操作：

① 在标题占位符中输入"课堂练习"，删除内容占位符。

② 插入 5 个横排文本框，内容分别为《夜书所见》的作者是谁？""A. 王维""B. 叶绍翁""回答正确""回答错误"。

③ 设置动画效果，使得单击 B 选项时，出现"回答正确"提示，然后提示消失；单击 A 选项时，出现"回答错误"提示，然后提示消失。

7. 设置幻灯片的背景音乐

将第 1 张到第 4 张幻灯片的背景音乐设为"寒江残雪 .mp3"，第 5 张到第 7 张幻灯片的背景音乐设为"高山流水 .mp3"。

8. 设置幻灯片的切换效果

（1）所有幻灯片实现每隔 5 s 自动切换，也可以单击鼠标进行手动切换。

（2）将第 1 张到第 4 张幻灯片的切换效果设置为"居中涟漪"，第 5 张到第 9 张幻灯片的切换效果设置为"自右侧立方体"。

9. 设置幻灯片的放映方式

（1）隐藏第 8 张幻灯片，使得播放时直接跳过隐藏页。

（2）选择从第 5 张到第 7 张幻灯片进行循环放映。

10. 对演示文稿进行发布

（1）把演示文稿打包成 CD，将 CD 命名为"古诗鉴赏"。

（2）将其保存到指定路径 (D:\) 下，文件夹名与 CD 命名相同。

7.2.2　知识要点

（1）幻灯片版式与背景的设置。

（2）动作按钮和超链接的使用。

（3）多个主题和自定义主题颜色的应用。

（4）幻灯片编号的设置。

（5）幻灯片母版的应用。

（6）幻灯片动画的设置。

（7）幻灯片背景音乐的设置。

（8）幻灯片切换方式的设置。

（9）幻灯片的放映方法。

（10）幻灯片的打包发布。

7.2.3 操作步骤

1. 修改幻灯片的版式与背景

（1）将第 2 张幻灯片的版式设为"两栏内容"，并插入图片"夜书所见 .jpg"。

操作步骤如下：

打开初始演示文稿，选中第 2 张幻灯片，单击"开始"选项卡"幻灯片"组中的"版式"下拉按钮，在下拉列表中选择"两栏内容"版式，如图 7-36 所示。然后在幻灯片右侧的内容占位符中单击图 7-37 所示的"图片"按钮，在弹出的"插入图片"对话框中选择"夜书所见 .jpg"，单击"插入"按钮。

● 扫一扫

视频7-7
第1题

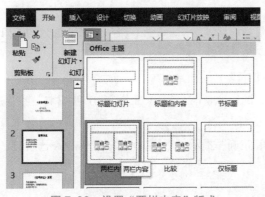

图 7-36 设置"两栏内容"版式

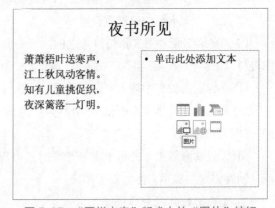

图 7-37 "两栏内容"版式中的"图片"按钮

（2）将第 8 张幻灯片的版式设为"标题幻灯片"，并删除副标题占位符。

操作步骤如下：

选中第 8 张幻灯片，在"开始"选项卡中的"幻灯片"组中的"版式"下拉列表中选择"标题幻灯片"版式，然后选中副标题占位符，按【Delete】键删除。

（3）将第 5 张幻灯片的背景设为"思乡 .jpg"。

操作步骤如下：

选中第 5 张幻灯片，在"设计"选项卡中的"自定义"组中单击"设置背景格式"按钮，打开"设置背景格式"任务窗格，"填充"选择"图片或纹理填充"单选按钮，如图 7-38 所示。单击"插入"按钮，再选择"从文件"，在打开的"插入图片"对话框中选择"思乡 .jpg"，单击"插入"按钮。第 5 张幻灯片的背景图片设置完成。

2. 设置幻灯片的超链接

（1）在第 1 张幻灯片中，在文字"夜书所见"上建立链接到第 2 张幻灯片的超链接，在文字"九月九日忆山东兄弟"上建立链接到第 5 张幻灯片的超链接。

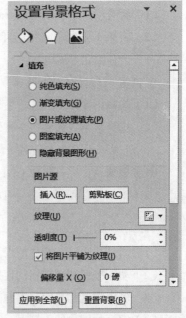

图 7-38 "设置背景格式"任务窗格

操作步骤如下：

在第 1 张幻灯片中，选中文字"夜书所见"，在"插入"选项卡中的"链接"组中单击"链接"按钮，在"插入超链接"对话框中选择"本文档中的位置"，然后选择第 2 张幻灯片，如图 7-39 所示，单击"确定"按钮，文字"夜书所见"上的超链接设置完成。用同样的方法在文字"九月九日忆山东兄弟"上建立链接到第 5 张幻灯片的超链接。

扫一扫

视频7-8
第2题

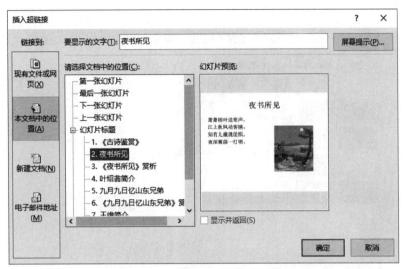

图 7-39　"插入超链接"对话框

（2）在第 8 张幻灯片的右下角插入一个自定义动作按钮，按钮文本为"返回首页"，使得单击该按钮时，跳转到第 1 张幻灯片。

操作步骤如下：

选中第 8 张幻灯片，单击"插入"选项卡"插图"组中的"形状"下拉列表中的"动作按钮：空白"按钮，如图 7-40 所示。在幻灯片的右下角拉出一个大小合适的自定义动作按钮，弹出"操作设置"对话框，在"单击鼠标时的动作"栏中选择"超链接到"单选按钮，从下拉列表框中选择"第一张幻灯片"，如图 7-41 所示，单击"确定"按钮。右击该动作按钮，在弹出的快捷菜单中选择"编辑文字"命令，输入按钮文本"返回首页"，自定义动作按钮设置完成。

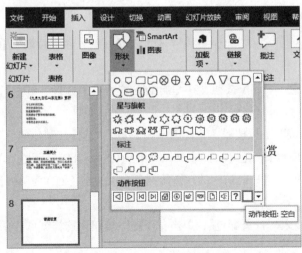

图 7-40　自定义动作按钮

图 7-41　"操作设置"对话框

3. 多个主题和自定义主题颜色的应用

● 扫一扫

视频7-9
第3题

（1）应用多个主题。将第1张和第8张幻灯片的主题设为"视差"，其余页面的主题设为"丝状"。

操作步骤如下：

① 选中第1张幻灯片，再按住【Ctrl】键，选中第8张幻灯片，这样就一起选中了第1张和第8张幻灯片。右击"设计"选项卡中的"主题"组中的"视差"主题，在弹出的快捷菜单中选择"应用于选定幻灯片"命令，如图7-42所示。

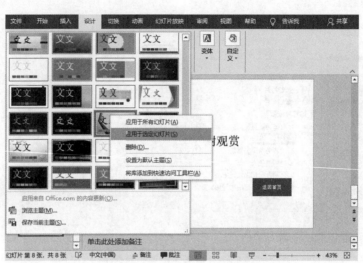

图 7-42　选定幻灯片应用主题

② 选中第2张幻灯片，再按住【Shift】键，选中第7张幻灯片，这样就选中了第2张到第7张幻灯片。右击"设计"选项卡中的"主题"组中的"丝状"主题，在弹出的快捷菜单中选择"应用于选定幻灯片"命令。

（2）新建主题颜色"首页配色"。在"视差"主题颜色的基础上新建一个自定义主题颜色，取名为"首页配色"，其中的主题颜色如下：

① 着色1：红色。

② 超链接和已访问的超链接：红色 (R) 为 30，绿色 (G) 为 80，蓝色 (B) 为 210。

③ 其他颜色采用"视差"主题的默认配色。

操作步骤如下：

① 选中第1张幻灯片，单击"设计"选项卡中的"变体"组中的"其他"下拉按钮，在下拉列表中选择"颜色"→"自定义颜色"命令，打开"新建主题颜色"对话框。

② 在"新建主题颜色"对话框中，单击"着色1"下拉按钮，在弹出的下拉列表中选择"红色"，如图7-43所示。

③ 在"新建主题颜色"对话框中，单击"超链接"下拉按钮，在弹出的下拉列表中选择"其他颜色"命令，打开"颜色"对话框，在"自定义"选项卡中设置红色 (R) 为"30"，绿色 (G) 为"80"，蓝色 (B) 为"210"，如图7-44所示，单击"确定"按钮。用同样的方法把已访问的超链接颜色也设为红色 (R) 为"30"，绿色 (G) 为"80"，蓝色 (B) 为"210"。

④ 其他颜色采用默认，在"名称"文本框中输入"首页配色"，单击"保存"按钮。这样就创建了一个自定义主题颜色"首页配色"。

（3）新建主题颜色"正文配色"。在"丝状"主题颜色的基础上新建一个自定义主题颜色，取名为"正文配色"，其中的主题颜色如下：

① 文字 / 背景 - 深色 1：紫色。

② 其他颜色采用"丝状"主题的默认配色。

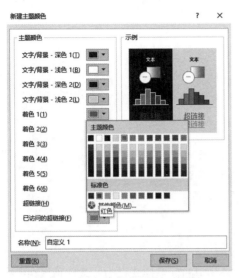

图 7-43　"新建主题颜色"对话框

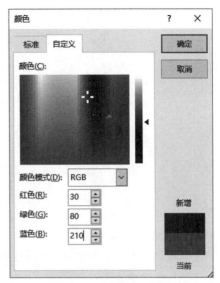

图 7-44　"颜色"对话框

该小题与上一小题的做法类似，为了使其他颜色采用"丝状"主题的默认配色，关键是要先选中应用了"丝状"主题的幻灯片。

操作步骤如下：

① 选中第 2 张幻灯片，单击"设计"选项卡"变体"组中的"其他"下拉按钮，在下拉列表中选择"颜色"→"自定义颜色"命令，打开"新建主题颜色"对话框。

② 在"新建主题颜色"对话框中，单击"文字 / 背景 - 深色 1"下拉按钮，在弹出的下拉列表中选择"紫色"。

③ 其他颜色采用默认，在"名称"文本框中输入"正文配色"，单击"保存"按钮。这样，自定义主题颜色"正文配色"创建完毕。

（4）应用自定义主题颜色。将自定义主题颜色"首页配色"应用到第 1 张和第 8 张幻灯片，将自定义主题颜色"正文配色"应用到其余页面。

操作步骤如下：

① 选中第 1 张和第 8 张幻灯片，单击"设计"选项卡"变体"组中的"其他"下拉按钮，在下拉列表中选择"颜色"→"首页配色"命令。

② 选中第 2 张到第 7 张幻灯片，单击"设计"选项卡"变体"组中的"其他"下拉按钮，在下拉列表中选择"颜色"→"正文配色"命令。

4. 设置幻灯片的编号

要把幻灯片的编号设置为：第 1 张和第 8 张标题幻灯片中不显示，其余幻灯片显示。

操作步骤如下：

单击"插入"选项卡"文本"组中的"页眉和页脚"按钮，在弹出的"页眉和页脚"对话框中，选中"幻灯片编号"和"标题幻灯片中不显示"复选框，如图 7-45 所示。单击"全部应用"按钮。

由于第 1 张和第 8 张幻灯片是标题幻灯片，因此不显示页码，而第 2 张到第 7 张幻灯片会显示页码。

扫一扫

视频7-10
第4题

图 7-45 "页眉和页脚"对话框

5. 幻灯片母版的修改与应用

● 扫一扫

视频7-11
第5题

（1）修改第 1 张和第 8 张幻灯片所应用的标题幻灯片母版

对于第 1 张和第 8 张幻灯片所应用的标题幻灯片母版，将其中的标题样式设为"微软雅黑，48 号字"。

操作步骤如下：

① 选中第 1 张幻灯片，单击"视图"选项卡"母版视图"组中的"幻灯片母版"按钮，会自动选中第 1 张和第 8 张幻灯片所应用的"标题幻灯片"版式母版，如图 7-46 所示。

图 7-46 "标题幻灯片"版式母版

② 在"标题幻灯片"版式母版中选择"标题"，将字体设为"微软雅黑"、字号设为"48"。

③ 单击"关闭母版视图"按钮。

（2）修改其他页面母版

对于其他页面所应用的母版，删除页脚区和日期区，在页码区中把幻灯片编号（即页码）的字体大小设为"28"。

操作步骤如下：

① 选中第 2 张幻灯片，单击"视图"选项卡中的"母版视图"组中的"幻灯片母版"按钮，会自动选中第 2 张幻灯片所应用的"两栏内容"版式母版，为了使母版中的修改影响到所有其他幻灯片，在此应该选中由第 2 张到第 7 张幻灯片共同使用的"丝状 幻灯片母版"，如图 7-47 所示。

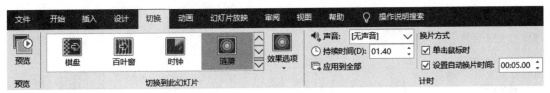

图 7-57 设置了切换效果的"切换"选项卡

（2）选中第 5 张到第 9 张幻灯片，在"切换"选项卡中选择切换效果为"立方体"，效果选项选择"自右侧"，在"计时"组中选中"单击鼠标时"和"设置自动换片时间"，自动换片时间为"5 s"。

9. 设置幻灯片的放映方式

要设置以下放映方式：

（1）隐藏第 8 张幻灯片，使得播放时直接跳过隐藏页。

（2）选择从第 5 张到第 7 张幻灯片进行循环放映。

操作步骤如下：

（1）选中第 8 张幻灯片，单击"幻灯片放映"选项卡"设置"组中的"隐藏幻灯片"按钮。

（2）单击"幻灯片放映"选项卡"设置"组中的"设置幻灯片放映"按钮，打开"设置放映方式"对话框，在"放映选项"栏中选中"循环放映，按 ESC 终止"复选框，在"放映幻灯片"栏中设置"从 5 到 7"，如图 7-58 所示。单击"确定"按钮，完成放映方式的设置。

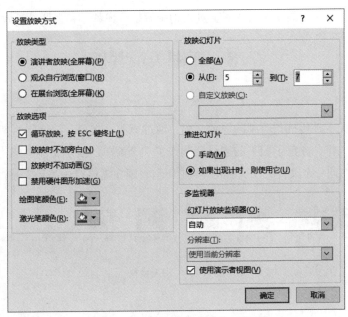

图 7-58 "设置放映方式"对话框

10. 对演示文稿进行发布

把演示文稿打包成 CD，将 CD 命名为"古诗鉴赏"，并将其复制到指定路径（D:\）下，文件夹名与 CD 命名相同。

操作步骤如下：

（1）选择"文件"选项卡中的"导出"命令，单击"将演示文稿打包成 CD"下的"打包成 CD"按钮，在弹出的"打包成 CD"对话框中将 CD 命名为"古诗鉴赏"，如图 7-59 所示。

（2）单击"复制到文件夹"按钮，弹出"复制到文件夹"对话框，在"文件夹名称"文本框中输入"古诗鉴赏"，位置为"D:\"，如图 7-60 所示，单击"确定"按钮。

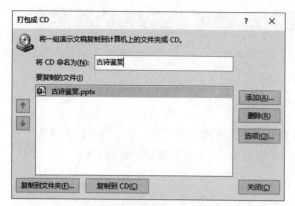

图 7-59 "打包成 CD"对话框

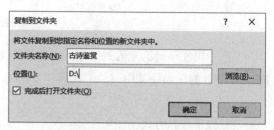

图 7-60 "复制到文件夹"对话框

7.2.4 操作提高

对上述制作好的演示文稿文件，完成以下操作：

（1）给演示文稿设计一个片头动画。

（2）修改首页的母版，在左上角插入一张校标图片。

（3）修改其他页面的母版，在左下角添加一个文本框，输入学校名称，并在文字上建立超链接，链接到学校的首页。

（4）给最后一页幻灯片中的动作按钮添加进入动画效果"弹跳"和强调动画效果"陀螺旋"。

7.3 西湖美景赏析

7.3.1 问题描述

小杨要制作一个关于宣传杭州西湖的演示文稿，通过该演示文稿介绍杭州西湖的基本情况。小杨已经做了一些前期准备工作，收集了相关的素材和制作了一个简单的演示文稿"魅力西湖.pptx"，相关素材与演示文稿文件放在同一个文件夹中，如图 7-61 所示。现在需要对该演示文稿进行进一步完善。

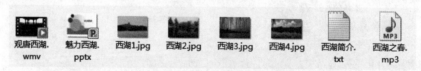

图 7-61 相关素材

具体要求如下：

（1）在"标题幻灯片"版式母版中，将 4 个椭圆对象的填充效果设置为相应的 4 幅图片，在幻灯片母版中，将 3 个椭圆对象的填充效果设置为相应的 3 幅图片，效果分别如图 7-62 和图 7-63 所示。

（2）给幻灯片添加背景音乐"西湖之春.mp3"，并且要求在整个幻灯片播放期间一直播放。

（3）在幻灯片首页底部添加从右到左循环滚动的字幕"杭州西湖欢迎您"。

（4）在第 3 张幻灯片中，把图片裁剪为椭圆，用带滚动条的文本框插入关于杭州西湖的文字简介，具体内容在"西湖简介.txt"中。

（5）在第 4 张幻灯片中插入关于杭州西湖的图片，要求能够实现单击小图，可以看到该图片的放大图，如图 7-64 所示。

图 7-62　"标题幻灯片"版式母版

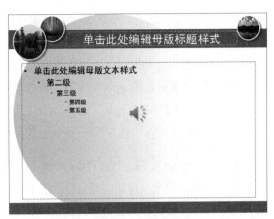

图 7-63　幻灯片母版

图 7-64　单击小图看大图

（6）在第 5 张幻灯片中，制作以下动画效果。

① 单击三潭印月按钮，以"水平随机线条"方式出现三潭印月图片，2 s 后自动出现"跷跷板"强调动画效果，再过 2 s 后以"水平随机线条"方式消失。

② 单击雷峰塔按钮，以"圆形放大"方式出现雷峰塔图片，2 s 后自动出现"跷跷板"强调动画效果，再过 2 s 后以"圆形缩小"方式消失。

（7）在第 6 张幻灯片中，以动态折线图的方式呈现表 7-2 所示的游客人次变化情况。

表 7-2　景点各月份游客人次表

单位：万人次

年　度	1 月	2 月	3 月	4 月	5 月	6 月	7 月	8 月	9 月	10 月	11 月	12 月
上一年度	22	25	13	18	45	17	20	24	18	78	18	16
本年度	19	26	18	22	49	19	26	30	25	75	20	19

（8）在第 7 张幻灯片中，插入视频"观唐西湖 .wmv"，设置视频效果为"柔化边缘椭圆"，然后进行以下设置：

① 把第 9 s 的帧设为视频封面。

② 把视频裁剪为第 7 s 开始，到 105 s 结束。

③ 设置视频的触发器效果，使得单击"播放按钮"时开始播放视频，单击"暂停按钮"时暂停播放，单击"结束按钮"时结束播放视频。

（9）在第 8 张幻灯片中，把文本"欢迎来西湖！"的动画效果设置为：延迟 1 s 自动以"弹跳"的方式出现，然后一直加粗闪烁，直到下一次单击。

（10）给第 2 张幻灯片中的各个目录项建立相关的超链接。

（11）创建一个相册"西湖美景 .pptx"，包含"西湖 1.jpg"、"西湖 2.jpg"、"西湖 3.jpg"和"西湖 4.jpg"共 4 幅图片，1 张幻灯片包含 1 幅图片，相框形状为"圆角矩形"。

（12）把"西湖美景 .pptx"的第 1 张幻灯片删除，主题设为"暗香扑面"，切换效果设为"摩天轮"。

（13）把"西湖相册 .pptx"的 4 张幻灯片添加到"魅力西湖 .pptx"的最后，并且保留原有格式不变。

（14）将演示文稿"魅力西湖 .pptx"发布成全高清（1080P）的视频，保存在"D:\"下。

7.3.2　知识要点

（1）母版的修改及应用。

（2）声音、视频等多媒体素材的应用。

（3）滚动字幕的制作。

（4）带滚动条文本框的应用。

（5）动画、触发器的应用。

（6）动态图表的应用。

（7）超链接的设置。

（8）相册的创建。

（9）主题和切换效果的设置。

（10）重用幻灯片。

（11）将演示文稿发布成视频。

7.3.3　操作步骤

1. 修改母版

视频 7-14
第 1 题

在"标题幻灯片"版式母版中，将 4 个椭圆对象的填充效果设置为相应的 4 幅图片，在幻灯片母版中，将 3 个椭圆对象的填充效果设置为相应的 3 幅图片，效果分别如图 7-62 和图 7-63 所示。

操作步骤如下：

（1）单击"视图"选项卡"母版视图"组中的"幻灯片母版"按钮。

（2）在"标题幻灯片"版式母版中，选中一个椭圆对象，右击，在弹出的快捷菜单中选择"设置形状格式"命令。

（3）在图 7-65 所示的"设置形状格式"任务窗格中选择"图片或纹理填充"单选按钮，再单击"插入"按钮，选取合适的图片插入，单击"关闭"按钮完成一个椭圆对象的填充效果设置，效果如图 7-66 所示。

图 7-65　"设置形状格式"任务窗格

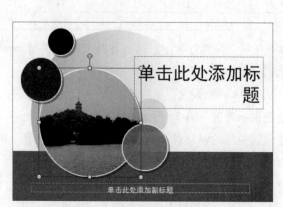

图 7-66　图片填充后的效果

（4）用同样的方法，依次完成"标题幻灯片"版式母版中的其他 3 个椭圆对象的填充效果设置，完成后的效果如图 7-62 所示。

（5）选中缩略图窗格中的第一张幻灯片母版，也采用上述方法，依次完成幻灯片母版中的 3 个椭圆对象的填充效果设置，完成后的效果如图 7-63 所示。

（6）单击"关闭母版视图"按钮退出。至此幻灯片的母版修改完成。

2. 背景音乐

给幻灯片添加背景音乐"西湖之春 .mp3"，并且要求在整个幻灯片播放期间一直播放。

操作步骤如下：

（1）选中第 1 张幻灯片，单击"插入"选项卡"媒体"组中的"音频"→"PC 上的音频"按钮，选择声音文件"西湖之春 .mp3"，单击"插入"按钮。

（2）在"音频工具 / 播放"选项卡"音频选项"组中的"开始"下拉列表框中选择"自动"，选中"跨幻灯片播放"、"放映时隐藏"、"循环播放，直到停止"以及"播放完毕返回开头"复选框，如图 7-67 所示。

图 7-67　"音频工具 / 播放"选项卡

3. 滚动字幕

在幻灯片首页的底部添加从右到左循环滚动的字幕"杭州西湖欢迎您"。

操作步骤如下：

扫一扫

（1）在幻灯片首页的底部添加一个文本框，在文本框中输入"杭州西湖欢迎您"，文字大小设为"18号"，颜色设为"红色"。把文本框拖到幻灯片的最左边，并使得最后一个字刚好拖出幻灯片。

（2）选中文本框对象，在"动画"选项卡"动画"组中的"进入"动画效果中选择"飞入"，在"效果选项"下拉列表中选择"自右侧"，在"计时"组中的"开始"下拉列表框中选择"与上一动画同时"，持续时间设为"8 s"。

视频7-15
第3题

（3）单击"动画窗格"按钮，在图 7-68 所示的"动画窗格"任务窗格中双击该文本框动画，弹出"飞入"对话框，在"计时"选项卡中的"重复"下拉列表框中选择"直到下一次单击"，如图 7-69 所示，单击"确定"按钮，滚动字幕制作完成。

图 7-68　动画窗格

图 7-69　"计时"选项卡

4. 带滚动条的文本框

扫一扫

视频7-16
第4题

在第3张幻灯片中，把图片裁剪为椭圆形状。

操作步骤如下：

选中第3张幻灯片中的图片，在"图片工具/格式"选项卡中的"大小"组中的"裁剪"下拉列表中选择"裁剪为形状"→"椭圆"，图片就被裁剪为椭圆形状了。

接下来要插入关于杭州西湖的文字简介，具体内容在"西湖简介.txt"中。由于内容比较多，如果直接插入文字，文字会比较小或者页面上放不下，因此，可以插入一个带滚动条的文本框。

操作步骤如下：

（1）单击"文件"选项卡中的"选项"命令，在弹出的"PowerPoint选项"对话框中单击左侧的"自定义功能区"选项，在右侧的"主选项卡"功能区中选中"开发工具"复选框，单击"确定"按钮，将"开发工具"选项卡添加到PowerPoint的主选项卡中。

（2）选中第3张幻灯片，单击"开发工具"选项卡中的"控件"组中的"文本框(ActiveX控件)"按钮，在幻灯片上拉出一个控件文本框，调整大小和位置。

（3）右击该文本框，在弹出的快捷菜单中选择"属性表"命令，打开文本框属性设置窗口。把"西湖简介.txt"的内容复制到Text属性，设置ScrollBars属性为"2-fmScrollBarsVertical"，设置MultiLine属性为"True"，如图7-70所示。

至此，带滚动条的文本框制作完成。按【Shift+F5】组合键放映，当文本框里显示不下所有的文本内容时就可以看到带滚动条的文本框了，效果如图7-71所示。

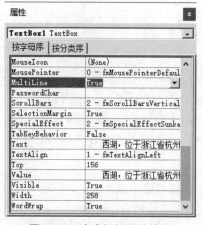

图7-70　文本框的属性设置

图7-71　带滚动条的文本框

5. 单击小图看大图

扫一扫

视频7-17
第5题

在第4张幻灯片中插入关于杭州西湖的图片，要求能够实现单击小图，可以看到该图片的放大图。

操作步骤如下：

（1）选中第4张幻灯片，单击"插入"选项卡"文本"组中的"对象"按钮，在"插入对象"对话框的"对象类型"列表框中选择"Microsoft PowerPoint Presentation"，如图7-72所示，单击"确定"按钮。此时就会在当前幻灯片中插入一个"PowerPoint演示文稿"对象，如图7-73所示。

（2）单击"插入"选项卡"图像"组中的"图片"按钮，选择图片"西湖1.jpg"，插入后调整图片大小，使得图片布满整个编辑区域，单击幻灯片空白处退出"PowerPoint演示文稿"对象的编辑状态。

（3）用同样的方法继续插入3个"PowerPoint演示文稿"对象，插入的图片分别是"西湖2.jpg""西湖3.jpg""西湖4.jpg"，调整"PowerPoint演示文稿"对象的大小与位置，操作完成后的效果如图7-64所示。

图 7-72 "插入对象"对话框

图 7-73 插入"PowerPoint 演示文稿"对象

6. 触发器动画

在第 5 张幻灯片中,制作以下动画效果:

(1)单击三潭印月按钮,以"水平随机线条"方式出现三潭印月图片,2 s 后自动出现"跷跷板"强调动画效果,再过 2 s 后以"水平随机线条"方式消失。

(2)单击雷峰塔按钮,以"圆形放大"方式出现雷峰塔图片,2 s 后自动出现"跷跷板"强调动画效果,再过 2 s 后以"圆形缩小"方式消失。

操作步骤如下:

(1)选中第 5 张幻灯片,在"开始"选项卡"编辑"组中的"选择"下拉列表中选择"选择窗格"命令。

(2)在图 7-74 所示的"选择"任务窗格中,选中"三潭印月图片"。

扫一扫 ●

视频 7-18
第 6 题

图 7-74 "选择"任务窗格

(3)在"动画"选项卡"动画"组中的"进入"动画效果中选择"随机线条",在"效果选项"下拉列表中选择"水平",在"高级动画"组中的"触发"下拉列表中选择"通过单击"→"三潭印月按钮",如图 7-75 所示。

图 7-75 触发器设置

(4)单击"添加动画"下拉按钮,在"强调"动画效果中选择"跷跷板",在"触发"下拉列表中选择"单击"→"三潭印月按钮",在"计时"组中的"开始"下拉列表框中选择"上一动画之后",延迟设为"2 s"。

（5）继续单击"添加动画"下拉按钮，在"退出"动画效果中选择"随即线条"，在"效果选项"下拉列表中选择"水平"，在"触发"下拉列表中选择"单击"→"三潭印月按钮"，在"开始"下拉列表框中选择"上一动画之后"，延迟设为"2 s"。

（6）在"选择"任务窗格中，选中"雷峰塔图片"。

（7）在"动画"选项卡"动画"组中的"进入"动画效果中选择"形状"，在"效果选项"下拉列表中选择"圆"、"放大"，在"高级动画"组中的"触发"下拉列表中选择"单击"→"雷峰塔按钮"。

（8）单击"添加动画"下拉按钮，在"强调"动画效果中选择"跷跷板"，在"触发"下拉列表中选择"单击"→"雷峰塔按钮"，在"开始"下拉列表框中选择"上一动画之后"，延迟设为"2 s"。

（9）继续单击"添加动画"下拉按钮，在"退出"动画效果中选择"形状"，在"效果选项"下拉列表中选择"圆""缩小"，在"高级动画"组中的"触发"下拉列表中选择"单击"→"雷峰塔按钮"，在"开始"下拉列表框中选择"上一动画之后"，延迟设为"2 s"。

至此，触发器动画设置完毕。单击"动画"选项卡中的"高级动画"组中的"动画窗格"按钮，可以看到图 7-76 所示的动画序列。

图 7-76　触发器动画序列

扫一扫

视频7-19
第7题

7. 动态图表

在第 6 张幻灯片中，以动态折线图的方式呈现表 7-1 所示的游客人次变化情况。

操作步骤如下：

（1）选中第 6 张幻灯片，单击"插入"选项卡"插图"组中的"图表"按钮，在"插入图表"对话框中选择"折线图"，单击"确定"按钮。

（2）把表 7-1 中的数据输入相应的数据表中，然后在数据编辑状态下，单击"图表工具 / 设计"选项卡中的"数据"组中的"切换行 / 列"按钮，调整图表的位置和大小，生成图 7-77 所示的折线图。

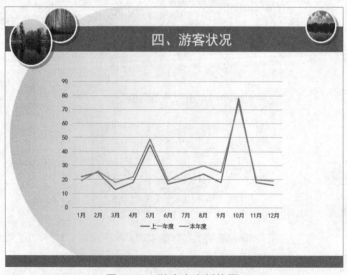

图 7-77　游客人次折线图

（3）选中该图表，在"动画"选项卡中的"动画"组中的"进入"动画效果中选择"擦除"，在"效果选项"下拉列表中选择"自左侧"和"按系列"，在"开始"下拉列表框中选择"上一动画之后"，持续时间设为"2 s"。动态图表设置完成。

8．视频应用

在第 7 张幻灯片中，插入视频"观唐西湖 .wmv"，设置视频效果为"柔化边缘椭圆"，然后进行以下设置：

（1）把第 9 s 的帧设为视频封面。

（2）把视频裁剪为第 7 s 开始，到 105 s 结束。

（3）设置视频的触发器效果，使得单击"播放按钮"时开始播放视频，单击"暂停按钮"时暂停播放，单击"结束按钮"时结束播放视频。

扫一扫 ●

视频7-20
第8题

操作步骤如下：

（1）选中第 7 张幻灯片，单击"插入"选项卡中的"媒体"组中的"视频"→"PC 上的视频"按钮，插入"观唐西湖 .wmv"。

（2）选中视频，调整大小与位置，在"视频工具 / 格式"选项卡的"视频样式"组中把视频样式设为"柔化边缘椭圆"。

（3）定位到第 9 s 的画面，在"视频工具 / 格式"选项卡中，单击"调整"组中的"海报框架"下拉按钮，从下拉列表中选择"当前帧"，视频封面设置完毕，效果如图 7-78 所示。

（4）单击"视频工具 / 播放"选项卡"编辑"组中的"裁剪视频"按钮，把开始时间设为"00:07"，结束时间设为"01:45"，如图 7-79 所示，单击"确定"按钮。

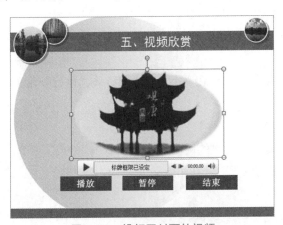

图 7-78　设好了封面的视频

图 7-79　"裁剪视频"对话框

（5）选中视频对象，在"动画"选项卡"动画"组中的"媒体"动画效果中选择"播放"，在"高级动画"组中的"触发"下拉列表中选择"单击"→"播放按钮"，如图 7-80 所示。

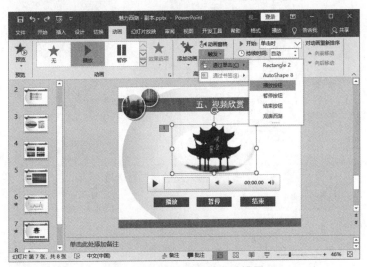

图 7-80　播放视频触发器设置

（6）单击"添加动画"下拉按钮，在"媒体"动画效果中选择"暂停"，在"触发"下拉列表中选择"单击"→"暂停按钮"。

（7）继续单击"添加动画"下拉按钮，在"媒体"动画效果中选择"停止"，在"触发"下拉列表中选择"单击"→"结束按钮"。

至此，视频的触发器设置完毕，通过"播放按钮"、"暂停按钮"和"结束按钮"可以控制视频的播放、暂停和结束。

9. 片尾动画

在第 8 张幻灯片中，把文本"欢迎来西湖！"的动画效果设置为：延迟 1 s 自动以"弹跳"的方式出现，然后一直加粗闪烁，直到下一次单击。

操作步骤如下：

（1）在第 8 张幻灯片中，选中文本"欢迎来西湖！"，在"动画"选项卡中的"动画"组中的"进入"动画效果选择"弹跳"，在"开始"下拉列表框中选择"上一动画之后"，延迟设为"1 s"。

（2）单击"添加动画"下拉按钮，在"强调"动画效果中选择"加粗闪烁"，在"开始"下拉列表框中选择"上一动画之后"。

（3）单击"动画窗格"按钮，双击强调动画对象打开"加粗闪烁"对话框，在"计时"选项卡中的"重复"下拉列表框中选择"直到下一次单击"，单击"确定"按钮。

至此，片尾动画设置完成。

10. 超链接

要给第 2 张幻灯片中的各个目录项建立相关的超链接，可以在文字上建立超链接，也可以在文本框上建立超链接，在此选择在文本框上建立超链接。

操作步骤如下：

（1）在第 2 张幻灯片中，选中相应的文本框，右击，在弹出的快捷菜单中选择"超链接"命令。

（2）在"插入超链接"对话框中，单击"本文档中的位置"，选择相应文档中的位置，如图 7-81 所示，单击"确定"按钮即可建立一个目录项的超链接。

（3）依次在其他文本框上用同样的方法建立合适的超链接。

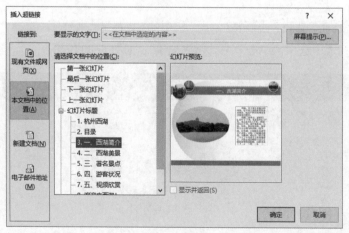

图 7-81　"插入超链接"对话框

11. 创建相册

创建一个相册"西湖美景 .pptx"，包含"西湖 1.jpg"、"西湖 2.jpg"、"西湖 3.jpg"和"西湖 4.jpg"共 4 幅图片，1 张幻灯片包含 1 幅图片，相框形状为"圆角矩形"。

操作步骤如下：

（1）在 PowerPoint 中，单击"插入"选项卡中的"图像"组中的"相册"→"新建相册"按钮，打开"相册"对话框。

（2）单击"文件 / 磁盘"按钮，在打开的"插入新图片"对话框中，选择"西湖 1.jpg"、"西湖 2.jpg"、"西湖 3.jpg"和"西湖 4.jpg"共 4 幅图片，单击"插入"按钮。

（3）在"相册"对话框中，"图片版式"下拉列表框中选择"1 张图片"，"相框形状"下拉列表框中选择"圆角矩形"，如图 7-82 所示。

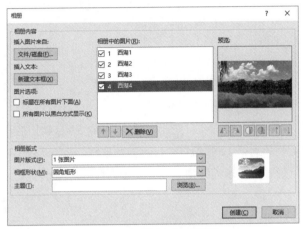

图 7-82 "相册"对话框

（4）单击"创建"按钮，将新生成的演示文稿保存为"西湖美景 .pptx"。

12. 设置主题和切换效果

把"西湖美景 .pptx"的第 1 张幻灯片删除，主题设为"切片"，切换效果设为"摩天轮"。

操作步骤如下：

（1）打开演示文稿"西湖美景 .pptx"，选中第一张幻灯片，按【Delete】键删除。

（2）在"设计"选项卡中的"主题"组中选择主题"切片"。

（3）在"切换"选项卡中选择切换效果为"摩天轮"，其他默认，单击"全部应用"按钮。

（4）把演示文稿"西湖美景 .pptx"保存后关闭。

13. 重用幻灯片

把"西湖相册 .pptx"的 4 张幻灯片添加到"魅力西湖 .pptx"的最后，并且保留原有格式不变。

操作步骤如下：

（1）打开演示文稿"魅力西湖 .pptx"，在幻灯片缩略图窗格中将光标定位至第 8 张幻灯片之后，单击"开始"选项卡中的"幻灯片"组中的"新建幻灯片"下拉按钮，在下拉列表中选择"重用幻灯片"命令，打开"重用幻灯片"任务窗格。

（2）在"重用幻灯片"任务窗格中单击"浏览"下拉按钮，在下拉列表中选择"浏览文件"，在"浏览"对话框中选择"西湖相册 .pptx"，单击"打开"按钮。

（3）选中"重用幻灯片"任务窗格中的"保留源格式"复选框，如图 7-83 所示，分别单击 4 张幻灯片，这样就把"西湖相册 .pptx"的 4 张幻灯片添加到"魅力西湖 .pptx"的最后了，并且保留了原来的主题

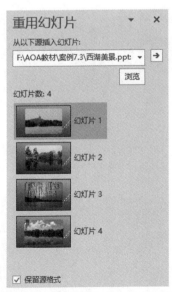

图 7-83 "重用幻灯片"任务窗格

和切换效果等格式。

14. 演示文稿发布成视频

要把演示文稿"魅力西湖 .pptx"发布成全高清（1080P）的视频，保存在"D:\"下。

操作步骤如下：

（1）选择"文件"选项卡中的"导出→创建视频"命令。

（2）选择"全高清（1080P）"和"不要使用录制的计时和旁白"。

（3）每张幻灯片的放映时间默认设置为 5 s。

（4）单击"创建视频"按钮，弹出"另存为"对话框，设置好文件名和保存位置，然后单击"保存"按钮。

7.3.4 操作提高

对上述制作好的演示文稿文件，完成以下操作：

① 给幻灯片母版右下角添加文字"杭州旅游"。

② 把所有幻灯片之间的切换效果设为"自左侧棋盘"，每隔 5 s 自动切换，也可以单击鼠标切换。

③ 设置放映方式，对第 9 张到第 12 张幻灯片进行循环放映。

④ 对背景音乐重新进行设置，要求连续播放到第 6 张幻灯片后停止播放。

第8章
宏与VBA高级应用案例

宏是一连串可以重复使用的操作指令，通过反复运行宏，可以极大提高重复性的工作完成效率。VBA是微软公司开发的程序语言，可以嵌入Office办公软件中，实现一些自定义的功能来完成办公自动化工作。Office程序如Word、Excel、PowerPoint、Access等都支持VBA，VBA使操作更加快捷、准确且节省人力。本章通过几个案例的介绍，使读者体会其高效的工作方式。

8.1 Excel文件间的数据交互

扫一扫 ●

视频8–1
Excel间的数据交互

8.1.1 问题描述

从当前的Excel文件中自动生成一个新的Excel文件，并复制几列数据到新的Excel文件中。

因为涉及不同文件之间的数据交互操作和自动生成新的Excel文件，所以不仅仅是现有对象的使用，还需要建立新的文件对象。此例中，将会用到Workbook和Sheets等对象的使用。这里假设在"公务员考试表.xlsm"中自动生成文件"我的工作簿.xlsx"，并将需要的几列数据复制到"我的工作簿.xlsx"文件中。

8.1.2 知识要点

（1）WorkBook对象及其引用。
（2）WorkSheet对象及其引用。
（3）Excel中Range对象及其引用。

8.1.3 操作步骤与代码分析

首先介绍本案例涉及的Excel对象以及这些对象的方法和属性。

1. 工作簿对象的引用

WorkBook对象是WorkBooks集合的成员。WorkBooks集合包含Excel中当前打开的所有WorkBook对象。

1）激活工作簿

只有当前活动的工作簿才是可以直接引用和操作的对象，因此在程序执行过程中需要将一个工作簿激活才能进行后续的操作。激活工作簿可以用文件名的表示方法，如"Workbooks(文件名).Activate"。本例可以通过"Workbooks("公务员考试表").Activate"来激活工作簿。

2）打开工作簿

Open 方法用于打开一个现有的工作簿，语法为：

```
   表达式.Open(FileName, UpdateLinks, ReadOnly, Format, Password, WriteResPassword,
IgnoreReadOnlyRecommended, Origin, Delimiter, Editable, Notify, Converter,
AddToMru, Local, CorruptLoad)
```

表达式是一个代表 Workbooks 对象的变量，返回值是一个代表打开的工作簿的 Workbook 对象。

以下代码判断一个工作簿是否被打开。

```
For i = 1 To Workbooks.Count
    If Workbooks(i).Name = "公务员考试表.xlsm" Then
MsgBox Workbooks(i).Name & "已经被打开"
Exit Sub
 End If
Next i
MsgBox "文件未打开"
```

3）新建工作簿

Add 方法可以新建一个工作簿，语法为

```
WorkBooks.Add(Template)
```

其中，Template 为可选项。通过 Add 方法新建的工作簿将成为活动工作簿（ActiveWorkBook）。该方法的返回值为一个代表工作簿的 Workbook 对象。

因为 Add 方法只是建立新的工作簿，如果需要进一步对该工作簿进行操作，则需要将该对象赋值为 Workbook 变量。代码如下：

```
Dim myBook As  Workbook
Set  myBook = Workbooks.Add
```

4）保存工作簿

Save 方法用于保存工作簿，语法为：

```
表达式.Save
```

或者

```
表达式.SaveAs 工作簿完整路径
```

例如：

```
WorkBooks("我的工作簿").Save
```

2. WorkSheet 对象的引用

Worksheet 对象代表一个工作表，它是 Worksheets 集合的成员。Worksheets 集合包含某个工作簿中所有的 Worksheet 对象，也是 Sheets 集合的成员。Sheets 集合包含工作簿中所有的工作表（图表工作表和工作表）。

使用 "Worksheets(index)"（其中 index 是工作表索引号或名称）可返回一个 Worksheet 对象。例如，下列代码表示修改最左边的工作表的名称为"新表"。

```
Worksheets(1).Name = "新表"
```

当工作表处于活动状态时，可以使用 ActiveSheet 属性来引用它。下例使用 Activate 方法激活 Sheet1，将页面方向设置为"横向"，然后打印该工作表。

```
Worksheets("Sheet1").Activate
ActiveSheet.PageSetup.Orientation = xlLandscape
ActiveSheet.PrintOut
```

3. Range 属性的应用

Worksheet.Range 属性可以返回一个 Range 对象，它代表一个单元格或单元格区域。语法为：

```
表达式 .Range(Cell1,Cell2)
```

其中，表达式为一个 Worksheet 对象的变量。Cell1 为必选项，数据类型为 Variant，它代表一个区域名称，必须为采用宏语言的 A1 样式引用。可包括区域操作符（冒号）、相交区域操作符（空格）或合并区域操作符（逗号）。

当应用于 Range 对象时，该属性与 Range 对象相关。例如，如果选中单元格 C3，那么“Selection.Range("B1")”返回单元格 D3，因为它同 Selection 属性返回的 Range 对象相关。此外，代码“ActiveSheet.Range("B1")”总是返回单元格 B1。

例如，将 Sheet1 上的单元格 A1 的值设置为 12.345，可以由以下代码完成。

```
Worksheets("Sheet1").Range("A1").Value = 12.345
```

4. Range 对象的 Copy 方法

Range.Copy 方法将单元格区域复制到指定的区域或剪贴板中，语法如下：

```
表达式 .Copy(Destination)
```

其中，表达式为一个 Range 对象的变量，Destination 为 Variant 类型的可选参数。Copy 方法的返回值为 Variant 类型。下面为该方法的使用实例。

```
Worksheets("Sheet1").Range("A1:D4").Copy _
    destination:=Worksheets("Sheet2").Range("E5")
```

该代码实现了将工作表 Sheet1 上单元格区域 A1:D4 中的公式复制到工作表 Sheet2 上的单元格区域 E5:H8 中。

5. 具体的操作步骤和代码分析

（1）建立或者打开一份 Excel 文档，这里假设有一份具有源数据的 Excel 文档，名称为“公务员考试表 .xlsm”。这份文档中的数据如图 8-1 所示。

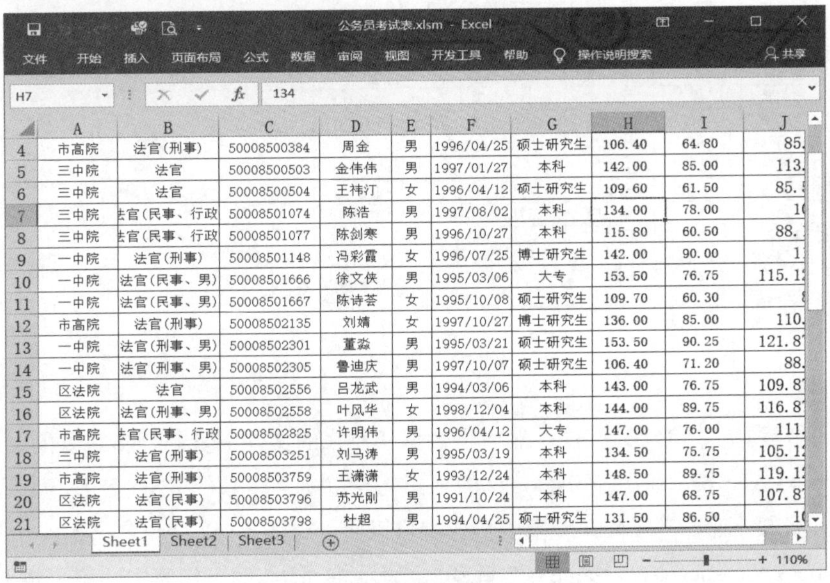

	A	B	C	D	E	F	G	H	I	J
4	市高院	法官(刑事)	50008500384	周金	男	1996/04/25	硕士研究生	106.40	64.80	85.
5	三中院	法官	50008500503	金伟伟	男	1997/01/27	本科	142.00	85.00	113.
6	三中院	法官	50008500504	王祎汀	女	1996/04/12	硕士研究生	109.60	61.50	85.
7	三中院	法官(民事、行政	50008501074	陈浩	男	1997/08/02	本科	134.00	78.00	1(
8	三中院	法官(民事、行政	50008501077	陈剑寒	男	1996/10/27	本科	115.80	60.50	88.
9	一中院	法官(刑事)	50008501148	冯彩霞	女	1996/07/25	博士研究生	142.00	90.00	1
10	一中院	法官(民事、男)	50008501666	徐文侠	男	1995/03/06	大专	153.50	76.75	115.1
11	一中院	法官(民事、男)	50008501667	陈诗荟	女	1995/10/08	硕士研究生	109.70	60.30	
12	市高院	法官(刑事)	50008502135	刘婧	女	1997/10/27	博士研究生	136.00	85.00	110.
13	一中院	法官(刑事、男)	50008502301	董淼	男	1995/03/21	硕士研究生	153.50	90.25	121.8
14	一中院	法官(刑事、男)	50008502305	鲁迪庆	男	1997/10/07	硕士研究生	106.40	71.20	88.
15	区法院	法官	50008502556	吕龙武	男	1994/03/06	本科	143.00	76.75	109.8
16	区法院	法官(刑事、男)	50008502558	叶风华	女	1998/12/04	本科	144.00	89.75	116.8
17	市高院	法官(民事、行政	50008502825	许明伟	男	1996/04/12	大专	147.00	76.00	111.
18	三中院	法官(刑事)	50008503251	刘马涛	男	1995/03/19	本科	134.50	75.75	105.1
19	市高院	法官(刑事)	50008503759	王潇潇	女	1993/12/24	本科	148.50	89.75	119.1
20	区法院	法官(民事)	50008503796	苏光刚	男	1991/10/24	本科	147.00	68.75	107.8
21	区法院	法官(民事)	50008503798	杜超	男	1994/04/25	硕士研究生	131.50	86.50	1(

图 8-1　公务员考试表 .xlsm

（2）按【Alt+F11】组合键，打开 VBA 编辑器，在左侧的“工程”窗格中，右击该文档，在弹出的快捷菜单中选择“插入”中的“模块”命令，双击插入的模块，出现模块代码窗口。在此代码窗口中输入程序清单 8-1 的内容。

程序清单 8-1：

```
Sub MyNewBook()
Dim mybook As Workbook
Set mybook = Workbooks.Add
mybook.Worksheets(1).Name = "新表"
Workbooks("公务员考试表.xlsm").Worksheets(1).Range("D2:E44").Copy _
Destination:=mybook.Worksheets("新表").Range("A1:B43")
Workbooks("公务员考试表.xlsm").Worksheets(1).Range("A2:B44").Copy _
Destination:=mybook.Worksheets("新表").Range("C1:D43")
Workbooks("公务员考试表.xlsm").Worksheets(1).Range("H2:H44").Copy _
Destination:=mybook.Worksheets("新表").Range("E1:E43")
mybook.SaveAs "d:\我的工作簿.xlsx"
End Sub
```

本程序需要完成的任务是：将公务员考试表.xlsm 中的“报考单位”、“报考职位”、“姓名”、“性别”和“笔试成绩”5 个字段的所有数据复制到新生存的 Excel 文档（我的工作簿.xlsx）中。这些字段在我的工作簿.xlsx 文件中的顺序为“姓名”、“性别”、“报考单位”、“报考职位”和“笔试成绩”，并将新文档的第一张工作表命名为“新表”。

单击“调试”工具栏中的“运行子程序 / 用户窗体”按钮，即可看到图 8-2 所示的效果。

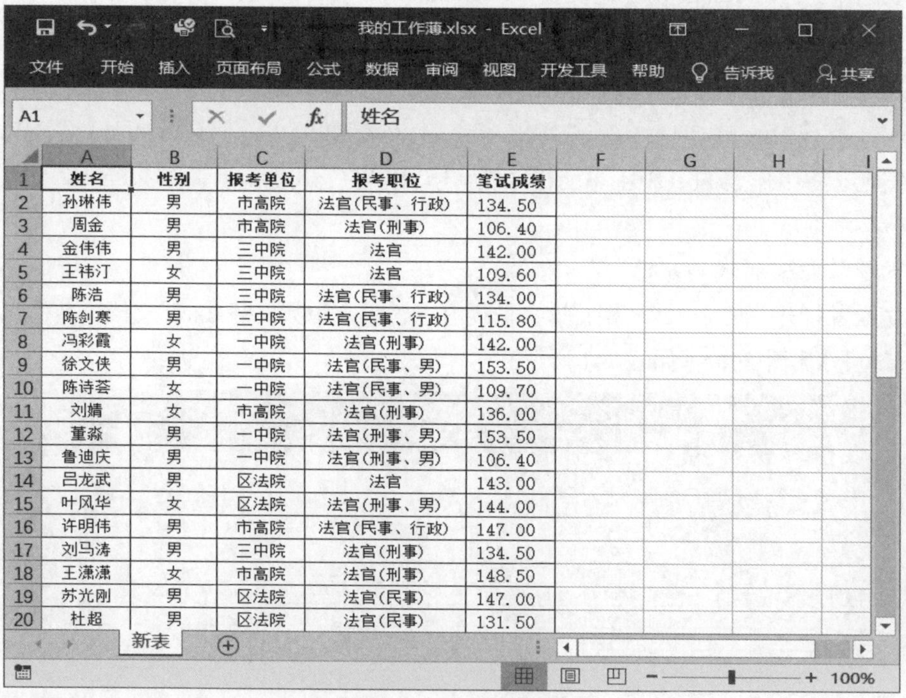

姓名	性别	报考单位	报考职位	笔试成绩
孙琳伟	男	市高院	法官(民事、行政)	134.50
周金	男	市高院	法官(刑事)	106.40
金伟伟	男	三中院	法官	142.00
王祎汀	女	三中院	法官	109.60
陈浩	男	三中院	法官(民事、行政)	134.00
陈剑寒	男	三中院	法官(民事、行政)	115.80
冯彩霞	女	一中院	法官(刑事)	142.00
徐文侠	男	一中院	法官(民事、男)	153.50
陈诗荟	女	一中院	法官(民事、男)	109.70
刘婧	女	市高院	法官(刑事)	136.00
董淼	男	一中院	法官(刑事、男)	153.50
鲁迪庆	男	一中院	法官(刑事、男)	106.40
吕龙武	男	区法院	法官	143.00
叶风华	女	区法院	法官(刑事、男)	144.00
许明伟	男	市高院	法官(民事、行政)	147.00
刘马涛	男	三中院	法官(刑事)	134.50
王潇潇	女	市高院	法官(刑事)	148.50
苏光刚	男	区法院	法官(民事)	147.00
杜超	男	区法院	法官(民事)	131.50

图 8-2 我的工作簿.xlsx

（3）代码分析。

① 首先需要新建立一份 Excel 文件，然后将数据从原来的文件中复制到新建立的文件内。语句 Set mybook = Workbooks.Add 表示运用 WorkBooks 的 Add 方法增加一个新的 Excel 工作簿对象并将该对象赋值给 mybook 变量。接下来，对于新工作簿的操作都可以通过对 mybook 变量实施操作。

② 语句 mybook.Worksheets(1).Name = "新表"，表示将 mybook 工作簿中的第一张工作表（Sheet1）

的名字改为"新表"。

③ 语句 Workbooks(" 公务员考试表 .xlsm ").Worksheets(1).Range("D2:E44").Copy _

Destination:=mybook.Worksheets(" 新表 ").Range("A1:B43")，表示将"公务员考试表 .xlsm"中第一张工作表数据区域 D2:E44 中的数据复制到"新表 .xlsx"中 A1:B43 区间内。其他的复制语句功能都是一样的。

④ 语句 mybook.SaveAs "d:\ 我的工作簿 .xlsx"，表示使用 mybook 的 SaveAs 方法将新建的工作簿保存到 D 盘内，并命名为"我的工作簿 .xlsx"。

8.1.4　操作提高

将当前 Excel 文件中的数据分两个新的 Excel 文件存放，要求第一个新文件中存放的是前 10 行数据，第二个新文件中存放的是后 10 行数据，并且要求列字段的先后顺序和源文件中的顺序不同。

8.2　Word 与 Excel 的数据交互

8.2.1　问题描述

在 Excel 文件中自动生成一份 Word 文档，将 Excel 中的数据复制到新生成的 Word 文档中，并设置相应文字的格式和对齐方式。

因为涉及不同应用程序之间的信息交换，因此这里将会用到 MicroSoft Word 16.0 Object Library 对象库，同时这里假设将"公务员考试表 .xlsm"中的某几个字段的数据复制到新生成的 Word 文档中。

扫一扫

视频8-2
Word与Excel
的数据交互

8.2.2　知识要点

（1）Word Application 对象及其引用。

（2）Documents 和 ActiveDocument 对象及其引用。

（3）Word 中 Selection 对象及其引用。

（4）Word 中 TapStops 对象的 Add 方法。

（5）WorkSheet 中的 Range、CurrentRegion、Rows 和 Count 属性。

8.2.3　操作步骤与代码分析

首先介绍本案例涉及的 Word 对象和 Excel 对象以及这些对象的方法和属性。

1. 建立和释放 Word 应用程序对象

Word 应用程序对象即 Application 对象，表示 Microsoft Word 应用程序。Application 对象包含可返回顶级对象的属性和方法。例如，ActiveDocument 属性返回 Document 对象。使用 Application 属性可返回 Application 对象。以下示例显示 Word 用户名。

```
MsgBox Application.UserName
```

要使用 VBA 的自动化功能（以前称为 OLE 自动化）从另外一个应用程序控制 Word 对象，使用 Microsoft Visual Basic 的 CreateObject 或 GetObject 函数返回 Word Application 对象。下列 Microsoft Office Excel 示例启动 Word（如果它尚未启动），并打开一个现有的文档。

```
Set wrd = GetObject(, "Word.Application")
wrd.Visible = True
wrd.Documents.Open "C:\My Documents\Temp.docx"
Set wrd = Nothing
```

以上代码中的最后一句 Set 命令表示释放应用程序对象。

2. Documents 和 ActiveDocument 属性

Documents.Add 方法返回一个 Document 对象，该对象代表添加到打开文档集合的新建空文档。语法如下：

```
表达式 .Add(Template, NewTemplate, DocumentType, Visible)
```

Application.ActiveDocument 属性的功能是返回一个 Document 对象，该对象代表活动文档。如果没有打开的文档，就会导致出错。该属性为只读，语法如下：

```
表达式 .ActiveDocument
```

可用 ActiveDocument 属性引用处于活动状态的文档。下列示例用 Activate 方法激活名为"Document1"的文档，然后在活动文档的开头插入文本，最后打印该文档。

```
Documents ("Document1").Activate
Dim rngTemp As Range
Set rngTemp = ActiveDocument.Range(Start:=0, End:=0)
With rngTemp
    .InsertBefore "Company Report"
    .Font.Name = "Arial"
    .Font.Size = 24
    .InsertParagraphAfter
End With
ActiveDocument.PrintOut
```

3. Selection 对象、Tabstops 的 Add 方法

Selection 对象代表窗口或窗格中的当前所选内容。所选内容代表文档中选定（或突出显示）的区域，如果文档中没有选定任何内容，则代表插入点。每个文档窗格只能有一个 Selection 对象，并且在整个应用程序中只能有一个活动的 Selection 对象。

Tabstops 的 Add 方法返回一个 TabStop 对象，该对象代表添加到文档中的自定义制表位。语法如下：

```
表达式 .Add(Position, Alignment, Leader)
```

4. WorkSheet 中的 Range、CurrentRegion、Rows 和 Count 属性

WorkSheet.Range 返回一个 Range 对象，它代表一个单元格或单元格区域。语法如下：

```
表达式 .Range(Cell1, Cell2)
```

其中，表达式是一个代表 Worksheet 对象的变量。

Range.CurrentRegion 属性返回一个 Range 对象，该对象表示当前区域。当前区域是以空行与空列组合为边界的区域。该属性为只读，语法如下：

```
表达式 .CurrentRegion
```

其中，表达式是一个代表 Range 对象的变量，该属性可用于许多操作，如自动扩展所选内容以包含整个当前数据区域，如 AutoFormat 方法。该属性不能用于被保护的工作表。

Range.Rows 属性返回一个 Range 对象，它代表指定单元格区域中的行。语法如下：

```
表达式 .Rows
```

其中，表达式是一个代表 Range 对象的变量。在不使用对象标识符的情况下使用此属性等效于使用 ActiveSheet.Rows。

Range.count 属性返回一个 Long 值，它代表集合中对象的数量。语法如下：

```
表达式 .Count
```

其中，表达式是一个代表 Range 对象的变量。例如，代码

```
ActiveSheet.Range("A1").CurrentRegion.Rows.Count
```

表示计算当前工作表中 A1 所在数据区域的行的总数。

具体的操作步骤和代码分析如下：

（1）建立或者打开一份 Excel 文档，这里假设为打开一份 Excel 文档，名称为"公务员考试表.xlsm"。这份 Excel 文档内部的数据如图 8-3 所示。

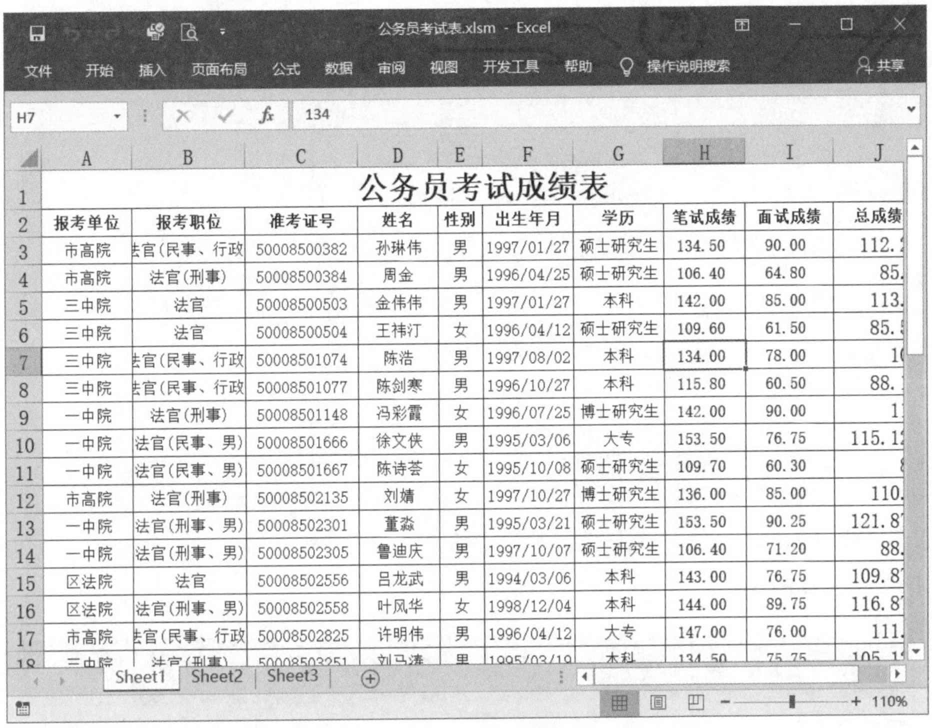

图 8-3　原始数据

（2）按【Alt+F11】组合键，打开 VBA 编辑器，在编辑器中选择"工具"→"引用"命令。在"引用"对话框中选择"Microsoft Word 16.0 Object Library"选项，单击"确定"按钮。

（3）在左侧的"工程"窗格中，右击该文档，在弹出的快捷菜单中选择"插入"菜单中的"模块"命令，出现模块代码窗口。在此代码窗口中输入程序清单 8-2 的内容。

程序清单 8-2：

```
Sub MyNewDoc()
Dim myapp As Word.Application
Set myapp = CreateObject("word.application")
Dim Row As Integer
Dim i As Integer
Dim temptext As String
Application.ScreenUpdating = False
Row = ActiveSheet.Range("A1").CurrentRegion.Rows.Count
myapp.Documents.Add
Dim mydoc As Document
Set mydoc = myapp.ActiveDocument
Dim mysel As Selection
Set mysel = myapp.Selection
mysel.Paragraphs.TabStops.Add Position:=InchesToPoints(1)
mysel.Paragraphs.TabStops.Add Position:=InchesToPoints(2.8)
```

```
mysel.Paragraphs.TabStops.Add Position:=InchesToPoints(3.8)
mysel.Paragraphs.TabStops.Add Position:=InchesToPoints(4.8)
mysel.InsertAfter Text:=ActiveSheet.Range("A1") & vbCrLf
With mydoc.Paragraphs(1).Range
        .ParagraphFormat.Alignment = wdAlignParagraphCenter
        .Font.Size = 18
        .Font.NameFarEast = "华文行楷"
End With
For i = 2 To Row
temptext = ActiveSheet.Cells(i, 1)
temptext = temptext & vbTab & ActiveSheet.Cells(i, 2)
temptext = temptext & vbTab & ActiveSheet.Cells(i, 4)
temptext = temptext & vbTab & ActiveSheet.Cells(i, 5)
temptext = temptext & vbTab & ActiveSheet.Cells(i, 10) & vbCrLf
myapp.Selection.InsertAfter Text:=temptext
If i = 2 Then
  mydoc.Paragraphs(2).Range.Font.Bold = True
End If
Next i
mydoc.SaveAs2 Filename:="D:\我的文档.docx"
mydoc.Close
myapp.Quit
Application.ScreenUpdating = True
End Sub
```

（4）选定 MyNewDoc() 代码，单击"调试"工具栏中的"运行子程序/用户窗体"按钮，即可看到运行程序后的效果，如图 8-4 所示。

图 8-4　我的文档.docx

（5）主要代码分析。

① 语句 Set myapp = CreateObject("word.application")，运用 CreateObject 创建 Word 应用程序对象，利用 Set 语句将创建的应用程序对象赋值为 myapp 变量。

② 语句 Row = ActiveSheet.Range("A1").CurrentRegion.Rows.Count，运用 Excel 的 CurrentRegion 对象中 Rows 的 count 属性获得 A1 所在数据区间总的行数并赋值为 Row 变量。

③ 语句 myapp.Documents.Add，利用 Add 方法为 myapp 增加一个文档，运用 Set mydoc = myapp. ActiveDocument 语句，将当前 myapp 对象中的活动文档复制给 mydoc 变量。

④ 语句 Set mysel = myapp.Selection，将 myapp 的编辑插入点赋值给 mysel 对象，利用 mysel. Paragraphs.TabStops.Add 方法为文档添加制表位，并根据 Position 的值确定制表位的位置。

⑤ 利用 With mydoc.Paragraphs(1).Range …End With 语句给 mydoc 的第一个段落设置格式，对应于图 8-3 中的第一行（也是第一段）"公务员考试成绩表"。

⑥ 利用 For i=2 To Row … Next i 循环，将 Excel 中 ActiveSheet 对应的 Cell 对象的值依次连接（利用 & 运算符），并依次赋值 temptext 变量，最后运用 myapp.Selection 的 InsertAfter 方法插入到文档尾部。

⑦ 利用 mydoc.Paragraphs(2).Range.Font.Bold = True 语句设定第一行文字（第二段）为加粗格式。最后，用语句 mydoc.SaveAs2 Filename:="D:\ 我的文档 .docx" 来保存 Word 文件。

8.2.4 操作提高

在 Excel 中自动生成 3 个 Word 文档，将 Excel 中的某 4 个字段的数据（共 15 行）以行的方式依次复制到 3 个 Word 文档中。要求每个 Word 文档包含 5 行数据。

8.3 Word 与 PowerPoint 之间的数据交互

8.3.1 问题描述

将 Word 文档中的某段文本传送到 PowerPoint 演示文稿的幻灯片中。

因为涉及不同应用程序间直接的信息交换，因此会用到 PowerPoint 16.0 Object Library 对象库，同时假设将 "Word 测试文档 .docx" 中的第二段文字加入 PowerPoint 演示文稿中。

扫一扫

视频 8-3
Word 与 Power-
Point 的数据交互

8.3.2 知识要点

（1）PowerPoint Application 对象及其应用。

（2）Slide 和 Shapes 对象及其应用。

（3）TextFrame 和 TextRange 对象及其应用。

（4）Documents 对象的 Add 方法及其应用。

8.3.3 操作步骤与代码分析

首先介绍本案例涉及的 Word 对象和 PowerPoint 对象以及这些对象的方法和属性。

1. 建立和释放 PowerPoint 应用程序对象

PowerPoint 应用程序对象即 Application 对象，代表整个 Microsoft PowerPoint 应用程序。Application 对象包括应用程序范围内的设置和选项及用于返回顶层对象的属性，如 ActivePresentation、Windows 等。

以下代码在其他应用程序中创建一个 PowerPoint Application 对象，并启动 PowerPoint（如果还未运行），然后打开一个名为 "exam.pptx" 的现有演示文稿。

```
Set ppt = New Powerpoint.Application
ppt.Visible = True
ppt.Presentations.Open "c:\My Documents\exam.pptx"
```

2. Slide 属性、Shapes 属性以及 TextFrame、TextRange 对象的应用

Slide 属性代表一个幻灯片。Slides 集合包含演示文稿中的所有 Slide 对象。

使用 "Slides(index)"（其中 index 为幻灯片名称或索引号）或 "Slides.FindBySlideID(index)"（其中 index 为幻灯片标识符）返回单个 Slide 对象。以下代码设置当前演示文稿中第一张幻灯片的版式。

```
ActivePresentation.Slides.Range (1).Layout = ppLayoutTitle
```

Shapes 属性指定幻灯片中所有 Shape 对象的集合。每个 Shape 对象代表绘图层中的一个对象，如自选图形、任意多边形、OLE 对象或图片。

TextFrame 对象代表 Shape 对象中的文字框。包含文本框中的文本，还包含控制文本框对齐方式和缩进方式的属性和方法。

TextRange 对象包含附加到形状上的文本，以及用于操作文本的属性和方法。

使用 TextFrame 对象的 TextRange 属性返回任意指定形状的 TextRange 对象。使用 Text 属性返回 TextRange 对象中的文本字符串。

3. ActiveDocument 对象的使用

在 Word 中 Document 对象代表一篇文档。Document 对象是 Documents 集合中的一个元素。Documents 集合包含 Word 当前打开的所有 Document 对象。

用 Add 方法可创建一篇新的空文档，并将其添加到 Documents 集合中。

4. 具体的操作步骤和代码分析

（1）建立或者打开一份 Word 文档，这里假设为建立一份 Word 文档，名称为 "WORD 测试 .docm"。在这份文档中输入或者复制相关的文字，如图 8-5 所示。

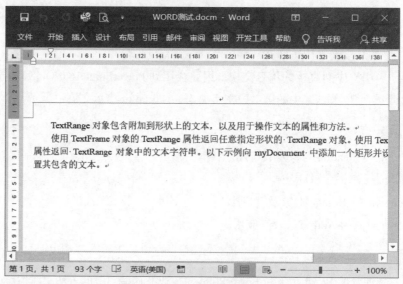

图 8-5　WORD 测试文档 .docm

（2）按【Alt+F11】组合键，打开 VBA 编辑器，在编辑器中选择 "工具" → "引用" 命令。在 "引用" 对话框中选择 "Microsoft PowerPoint16.0 Object Library" 选项，单击 "确定" 按钮。

（3）在左侧 "工程" 窗口中，右击该文档，选择 "插入" 菜单中的 "模块" 命令，双击插入的模块，出现模块代码窗口。在此代码窗口中输入程序清单 8-3 的内容。

程序清单 8-3：

```
Public Sub Export_PPTX()
Dim PPTX_Object As PowerPoint.Application
If Tasks.Exists("Microsoft PowerPoint") Then
  Set PPTX_Object = GetObject(, "Powerpoint.Application")
Else
  Set PPTX_Object = CreateObject("PowerPoint.Application")
End If
PPTX_Object.Visible = True
```

```
Set myPresentation = PPTX_Object.Presentations.Add
Set mySlide = myPresentation.Slides.Add(Index:=1, Layout:=ppLayoutText)
mySlide.Shapes(1).TextFrame.TextRange.Text = ActiveDocument.Name
mySlide.Shapes(2).TextFrame.TextRange.Text = _
ActiveDocument.Paragraphs(2).Range.Text
myPresentation.SaveAs "d:\WORD 测试 .pptx"
Set PPTX_Object = Nothing
End Sub
```

（4）选定 Export_PPTX() 代码，单击"调试"工具栏中的"运行子程序 / 用户窗体"按钮，即可看到程序运行的效果，如图 8-6 所示。

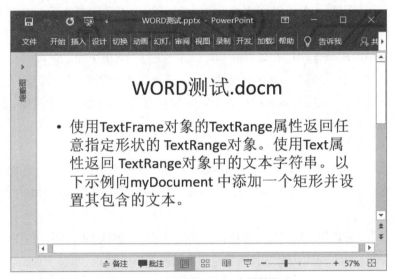

图 8-6 文本复制到 PPT 中的效果图

（5）代码分析。

① 首先用 Task.Exists("Microsoft PowerPoint") 条件判断当前是否有打开的 PowerPoint 应用程序，如果存在则用语句 Set PPTX_Object = GetObject(, "Powerpoint.Application")，GetObject 函数得到 PowerPoint 应用程序对象并赋值给 PPTX_Object 变量；如果没有打开 PowerPoint 应用程序则通过语句 Set PPTX_Object = CreateObject("PowerPoint.Application") 创建新的 PowerPoint 应用程序对象并赋值给 PPTX_Object 变量。

② 语句 Set myPresentation = PPTX_Object.Presentations.Add 表示利用 Add 方法建立一份演示文稿对象，并赋值给 myPresentation 变量。

③ 语句 Set mySlide = myPresentation.Slides.Add(Index:=1, Layout:=ppLayoutText) 表示利用 Slides 对象的 Add 方法给新建的演示文稿增加一张具有主副标题版式的幻灯片。

④ 通过语句 mySlide.Shapes(1).TextFrame.TextRange.Text = ActiveDocument.Name 给幻灯片中的第一个文本框（主标题文本框）赋值为当前活动 Word 文档的文件名；使用同样的方法给第二个文本框赋值为 Word 文档内的第二段文字。

⑤ 最后通过语句 myPresentation.SaveAs "d:\WORD 测试 .pptx"，保存生成的演示文稿，通过 Set PPTX_Object = Nothing，释放 PPTX_Object 对象。

8.3.4 操作提高

（1）对 PowerPoint 中选中的文本框内的文字进行颜色、字形和字号设置或项目编号设置。

（2）编写程序，将一个演示文稿中的每一张幻灯片生成独立的一个演示文稿。

参 考 文 献

[1] 陈承欢，聂立文，杨兆辉. 办公软件高级应用任务驱动教程 (Windows 10+Office 2016) [M]. 北京：电子工业出版社，2018.

[2] 侯丽梅，赵永会，刘万辉. Office 2016 办公软件高级应用实例教程 [M]. 2 版. 北京：机械工业出版社，2019.

[3] 卞诚君. Windows 10+Office 2016 高效办公 [M]. 北京：机械工业出版社，2016.

[4] 张运明. Excel 2016 数据处理与分析实战秘籍 [M]. 北京：清华大学出版社，2018.

[5] 亚历山大，库斯莱卡. 中文版 Excel 2016 高级 VBA 编程宝典 (第 8 版) [M]. 姚瑶，王战红，译. 北京：清华大学出版社，2018.

[6] 吴卿. 办公软件高级应用 Office 2010 [M]. 杭州：浙江大学出版社，2010.

[7] 贾小军，骆红波，许巨定. 大学计算机 (Windows 7, Office 2010 版) [M]. 长沙：湖南大学出版社，2013.

[8] 骆红波，贾小军，潘云燕. 大学计算机实验教程 (Windows 7, Office 2010 版) [M]. 长沙：湖南大学出版社，2013.

[9] 贾小军，童小素. 办公软件高级应用与案例精选 [M]. 北京：中国铁道出版社，2013.

[10] 於文刚，刘万辉. Office 2010 办公软件高级应用实例教程 [M]. 北京：机械工业出版社，2015.

[11] 谢宇，任华. Office 2010 办公软件高级应用立体化教程 [M]. 北京：人民邮电出版社，2014.

[12] 叶苗群. 办公软件高级应用与多媒体案例教程 [M]. 北京：清华大学出版社，2015.

[13] 胡建化. Excel VBA 实用教程 [M]. 北京：清华大学出版社，2015.